高等院校园林类专业系列教材

园林测量 第3版

YUANLIN CELIANG

主　编　高玉艳
副主编　谭明权　刘艳杰　张红星
主　审　徐振海

重庆大学出版社

内容提要

本书是高等职业教育园林类专业规划系列教材之一，是根据高等职业教育的培养目标编写的。本书既反映园林测量学科最新知识，又顾及生产实际需要，以阐明基本原理和培养学生的实际动手能力，突出实际应用为宗旨，注重实践内容。本书的主要内容为：测量基本知识、水准测量、角度测量、距离测量与直线定向、小地区控制测量、全站仪、全球定位系统（GPS）、大比例尺地形图测绘、大比例尺数字地形图的成图方法、地形图的应用、园林道路测量、园林工程测量、实训。全书共设23项实践技能训练项目、2项综合实训内容，书后附有实训指导，用于指导学生实践。本书配有电子课件（可扫描封底二维码查看，并在电脑上进入重庆大学出版社官网下载），供教师参考。书中含有40个二维码，可扫码学习。

本书为高职高专、高职本科园林、城市规划、林学、园艺、农田水利、多种经营、土地规划与管理及相关专业学生的教材，也可供中等职业学校和成人教育院校相关专业选用，还可供从事测绘工作的技术人员参考。

图书在版编目（CIP）数据

园林测量/高玉艳主编. --3版. --重庆：重庆大学出版社，2022.8（2024.1重印）
高等职业教育园林类专业系列教材
ISBN 978-7-5624-3743-7

Ⅰ.①园… Ⅱ.①高… Ⅲ.①园林—测量学—高等职业教育—教材 Ⅳ.①TU986

中国版本图书馆CIP数据核字（2021）第263693号

园林测量
（第3版）
主　编　高玉艳
副主编　谭明权　刘艳杰　张红星
主　审　徐振海
责任编辑：何　明　版式设计：莫　西　何　明
责任校对：谢　芳　责任印制：赵　晟
*
重庆大学出版社出版发行
出版人：陈晓阳
社址：重庆市沙坪坝区大学城西路21号
邮编：401331
电话：（023）88617190　88617185（中小学）
传真：（023）88617186　88617166
网址：http://www.cqup.com.cn
邮箱：fxk@cqup.com.cn（营销中心）
全国新华书店经销
重庆长虹印务有限公司印刷
*
开本：787mm×1092mm　1/16　印张：20　字数：499千
2006年12月第1版　2022年8月第3版　2024年1月第16次印刷
印数：35 001—38 000
ISBN 978-7-5624-3743-7　定价：46.00元

编委会名单

编写人员名单

主　编　高玉艳　黑龙江农垦科技职业学院

副主编　谭明权　重庆工贸职业技术学院

　　　　刘艳杰　河南农业职业学院

　　　　张红星　广州南方测绘科技股份有限公司哈尔滨分公司

参　编　赵超阳　黑龙江农垦科技职业学院

主　审　徐振海　广州南方测绘科技股份有限公司哈尔滨分公司

总 序

改革开放以来,随着我国经济、社会的迅猛发展,对技能型人才特别是对高技能人才的需求在不断增加,促使我国高等教育的结构发生重大变化。据2004年统计数据显示,全国共有高校2 236所,在校生人数已经超过2 000万,其中高等职业院校1 047所,其数目已远远超过普通本科院校的684所;2004年全国高校招生人数为447.34万,其中高等职业院校招生237.43万,占全国高校招生人数的53%左右。可见,高等职业教育已占据了我国高等教育的“半壁江山”。近年来,高等职业教育特别是其人才培养目标逐渐成为社会关注的热点。高等职业教育培养生产、建设、管理、服务第一线的高素质应用型技能人才和管理人才,强调以核心职业技能培养为中心,与普通高校的培养目标明显不同,这就要求高等职业教育要在教学内容和教学方法上进行大胆的探索和改革,在此基础上编写出版适合我国高等职业教育培养目标的系列配套教材已成为当务之急。

随着城市建设的发展,人们越来越重视环境,特别是环境的美化,园林建设已成为城市美化的一个重要组成部分。园林不仅在城市的景观方面发挥着重要功能,而且在生态和休闲方面也发挥着重要功能。城市园林的建设越来越受到人们重视,许多城市提出了要建设国际花园城市和生态园林城市的目标,加强了新城区的园林规划和老城区的绿地改造,促进了园林行业的蓬勃发展。与此相应,社会对园林类专业人才的需求也日益增加,特别是那些既懂得园林规划设计,又懂得园林工程施工,还能进行绿地养护的高技能人才成为园林行业的紧俏人才。为了满足各地城市建设发展对园林高技能人才的需要,全国的1 000多所高等职业院校中有相当一部分院校增设了园林类专业。而且,近几年的招生规模正在不断扩大,与园林行业的发展相呼应。但与此不相适应的是,适合高等职业教育特色的园林类教材建设速度相对缓慢,与高等职业园林教育的迅速发展形成明显反差。因此,编写出版高等职业教育园林类专业系列教材显得极为迫切和必要。

通过对部分高等职业院校教学和教材使用情况的了解,我们发现目前众多高等职业院校的园林类教材短缺,有些院校直接使用普通本科院校的教材,既不能满足高等职业教育培养目标的要求,也不能体现高等职业教育的特点。目前,高等职业教育园林类专业使用的教材较少,且就园林类专业而言,也只涉及部分课程,未能形成系列教材。重庆大学出版社在广泛调研的基础上,提出了出版一套高等职业教育园林类专业系列教材的计划,并得到了全国20多所高等职业院校的积极响应,60多位园林专业的教师和行业代表出席了由重庆大学出版社组织的高等职业教育园林类专业教材编写研讨会。会议上代表们充分认识到出版高等职业教育园林类专业系列教材的必要性和迫切性，并对该套教材的定位、特色、编写思路和编写大纲进行了认真、深入的研讨，最后决定首批启动《园林植物》、《园林植物栽培与养护》、《园林植物病虫害防治》、《园林规划设计》、《园林工程》等20本教材的编写，分春、秋两季完成该套教材的出版工作。主编、副主编和参加编写的作者，由全国有关高等职业院校具有该门课程丰富教学经验的专家和一线教师，大多为"双师型"教师担任。

本套教材的编写是根据教育部对高等职业教育教材建设的要求，紧紧围绕以职业能力培养为核心设计的，包含了园林行业的基本技能、专业技能和综合技术应用能力三大能力模块所需要的各门课程。基本技能主要以专业基础课程作为支撑，包括8门课程，可作为园林类专业必修的专业基础公共平台课程；专业技能主要以专业课程作为支撑，包括12门课程，各校可根据各自的培养方向和重点选用；综合技术应用能力主要以综合实训作为支撑，其中综合实训教材将作为本套教材的第二批启动编写。

本套教材的特点是教材内容紧密结合生产实际，理论基础重点突出实际技能所需要的内容，并与实训项目密切配合，同时也注重对当今发展迅速的先进技术的介绍和训练，具有较强的实用性、技术性和可操作性三大特点，具有明显的高职特色，可供培养从事园林规划设计、园林工程施工与管理、园林植物生产与养护、园林植物应用，以及园林企业经营管理等高级应用型人才的高等职业院校的园林技术、园林工程技术、观赏园艺等园林类相关专业和专业方向的学生使用。

本套教材课程设置齐全、实训配套，并配有电子教案，十分适合目前高等职业教育"弹性教学"的要求，方便各院校及时根据园林行业发展动向和企业的需求调整培养方向，并根据岗位核心能力的需要灵活构建课程体系和选用教材。

本套教材是根据园林行业不同岗位的核心能力设计的，其内容能够满足高职学生根据自己的专业方向参加相关岗位资格证书考试的要求，如花卉工、绿化工、园林工程施工员、园林工程预算员、插花员等，也可作为这些工种的培训教材。

高等职业教育方兴未艾。作为与普通高等教育不同类型的高等职业教育，培养目标已基本明确，我们在人才培养模式、教学内容和课程体系、教学方法与手段等诸多方面还要不断进行探索和改革，本套教材也将随着高等职业教育教学改革的深入不断进行修订和完善。

编委会

2006年1月

第3版前言

“园林测量”是高等职业教育园林技术类专业的核心课程。本教材自2006年12月第1版出版以来，已印刷14次，销售三万余册，被全国各地100多所高等职业院校选用，受到了广大师生的欢迎。该书经历了实践和教学检验，在我国园林技术等专业的教学和生产实践中发挥了重要作用。本次修订是在第2版的基础上，根据高等职业教育培养高素质技术技能人才的目标要求，适应高等职业教育“三教改革”的需要，根据高等职业教育园林技术专业教学标准和职业标准（规范）等，在广泛调研园林企业和测绘企业技术人员的基础上，吸收广州南方测绘科技股份有限公司哈尔滨分公司的技术骨干参与教材编写和审阅，校企合作、共同开发，以园林技术专业职业岗位需求为导向，以培养学生的实践动手能力为核心，突出职业性、技能性、先进性和实用性。

本次修订对园林测量常规的仪器、工具以及今后使用较少的内容进行了压缩、删除。如增加了电子水准仪等新知识、新技术、新方法，删除电子求积仪等内容，与目前企业需求接轨。更新了一些陈旧的数据，增加了复习思考题等内容。教材内容编制科学合理，图、文、表并茂，符合技术技能人才成长规律和学生认知特点，突出理论和实践相统一、强调实践性，以满足当前教学和学生就业的需要。

本书将社会主义核心价值观、爱国主义、集体主义、社会主义教育、国家安全教育、劳动教育，工匠精神和劳模精神等课程思政内容写入本章导读，融入课程内容当中，引导学生坚定道路自信、理论自信、制度自信和文化自信，树立正确的世界观、人生观和价值观，弘扬劳动光荣、技能宝贵、创造伟大的时代风尚，培养担当中华民族复兴大任的时代新人。

本书含40个二维码，可扫码学习。

本教材由高玉艳担任主编，负责全书的统稿工作。广州南方测绘科技股份有限公司哈尔滨分公司徐振海担任主审。具体编写任务如下：刘艳杰编写第1章、第2章、第4章、基本实训1、基本实训2、基本实训3、基本实训8、基本实训9、基本实训10、基本实训12；谭明权编写第3章、第8章、基本实训4、基本实训5、基本实训6、基本实训7、基本实训15；张红星编写第5章、基本实训11、基本实训18；高玉艳编写第6章、第7章、第9章、13.1、基本实训13、基本实训14、基本实训16、选做实训1、选做实训2、综合实训1、综合实训2；赵超阳编写第10章、第11章、基本实训17、选做实训3、选做实训4；由刘艳杰、高玉艳共同编写第12章。

本书在编写过程中参阅了大量国内同类测量学教材，引用了同类书刊中的一些资料，在此本书编写组对这些文献的作者表示诚挚的谢意。南方测绘仪器公司哈尔滨分公司提供了有关南方测绘仪器公司的资料，特此致谢！由于我们的水平有限，书中难免存在缺点和错误，敬请读者批评指正，以使本教材更加完善。

编　者

2022年6月

目　录

1 测量基本知识

[本章导读]

本章简要介绍了测量学的任务及其作用,并从宏观上阐述了测量工作的实质就是确定地面点的位置,为此要建立测量坐标系和高程系;水平距离、水平角和高差是确定地面点位置的3个基本要素;测图比例尺的应用;平面图、地形图、断面图的识别;由于测量误差的影响,测量工作必须遵循"先整体后局部,先控制后碎部"的测量基本原则;了解测量误差产生的原因、误差的种类和偶然误差的特性;熟悉评定误差的标准。

在本章的学习过程中,要培养学生对我国测绘事业的自信心,认识到测量工作需要从全局观念出发,培养学生的系统性思维,让学生明确对待测量工作要认真负责,要有对测绘成果负责的社会责任感。

1.1 微课

1.1 测量学概述

1.1.1 测量学的定义和任务

测量学是研究地球的形状、大小以及确定地面点位的科学。它的任务:一是测定,即使用测量仪器和工具,通过测量和计算,得到一系列测量数据,或把地球表面的地形缩绘成地形图,供经济建设、规划设计、科学研究和国防建设使用;二是测设,即把图纸上规划设计好的建筑物、构筑物的位置在地面上标定出来,作为规划设计实施的依据。

1.1.2 测量学的分类

根据研究的范围和对象不同,迄今测量学的发展已经形成以下几个分支学科:

(1)普通测量学　它是研究地球表面小区域内测绘工作的理论、技术、方法和应用的学科,是测量学的基础。它主要研究图根控制网的建立、地形图测绘及一般工程施工测量,具体工作有距离测量、角度测量、高程测量、观测数据的处理和绘图等。

(2)大地测量学　它是研究在广大区域内建立国家大地控制网,测定地球形状、大小和地球重力场的理论、技术与方法的学科。由于空间科学技术的发展,常规的大地测量已发展到人造卫星大地测量,测量对象也由地球表面扩展到空间星球,由静态发展到动态。近年来,大地测量学又分为常规大地测量学和卫星大地测量学。

(3)摄影测量学　它是研究利用摄影或遥感的手段获取被测物体的影像和辐射能的各种图像,经过对图像的处理、量测和判释,以确定物体的形状、大小和位置,并判定其性质的学科。

(4)工程测量学　它是研究工程建设在勘测、设计、施工和管理阶段所进行测量工作的理论、方法和技术的学科。工程测量学的应用领域非常广阔。

(5)地图制图学　它是利用测量获得的资料,研究地图及其制作的理论、工艺和应用的学科。其任务是编制与生产不同比例尺的地图。

(6)天文测量学　它是研究测定恒星的坐标,以及利用恒星确定观测点的坐标(经度、纬度等)的学科。

(7)海洋测绘学　它是研究以海洋和陆地水域为对象所进行的测量和海图编制工作的学科。

本教材属于普通测量学的范畴,主要应用于园林工程,当然也包括一般工程测量。

1.1.3　测量学的作用

测量学是一门应用学科,在国民经济、科学研究、农林科学等各个方面都有着重要作用。

在国民经济建设中,城乡建设规划、国土资源的利用、农林牧渔的发展、环境保护以及地籍管理等工作,必须以各种比例尺地图作保障;在地质勘探、矿山开发、水利交通设施的建设中,首先要有准确的地形资料,方能进行勘察、设计、施工和管理。

在园林工程中,测绘工作主要完成以下任务:首先是测绘地形图,为总体规划、工程设计及竣工验收提供不同比例的地形图;然后是进行施工测量,以设计施工图为依据,建立施工控制网并针对各单项工程进行测设。

在科学研究方面,研究地球的形状和大小、地震预测预报、地壳升降、海陆变迁、土地资源的利用与监测、航天技术的研究等,都需要高科技含量的测绘技术与方法。

在农林科学中,测量学也处处大显身手,如森林和土地资源清查、农林业区划、农田基本建设;作物产量和病虫害的预测预报;荒山荒地调查、宜林地的造林设计、苗圃的布局与建立;农田防护林、水土保持林的营造;小流域综合开发、退耕还林和风沙治理;农业科技示范园、森林公园及园林工程和果园的规划设计、施工;森林资源的开发,林区道路和排灌渠道的勘测、设计;等等,这些都需要测图和用图,测量学发挥着其他学科不可替代的重要作用。

总之,测量学是现代化建设不可缺少的基础性学科,测量工作也因此被赞誉为国民经济建设的先锋和尖兵。在21世纪“精细农业”、“精细林业”现代化生产模式和技术体系的建设中,地球空间信息技术、全球卫星定位技术和遥感技术等现代高科技测绘技术和手段将会发挥巨大的作用。作为从事农林科学的技术人员,更应掌握必要的测绘理论知识和基本操作技能,更好地为农林业生产和建设服务。

1.1.4 测量学的发展概况

测量学的历史渊源久远，相传公元前两千多年夏代的“九鼎”，即是原始地图；大禹治水时即进行了“左准绳、右规矩”的地形测量；春秋战国时期即测出“版图”、“土地之图”；西汉时期的“帛地图”，虽然属二维地图，但其地图品种有“地形图”、“驻军图”和“城邑图”。公元265年，西晋裴秀编绘出“地形方丈图”，这是中国最早的全国大地图。但直至1608年，中国明朝徐光启和意大利的利玛窦合著的《测量法义》问世，以及荷兰眼镜匠发明望远镜，才标志着测量学发展到新阶段。

中华人民共和国成立后，我国测绘事业有了很大的发展，建立和统一了全国坐标系统和高程系统；建立了遍及全国的大地控制网、国家水准网、基本重力网和卫星多普勒网；完成了国家大地网和水准网的整体平差；完成了国家基本图的测绘工作；完成了珠穆朗玛峰和南极长城站的地理位置和高程的测量；配合国民经济建设进行了大量的测绘工作，例如进行了南京长江大桥、葛洲坝水电站、宝山钢铁厂、北京正负电子对撞机等工程的精确放样和设备安装测量。出版发行了地图1 600多种，发行量超过11亿册。在测绘仪器制造方面，从无到有，现在不仅能生产系列的光学测量仪器，还研制成功各种测程的光电测距仪、卫星激光测距仪和解析测图仪等先进仪器。在测绘人才培养方面，已培养出各类测绘技术人员数万名，大大提高了我国测绘科技水平。

近年来，电子计算机、微电子技术、激光技术、遥感技术和空间技术的发展和应用，为测量学提供了新的手段和方法，推动着测量学的理论向前发展。测量仪器也趋于小型化、自动化、智能化。

先进的地面测量仪器如光电测距仪、电子经纬仪、电子水准仪、电子全站仪等在测量中得到了广泛的应用，为测量工作的数字化创造了良好的条件；全球定位系统（GPS）的应用与发展为测量提供了全新的技术手段，它是一种高速度、高精度、高效率的定位技术。全站仪与计算机、数控绘图仪组成的数字化测图系统迅猛发展，它已成为数字化时代不可缺少的地理信息系统（GIS）的重要组成部分。

1.2 地面点位的确定

1.2 微课

1.2.1 地球的形状和大小

地球是一个两极略扁、赤道微凸、近似椭球的球体。它的自然表面极其复杂，有高山、深谷、丘陵、平原，还有江河、湖泊和海洋。珠穆朗玛峰的高度为世界之最，海拔8 848.86 m(2020年4月30日，珠穆朗玛峰高程测量正式启动。测量登山队面临重重困难，百折不挠，最终于5月27日成功登顶。同年12月8日，习近平总书记同尼泊尔总统班达里互致信函，共同宣布珠穆朗玛峰最高程为8 848.86 m)；而太平洋西部的马里亚纳海沟则最低，在海平面下11 022 m，但这样的高低起伏相对于半径为6 371 km的庞大地球而言是可以忽略不计的。

地球表面水域面积占71%，陆地面积仅占29%。因此，地球总的形状可以认为是被海水包围的球体。可以假想将静止的海水面延伸到大陆内部，形成一个封闭曲面，这个静止的海水面称为水准面。海水有潮汐变化，时高时低，所以水准面有无数多个，其中通过平均海水面的一个

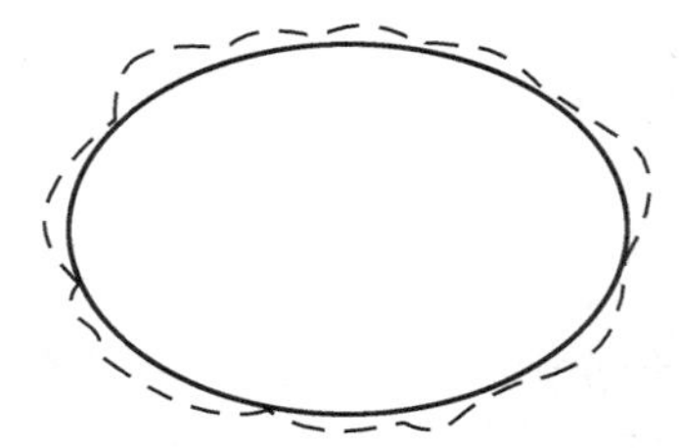
图1.1 地球的形状

水准面称为大地水准面(图1.1),它所包围的形体称为大地体。它非常接近于一个两极扁平、赤道隆起的椭球。大地水准面的特性是处处与铅垂线正交,然而,由于地球内部物质分布不均匀,引起重力方向发生变化,使大地水准面成为一个不规则的复杂曲面,且不能用数学公式来表达,因此,大地水准面还不能作为测量成果的基准面。为了便于测量、计算和绘图,选用一个椭圆绕它的短轴旋转而成的椭球体来表示地球形体,称为参考椭球体(图1.1)。椭球体形状、大小与大地体非常接近,通常用这个椭球面作为测量与制图的基准面,并在这个椭球面上建立大地坐标系。

决定地球椭球体形状、大小的参数为椭圆的长半径 a 和短半径 b、扁率 α。随着空间科学的进步,可以越来越精确地测定这些参数,截至目前,已知其精确值为

$$a = 6\ 378\ 137\ \text{m}$$

$$b = 6\ 356\ 752\ \text{m}$$

$$\alpha = \frac{a-b}{a} = \frac{1}{298.253} \tag{1.1}$$

由于参考椭球体的扁率很小,当测区面积不大时,可以把地球视为圆球,其半径为

$$R = (2a+b)/3 \approx 6\ 371\ \text{km} \tag{1.2}$$

地球的形状确定后,还应进一步确定大地水准面与旋转椭球面的相对关系,才能把观测结果化算到椭球面上。所以需要参考椭球的定位工作,根据定位的结果确定大地原点的起算数据,并由此建立国家大地坐标系。

1.2.2 确定地面点位的方法

测量工作的实质就是测定地面点的位置。地球表面高低起伏,并分布着许多物体,我们将地球表面高低起伏的形态称为地貌,将地球表面上人工建造或自然形成的固定物体称为地物。它们的外形和轮廓是由一系列连续的点组成。在测量工作中,地面点的位置通常是用地面点在基准面上投影的坐标和它的高程来确定的。

1)地面点的坐标

(1)地理坐标系 地理坐标系属球面坐标系,依据采用的投影面不同,又分为天文地理坐标系和大地地理坐标系。

①天文地理坐标系 天文地理坐标系又称天文坐标,是用天文经度 λ 和天文纬度 φ 表示地面点投影在大地水准面上的位置。

②大地地理坐标系 大地地理坐标系表示地面点投影在地球参考椭球面上的位置,用大地经度 L 和大地纬度 B 表示(图1.2),其坐标原点并不与地球质心相重合。这种原点位于地球质心附近的坐标系,又称参心大地坐标系。确定球面坐标(L,B)所依据的

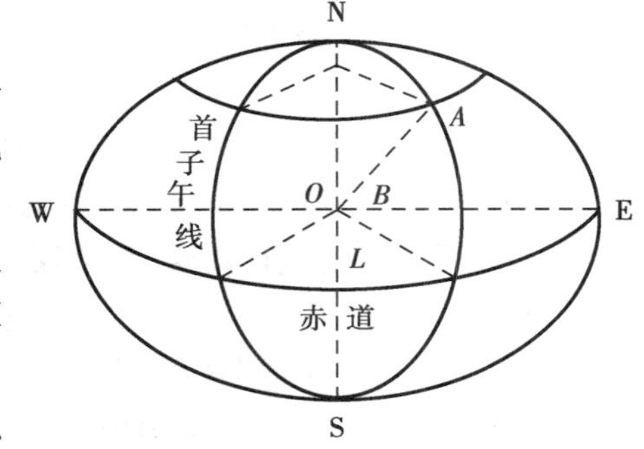

图1.2 大地地理坐标系

基准线为椭球面的法线,基准面为旋转椭球面,A 点的大地经度 L 是 A 点的大地子午面与首子午面所夹的二面角,A 点的大地纬度 B 是过 A 点的椭球面法线与赤道面的交角。大地经纬度是根据一个起始的大地点(称为大地原点,该点的大地经纬度与天文经纬度相一致)的大地坐标系,按大地测量所得的数据推算而得,而 A 点沿法线到椭球面的距离称为大地高,常用 $H_{大}$ 表示。

我国常用的大地坐标系有以下几种:

①1954 年北京坐标系　它是采用克拉索夫斯基椭球作为参考椭球。它实际上是苏联 1942 年坐标系的延伸,其原点不在北京,而在苏联普尔科沃,通过与苏联 1942 年坐标系联测而建立的。新中国成立后,为了建立我国天文大地网,在东北黑龙江边境上同苏联大地网联测,推算出其坐标作为我国天文大地网的起算数据,随后通过锁网的大地坐标计算,推算出北京点的坐标,并定名为 1954 年北京坐标系。

②1980 年西安坐标系　其椭球参数选用 1975 年国际大地测量与地球物理联合会第 16 届大会的推荐值,简称 IUGG-75 地球椭球参数或 IAG-75 地球椭球。1978 年 4 月召开的"全国天文大地网平差会议"上决定建立我国新的坐标系,称为 1980 年国家大地坐标系。其大地原点设在西安西北的永乐镇,称西安原点。

③WGS-84(World Geodetic System,1984)坐标系　又称世界大地坐标系,是地心坐标系的一种,是美国国防局为进行 GPS 卫星导航定位于 1984 年建立、1985 年投入使用的坐标系统。其坐标系的几何意义是:原点在地球质心,Z 轴指向 BIH 1984.0 定义的协议地球极(CTP)方向,X 轴指向 BIH 1984.0 定义的零子午面和 CTP 赤道的交点。Y 轴与 Z,X 轴构成右手坐标系。

目前,我国应用的地形图使用 1954 年北京坐标系,WGS-84 坐标系与我国 54 坐标系之间有 80 ~ 120 m 的误差。有通知要求所有地图全部改版为 1980 年国家大地坐标系(西安),不同坐标系之间存在着平移和旋转关系,所以使用控制点成果时,一定要注意坐标系的统一。

④2000 国家大地坐标系(CGCS2000)　2000 国家大地坐标原点为包括海洋和大气的整个地球的质量中心,Z 轴由原点指向历元 2000.0 的地球参考极方向,该历元的指向由国际时间局给定的 1984.0 历元的初始指向推算,X 轴由原点指向格林尼治参考子午线与地球赤道面(历元 2000.0)的交点。Y 轴与 Z 轴、X 轴构成右手正交坐标系。

(2)高斯平面直角坐标系

①高斯投影的概念　高斯投影(图 1.3(a))是设想用一个椭圆柱面套在地球椭球体的外面。与一子午线(称为中央子午线)相切,圆柱的中心轴线通过地球椭球的中心,然后按等角条

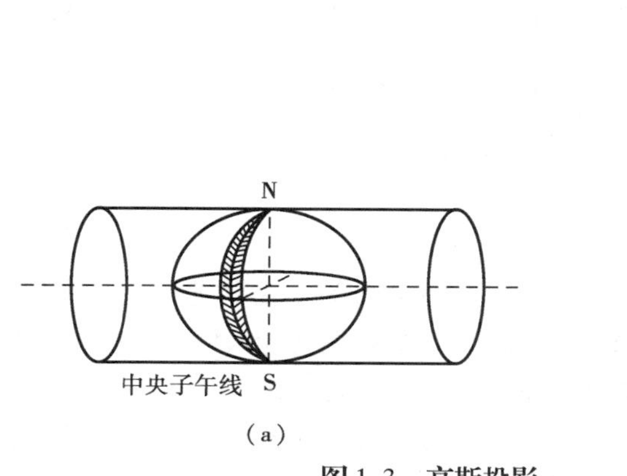

(a)

X
N
O
Y
S

(b)

图 1.3　高斯投影

件(投影后角度无变形的条件),将中央子午线东西两侧一定经差范围内的图形投影到椭圆柱面上,再沿着过极点的母线沿柱面剪开,得到一个投影平面,这个平面称为高斯平面,如图1.3(b)所示。

高斯投影具有如下几个特点:

a. 等角　椭球体面上的角度投影到平面上之后,其角度相等,无角度变形。

b. 中央子午线投影后为直线且长度不变,其余子午线投影均为凹向中央子午线的对称曲线。

c. 赤道投影后也是直线,并与中央子午线垂直,其余纬线的投影均为凸向赤道的对称曲线。

②高斯投影带的划分　高斯投影中除中央子午线没有长度变形外,其余各经线和纬线投影后都有变形。为控制投影变形不影响测图精度的要求,必须采取分带投影的方法,把投影限制在中央子午线两侧的一定范围内,此范围称为投影带。对于1∶2.5万~1∶50万地形图采用6°分带,1∶1万及更大比例尺地形图采用3°分带。

a. 6°投影带　6°带的划分是由首子午线开始,自西向东每隔经差6°为一投影带,将全球划分为60个带,依次以1~60进行编码,6°带每带中央子午线的经度顺序为3°,9°,15°,…,357°,如图1.4所示。我国位于东半球,经度范围从东经70°~135°,横跨13~23带。6°投影带中央子午线的经度,可按下式计算

$$\lambda_0 = N \times 6° - 3° \tag{1.3}$$

式中,λ_0——6°投影带中央子午线的经度;

N——6°投影带的带号。

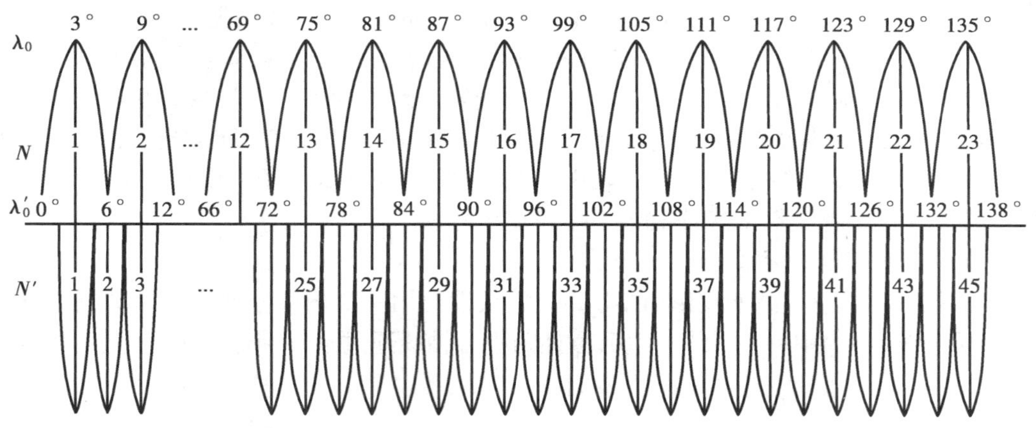

图1.4　高斯投影带

如已知某地的大地经度L,求其所在投影带的带号可按下式计算

$$N = [L/6°] + 1 \tag{1.4}$$

式中,$[L/6°]$——取商的整数。

b. 3°投影带　对于1∶1万及更大比例尺地形图,为了更好地控制长度变形,采用经差为3°的分带方法。如图1.4所示,为使6°带与3°带的换算方便,必须使3°带的中央子午线部分与6°带的中央子午线相重合,部分与6°带的分带子午线重合。因此,3°带的划分不是从首子午线开始,而从东经1°30′开始,自西向东,每隔经差3°为一投影带,将全球划分成120个投影带,依次以1~120顺序编号,每带中央子午线的经度为3°,6°,9°,…,135°。我国跨越22个3°带,其带

号为 24 ~45。3°投影带中央子午线的经度可按下式计算

$$\lambda'_0 = N' \times 3° \tag{1.5}$$

式中，λ'_0——3°投影带中央子午线的经度；

N'——3°投影带的带号。

3°投影带的带号可用下式计算

$$N' = [L/3°]（若余数大于 1°30'要加 1） \tag{1.6}$$

③高斯平面直角坐标系的建立　在大区域内测图时，不能将地球的球面当做平面看待，测图时可用高斯平面直角坐标系。高斯投影带的中央子午线投影后是一直线，把其作为平面直角坐标系的纵轴——X 轴，赤道投影后也是一条直线，把其作为平面直角坐标系的横轴——Y 轴，两轴交点即为原点，这就是高斯平面直角坐标系，如图 1.5 所示。

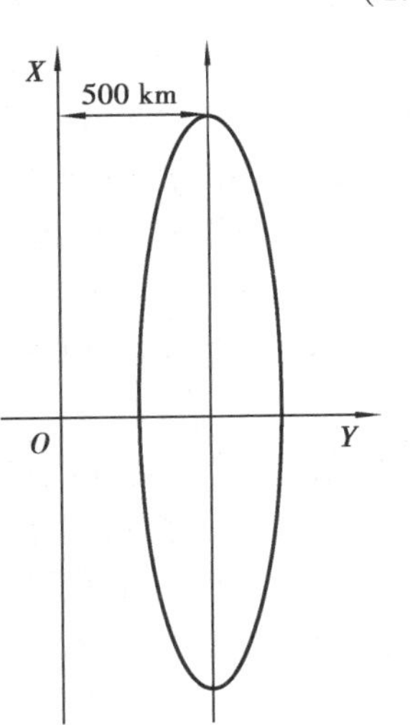

图 1.5　高斯平面直角坐标系

因高斯投影是按分带的方法各自进行投影的，因此各投影带的坐标也成为独立系统。规定：纵坐标以赤道为零起算，赤道以北为正，以南为负；横坐标以中央子午线为零起算，以东为正，以西为负。

我国位于地球的北半球，纵坐标值 X 均为正，横坐标值 Y 则有正有负。为了避免横坐标出现负值，规定将所有的 Y 值均加上 500 km，即相当于将原坐标纵轴西移 500 km，如图 1.5 所示。因此，凡横坐标值大于 500 km 的点，位于中央子午线以东；反之，位于中央子午线以西。由于采用分带的投影方法，因而一个坐标值(x,y)在 6°投影带中有 60 个对应点。为了表明该点位于哪一个投影带，规定在一点的横坐标 Y 值前冠以所在投影带带号，这样的横坐标 Y 值称为通用坐标。

(3)独立平面直角坐标系　在较小的范围内进行测绘工作，可把地球表面看作水平面，直接将地面点沿铅垂线投影到水平面上，采用平面直角坐标表示地面点的位置。如图 1.6 所示，令通过原点的南北线为纵坐标轴——X 轴，与 X 轴相垂直的方向为横坐标轴——Y 轴，两轴的交点为坐标原点，两轴将周围分为 4 个象限。由于测量中表示方向的角度是按顺时针方向计算的，因此测量中的象限顺序，也按顺时针方向排列，这与数学中相反，如图 1.6 所示。经这种变换，既不改变数学公式，又便于测量中方向和坐标的计算。

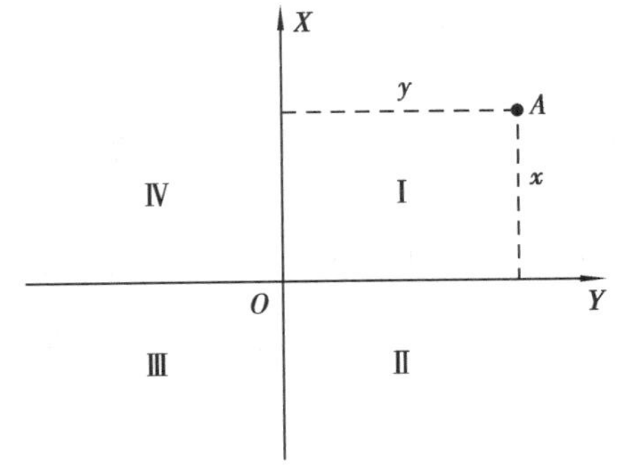

图 1.6　平面直角坐标系

任一地面点 A 的平面位置，可由该点至横、纵坐标轴的垂距 x,y 来确定，即 A 点的坐标表示为 x_A, y_A。通常，坐标纵轴 X 指向南北。以坐标原点为准，令纵轴指北为正，指南为负；横轴指东为正，指西为负。测量上用的平面直角坐标原点有时是假设的。

2)地面点的高程

地面点至高程基准面的垂距,称为点的高程。

由于大地水准面具有物理特性,在地面任一点均可利用水面静止而不流动的特性,找出其平行于大地水准面的水平面,进而测出它对于大地水准面的垂距,即得该点的高程。因此,选择大地水准面(即平均海水面)作为地面点的高程基准面。

1987 年以前,我国采用初始黄海平均海水面为大地水准面。它是根据青岛验潮站1950—1956 年对黄海的验潮结果而确定的,并以其高程为零点,测出了建立在近旁基岩上的“高程标志点”的高程 72.289 m。该点称为“高程原点”或“水准原点”,作为全国高程的起算点。由此推测的高程,称为“1956 年黄海高程系”的高程。

随着验潮资料的积累,为提高大地水准面的精确度,国家又根据青岛验潮站 1952—1979 年的验潮资料,经精确计算,于 1985 年重新确立了黄海平均海水面的位置和高程原点的高程为72.260 m,并决定从 1988 年起,一律按此高程推算全国诸点的高程,称为“1985 年国家高程基准”。

所以,在使用高程成果时,要特别注意使用的高程基准。在这两个基准面上,同一个大地原点的高程下降了 29 mm,这不是因为大地原点的空间位置改变了,而是平均海水面上升了。

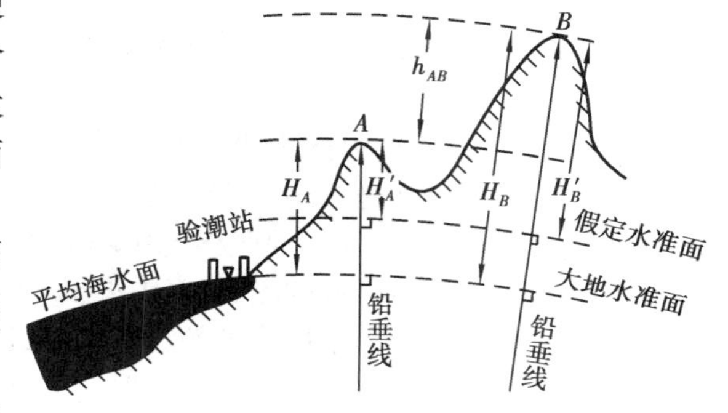

图 1.7　高程与高差

由高程原点推测出的高程,称为绝对高程、海拔或正高,通称高程,如图 1.7 所示,A,B 两点的高程分别为 H_A 和 H_B。

在局部地区,如果无法知道绝对高程时,也可假定一个水准面作为高程起算面,地面点到假定水准面的垂直距离,称为假定高程或相对高程。A,B 两点的假定高程分别为 H'_A 和 H'_B。采用假定高程系的必须在成果表中加以说明。

两地面点的绝对高程或假定高程之差,称为高差或比高,用 h 表示。A,B 两点的高差为

$$h_{AB} = H_B - H_A = H'_B - H'_A \tag{1.7}$$

高差是相对的,其值可正可负,表示高差一定要冠以正负号,其算式是约定俗成的,如

$$h_{BA} = H_A - H_B = H'_A - H'_B$$

显然,$h_{AB} = -h_{BA}$。

1.3　地球曲率对测量工作的影响

1.3.1　地球曲率对距离测量的影响

在图 1.8 中,地面上的 A,B 两点在大地水准面的投影点分别为 a,b。用过 a 点的水平面代替大地水准面,则 B 点在水平面上的投影为 b'。设 ab 弧长为 D,所对的圆心角为 θ,地球半径为 R,ab'的长为 D',则在距离上将产生误差 ΔD:

$$\Delta D = D' - D = R(\tan\theta - \theta)$$

已知，

$$\tan\theta = \theta + \frac{1}{3}\theta^3 + \frac{2}{15}\theta^5 + \cdots$$

因 θ 角很小，只取前两项代入上式，得

$$\Delta D = \frac{D^3}{3R^2} \tag{1.8}$$

两端用 D 去除得相对误差为

$$\frac{\Delta D}{D} = \frac{D^2}{3R^2} \tag{1.9}$$

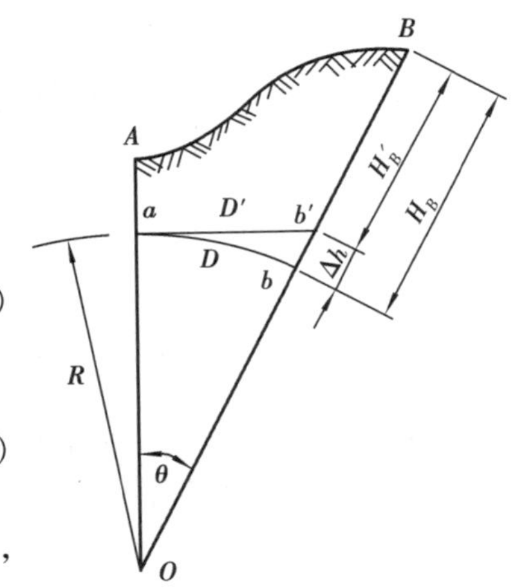

图 1.8 用水平面代替水准面对距离和高程的影响

取 $R=6\ 371$ km，ΔD，$\Delta\dfrac{D}{D}$的值见表 1.1。由该表可知，

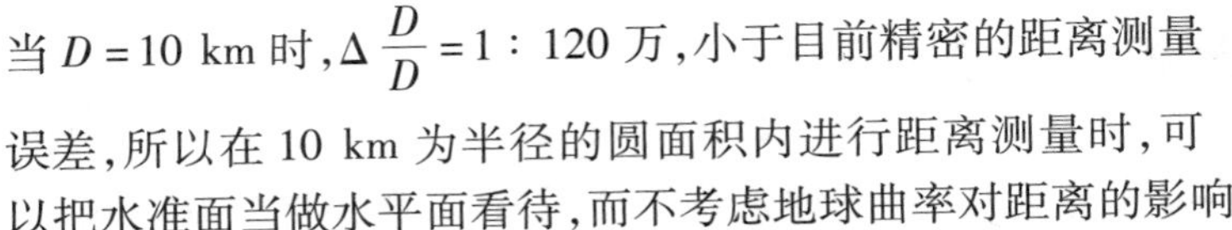

当 $D=10$ km 时，$\Delta\dfrac{D}{D}=1:120$ 万，小于目前精密的距离测量误差，所以在 10 km 为半径的圆面积内进行距离测量时，可以把水准面当做水平面看待，而不考虑地球曲率对距离的影响。

表 1.1 地球曲率对距离的影响

距离 D/km	距离误差 ΔD/mm	相对误差 $\Delta D/D$
10	8	1 : 1 220 000
20	66	1 : 300 000
50	1 026	1 : 49 000
100	8 212	1 : 12 000

1.3.2 地球曲率对水平角的影响

从球面三角形可知，同一空间多边形在球面上投影的各内角和比在平面上投影的内角和大一个球面角超值 ε。

$$\varepsilon = \rho\frac{P}{R^2} \tag{1.10}$$

式中，ε——球面角超值，(″)；

P——球面多边形的面积，km^2；

R——地球半径，km；

ρ——一弧度的秒值，$\rho=206265''$。

以不同的面积 P 代入式(1.10)可求出球面角超值，如表 1.2 所示。

表 1.2 地球曲率对水平角的影响

球面多边形面积 P/km^2	球面角超值 $\varepsilon/('')$
10	0.05
50	0.25
100	0.51
300	1.52

由该表可知，当面积 P 为 100 km^2 时，进行水平角测量时，可以用水平面代替水准面，而不必考虑地球曲率对水平角的影响。

1.3.3 地球曲率对高程测量的影响

在图 1.9 中，地面点 B 的绝对高程为 H_B，用水平面代替水准面后，B 点高程为 H'_B，H_B 与 H'_B 的差值，即为用水平面代替水准面所产生的高程误差，用 Δh 表示，则

$$(R+\Delta h)^2 = R^2 + D'^2$$

$$\Delta h = \frac{D'^2}{2R+\Delta h}$$

上式中，可以用 D 代替 D'，Δh 相对于 $2R$ 很小可略去不计，则

$$\Delta h = \frac{D^2}{2R} \tag{1.11}$$

以不同的距离 D 值代入式(1.11)，可求出相应的高程误差 Δh，如表 1.3 所示。

表 1.3 地球曲率对高程的影响

距离 D/km	0.1	0.2	0.3	0.4	0.5	1	2	5	10
Δh/mm	0.8	3	7	13	20	78	314	1 962	7 848

由该表可知，用水平面代替水准面，对高程的影响是很大的。因此，在进行高程测量时，即使距离很短，也应考虑地球曲率对高程的影响。

1.4 平面图、地形图、断面图

1.4,1.5 微课

1.4.1 平面图

在小区域测绘时，可将地球表面当成平面看待，而不考虑地球曲率的影响，将地物按正射投影投影到水平面上，只表示地物的平面位置，不表示地貌，按比例尺缩小绘在平面图纸上，成为测区地物的相似图形，这种图称为平面图。

1.4.2 地形图

凡是图上既表示出房屋、道路、河流等一系列地物的平面位置，又表示出地面各种高低起伏的地貌形态，并经过综合取舍，按比例缩小后，用规定的符号和一定的表示方法描绘在图纸上的正射投影图，称为地形图。

1.4.3 断面图

过地面上某一方向的铅垂面与地表面的交线称为该方向的断面图。如通过水准测量后，得出了渠道中线的高程数据，为了更直观地了解渠道中心线的地面起伏情况和便于进行设计渠道的纵坡，需描绘渠道纵断面图。为了计算土方和给施工放样提供依据，需绘制横断面图。

1.5 比例尺

1.5.1 比例尺的概念

测绘地形图时，不可能将地物、地貌按照实际的尺寸直接描绘在图纸上，必须按一定的倍率缩小后用规定的符号绘制出来。经缩小后，图上的直线长度与地面上相应的直线水平距离之比，称为地图的比例尺。为便于了解地图缩小的倍数，比例尺的分子通常化为 1，即

$$比例尺 = \frac{图上长度}{实际长度} = \frac{1}{M} \tag{1.12}$$

M 称为比例尺分母，其值愈大，比例尺愈小；其值愈小，比例尺愈大。测量上将比例尺为 1∶500～1∶5 000 以上的图称为大比例尺图，将比例尺为 1∶(10 000～100 000) 的图称为中比例尺图，比例尺为 1∶100 000 以下的图称为小比例尺图。

1.5.2 比例尺的种类

1) 数字比例尺

以分子为 1 的分式表示的比例尺称为数字比例尺，如 1∶50 000 或 1/50 000。数字比例尺只使用于计算法进行图上长度与实地相应水平距离的换算，由式(1.12)有

$$图上长度 = \frac{实地水平距离}{M}$$

$$实地水平距离 = 图上长度 \times M \tag{1.13}$$

【例 1.1】 已知实地水平距离 730 m，求它在 1∶50 000 图上的相应长度。

解 图上长度 $= \dfrac{730\ \text{m}}{50\ 000}$

$= 14.6\ \text{mm}$

【例 1.2】 用直尺在 1∶5 万地形图上量得某两点间长为 3.4 cm,求实地水平距离。

解 实地水平距离 $= 3.4\ \text{cm} \times 50\ 000$

$= 1\ 700\ \text{m}$

2)直线比例尺

在实际工作中,为了避免上述运算和图纸的伸缩误差,常在测图的同时就在图上绘一直线比例尺,用以直接量度该图内的实际水平距离,如图 1.9 所示。用线段表示图上长度,并在不同线段长度上注出相应实地水平距离的关系线段,称为直线比例尺,如图 1.9 所示。比例尺不同,1 cm 所代表的实地长度就不一样。

为读取或比量小数方便和多次使用不致使 0 点出现被两脚规戳出的孔洞,通常把 0 点置于左端 2 cm 内,并将其细分为 mm 单位,且由 0 起向左注记,称为尺头。其使用方法如下:

【例 1.3】 求实地长 850 m,在 1∶2.5 万图上的长度。

解 如图 1.9 所示,将两脚规的一只脚,放在 1∶2.5 万直线比例尺尺身所注 750 m 处,另一只脚对准尺头 100 m(即 4 个格)处,则两脚尖端之张距,即为所求的图上长。显然,它等于 3.4 cm。

【例 1.4】 用两脚规在 1∶5 万图上卡出两点间的间距 4.55 cm,求相应的实地长。

解 如图 1.9 所示,保持两脚规张距不变,使一只脚对准 1∶5 万直线比例尺尺身某整分画线,同时使另一脚落于尺头范围内,然后分别读出两分画线所注的实地值并相加,即为相应的实地长。显然,本例的两脚规右端应放在 4 cm 处,左端应放在 2.75 格(5.5 mm)处,相应的实地长为 2 275 m。

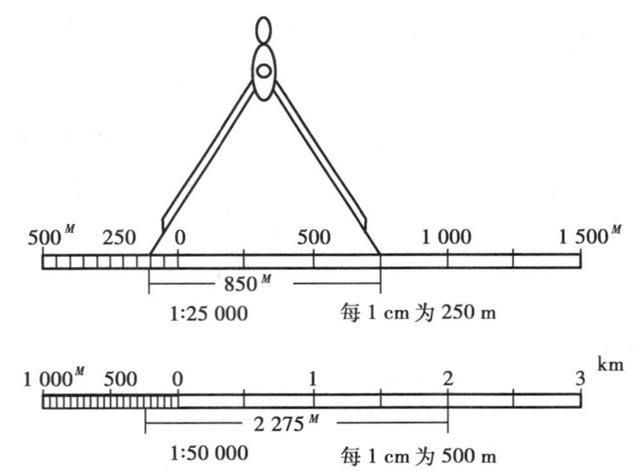

图 1.9 **直线比例尺**

直线比例尺换算方便,但精度较低,只能估读至最小格值的 1/10。通常每幅地形图南图廓外中央,均绘有相应的直线比例尺供换算使用。

直线比例尺中还有一种三棱比例尺(简称三棱尺),三棱尺有 3 个尺面 6 种比例的刻度:1∶100,1∶200,1∶300,1∶400,1∶500,1∶600,比例尺上的数字以米(m)为单位。

三棱比例尺的用途是：绘图时按要求的比例，直接在比例尺上用分规量取要画线段的长度；读图时根据图纸比例，用相应的比例尺去度量图上的距离，可直接读出其实际长度。

1.5.3　比例尺精度

通常，正常人的眼睛在图上能分辨出的最短距离为0.1 mm，间距小于0.1 mm的两点，只能看成一点。对于$1/M$比例尺的图来说，图上0.1 mm所表示的实地水平距离为$0.1\times M$ mm。因此，地形图上0.1 mm长度所表示的实地水平距离，称为比例尺精度。设比例尺精度为ε，比例尺的分母为M，则$\varepsilon=0.1\times M$ mm。

比例尺精度主要应用于以下两个方面：

(1)按量距精度选用测图比例尺　设在图上需要表示出0.5 m的地面长度，此时应选用不小于0.1 mm/500 mm=1/5 000的测图比例尺。

(2)根据比例尺确定量距精度　设测图比例尺为1/5 000，实地量距精度需要到0.1 mm×5 000=0.5 m，过高的精度在图上将无法表示出来。

几种大比例尺精度见表1.4。

表1.4　比例尺精度

比 例 尺	1∶500	1∶1 000	1∶2 000	1∶5 000
比例尺精度/m	0.05	0.1	0.2	0.5

从表1.4可以看出：比例尺愈大的比例尺精度愈高，图上表示的内容就越详细，测图的精度要求也就越高，而测图的工作量也会成倍地增加。因此，在选择比例尺时不能认为越大越好，而应根据工程的需要选用适当的比例尺。

1.6　测量工作概述

1.6微课

1.6.1　测量的三项基本工作

测量学的任务之一就是测定地球表面的地形并绘制成图。而地形是错综复杂的，在测量上可将其分为地物和地貌两大类。

地面上的地物和地貌是千差万别的，那么从何处入手对它们进行测绘呢？根据点、线的几何关系可知，地物的轮廓是由直线和曲线组成的，曲线又可视为由短直线段所组成。如图1.10中是一栋房子的平面图形，它是由表示房屋轮廓的一些折线所组成。测量时只要确定4个屋角1,2,3,4各转折点在图上的位置，把相邻点连接起来，房屋在图上的位置就确定了。如果房屋是规则的，则只要确定3个点就足够了。

图1.11为一山坡地形，其地形变化情况可用坡度变换点1,2,3,4各点所组成的线段表示。因为相邻点内的坡度认为是一致的，因此只要把1,2,3,4各点的高程和平面位置确定后，地形变化的情况也就基本反映出来了。

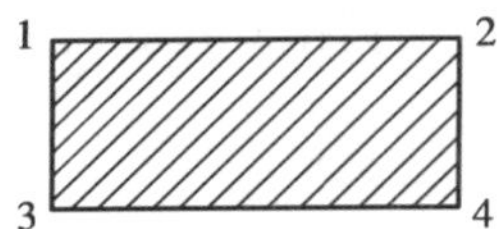

图 1.10 地物特征点

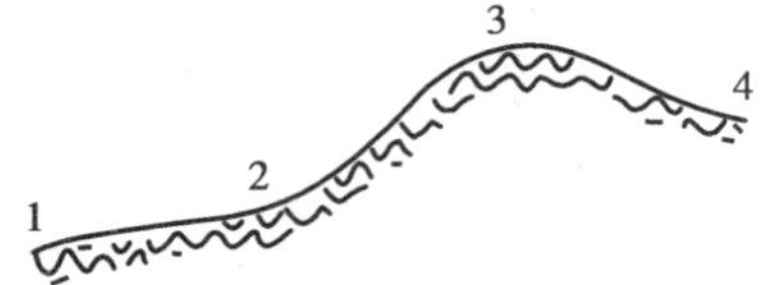

图 1.11 地貌特征点

综上所述,不难看出:地物和地貌的形状总是由自身的特征点构成的,只要在实地测绘出这些特征点的位置,它们的形状和大小就能在图上得到正确反映。因此,测量的基本工作就是确定地面点的位置。

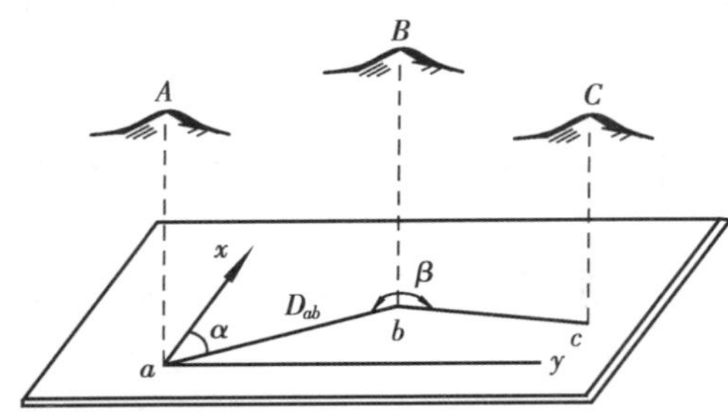

图 1.12 测量的基本工作

为了确定地面点的位置,需要进行哪些测量工作呢?如图 1.12 所示,设 A,B 为地面上的两点,投影到水平面上的位置分别为 a,b。若 A 点的位置已知,要确定 B 点的位置,除要丈量出 A,B 的水平距离 D_{AB} 之外,还要知道 B 点在 A 点的哪一方向。图上 a,b 的方向可用过 a 点的指北方向与 ab 的水平夹角 α 表示,α 角称为方位角。有了 D_{AB} 和 α,B 点在图上的位置,b 就可确定。如果还要确定 C 点在图上的位置,需要丈量 B,C 的水平距离 D_{BC} 与 B 点上相邻两边的水平角 β。因此,为了确定地面点的平面位置,必须测定水平距离和水平角。

在图中还可以看出,A,B,C 三点不是等高的,要完全确定它们在空间内的位置,已知 A 点的高程 H_A,还要测定高差 h_{AB},h_{BC}。

由此可知,距离、角度、高程是确定地面点位置的 3 个基本几何要素。因此,距离测量、角度测量与高程测量是测量的基本工作。

1.6.2 测量工作的基本原则

为了保证把整个测区的地物和地貌正确地测绘到图纸上,防止测量误差的积累,确保测量精度,测量工作必须按照下列程序进行:

首先,在整个测区内,选择一些密度较小、分布合理且具有控制意义的地面点,作为全面测量的依据,这些点称为控制点,如图 1.13(a)中的 A,B,C,…点。然后用较高的精度测定这些点的平面位置和高程,用严密的数学方法处理有误差的测量数据,使得测算的点位和高程达到统一的精度,以保证下一步工作的顺利进行。这部分测量工作称为控制测量,如图1.13(a)所示。通过必要的计算,精确求出这些控制点的平面位置和高程,并将点展绘到图纸上。然后以这些控制点为测站来测绘周围的地物、地貌,直至测完整个测区。这部分测量工作称为碎部测量,如图 1.13(b)所示。

由此可见,贯穿整个测量工作的基本原则是:工作布局上“从整体到局部”,工作性质上“先控制后碎部”,测量精度上“从高级到低级”。无论是地形图测绘还是施工测量,都必须遵循这一原则。

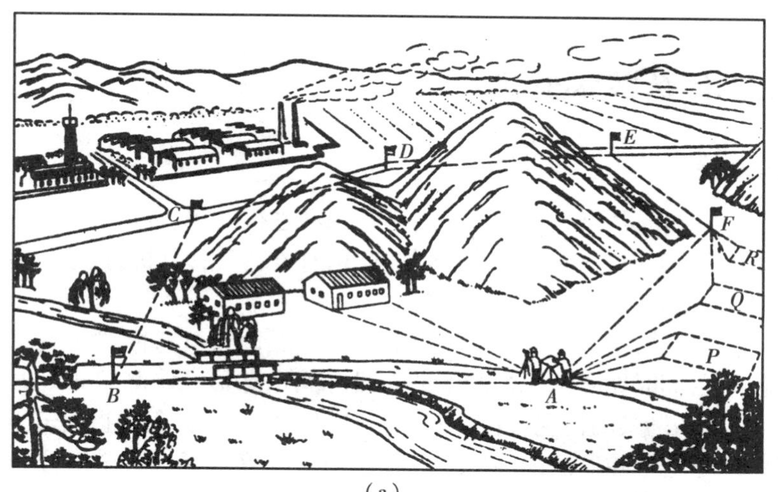

(a)

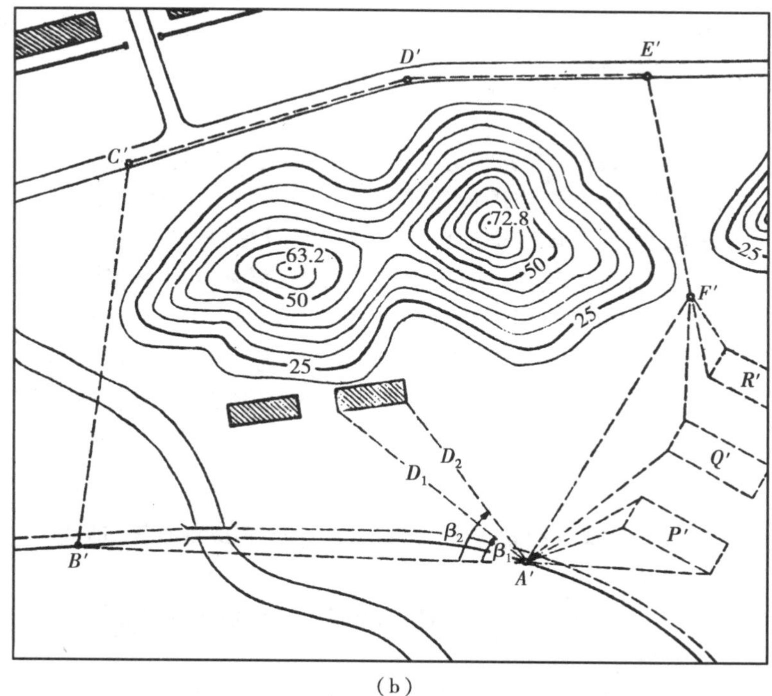

(b)

图 1.13 地形图测绘

另外,从上述可知,当测定控制点的相对位置有错误时,以其为基础所测定的碎部点位也就有错误,碎部测量中有错误时,以此资料绘制的地形图也就有错误。因此,测量工作必须严格进行检核工作,故“前一步测量工作未做检核不进行下一步测量工作”是组织测量工作应遵循的又一个原则,它可以防止错漏发生,保证测量成果的正确性。

1.6.3 测绘工作的基本步骤

1)技术计划的制订

为保证测量工作高质量、高速度、经济、合理地顺利进行,应制定技术计划。

技术计划的主要内容有:任务概述、测区情况、已有资料及其分析、技术方案的设计、组织实施计划、仪器配备、检查验收计划、安全措施等。

在编制技术计划之前,应预先搜集并研究测区内及其附近已有的成果资料,并对影响测量的问题进行实地调查,同时初步考虑控制网的布设方案。地形控制测量布设方案的拟订,应根据收集到的资料及现场勘察的情况,进行必要的精度估算。有时,还要提出若干方案进行技术、经济方面的比较,对于地形控制网的图形、施测、点的密度等因素进行全面分析,并确定最后方案。在技术计划中,还要对测区的人文风俗、自然地理条件、交通运输、气象情况等进行简要说明,对于采取的措施加以说明。技术计划拟定以后,要进行工作量统计,并制定实施计划(含仪器配备、工作进度和检查验收计划)。

2)控制测量

由测量工作的基本原则,控制测量就是在测区内,先建立测量控制网,用来控制全局,然后根据控制网测定控制点周围的地形或进行建筑施工放样测量。这样不仅可以保证整个测区有一个统一、均匀的测量精度,而且可以增加作业面,从而加快测量速度。

控制测量的主要内容有:选择控制点、作控制点标志、野外量测、室内计算等。

在控制测量之前,选取控制点时要勘察地形,两控制点之间应相互通视,便于量测。另外,控制点应选在视野开阔的地方,便于施测周围的地物、地貌。作点位标志时应把点位选在土质坚实处,便于安置仪器和保存标志。在控制测量中,每站观测完毕,要检查观测成果,符合精度要求以后,再迁站观测。

3)碎部测量

测图时,碎部测量一般均应以控制点作为测站来测绘周围的地物、地貌。地形比较复杂的地区,也可增补一些测站点。

碎部测量的主要内容有:碎部点(地物、地貌特征点)的选择、碎部测量测定方法的选择、实施测量、地物和地貌的勾绘等。

碎部测量中测绘地物时要正确掌握综合取舍原则。既然地形图上不可能、也无必要逐个表示全部地物,这就必然存在地物的取舍与综合问题。因此,必须紧紧把握所测地图的性质和使用目的,重点、准确地表示那些具有重要价值和意义的地物,如突出的、有方位意义的地物;对经济建设的设计、施工、勘察和规划等有重要价值的地物;以及用图单位要求必须重点表示的地物,都要重点表示,即按实地位置准确表示。碎部测量中测绘地貌要尽量做到边测边绘等高线,等高线应互相协调一致,正确处理等高线与其他符号的关系,另外还要进行必要的高程注记。

4)检查和验收测绘成果

野外工作中,虽时时处处都要遵照规范作业,并对成果经常进行检查,但仍可能存在错漏,所以在野外工作结束后,还应做认真全面的自我检查,以确保成图成果质量。

(1)室内检查　室内检查主要检查控制点的精度是否符合规范要求,计算有无错误,闭合差是否超限;原图上的地物、地貌是否清晰易读,符号注记是否正确,等高线勾绘有无错误,图边拼接有无问题等。如发现问题,应到实地进行检查验收。

(2)室外检查　室外检查是根据室内检查发现的错误,在需要的测站上安置仪器,对明显地物、地貌进行复测,并进行必要的修改。要携带原图到现场进行实地对照,主要检查主要地物有无遗漏或变样、地貌是否真实、注记是否正确等。如发现错误过多时,则必须进行修测或重测,直到满足要求为止。

1.6.4 测量工作的基本要求

测量工作是一项非常细致的工作,各个环节都是紧密相连的,无论是测量还是计算,必须有严格的校核措施,发现错误或者不符合精度要求的观测数据,要查明原因,及时返工重测,把工作损失降到最低程度。

无论是操作仪器还是测量施工,都要严格按照操作规程和施测步骤进行。

测量记录是外业工作的成果,是评定观测质量、使用观测成果的基本依据。测量人员必须坚持严肃认真的科学态度,实事求是地做好记录工作。要求做到内容真实、完整,书写清楚、整洁,一般用铅笔记,如果记错了,不要用橡皮擦擦掉,而要用铅笔划掉,然后将正确的数据写在旁边,以保存记录的原始性,决不能随意涂改或伪造数据。

测量标志是测量工作的重要依据,要做好标志的设置工作,并应妥善保护。

测量工作不是个人能单独进行的工作,而是以队、组的形式集体进行的工作,既要合理分工,又要密切配合,才能把工作做好,每个工作人员都要爱护仪器和工具。测量工作总是外业多,常要跋山涉水,测量工作人员要能吃苦耐劳,才能胜任。

1.7 测量误差概述

1.7 微课

1.7.1 观测误差来源

在测量过程中,无论是测量高程、测量角度,还是测量距离,我们都会清楚地看到,用仪器或工具对某一未知量进行 2 次以上的观测,所测得的数值,也称观测值,通常是不一致的。这种差异实质上表现为各次测量所得的数值与未知量的真实值(简称真值)之间的差值。这个差值称为测量误差(也称真误差)。即

$$测量误差 = 观测值 - 真值$$

测量误差产生的原因,一是测量仪器存在误差。量测某一个量,主要是用特制的仪器来进行的,各种仪器都具有一定的精密度,而仪器本身的构造含有一定的误差,如经纬仪上的度盘刻度分划并不是绝对准确;水准仪的视准轴并不是完全平行于水准管轴,且水准尺的刻度分划也存在误差,这些情况都会使观测产生误差。二是由于观测者感觉器官的局限性导致误差。在进行观测时,尽管观测者非常认真仔细,但由于人的眼睛分辨力有限,在仪器的操作、安置、瞄准、

读数等过程中,都需要通过眼睛的估计和判断,从而就不可避免地会产生误差。当然,这方面的原因,随着观测者的技术水平、工作态度的不同,对观测结果产生的影响也不一样。三是观测时由于外界环境变化的影响会产生误差。观测时的外界条件随着温度、湿度、风力、照明、大气折光等变化而变化,在变化着的环境中进行观测,其结果就必然会产生误差。如在烈日下工作,由于仪器的各部分受热不同,会导致仪器各部分在构造上的条件发生改变;在不同的光照条件下,对读数的分辨产生的影响不一样;随着温度的改变,钢尺的长度也相应改变,导致距离丈量的结果不同。

仪器、人和客观环境 3 个因素称为观测条件。在观测条件基本相同的情况下进行的各项观测,一般认为其观测质量基本上是一致的,称之为等精度观测;在观测条件不相同的情况下进行的各项观测,其观测质量也不一致,称之为非等精度观测。

综上所述,由于诸方面原因,在整个测量工作中产生误差是不可避免的。仪器、人和客观环境是引起测量误差的主要因素。对于仪器误差,除了认真验校仪器,保养保护仪器外,还可采取较恰当的观测方法及在测量结果中加入改正数等,来消除或减弱其对观测结果的影响;对于观测者,则须加强责任感,提高操作水平来减少误差;对于外界环境条件,可以通过研究并测定其变化规律,加入相应的改正数或改正公式,选择有利时间观测来减少误差。

1.7.2 测量误差的分类

在测量过程中,由于观测者的疏忽大意,致使测量结果中出现错误,这种错误通常称为粗差,如距离丈量中读错整米数或算错了整尺数,运算过程中出现加减错误等。对于粗差,通过对测量结果的检查和核实是完全可以消除或避免的。如对某一量进行两次或两次以上的观测,其结果相差很大,说明有粗差存在,经过重新观测,使各次观测结果比较接近时,则消除了粗差。在观测结果中,是绝对不允许粗差存在的,这里我们讨论误差的分类,是设想在测量结果中没有粗差的情况下进行的。

根据观测误差对观测结果影响性质的不同,可分为系统误差和偶然误差两类。

1)系统误差

在相同的观测条件下,对某量进行一系列观测,若误差的出现在数值大小和符号上均相同,或按一定的规律变化,这种误差称为系统误差。系统误差是由于仪器制造后校正不完善、测量员的人为原因、测量时的外界条件影响等引起的。如 30 m 的钢尺其实际长度为29.99 m。用该尺丈量时,每一尺段必然包含 +0.01 m 的尺长误差。丈量的距离越长,误差越大。由此看出,系统误差在测量成果中具有累积性,对测量成果的影响也就特别明显。但因其又有一定的规律性,只要采取适当的措施,就可消除或减少对观测成果的影响。例如,用上述钢尺丈量距离时,通过尺长检定,求出尺长改正数,对丈量的结果进行尺长改正,就可消除尺长误差的影响。

2)偶然误差

在相同的观测条件下,对某量进行一系列的观测,若误差出现的符号和数值大小均不一致,从表面上看单个误差无任何规律性,这种误差称为偶然误差。例如读数时,其估读数值比正确数值大一点或小一点,而产生读数误差;瞄准目标时可能偏离目标的左侧或右侧,而产生误差;

还有外界条件的变化所引起的误差均属偶然误差。大量的统计资料表明,偶然误差也遵循一定的统计规律。观测次数越多,这种规律表现得越明显。例如在相同的条件下,观测了 217 个三角形的全部内角和,由于存在偶然误差,各三角形内角观测值之和不等于其理论值 180°,产生真误差 Δ。现将 217 个真误差按每 3″为一区间,并按其绝对值大小列于表 1.5 中。

表 1.5 217 个真误差的绝对值

误差大小区间	$+\Delta$ 个数	$-\Delta$ 个数	合 计
0″~3″	30	29	59
3″~6″	21	20	41
6″~9″	15	18	33
9″~12″	14	16	30
12″~15″	12	10	22
15″~18″	8	8	16
18″~21″	5	6	11
21″~24″	2	2	4
24″~27″	1	0	1
27″以上	0	0	0
$\sum$	108	109	217

从表 1.5 中看出:

①在一定的观测条件下,偶然误差的绝对值不会超过一定的限值。

②绝对值小的误差比绝对值大的误差出现的机会多。

③绝对值相等的正误差与负误差出现的机会大致相同。

④当观测次数无限增多时,偶然误差的算术平均值趋向于零,即

$$\lim_{n\to\infty}\frac{[\Delta]}{n}=0$$

式中,n——观测次数;

$[\Delta]$——真误差总和,$[\Delta]=\Delta_1+\Delta_2+\cdots+\Delta_n$。

从以上分析可知:偶然误差不能用计算改正的方法或用改进观测方法加以消除,只能根据偶然误差的特性来改进观测方法,并合理地处理观测数据,以减少观测误差的影响。

1.7.3 评定观测值精度的标准

在任何观测成果中,都存在不可避免的偶然误差。如果该组误差总的来说偏小些,则表示该组观测质量好;反之,如果该组误差值偏大,则表示该组观测质量差。为了说明测量成果的精确程度,通常用下列几种精度指标作为衡量精度的标准。

1)平均误差

一定观测条件下的偶然真误差绝对值的数学期望,称为平均误差。以 θ 代表平均误差,则

$$\theta = E(|\Delta|) = \int_{-\infty}^{+\infty} |\Delta| f(\Delta) \mathrm{d}\Delta$$

在实际应用中,总是以其估值 t 来代替

$$t = \pm \frac{[|\Delta|]}{n} \tag{1.14}$$

估值 t 仍称为平均误差,"±"是习惯上添加的。式中 n 是误差个数,n 愈大,此统计值就愈能代表理论值,$n \to \infty$ 时,$t=0$。

依定义,平均误差的大小反映了误差分布的离散程度。

2)中误差

在相同的观测条件下,对某量进行了 n 次观测,得一组观测值为 $L_1, L_2, L_3, \cdots, L_n$。若某量的真值 X 已知,每个观测值的真误差为 $\Delta_1, \Delta_2, \Delta_3, \cdots, \Delta_n$,则中误差的定义公式为各观测值真误差平方和的平均值的平方根。中误差又称标准差,以 m 表示,即

$$m = \pm \sqrt{\frac{[\Delta\Delta]}{n}} \tag{1.15}$$

式中,$[\Delta\Delta] = \Delta_1^2 + \Delta_2^2 + \Delta_3^2 + \cdots + \Delta_n^2$。

由上式看出,这组观测值中,每个观测值都有相同的中误差,因此 m 又称观测值中误差。中误差是一组真误差的代表值,用它来表示该组观测值的精度。一组观测值的真误差越大,中误差也越大,精度也就越低;反之,精度就越高。因此,可用中误差衡量测量结果的精度。

【例1.5】 比较甲、乙两组在用同精度条件下对某一个三角形的3个内角观测8次的观测值精度,每次观测的真误差是

甲组:$-3''$, $-3''$, $+4''$, $-1''$, $+2''$, $+1''$, $-4''$, $+3''$

乙组:$+1''$, $-5''$, $-1''$, $+6''$, $-4''$,$0''$, $+3''$, $-1''$

用中误差公式计算,得

$$m_{甲} = \pm \sqrt{\frac{(-3)^2 + (-3)^2 + 4^2 + (-1)^2 + 2^2 + 1^2 + (-4)^2 + 3^2}{8}} = \pm 2.85''$$

$$m_{乙} = \pm \sqrt{\frac{1^2 + (-5)^2 + (-1)^2 + 6^2 + (-4)^2 + 3^2 + (-1)^2}{8}} = \pm 3.34''$$

因 $m_{甲} < m_{乙}$,所以甲组观测值的精度较高。

3)允许误差

允许误差又称极限误差。由偶然误差的特性可知,在一定的观测条件下,偶然误差的绝对值不会超过一定的限度。如果某个观测值的误差超过这个限度,就说明该观测值中除包含偶然误差外,还存在错误,必须舍弃不用,进行重测,这个界限即称为允许误差。根据误差理论和大量实验资料的统计结果表明:大于2倍中误差的偶然误差出现的机会只有5%,大于3倍中误差的偶然误差出现的机会仅有0.3%。所以,在实际工作中,将3倍中误差作为偶然误差的允许误差。当要求严格时,或观测次数不多时,也可采用2倍中误差作为偶然误差允许值。

4)相对误差

真误差、中误差、允许误差都是表示误差本身的大小,称为绝对误差。从衡量精度的角度来

说，对于某些测量结果仅用中误差是无法评定它们的精度的。例如，我们丈量了两段距离，一段长 1 000 m，另一段长 500 m，其中误差均为 ±0.2 m。从表面上看好像精度相同，但就单位长度而言，前者的精度显然高于后者，因为丈量误差的大小与所丈量的长度有关。因此，需要引出一个新的衡量精度的标准——相对误差。

相对误差就是以绝对误差与相应的测量结果之比，并以分子为 1 的分数来表示。即相对误差为

$$K = \frac{|m|}{D} = \frac{1}{\frac{D}{|m|}} \tag{1.16}$$

上述两段距离的相对误差为

$$K_1 = \frac{0.2}{1\ 000} = \frac{1}{5\ 000}; \quad K_2 = \frac{0.2}{500} = \frac{1}{2\ 500}$$

相对误差越小，说明观测结果精度越高；反之，观测结果精度越低。因为 1/5 000 < 1/2 500，所以，距离为 1 000 m 的那段距离丈量精度高。

但是，当误差大小与观测量的大小无关时，就不能用相对误差来衡量其精度。例如用于角度观测时，因为角度误差的大小主要是观测两个方向引起的，它并不依赖角度大小而变化，所以只能直接用中误差来衡量角度观测的精度。

复习思考题

1. 名词解释

测量学　大地水准面　高程　高差　比例尺精度　偶然误差

2. 填空题

(1) 要测绘测区的地形图，其原则是：在布局上先________后________，在性质上是先________后________；在精度要求上从________到________。

(2) 地面点的位置可由________、________来确定。

(3) 水准面有________个。

(4) 以经度和纬度表示地面点位置的坐标为________。

(5) 地面上的点到任意假定水准面的距离称为________。

(6) 与平均静止的海水面相吻合的水准面称为________。

(7) 地面点的高程分为________和________。

(8) 确定地面点相对位置的 3 个基本几何要素有________、________、________。

3. 判断正误

(1) 测量工作的任务是测绘和测设。 (　　)

(2) 如果高程系统不同，对任意两点间的高差没有影响。 (　　)

(3) 测量工作中用的平面直角坐标系与数学上的平面直角坐标系完全一致。 (　　)

(4) 根据观测误差的性质可分为系统误差和偶然误差。 (　　)

(5) 比例尺越大，图上表示的内容越粗略。 (　　)

4. 选择题

(1)下列比例尺数据中哪个比例尺最大?(　　)

A. 1∶1 000　　B. 1∶500　　C. 1∶2 000

(2)测量的基本工作包括(　　)。

A. 测角、测边、测高差　　B. 导线测量　　C. 距离测量

(3)在进行一般地形测量时,测量范围的半径为(　　)km 时,可用水平面代替水准面。

A. 25　　B. 10　　C. 15　　D. 20

(4)下列不属于地物的是(　　)。

A. 森林　　B. 高山　　C. 河流　　D. 房屋

(5)在小范围进行测量工作时,可用(　　)坐标表示点的位置。

A. 平面直角坐标　　B. 地理坐标

C. 高斯平面直角坐标　　D. 其他坐标

5. 简答题

(1)确定地面点相对位置的测量基本工作包括哪些?

(2)什么是比例尺精度?比例尺精度有何用途?

(3)偶然误差和系统误差有什么不同?偶然误差有哪些特性?

(4)评定精度的标准有哪些?如何表示?

6. 叙述题

叙述地球曲率对测量工作的影响。

2 水准测量

[本章导读]

高程测量的常用方法有水准测量和三角高程测量，水准测量是精密测定地面点高程的主要方法。本章重点介绍 DS_3 型水准仪的构造、使用以及应用水准仪测量地面两点间高差的原理和方法，水准测量的实施与校核；了解水准测量的误差来源，DS_3 型水准仪的检验和校正方法；掌握自动安平水准仪的结构和使用方法；了解电子水准仪。

在本章的学习过程中，要培养学生科学严谨、准确无误、实事求是、艰苦奋斗的工作态度和吃苦耐劳、团结协作、互帮互助的工作作风。

2.1,2.2 微课

2.1 水准测量的原理

水准测量是利用能提供一条水平视线的仪器，测定地面两点间的高差，以及已知一点高程，推算另一点高程的方法。

如图 2.1 所示，地面上两点 A 和 B，已知 A 点的高程为 H_A，若能测出 A，B 两点间的高差 h_{AB}，则 B 点的高程 H_B，就可由高程 H_A 和高差 h_{AB} 推算出来。为此，在 A，B 两点间安置一架能提供水平视线的仪器，并在 A，B 两点上分别竖立水准尺，利用水平视线读出 A 点尺上的读数 a 及 B 点尺上的读数 b。由图可知 A，B 两点间高差为

$$h_{AB} = a - b \tag{2.1}$$

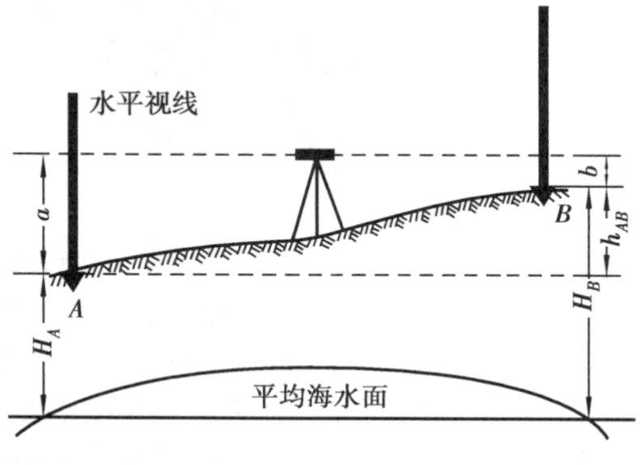

图 2.1　水准测量原理

测量由已知点向未知点方向进行观测：设 A 点为已知点，则 A 点为后视点，a 为后视读数；B 点即为前视点，b 为前视读数；h_{AB} 为未知点 B 对于已知点 A 的高差，或称由 A 点到 B 点的高差，它总是等于后视读数减去前视读数。当高差为正时，表明 B 点高于 A 点，反之则 B 点低于 A 点。

计算高程的方法有两种：

①由高差计算高程，即

$$H_B = H_A + h_{AB} \tag{2.2}$$

②由仪器的视线高程计算未知点高程。由图可知,A 点的高程 H_A 加上后视读数 a 可得仪器高程(或称视线高程),用 H_i 表示,即

$$H_i = H_A + a \tag{2.3}$$

由此可求出 B 点的高程为

$$H_B = H_i - b \tag{2.4}$$

由此可知,水准测量的核心是测定高差,目的是推算高程,关键是视线水平。

2.2 水准测量的仪器和工具

2.2.1 DS_3 型微倾式水准仪

水准仪按其精度从高到低分为 DS_{05},DS_1,DS_3 和 DS_{10} 4 个等级。"D"表示大地测量,"S"表示水准仪,05,1,3,10 是指各等级水准仪每千米往返测量高差平均数的中误差,以毫米计。工程水准测量一般使用 DS_3 型水准仪(图 2.2)。

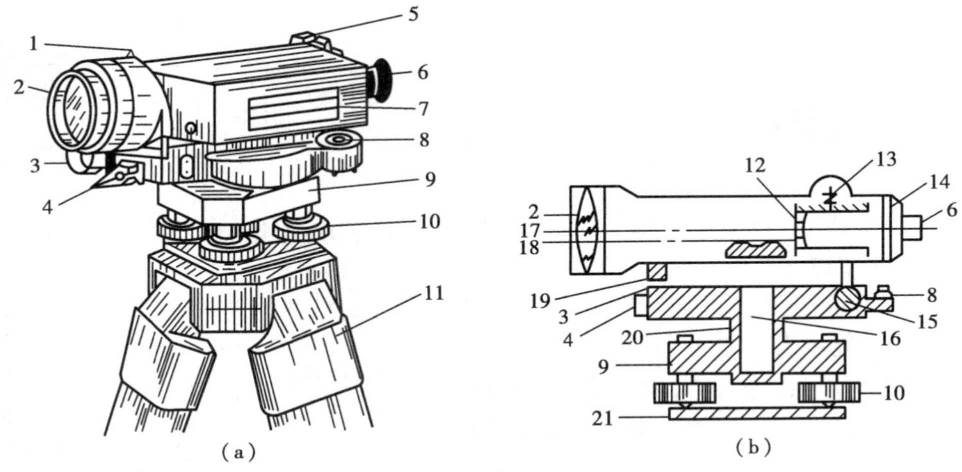

图 2.2 DS_3 型水准仪

1. 准星 2. 物镜 3. 微动螺旋 4. 制动螺旋 5. 缺口 6. 目镜 7. 水准管 8. 圆水准器 9. 基座 10. 脚螺旋 11. 三脚架 12. 调焦透镜 13. 调焦螺旋 14. 十字丝分划板 15. 微倾螺旋 16. 竖轴 17. 视准轴 18. 水准管轴 19. 微倾轴 20. 轴套 21. 底板

DS_3 型水准仪由望远镜、水准器及基座三部分组成。仪器通过基座与三脚架连接,支承在三脚架上。基座上的 3 个脚螺旋与目镜左下方的圆水准器,用以粗略整平仪器。望远镜旁装有一个管水准器,转动望远镜微倾螺旋,可使望远镜做微小的俯仰运动,管水准器也随之俯仰,使管水准器的气泡居中,此时望远镜视线水平。仪器在水平方向上的转动,是由水平制动螺旋和微动螺旋控制的。

1)望远镜

望远镜是提供视线和照准目标的设备,它由物镜、调焦透镜、十字丝分划板及目镜等部分组成。如图 2.3 所示,根据几何光学原理可知,目标经过物镜及调焦透镜的作用,在十字丝附近成

一倒立实像。由于目镜离望远镜的远近不同，转动调焦螺旋令调焦透镜在镜筒内前后移动，可使其实像恰好落在十字丝平面上，再通过目镜将倒立的实像和十字丝同时放大，这时倒立的实像成为倒立而放大的虚像。放大的虚像的视角与用眼睛直接看到目标视角大小的比值，即为望远镜的放大率 V。国产 DS_3 型水准仪望远镜的放大率一般约为 30 倍。

十字丝是用以瞄准目标和读数的，其形式一般如图 2.4 所示。其中十字丝的交点与物镜光心的连线，称为望远镜的视准轴，它是用以瞄准和读数的视线。因此，望远镜的作用一是提供一条瞄准目标的视线，二是将远处目标的像放大，提高瞄准和读数的精度。而与十字线横丝等距平行的两条短丝称为视距丝，可用其测定距离。

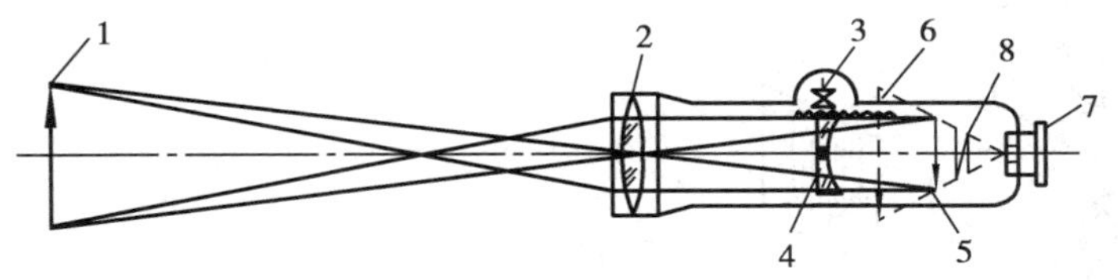

图 2.3　望远镜的构造

1. 目标　2. 物镜　3. 调焦螺旋　4. 调焦凹透镜　5. 倒立实像　6. 放大虚像　7. 目镜　8. 十字丝分划板

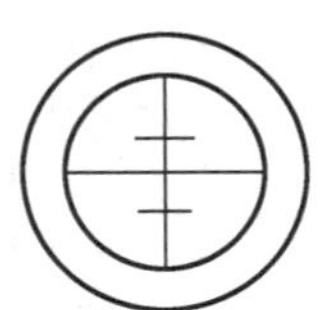

图 2.4　十字丝

用望远镜瞄准目标的标准是十字丝及目标成像都清晰稳定。为此，首先进行目镜对光：将望远镜对着明亮的背景，调节目镜对光螺旋，使十字丝清晰。同时使眼睛相对目镜微微上下移动，检查有无十字丝视差。若目标正好成像于十字丝平面上，十字丝与目标成像不会相对移动。反之，若目标未成像于十字丝平面，眼睛上下移动时，十字丝与目标成像必然相对移动，这表明存在十字丝视差。消除视差的办法是交替调节目镜和物镜的调焦螺旋，使上述两个平面重合，直到成像稳定为止。

上述望远镜是利用调焦凹透镜的移动来调焦的，称为内调焦式望远镜；另有一种老式的望远镜是借助物镜调焦的，使镜筒伸长或缩短成像，称为外调焦式望远镜。外调焦式望远镜密封性较差，灰尘湿气易进入镜筒内，而内调焦式望远镜恰好克服了这些缺点，所以目前测量仪器大多采用内调焦式望远镜。

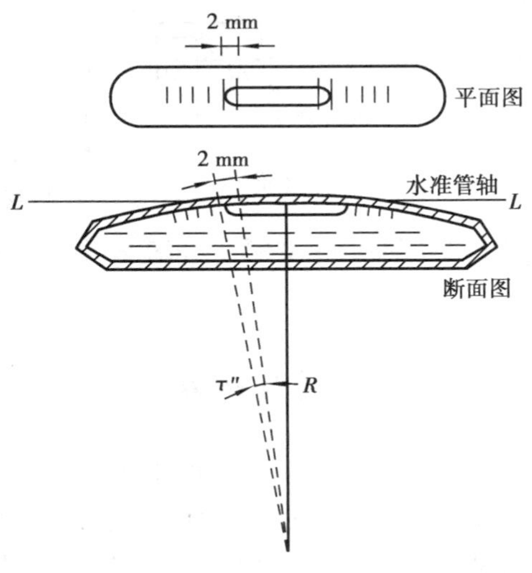

图 2.5　水准管

2）水准器

水准器是用以整平仪器的器具，分为管水准器和圆水准器两种。

（1）管水准器　管水准器亦称水准管，是用一个内表面磨成圆弧的玻璃管制成（图 2.5），一般以圆弧 2 mm 长度所对圆心角 τ（$\tau=\dfrac{2\ \text{mm}}{R}\rho''$，$R$ 为曲率半径，$\rho''=206265''$）表示水准管的分划值。分划值越小，灵敏度越高，DS_3 型水准仪的水准管分划值一般为 $\tau=20''/2\ \text{mm}$。管内圆弧中点处的水平切线，称为水准管轴，用 LL 表示。当气泡两端与圆弧中点对称时，称为气泡居中，即表示水准管轴处于水平位置。从图 2.2(b) 可知，水准仪上的水准管轴与望远镜的视准轴平行，当水准管气泡居中，视线也就水平了。因此水准管和望远镜是水准仪的主要部件，水准管轴与视准轴互相平行是水准仪构造中的主要要求。为了提高水准管气泡居中的精度，目前生产的水准仪，一般在水准管上方设置一组棱镜，利用棱镜的折光作用，使气泡两端的像反映在直角棱镜上，如图 2.6(a)所示。从望远镜旁的气泡观察窗中可看到气泡两端的影像，当两个气泡的像错开时，表明气泡未居中，如图2.6(b)所示。当两半个气泡像吻合时，则表示气泡居中，见图 2.6(c)。这种具有棱镜装置的水准管称为符合水准器，它可以提高安平精度。

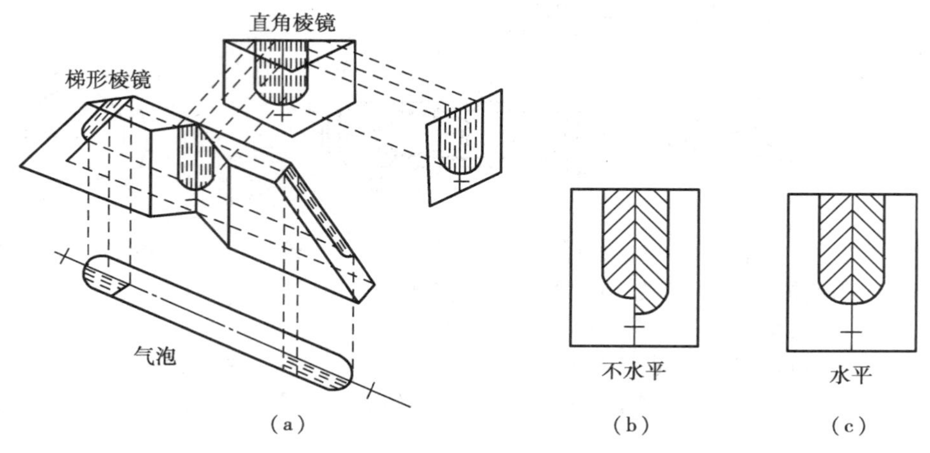

图 2.6 符合水准器

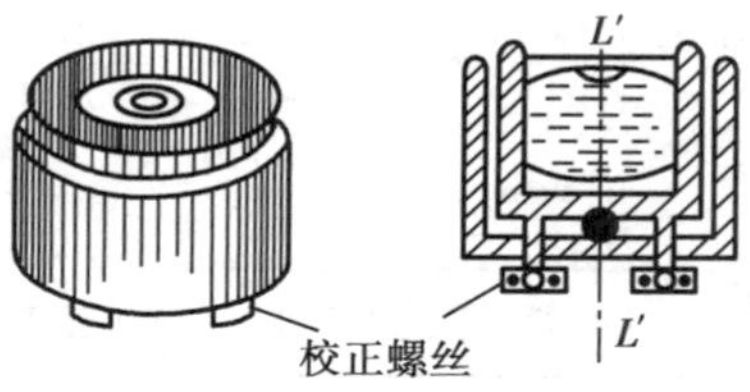

(2)圆水准器　圆水准器如图 2.7 所示，它是用一个玻璃圆盒制成，装在金属外壳内。玻璃的内表面磨成球面，中央刻有一小圆圈，圆圈中点与球心的连线称为圆水准器轴($L'L'$)。当气泡位于小圆圈中央时，圆水准器轴处于铅垂位置。普通水准仪的圆水准器分划值一般为 8′/2 mm。圆水准器安装在托板上，其轴线与仪器的竖轴互相平行，所以当圆水准器气泡居中时，表示仪器的竖轴已基本处于铅垂位置。由于圆水准器的精度较低，它主要用于水准仪的粗略整平。

校正螺丝　L'　L'

图 2.7 圆水准器

2.2.2 水准尺和尺垫

水准尺是水准测量中的重要工具，多用干燥而良好的木材制成，也有铟钢制成的铟钢尺。尺的形式有直尺、折尺和塔尺(图2.8)。水准测量一般使用直尺，只有精度要求不高时才使用折尺或塔尺。目前常用的水准尺以 3 m 的直尺较为多见，一面为黑白分划，另一面为红白分划，俗称黑红两面水准尺。1 cm 分划，10 cm注记，黑面底端以零起算，而红面底端分别以4.687 m和 4.787 m 起算，注记不同的两根尺子在水准测量时配对使用。

尺垫一般为三角形的铸铁块(图 2.8)，中央有一突起的半球顶，以便放置水准尺。下有三尖脚，可踩入土中。尺垫的作用是标志立尺点位和支撑水准尺。

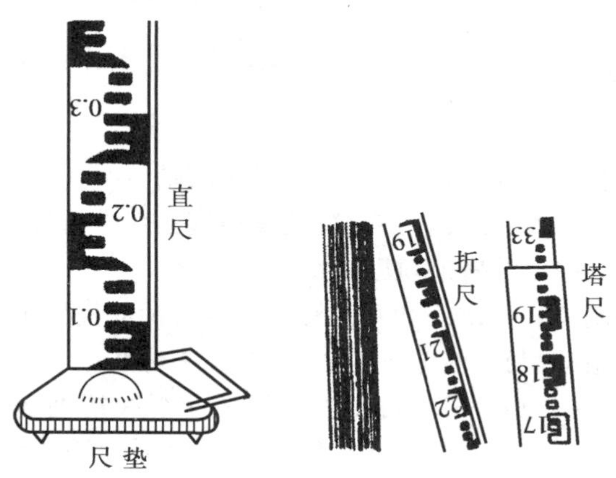

图 2.8 水准尺和尺垫

2.3 DS$_3$ 型微倾式水准仪的使用

2.3,2.4,2.5 微课

2.3.1 安置与粗平

选好测站，打开并固定三脚架，使高度约在观测者的颈部，用中心螺旋将水准仪安装到三脚架上，使架头大致水平，然后转动脚螺旋使圆水准气泡居中。如图 2.9(a) 所示，气泡不在圆水准器的中心而在 1 点位置，这表明脚螺旋 A 一侧偏高，此时可用双手按箭头所指的方向对向旋转脚螺旋 A 和 B，即降低脚螺旋 A，升高脚螺旋 B，则气泡便向脚螺旋 B 方向移动，气泡运动方向与左手拇指旋转方向一致，移动到 2 点位置时为止。再旋转脚螺旋 C，如图 2.9(b) 所示，使气泡从 2 点移到圆水准器的中心，这时仪器的竖轴大致竖直，亦即视线大致水平。

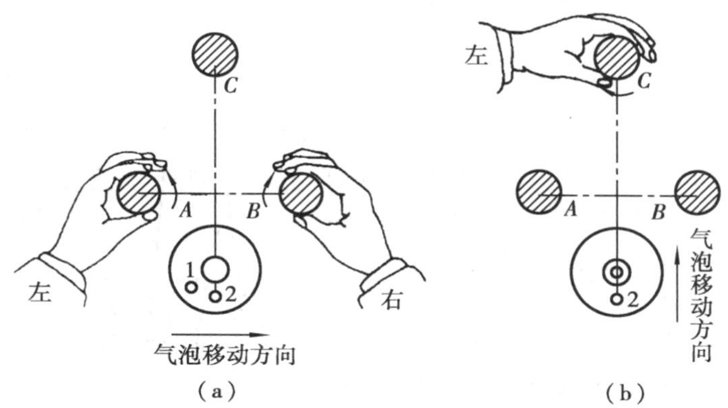

图 2.9 圆水准器的整平

2.3.2 瞄准水准尺

(1)目镜对光　调节目镜对光螺旋,使十字丝成像清晰。

(2)粗略瞄准　放松制动螺旋,旋转望远镜使缺口准星对准目标,拧紧制动螺旋。

(3)物镜对光　调节物镜对光螺旋,使目标成像清晰。

(4)消除视差　交替调节目镜螺旋和对光螺旋直至目标成像稳定。

(5)精确瞄准　调节微动螺旋,使竖丝处于水准尺的一侧。

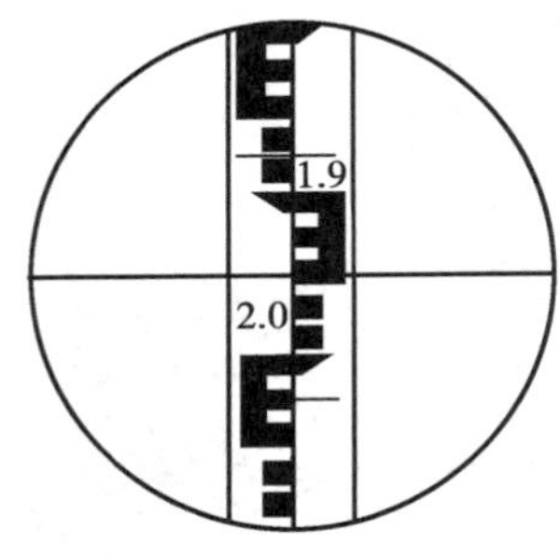

图2.10　水准尺读数

(6)精平与读数　为了使视线精确地处于水平位置,读数前应调节微倾螺旋使水准管气泡居中,即符合水准气泡两端影像对齐,方可在水准尺上读数。

精确整平后,应立即根据中丝读取尺上的读数,读数时应估读到mm。图2.10中,从望远镜中读得中丝读数为1.946 m。因为水准仪的望远镜一般是倒像,所以水准尺倒写的数字从望远镜中看到的是正写的数字,同时看到尺上刻划的注记是由上向下递增的,因此,读数应由上向下读,即由小到大。当水准尺为正字时,成像为倒字,同样按注记从小到大顺序读取。

精平和读数是两项不同的操作步骤,在测量中常把这两项操作视为一个整体,即边看符合气泡边读数,一旦发现气泡偏离应重新精平后才能读数。

2.4 水准测量的实施

2.4.1 水准点

水准点是用水准测量的方法测定其高程的地面标志点。为了将水准测量成果加以固定,必须在地面上设置水准点。水准点可根据需要,设置成永久性水准点和临时性水准点。

永久性水准点可造标埋石,如图2.11(a)所示;临时性水准点可用地表突出的岩石或建筑物基石,也可用木桩作为其标志,如图2.11(b)所示,桩顶打一小钉且用红油漆圈点。通常以“*BM*”代表水准点,并编号注记于桩点上,如 BM_1, BM_2 等。为了便于寻找和使用,可在其周围醒目处予以标记,或在桩上固定一明显标志,并绘出草图。

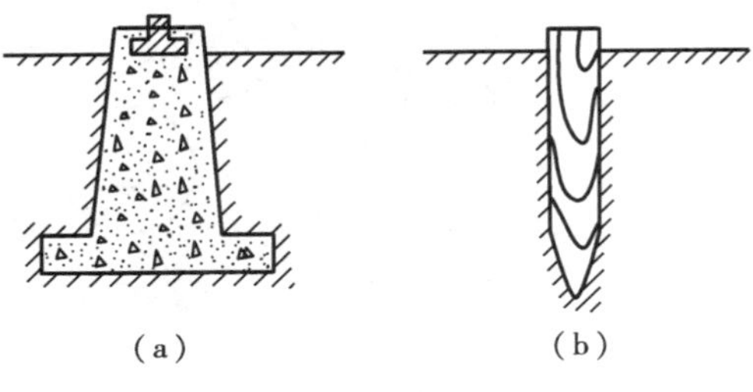

图2.11　水准点

(a)永久性水准点;(b)临时性水准点

2.4.2 水准测量的实施

当地面两点间距离较长或高差过大时，则需将两点之间分成若干测站，逐站安置仪器，依次测得各站高差，而后计算两点间的高差。如图2.12所示，在 A,B 两点间依次设3个点，安置4次仪器，即设4个测站，每一测站可读取后、前视读数，得各站高差为

$$h_1 = a_1 - b_1$$

$$h_2 = a_2 - b_2$$

$$h_3 = a_3 - b_3$$

$$h_4 = a_4 - b_4$$

由图可知，两点间的高差为4个测站高差之和，即

$$h_{AB} = \sum h = \sum a - \sum b \tag{2.5}$$

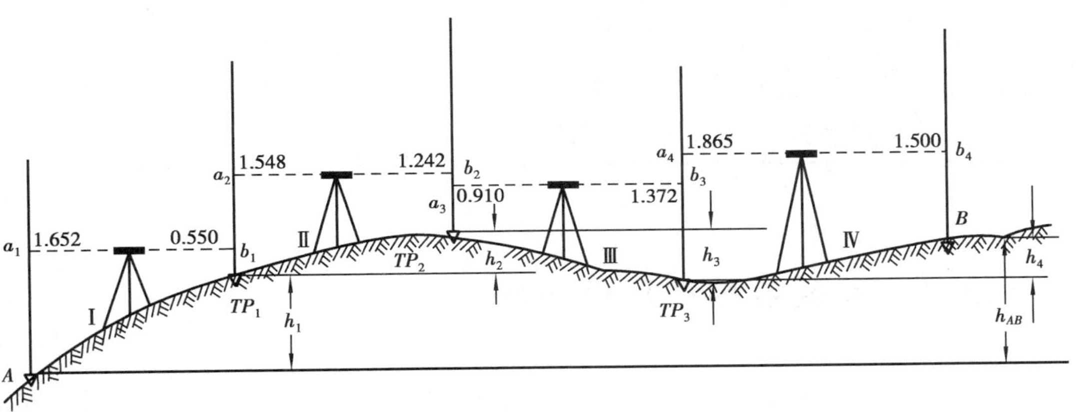

图2.12 水准测量示意图

在实际作业中，应按一定的记录格式随测、随记、随算。以图2.12为例，开始将水准仪安置在已知点 A 及第一点 TP_1 之间，测得 $a_1 = 1.652$ m 及 $b_1 = 0.550$ m，分别记入表2.1中第一测站的后视读数及前视读数栏内，算得高差 $h_1 = +1.102$ m，记入高差栏内。水准仪搬至Ⅱ站，A 点上的水准尺由持尺者向前选择第二点 TP_2，在其上立尺，后视 TP_1 尺，前视 TP_2 尺，将测得的后、前视读数及算得的高差记入第二测站的相应各栏中。然后又搬仪器至Ⅲ、Ⅳ测站继续观测。所有观测值和计算见表2.1，其中计算校核中算出的 $\sum h$ 与 $\sum a - \sum b$ 相等，表明计算无误，如不等则计算有错。这种检核可发现计算中的错误，并及时予以纠正，但不能检查观测中的错误，也不能提高观测精度。

从观测过程与表2.1可知，A 点高程是通过在地面上临时选择的 TP_1，TP_2，TP_3 传递到 B 点的，这些点称为转点。它起传递高程的作用，一个转点既作上一测站的前视点，又是下一测站的后视点，才能起到传递高程的作用。因此，测量过程中转点位置的任何变动，将会直接影响 B 点的高程。这就要求转点应选择在坚实的地面上，并将尺垫置稳踩实，还要注意不能有任何意外的变动。

表 2.1 水准测量记录

仪器型号______日期______年______月______日

天气______观测者______记录者______

测站	测点	后视读数/m	前视读数/m	高差/m		高程/m	备注
				+	−		
1	*A*	1.652		1.102		1 556.482	H_A 已知 $H_B = H_A + h_{AB}$ $=1\ 557.793$
	*TP*1		0.550				
2	*TP*1	1.548		0.306			
	*TP*2		1.242				
3	*TP*2	0.910			0.462		
	*TP*3		1.372				
4	*TP*3	1.865		0.365		1 557.793	
	B		1.500				
计算校核	$\sum a = 5.975 \quad \sum b = 4.664 \quad \sum h = +1.331 \quad h_{AB} = H_B - H_A = +1.311$ $\sum a - \sum b = 5.975 - 4.664 = +1.311$						

2.5 水准测量的校核及高程计算

在水准测量中，测得的高差总是不可避免地含有误差。为了使测量成果达到预期的精度，必须采取有效措施进行校核。

2.5.1 水准测量的校核方法

1)测站校核

(1)改变仪器高法　在每个测站上观测一次高差后，在原地升高或降低仪器高度 10 cm 以上，再测一次高差，两次高差应相等，其不符值不得超过 ±6 mm（等外水准测量），则认为符合要求，取其平均值作为最后结果，否则应重测。

(2)双面尺法　采用双面水准尺，在每个测站上读取后视尺的黑、红面读数和前视尺的黑、红面读数，然后进行下列两项校核：

①同一根水准尺黑、红面的读数之差应为一常数，其误差不得超过 4 mm。

②黑、红面分别算得的高差应相等，其高差之差如果是三等水准测量，误差不超过 ±3 mm，四等水准测量误差不超过 ±5 mm，等外水准测量不得超过 ±6 mm。若在容许误差范围内，可取两次高差的平均值作为最后结果。

观测与计算方法如下：

a. 读出后视黑面尺与前视黑面尺的读数，求得两点高差；

b. 读出前视红面尺与后视红面尺读数，求得两点高差；

c. 求出黑面尺读数高差与红面尺读数高差之差。

红面尺与黑面尺读数所求得的高差值理论上应相等，但因为配对双面尺的红面起点，一根是4.687 m，一根是4.787 m，相差一个常数0.1 m，则红面尺读数求得的高差结果应加上或减去0.1 m。当红面尺求得的高差比黑面尺求得的高差大时，应减去0.1 m，相反应加上0.1 m。

测站校核可以校核本测站的测量成果是否符合要求，但整个路线测量成果是否符合要求甚至有错，则不能判定。因此，还需要进行路线校核。

2）路线校核

水准测量的路线有：

（1）闭合水准路线　从一已知的水准点 BM_1 开始，沿一条闭合的路线进行水准测量，最后又回到该起点，称为闭合水准路线（图2.13）。闭合水准路线测得的高差总和在理论上应等于零，即 $\sum h_{理} = 0$。由于测量含有误差，$\sum h_{测} \neq 0$，则高差闭合差

$$f_h = \sum h_{测} \tag{2.6}$$

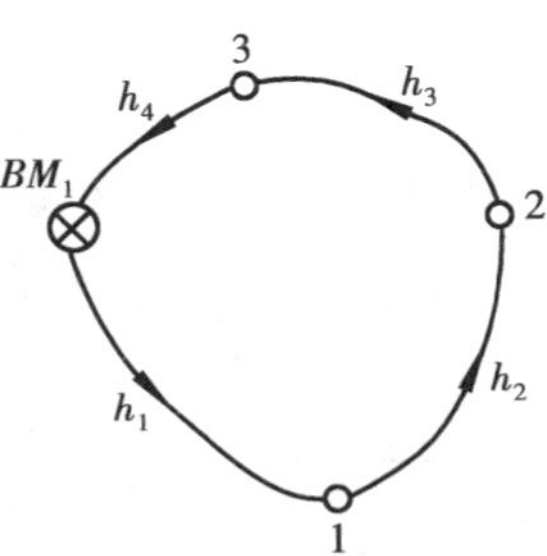

图2.13　闭合水准路线

高差闭合差的大小反映了测量成果的质量，闭合差的允许值视水准测量的等级不同而异。普通水准测量（等外级水准测量）高差闭合差允许值

平坦地区　$$f_{h允} = \pm 10\sqrt{n}\ \text{mm} \text{ 或 } \pm 40\sqrt{L}\ \text{mm} \tag{2.7}$$

山区　$$f_{h允} = \pm 12\sqrt{n}\ \text{mm} \tag{2.8}$$

式中，L ——水准路线全长，km；

n——测站数。

若高差闭合差的绝对值大于 $f_{h允}$，说明测量成果不符合要求，应当返工重测。

（2）附合水准路线　由一已知的水准点 BM_1 开始，沿线测定1，2，3等点高程，最后又附合到另一个已知水准点 BM_2 的水准路线，称为附合水准路线（图2.14）。从理论上来说，测得的高差总和应等于两个已知水准点间的高差。即

$$\sum h_{测} = H_{终} - H_{始}$$

$$f_h = \sum h_{测} - (H_{终} - H_{始}) \tag{2.9}$$

高差闭合差的允许值与式(2.7)相同。

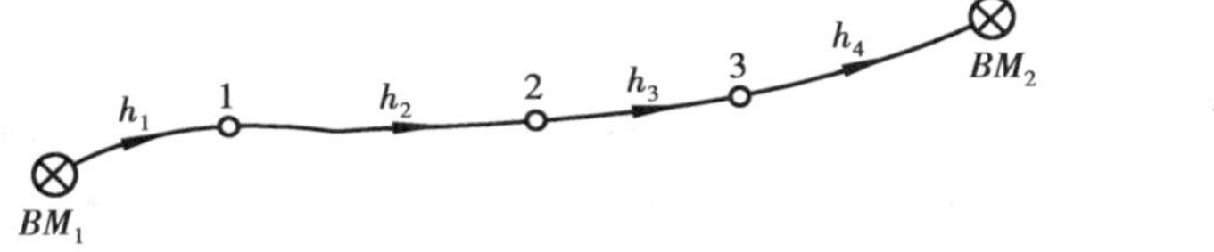

图2.14　附合水准路线

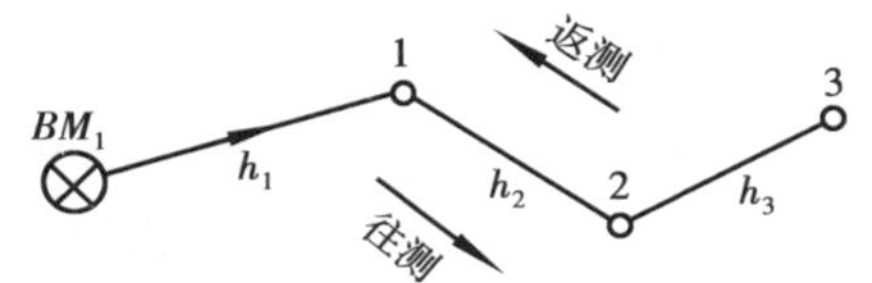

图2.15　支水准路线

（3）支水准路线　如图2.15所示，从已知水准点 BM_1 开始，既不附合到另一水准点，也不闭合到原水准点的水准路线，称为支水准路线。为了校核，除测出 h_l，h_2 和 h_3 外，还应从3点经

2,1点返测回到 BM_1。这时往测和返测的高差的绝对值应相等,符号相反,实际上形成了一闭合水准路线。如往返测得高差的代数和不等于零,即为闭合差。

$$f_h = \sum h_{往} + \sum h_{返} \tag{2.10}$$

高差闭合差的允许值仍按式(2.7)或式(2.8)计算,但公式中 L 为支水准路线往返总长度的千米数,n 为往返总测站数。

2.5.2 水准路线高差闭合差的调整和高程计算

水准测量外业完成后,在内业计算前,必须重新复查外业手簿中的各项记录与计算,检查无误,再进行闭合差的计算与调整,然后根据改正后的高差计算各点高程。

附合水准路线和闭合水准路线高差闭合差调整的方法是相同的。现以闭合水准路线为例,说明具体做法。

1)闭合水准路线高差闭合差的计算

闭合水准路线高差闭合差的计算如图 2.13 和表 2.2 所示。

表 2.2 闭合水准路线高程计算表

计算者:__________日期:________年________月________日

点 号	距离/km	实测高差/m	改正值/mm	改正后高差/m	高程/m	备 注
$BM1$					1 528.400	(已知) f_h = +30 mm $f_{h允}$ = +80 mm $f_h \leqslant f_{h允}$ 成果合格,可改正
	1.15	+1.990	−9	+1.981		
1					1 530.381	
	0.75	−1.729	−5	−1.734		
2					1 528.647	
	1.05	−1.896	−8	−1.904		
3					1 526.743	
	1.10	+1.665	−8	+1.657		
$BM1$					1 528.400	
$\sum$	4.0	0.03	−30	0		

$$f_h = \sum h_{测} = +0.030\ \text{m} = 30\ \text{mm}$$

$$f_{h允} = \pm 40\sqrt{L}\ \text{mm} = \pm 80\ \text{mm} \quad f_h < f_{h允}$$

符合精度要求,可进行改正。

2)高差闭合差调整

在同一水准路线的观测中,可以认为各测站的观测条件是相同的,故各站产生的误差也可以认为是相等的。因此,闭合差的调整原则是:将闭合差反符号,按测站数或路线长度成正比进行分配。可按下式计算改正值:

$$U_{hi} = -\left[\frac{f_h}{\sum n} \times n_i\right] \quad \text{或}\ U_{hi} = -\left[\frac{f_h}{\sum L} \times L_i\right] \tag{2.11}$$

式中，U_{hi}——某高差观测值的改正值；

$\sum L$——水准路线总长；

L_i——第 i 段长度；

$\sum n$——测站总数；

n_i——第 i 段的测站数。

各测段高差观测值与改正数的代数和，即为该测段改正后的高差。

3）高程计算

表 2.2 是闭合水准路线的高差算例。将起始点 BM_1 的高程与沿线各测段改正后的高差逐一累加（代数和），即得各未知点高程。

对于支水准路线，采用往返观测，当闭合差 $|f_h| \leqslant |f_{h允}|$ 时，则分段取往返测高差的绝对值的平均值，符号则以往测高差为准，以此作为该测段改正后的高差，然后再从起点沿往测方向推算各待测点的高程。

2.6 微课

2.6 微倾式水准仪的检验与校正

水准仪必须提供一条水平视线。其主要轴线之间的几何关系如图 2.16 所示，水准仪应满足下列条件：

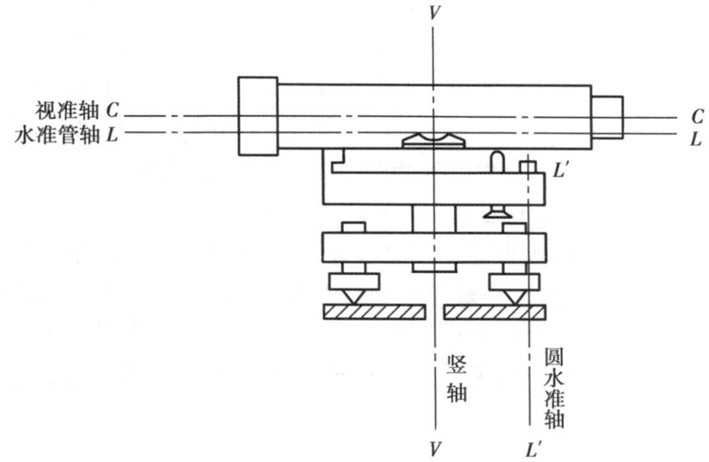

图 2.16 水准仪的轴线关系

①圆水准器轴平行于仪器的竖轴，即 $L'L' /\!/ VV$。

②十字丝横丝垂直于竖轴 VV。

③水准管轴平行于视准轴，即 $LL /\!/ CC$。

在水准测量之前，必须对上述多项条件进行检验校正，使仪器各轴线满足上述关系。

2.6.1 圆水准器轴的检验与校正

1)检验原理

圆水准器是用来粗略整平水准仪的,如果圆水准轴 $L'L'$ 与仪器竖轴 VV 不平行,则圆水准器气泡居中时,仪器竖轴不在竖直位置。若竖轴倾斜过大,可能导致转动微倾螺旋到了极限位置还不能使水准管气泡居中。

若圆水准轴与竖轴平行,则气泡居中后,竖轴处于铅垂位置,仪器旋转至任何位置,圆气泡也必然居中。

2)检验方法

安置仪器后,先调脚螺旋使圆水准器的气泡居中,然后将望远镜旋转 180°,若气泡仍然居中,说明条件满足。如果气泡偏离中央位置,需校正。

3)校正方法

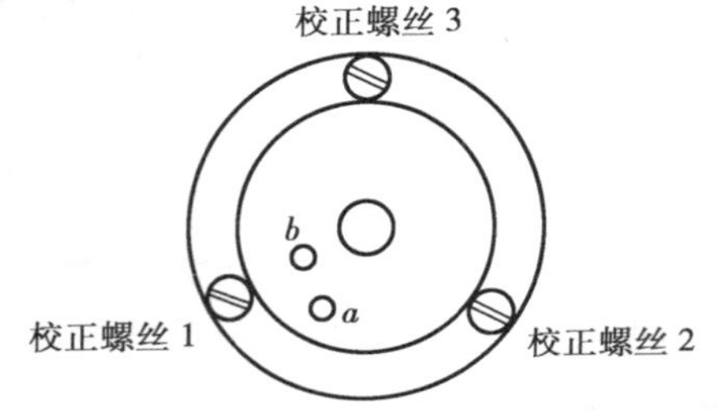

图 2.17 圆水准器的校正

如图 2.17 所示,设望远镜旋转 180°后,气泡不在中心而在 a 位置,这表示校正螺丝 1 的一侧偏高。校正时,转动脚螺旋使气泡从 a 位置朝圆水准器中心方向移动偏离量的一半,到图标 b 的位置,这时仪器竖轴基本处于竖直位置,然后拨动 3 个校正螺丝使气泡居中。但应反复检验和校正,直至仪器转至任何位置,气泡始终居中为止。

由于校正螺丝装置的不同,校正螺丝旋进旋出的作用也不同。如图 2.18(a)所示,圆水准器在底部由一小圆珠支承在外壳上,3 个校正螺丝穿过外壳底板与圆水准器底部的螺孔连接。如将某颗校正螺丝旋进,则该侧的圆水准器降低,气泡向相反方向移动。如图 2.18(b)所示,圆水准器底部由一固定螺丝与金属外壳连接,而 3 颗校正螺丝穿过金属外壳将圆水准器顶住,因此旋进某颗校正螺丝,就将圆水准器顶高,气泡向着校正螺丝移动。因此,在校正前首先应了解圆水准器和校正螺丝之间的关系,才能掌握气泡移动的方向。校正时应按先松后紧的原则,即要旋紧一校正螺丝,必先略松其相对应的一螺丝,防止旋紧时导致螺丝滑丝或断裂;其次,校正完毕,应拧紧各校正螺丝,使校正好的圆水准器固定不动。

2.6.2 十字丝横丝的检验和校正

水准测量是利用十字丝横丝来读数的,当竖轴处于铅垂位置时,如果横丝不水平,如图 2.19(a)所示,这时按横丝的左侧或右侧读数都会产生误差。

1)检验原理

当仪器竖轴处于铅垂位置时,如果十字丝横丝垂直于竖轴,横丝必成水平。这样,当望远镜绕竖轴旋转时,横丝上任何部分始终在同一水平面内。

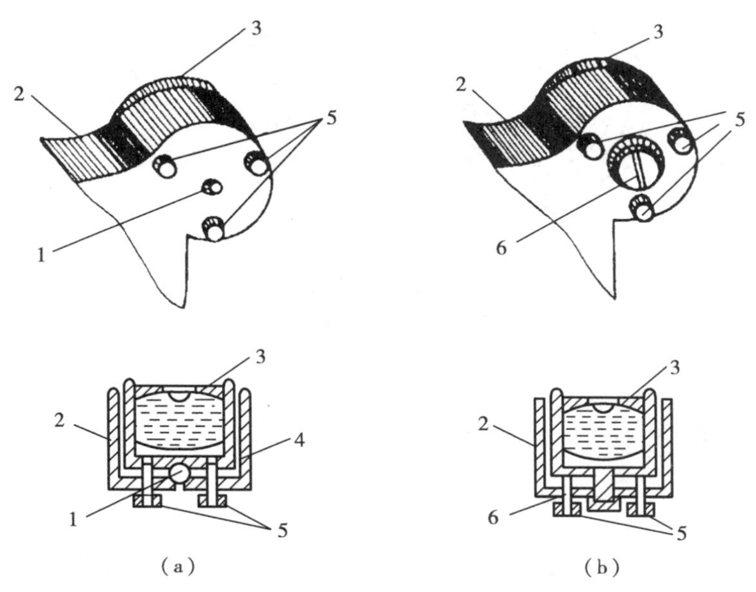

图 2.18 圆水准器的校正设备

(a)拉紧型校正设备;(b)顶紧型校正设备

1.圆珠 2.外壳 3.圆水准器 4.螺孔 5.校正螺丝 6.固定螺丝

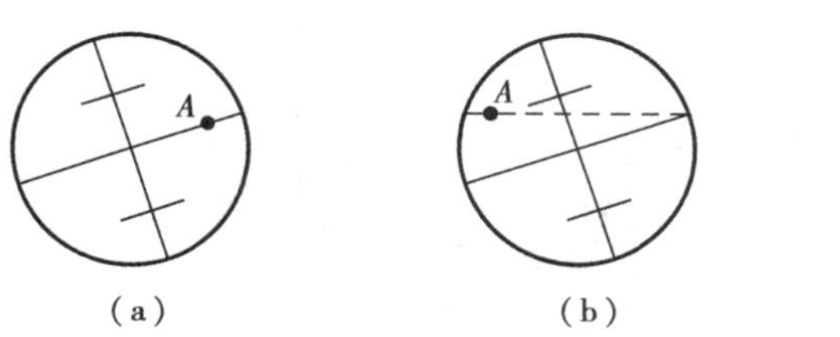

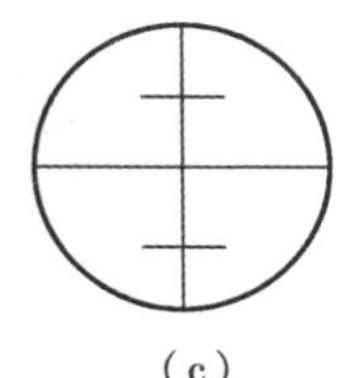

图 2.19 十字丝横丝的检验

若产生图 2.19(b)中的情况,则需校正。此外,也可采用挂垂球的方法进行检验,即将仪器整平后,观察十字丝纵丝是否与垂球线重合,如不重合,则需校正。

2)检验方法

整平仪器后,将十字丝横丝的一端瞄准一明显点,如图 2.19(a)中的 A 点,固定制动螺旋,转动微动螺旋。如果 A 点始终在横丝上移动,则表示条件满足;如果 A 点偏离横丝(图 2.19(b)),则需进行校正。

3)校正方法

校正设备有两种形式,图 2.20(a)为拧开目镜护盖后的情况,这时松开十字丝分划板座 4 颗固定螺丝,轻轻转动分划板,使横丝水平,然后拧紧 4 颗螺丝,盖好护盖。另一种如图 2.20(b)所示,在目镜端镜筒上有 3 颗固定十字丝分划板座的埋头螺丝,校正时松开其中任意两颗,轻轻转动分划板座,使横丝水平,再将埋头螺丝拧紧。

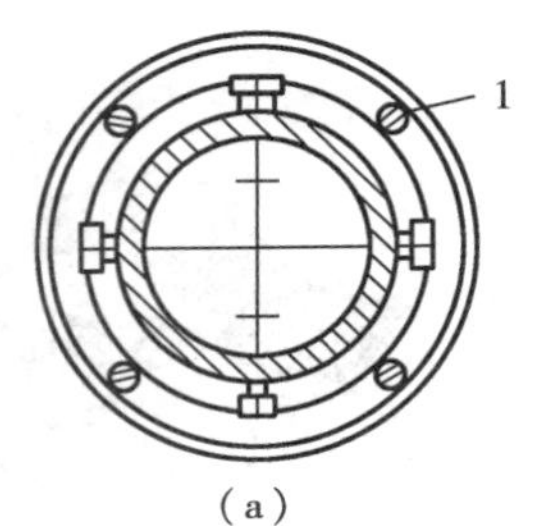

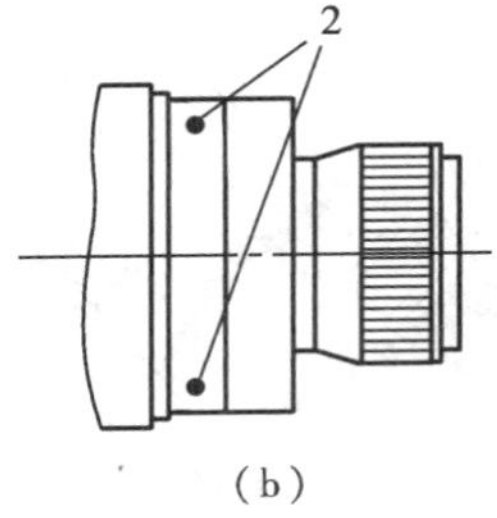

图 2.20 十字丝分划板校正设备

1. 固定螺丝 2. 分划板座埋头螺丝

2.6.3 水准管轴的检验与校正

1)检验原理

如果仪器的水准管轴和视准轴平行,当水准管气泡居中时,视线即水平。这时水准仪安置在两点间任何位置,所测得的高差都是正确的。假如水准管轴与视准轴不平行,当水准管气泡居中时,视线却是向上(或向下)倾斜,与水准轴形成一小角(图 2.21)。

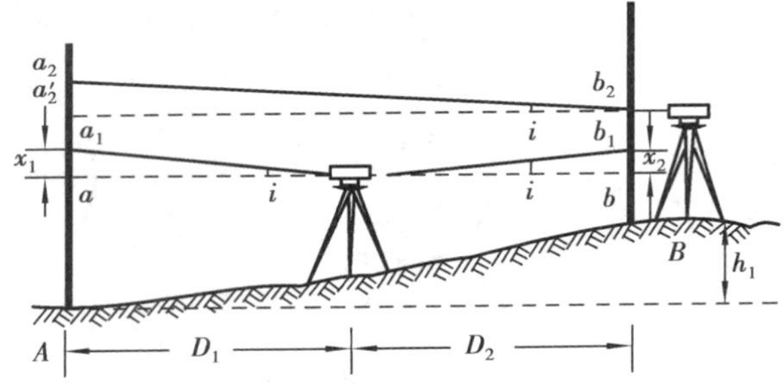

图 2.21 水准管轴的检验

2)检验方法

选距离 60 ~ 80 m 的 A,B 两点,各打一木桩。先将仪器安置在 AB 线段的中点,如图2.21所示,在符合气泡居中的情况下,分别读取 A,B 点上水准尺的读数 a_1 和 b_1,求得高差 $h_1 = a_1 - b_1$。这时即使水准管轴与视准轴不平行有一夹角 i,视线是倾斜的,由于仪器到两水准尺的距离相等,误差也相等,即 $x_1 = x_2$($D_1 \tan i = D_2 \tan i$),因此求得的高差 h_1 还是正确的。然后将仪器搬至 B 点附近(相距 2 m 左右),在符合气泡居中的情况下,对远尺 A 和近尺 B,分别读得读数 a_2 和 b_2,求得第二次高差 $h_2 = a_2 - b_2$。若 $h_2 = h_1$,说明仪器的水准管轴平行于视准轴,无需校正;若 $h_2 \neq h_1$,则水准管轴不平行于视准轴,需要校正。

3)校正方法

仪器安置于 B 点附近时,水准管轴 LL 不平行于视准轴 CC 的误差对近尺 B 的读数 b_2 的影响很小,可以忽略不计,而远尺读数 a_2则含有误差。在校正前应算出远尺的正确读数 a'_2,从图2.21 可知:$a'_2 = h_1 + b_2$。

转动微倾螺旋,使中丝对准远尺 A 上的读数恰为 a'_2,此时视线已水平,而符合气泡不居中,用校正针拨动水准管上、下两校正螺丝(图 2.22),使气泡居中,这时水准管轴就平行于视准轴了。但为了检查校正是否完善,必须在 B 点附近重新安置仪器,分别读取远尺 A 及近尺 B 的读数 a_3 和 b_3,求得 $h_3 = a_3 - b_3$,若 $h_3 \neq h_1$,且相差在 3 mm 以内时,表明已校正好。

水准管的校正螺丝有上下左右共 4 个(图 2.22)。校正时,先稍微松开左右两个中的任一个,然后利用上下两螺丝进行校正。松上紧下,则把该处水准管支柱升高,气泡向目镜方向移动;松下紧上,则把水准管支柱降低,气泡向相反方向移动。校正时,也应遵守先松后紧的原则。校正要细心,用力不能过猛,所用校正针的粗细要与校正孔的大小相适应,否则容易损坏仪器。校正完毕,应使各校正螺丝与水准管的支柱处于顶紧状态。

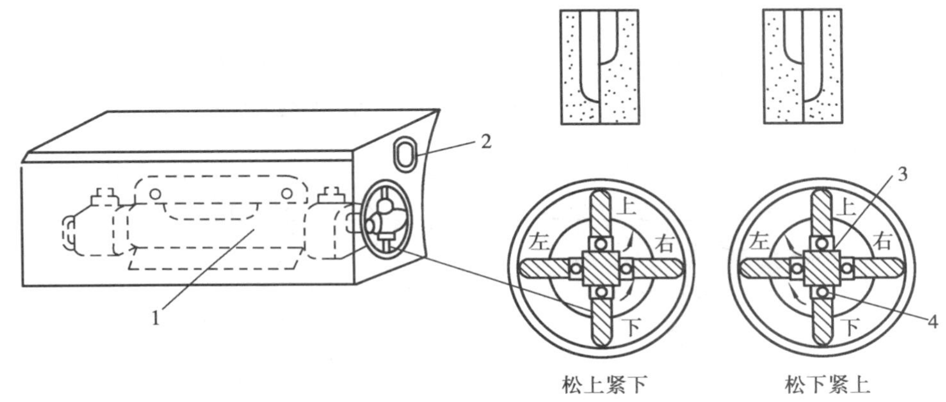

图 2.22 水准管的校正

1. 水准管 2. 气泡观察窗 3. 水准管支柱 4. 校正螺丝

2.7—2.9 微课

2.7 自动安平水准仪

2.7.1 自动安平水准仪的补偿器和补偿原理

自动安平水准仪的特点是用补偿器取代符合水准器。使用时,只要用圆水准器粗略整平仪器,就可直接利用十字丝进行读数,从而加快了测量速度。图 2.23(a)是我国 DSZ_3 型自动安平水准仪的外形,图 2.23(b)是它的剖面图。现以这种仪器为例介绍其构造原理和使用方法。

如图 2.24 所示,当视线水平时,水平光线恰好与十字丝交点所在位置 K' 重合,读数正确无误。如视线倾斜一个 α 角,十字丝交点移动一段距离 d 到达 K 处,这时按十字丝交点 K 读数,显然有偏差。如果在望远镜内的适当位置装置一个"补偿器",使进入望远镜的水平光线经过补偿器后偏转一个 β 角,恰好通过十字丝交点 K 点读出的数仍然是正确的。由此可知,补偿器的作用,是使水平光线发生偏转,而偏转角的大小正好能够补偿视线倾斜所引起的读数偏差。

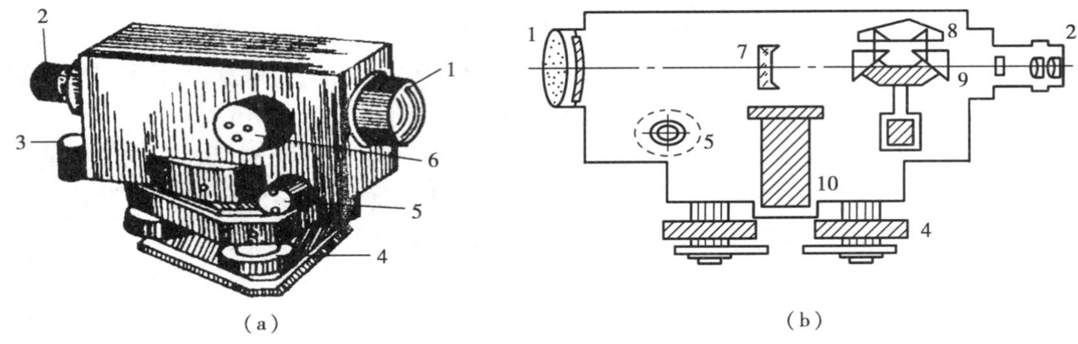

图 2.23 自动安平水准仪

1. 物镜 2. 目镜 3. 圆水准器 4. 脚螺旋 5. 微动螺旋 6. 对光螺旋 7. 调焦透镜 8. 补偿器 9. 十字丝分划板 10. 竖轴

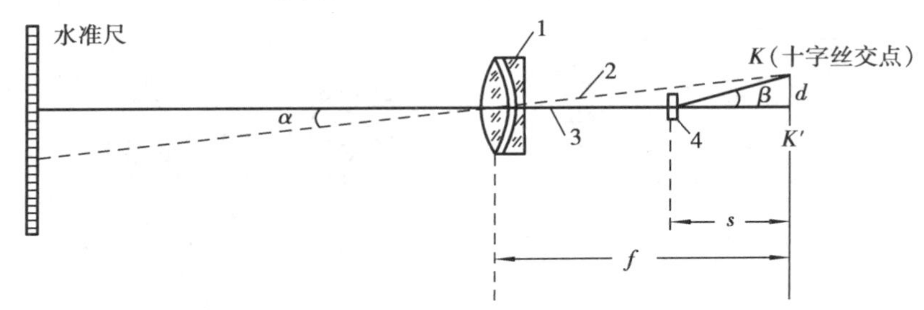

图 2.24 自动安平水准仪原理

1. 物镜 2. 倾斜视线 3. 水平光线 4. 补偿器

2.7.2 自动安平水准仪的使用

使用自动安平水准仪进行水准测量，只要把仪器安置好，使圆水准器气泡居中，即可用望远镜瞄准水准尺读数。为了检查补偿器是否起作用，有的仪器安置一个按钮，按下按钮可把补偿器轻轻触动，待补偿器稳定后，看尺上读数是否有变化。如无变化，说明补偿器正常。如仪器没有按钮装置，可稍微转动一下脚螺旋，如尺上读数没有变化，说明补偿器起作用，仪器正常，否则应进行检查修理。

2.8 电子水准仪

电子水准仪是在自动安平水准仪的基础上发展起来的，采用条纹编码标尺和数字影像处理原理，用传感器代替观测者的眼睛，将标尺成像转换成数字信息，进而获得标尺读数和视距。

2.8.1 电子水准仪的构造

电子水准仪是在望远镜光路中增加了分光镜和光电探测器等部件，采用条码水准尺和图像处理电子系统，构成光、机、电及信息存储与处理一体化的水准测量系统。其光学系统和机械系统的部分结构与自动安平水准仪基本相同。如图 2.25 所示，为南方 DL－2007 电子水准仪，主要由望远镜、水准器、自动补偿系统、计算存储系统、显示窗、操作键和基座等组成。

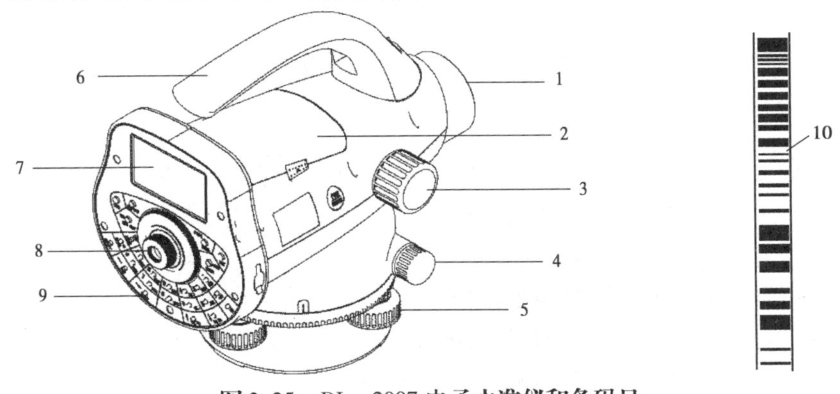

图 2.25 DL－2007 电子水准仪和条码尺

1. 物镜 2. 电池 3. 对光螺旋 4. 微动螺旋 5. 脚螺旋
6. 提柄 7. 显示窗 8. 目镜 9. 操作键 10. 条码尺

2.8.2 电子水准仪的测量原理

电子水准仪与传统水准仪的不同之处，主要在于 CCD 摄像及编码图像识别处理系统和相应的编码水准尺。电子水准仪的测量原理是标尺的条码像经望远镜、调焦镜、补偿器的光学零件和分光镜后，分成两路，一路成像在分划板上，供目视观测，另一路成像在 CCD 线阵上，用于进行光电转换。经光电转换、整形后再经过模数转换，输出数字信号被送到微处理器进行处理和存储，并与机器内已存储的条码信息进行比较，即可以获得标尺中丝读数和前后视距离等数据，如图 2.26 所示。

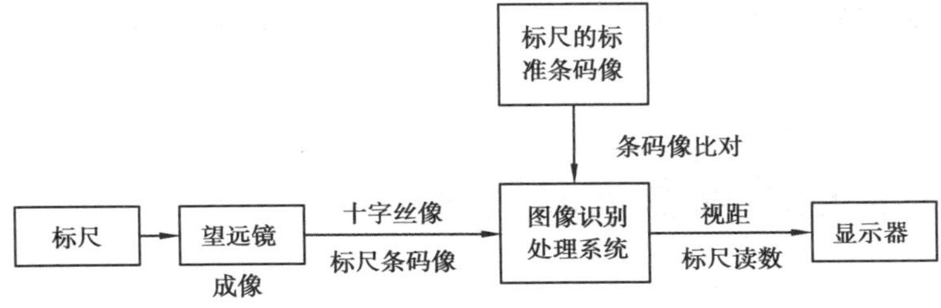

图 2.26 电子水准仪的测量原理

2.8.3 电子水准仪的使用

1)操作准备工作

架设三脚架,安置仪器,待机 10 min 左右,使仪器温度和气温基本保持一致。调焦,要求竖丝位于条码带上,否则不能读数。

2)建立文件

选择项目或新建项目,并输入项目名,操作者等并存储。

3)测量参数设置

设置测量参数,设置大气折射、加常数等;对各类参数和限差进行设置或修改;仪器设置,主要设置单位、小数位等;记录设置,记录要选择,否则不会记录。每项设置好后,都要存储。

4)水准路线测量

(1)输入新的线路名或者打开已有的线路。

(2)测量模式的选择,如一、二等水准测量选择"BFFB"模式,三等水准测量可选择"BFFB"模式,四等可选"BBFF"模式,其中 B 为后视,F 为前视。

(3)输入引据点水准高程、编码、编号等,根据精度要求按照测量模式的顺序点击"测量键"进入测量状态。如果需要中间点测量,必须在完成后视测量或者完成一站的测量后,才可以进行。

(4)按"结束键"结束本次测量,并输入附和水准点高程和代码。

5)数据导出

把测量数据从内存输出到 SD 卡或端口,或者从内部存储器导出,

也可以使用电子水准仪下载处理软件通过仪器接口在仪器的存储卡和计算机之间进行文件交换。经接口进行的数据传输有通讯协议。

6)数据平差

线路平差程序可进行单一水准路线的平差。首先选择含有线路的作业,然后在当前作业中选择水准路线。然后可以用"按距离"或者"按测站"进行水准路线平差,两种方法都可以计算闭合差。如果闭合差超限,就显示超限信息。平差结果的所有数据将保存在平差的线路的文件中。

2.9 水准测量误差来源及减弱措施

2.9.1 仪器工具误差

(1)仪器误差　仪器误差主要是指水准管轴不平行于视准轴的误差。仪器虽经检验与校正,但不可能校正得十分完善,总会留下一定的残余误差。这项误差具有系统性,在水准测量

时，只要将仪器安置在距前、后视距尺距离相等的位置，就可消除该项误差对高差测量所产生的影响。

(2)水准尺误差　由于水准尺的长度不准、尺底零点和尺面刻划有误差及尺子弯曲变形等原因，都会给水准测量读数带来误差。因此，事先都必须对所用水准尺逐项进行检定，符合要求方可使用。

2.9.2 操作误差

(1)整平误差　水准测量是利用水平视线来测定高差的，而影响视线水平的原因有二：一是水准管气泡居中误差，二是水准管气泡未居中误差。

(2)读数误差　读数误差与望远镜的放大倍率、观测者的视觉能力、仪器距尺子的距离等因素有关。

(3)视差误差　在水准测量中，视差的影响会给观测结果带来较大的误差，因此在观测前，必须反复调节目镜和物镜对光螺旋，以消除视差。

2.9.3 外界条件的影响

(1)仪器和尺垫下沉　由于土壤的弹性及仪器的自重，在观测过程中可能引起仪器下沉。如果仪器随时间均匀下沉，所测高差的误差就可得到有效的削弱。因此，在测站不良地区，用黑、红面尺观测时，可按后黑、前黑、前红、后红的观测顺序予以减弱仪器升降误差的影响。

与仪器升沉情况相类似。如转站时尺垫下沉，使所测高差增大，如上升则使高差减小。故对一条水准路线采用往返观测取平均值，这项误差可以得到削弱。

(2)水准尺倾斜　如果尺子没有竖直，无论向前倾或向后倾，总是使尺上读数增大。而且视线越高，误差越大。当尺子倾斜 2°、在水准尺上 2 m 处读数，将会产生 1 mm 的读数误差。所以在水准尺上一般装有水准器，以便将尺子竖直。

(3)地球曲率和大气折光　大地水准面是一个曲面，只有当水准仪的视线与之平行时，才能测出两点间的真正高差。只要将仪器安置于前、后视等距离处，就可消除地球曲率的影响。

地面上空气存在密度梯度，光线通过不同密度的媒质时，将会发生折射，而且总是由疏媒质折向密媒质，因而水准仪的视线往往不是一条理想的水平线。将仪器置于前、后视等距离处，可消除大气折光的影响。

(4)风力的影响　在水准测量作业中，风力对气泡居中和立尺竖直都会产生较大影响。因此，要选择合适的时间进行观测。

复习思考题

1. 名词解释

视准轴　水准管轴　圆水准器轴　水准仪的仪器高程

2. 填空

(1)水准仪粗平是旋转________________使________________的气泡居中,目的是使________________________线铅垂;而精平是旋转____________使____________,目的是使__________________轴线水平。

(2)内对光望远镜的构造主要包括:________、________、________、________。

(3)水准测量时,水准尺前倾会使读数变________,水准尺后倾会使读数变________。

(4)水准测量时,把水准仪安置在距前、后尺大约相等的位置,其目的是为了消除____。

(5)水准仪的构造主要包括:________、________、________。

(6)水准测量转点的作用是__________________________,因此转点必须选在______________________________,通常转点处要安放________________________。

(7)水准仪水准管的灵敏度主要取决于____________________________________。

(8)圆水准器整平操作时,第一次调两个脚螺旋使气泡大约处于____________________________________上,第二次再调第三个脚螺旋使气泡居中,如此反复二三次即可完成。

(9)水准测量时,调微倾螺旋使水准管气泡居中,望远镜视准轴也就水平,因仪器构造的前提条件是____。

3. 判断正误

(1)水准仪的水准管轴应平行于视准轴,是水准仪各轴线间应满足的主要条件。(　　)

(2)通过圆水准器的零点,作内表面圆弧的纵切线称圆水准器轴线。(　　)

(3)望远镜对光透镜的调焦目的是使目标能成像在十字丝平面上。(　　)

(4)通过水准管零点所作圆弧纵切线称水准管轴。(　　)

(5)水准测量中观测误差可通过前、后视距离等来消除。(　　)

(6)水准管圆弧半径 R 愈大,则水准管分划值愈大,整平精度愈低。(　　)

4. 单项选择题

(1)水准测量时,如用双面水准尺,观测程序采用"后、前、前、后",其目的主要是消除(　　)的影响。

A. 仪器下沉误差　　B. 视准轴不平行于水准管轴误差

C. 水准尺下沉误差　　D. 水准尺刻划误差

(2)水准测量过程中,当精平后,望远镜由后视转到前视时,有时会发现符合水准气泡偏歪较大,其主要原因是(　　)。

A. 圆水准器未检定好　　B. 竖轴与轴套之间油脂不适量等因素造成

C. 圆水准器整平精度低　　D. 兼有 B,C 两种原因

(3)在一条水准线路上采用往返观测,可以消除(　　)的误差。

A. 水准尺未竖直　　B. 仪器升沉

C. 水准尺升沉　　D. 两根水准尺零点不准确

(4)水准仪安置在与前后水准尺大约等距之处观测,其目的是(　　)。

A. 消除望远镜调焦引起的误差　　B. 视准轴与水准管轴不平行的误差

C. 地球曲率和折光差的影响　　D. 包含 B 与 C 两项的内容

(5)水准测量时,长水准管气泡居中说明(　　)。

A. 视准轴水平,并且与仪器竖轴垂直　　B. 视准轴与水准管轴平行

C. 视准轴水平　　D. 视准轴与圆水准器轴垂直

(6)从自动安平水准仪的结构可知,当圆水准器气泡居中时,便可达到(　　)。

A. 望远镜视准轴水平　　B. 获取望远镜视准轴水平时的读数

C. 通过补偿器使望远镜视准轴水平

(7)水准测量中的转点是指(　　)。

A. 水准仪所安置的位置　　B. 水准尺的立尺点

C. 为传递高程所选的立尺点　　D. 水准线路的转弯点

5. 问答题

(1)水准仪的构造应满足哪些主要条件?

(2)解释视差的定义,并说明视差产生的原因及消除办法。

(3)粗平与精平各自的目的为何? 怎样才能实现?

(4)转点在水准测量中起什么作用? 它的特点是什么?

(5)水准测量中怎样进行计算校核、测站校核和路线校核?

(6)自动安平水准仪为什么能在仪器微倾的情况下获得水平视线的读数?

(7)试述电子水准仪的自动读数原理。

6. 计算题

(1)已知 A 点高程 $H_A=552.633$ m,后视读数 $a=1.591$ m,前视读数 $b=0.613$ m,求 B 点高程。

(2)已知 A 点高程 $H_A=423.518$ m,要测出相邻 1,2,3,4,5 点的高程。先测得 A 点后视读数 $a=1.563$ m,接着在各待定点上立尺,分别测得读数 $b_1=0.953$ m,$b_2=1.152$ m,$b_3=1.328$ m,$b_4=1.028$ m,$b_5=0.630$ m。

(3)在水准点 BM_a 和 BM_b 之间进行水准测量,所测得的各测段的高差和水准路线长如图 2.26所示。已知 BM_a 的高程为 5.612 m,BM_b 的高程为 5.400 m。试将有关数据填在水准测量高差调整表中(见表 2.3),最后计算水准点 1 和 2 的高程。

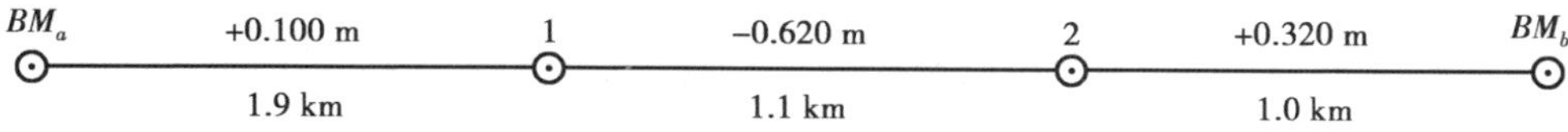

图 2.26　水准路线

(4)安置水准仪在离 A,B 两点等距处,测得正确高差为 +0.940 m(A 点为后视点,B 点为前视点)。仪器搬至 A 点附近时,测得 A 尺读数为 1.512,B 尺读数为 0.560。问水准轴是否平行于视准轴? 如不平行,应如何进行校正?

表 2.3 水准测量高程调整表

点 号	路线长/km	实测高差/m	改正数/mm	改正后高差/m	高程/m
BM_a					5.612
1					
2					
BM_b					5.400
$\sum$					

$H_b - H_a =$ $f_H =$ $f_{H允} =$

每千米改正数 =

3 角度测量

[本章导读]

角度测量包括水平角和竖直角的测量,是测量工作的基本内容之一。经纬仪是主要的测角仪器。本章重点介绍经纬仪的构造与使用、用经纬仪测量水平角和竖直角的方法、经纬仪的检验与校正以及电子经纬仪等内容,并分析角度观测误差。

在本章的学习过程中,要培养学生对测量数据精益求精的工匠精神和团队协作能力,增强集体主义观念。

3.1 微课

3.1 光学经纬仪

角度测量是测量工作的基本内容之一,它包括水平角测量和竖直角测量。角度测量中最常用的仪器就是光学经纬仪。光学经纬仪按精度指标可分为 DJ_{07}, DJ_1, DJ_2, DJ_6, DJ_{15} 和 DJ_{60} 6 个级别,其中"D"和"J"分别为"大地测量"和"经纬仪"的汉语拼音的第一个字母,下标数字表示仪器的精度,即一测回水平方向中误差的秒数。

3.1.1 DJ_6 级光学经纬仪

1) DJ_6 级光学经纬仪的构造

DJ_6 级光学经纬仪的样式虽然很多,但其主要部分的构造基本相同,包括照准部、水平度盘和基座三大部分。图 3.1 是北京光学仪器厂生产的 DJ_6 级光学经纬仪,图 3.2 是其基座、水平度盘和照准部三部分。

(1)基座　基座上有 3 个脚螺旋,一个圆水准气泡,用来粗平仪器。水平度盘旋转轴套套在竖轴套外围,拧紧轴套固定螺旋,可将仪器固定在基座上;旋松该螺旋,可将经纬仪水平度盘连同照准部从基座中拔出。

(2)水平度盘　水平度盘是一个圆环形的光学玻璃盘片,盘片边缘刻划并按顺时针注记有 0°~360°的角度数值,最小刻划为 1°或 30′,水平度盘是作为观测水平角读数用的。

(3)照准部　照准部是指水平度盘之上,能绕其旋转轴旋转的全部部件的总称,它包括竖轴、U形支架、望远镜、横轴、竖直度盘、管水准器、竖盘指标管水准器和读数装置等。照准部的旋转轴称为仪器竖轴，竖轴插入基座内的竖轴轴套中旋转；照准部在水平方向的转动，由水平制动、水平微动螺旋控制；望远镜在纵向的转动，由望远镜制动、望远镜微动螺旋控制；竖盘指标管水准器的微倾运动由竖盘指标管水准器微动螺旋控制；照准部上的管水准器，用于精平仪器。

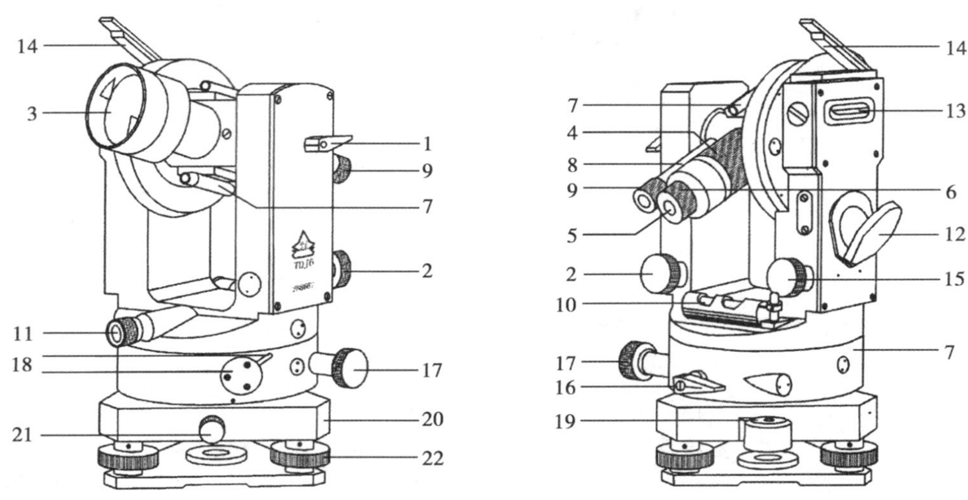

图 3.1　DJ_6 型光学经纬仪构造图

1. 望远镜制动螺旋　2. 望远镜微动螺旋　3. 物镜　4. 物镜调焦螺旋　5. 目镜　6. 目镜调焦螺旋　7. 光学瞄准器　8. 度盘读数显微镜　9. 度盘读数显微镜调焦螺旋　10. 照准部管水准器　11. 光学对中器　12. 度盘照明反光镜　13. 竖盘指标管水准器　14. 竖盘指标管水准器观察反射镜　15. 竖盘指标管水准器微动螺旋　16. 水平方向制动螺旋　17. 水平方向微动螺旋　18. 水平度盘变换螺旋与保护卡　19. 基座圆水准器　20. 基座　21. 轴套固定螺旋　22. 脚螺旋

水平角测量需要旋转照准部和望远镜依次瞄准不同方向的目标并读取水平度盘的读数；在一测回观测过程中，水平度盘是固定不动的；为了角度计算的方便，在观测开始之前，通常将起始方向（称为零方向）的水平度盘读数配置为0°左右，这就需要有控制水平度盘转动的部件。有两种控制水平度盘转动的结构：

①水平度盘位置变换螺旋　具体操作是待经纬仪整平后，调节度盘照明反光镜，通过度盘读数显微镜清晰地看到水平度盘的刻画，旋转水平度盘变换螺旋，调节水平度盘的读数，待满足要求后关闭保护卡。

②复测装置　复测经纬仪是用水平度盘离合板钮（也称复测板钮）来控制水平度盘和照准部之间的关系。具体操作是待经纬仪整平后，松开照准部水平制动螺旋，板上离合板钮，使水平度盘和照准部脱离；通过读数显微镜清晰观察水平度盘的刻画，并水平转动照准部，调节水平度盘读数，待满足要求后板下离合板钮即可。

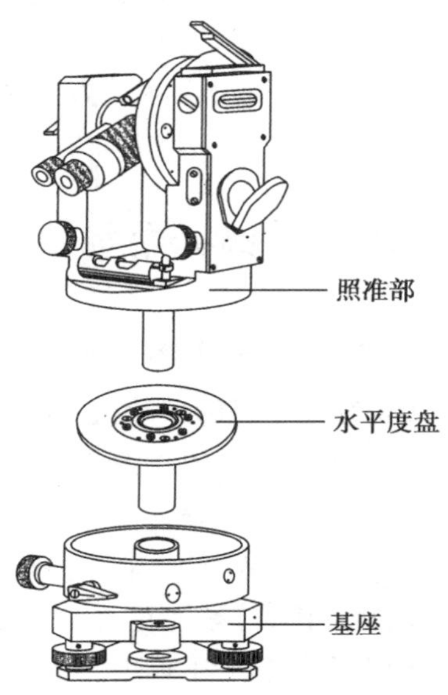

图 3.2　DJ_6 光学经纬仪的组成部分

2) DJ_6 级光学经纬仪的读数方法

光学经纬仪的读数设备包括度盘、光路系统和测微器。DJ_6 级光学经纬仪的水平度盘和竖直度盘的分划线通过一系列棱镜和透镜作用，显示在望远镜旁的读数显微镜内，观测者用读数显微镜可读取读数。由于测微装置的不同，DJ_6 级光学经纬仪的读数方法可分为下列两种类型。

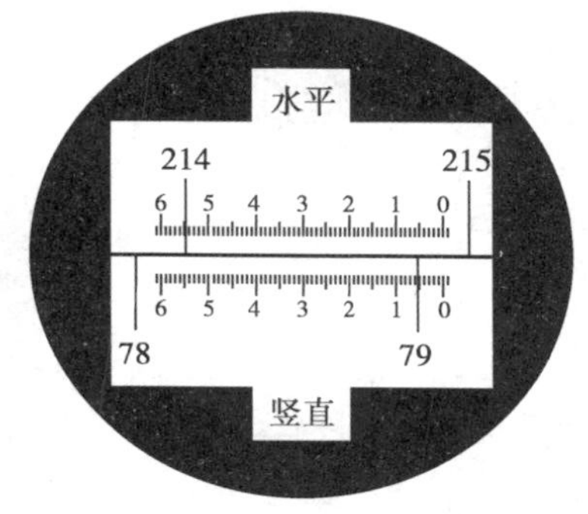

图 3.3　测微尺式读数窗影像

（1）测微尺的读数方法　我国西北光学仪器厂生产的经Ⅲ型 6″级光学经纬仪，采用的是测微尺读数装置。通过一系列的棱镜和透镜作用，在读数显微镜内，可以看到水平度盘和竖直度盘的分划以及相应的测微尺像，如图 3.3 所示。度盘最小分划值为 1°，测微尺上把度盘为 1°的弧长分为 60 格，所以测微尺上最小分划值为 1′（每 10′作一注记），可估读至 0.1′（即 6″）。

读数时，打开并转动反光镜，使读数窗内亮度适中，调节读数显微镜的目镜，使度盘和测微尺分划线清晰，“度”可从测微尺上的度盘分划线上的注字直接读出，“分”则用度盘分划线作为指标，在测微尺上直接读出，并估读到 0.1′（即 6″），两者相加，即得度盘读数。如图 3.3 所示，水平度盘的读数为 214°54′42″，竖直度盘读数为 79°05′30″。

（2）单平板玻璃测微器的读数方法　北京光学仪器厂生产的 DJ_6-Ⅰ型光学经纬仪，采用这种读数方法读数。图 3.4 为单平板玻璃测微器的读数窗视场，读数窗内可以清晰地看到测微尺（上）、竖直度盘（中）和水平度盘（下）的分划像。度盘凡整度注记，每度分两格，最小分划值为 30′；测微尺把度盘上 30′弧长分为 30 大格，1 大格为 1′（每 5′一注记），每 1 大格又分为 3 小格，每小格 20″，不足 20″的部分可估读，一般可估读到 1/4 格（即 5″）。

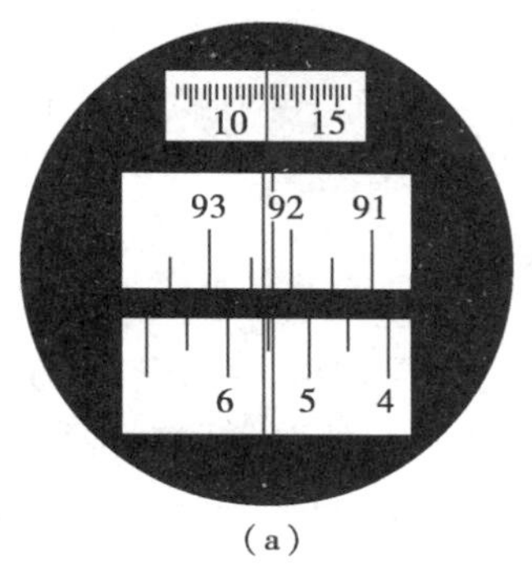

（a）

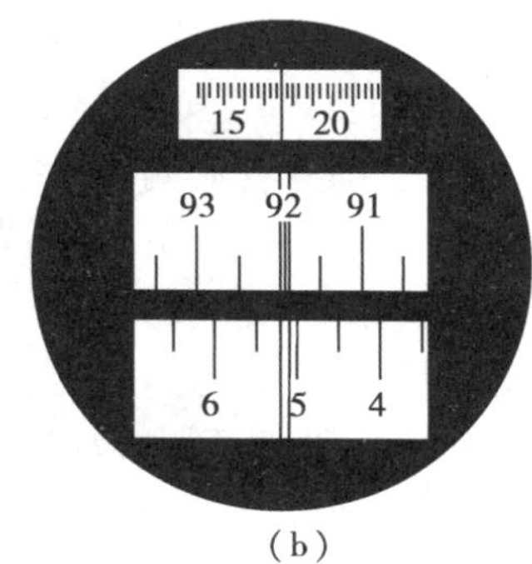

（b）

图 3.4　测微轮式计数窗影像

读数时，打开并转动反光镜，调节读数显微镜的目镜，然后转动测微轮，使一条度盘分划线精确地平分双线指标，则该分划线的读数即为读数的度数部分，不足 30′的部分再从测微尺上读出，并估读到 5″，两者相加，即得度盘读数。每次水平度盘读数和竖直度盘读数都应调节测微轮，然后分别读取，两者共用测微尺，但互不影响。

图 3.4（a）中，水平度盘读数为 5°30′ + 11′50″ = 5°41′50″；图 3.4（b）中，竖直度盘读数为 92° + 17′35″ = 92°17′35″。

3.1.2 DJ_2 级光学经纬仪

图 3.5 为苏州第一光学仪器厂生产的 DJ_2 级光学经纬仪,各部件名称如下:

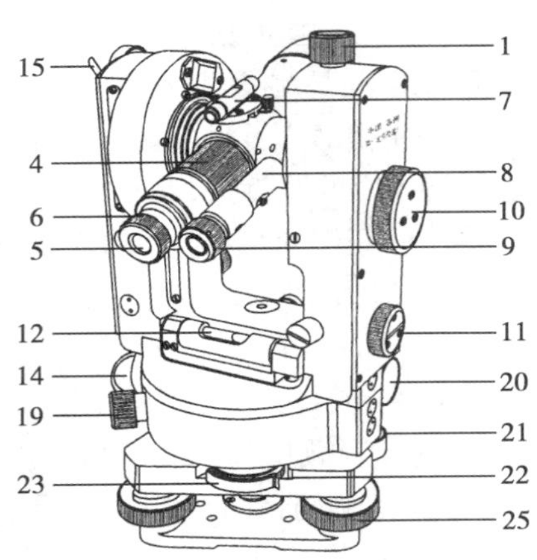

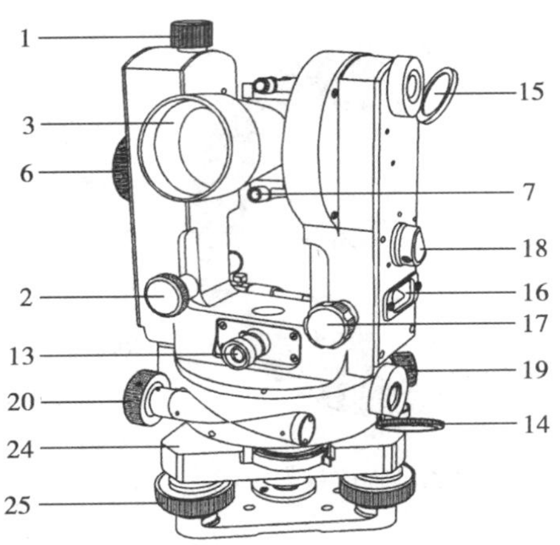

图 3.5 DJ_2 级光学经纬仪结构图

1. 望远镜制动螺旋 2. 望远镜微动螺旋 3. 物镜 4. 物镜调焦螺旋 5. 目镜 6. 目镜调焦螺旋 7. 光学瞄准器 8. 度盘读数显微镜 9. 度盘读数显微镜调焦螺旋 10. 测微轮 11. 水平度盘与竖直度盘换像手轮 12. 照准部管水准器 13. 光学对中器 14. 水平度盘照明镜 15. 垂直度盘照明镜 16. 竖盘指标管水准器进光窗口 17. 竖盘指标管水准器微动螺旋 18. 竖盘指标管水准气泡观察窗 19. 水平制动螺旋 20. 水平微动螺旋 21. 基座圆水准器 22. 水平度盘位置变换手轮 23. 水平度盘位置变换手轮护盖 24. 基座 25. 脚螺旋

DJ_2 级光学经纬仪的构造与 DJ_6 级基本相同,只在度盘读数方面存在下面的差异:

①DJ_2 级光学经纬仪采用重合读数法,相当于取度盘对径(直径两端)相差 180°处的两个读数的平均值,由此可以消除度盘偏心误差的影响,以提高读数精度。

②在度盘读数显微镜中,只能选择观察水平度盘或垂直度盘中的一种影像,通过旋转"水平度盘与竖直度盘换像手轮"来实现。

③设置双光楔测微器,分为固定光楔与活动光楔两组楔形玻璃,活动光楔与测微分划板相连。入射光线经过一系列棱镜和透镜后,将度盘某一直径两端的分划同时成像到读数显微镜内,并被横线分隔为正像和倒像。图 3.6 为德国蔡司公司(Zeiss)生产的 THEO 010 型经纬仪(属于 2″级)读数镜中的度盘对径分划像(右边)和测微器分划像(左边),度盘的数字注记为"度"数,测微分划尺左边注记为"分"数,右边注记为"十秒"数。图 3.6(a)读数为 135°02′02.3″,图 3.6(b)读数为 22°06′58.4″。

为使读数方便和不易出错,现在生产的 DJ_2 级光学经纬仪,一般采用图 3.7 所示的读数窗。度盘对径分划像及度数和整 10 分的影像分别出现于两个窗口,另一窗口为测微器读数。当转动测微轮使对径上、下分划对齐以后,从度盘读数窗读取度数和 10′数,从测微器窗口读取分数和秒数。图 3.7(a)中度盘读数为度盘对径分划像上整度数和整 10 分数(28°10′)加上测微器读数(4′24.3″),总计度盘读数为 28°14′24.3″;图 3.7(b)中度盘读数为右边窗口读取的整度数和整 10′数(123°40′)加上测微器上左边读取分数,右边读取秒数(8′13.4″),总计度盘读数为 123°48′13.4″。

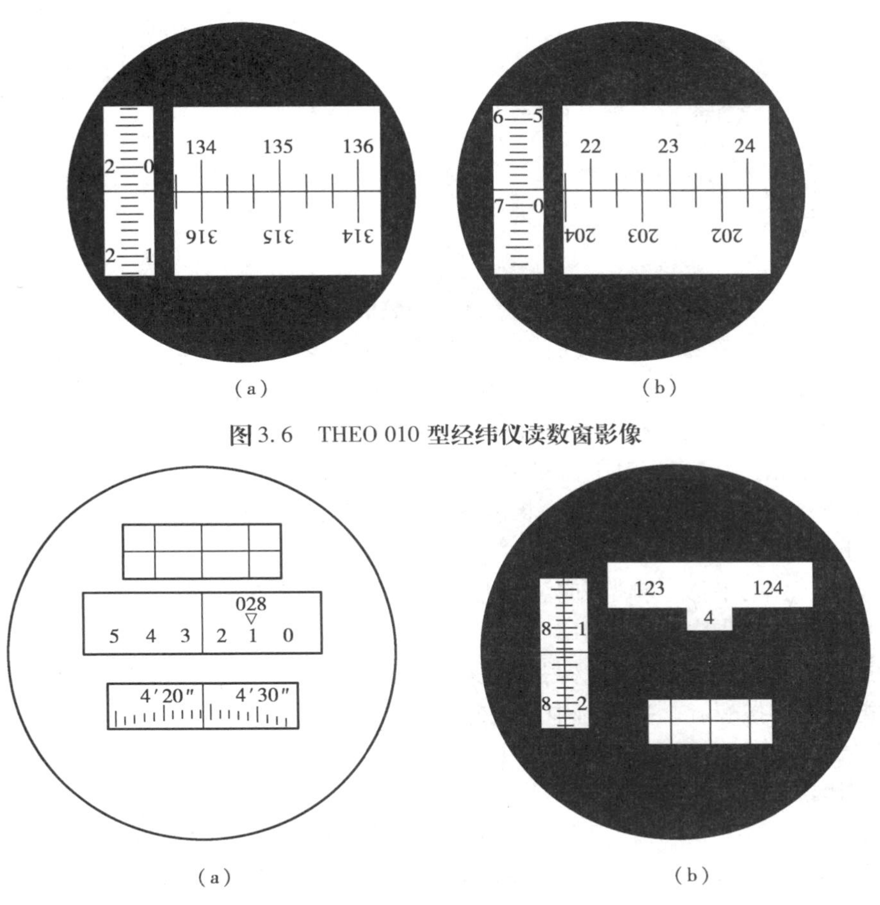

(a) (b)

图 3.6 THEO 010 型经纬仪读数窗影像

(a) (b)

图 3.7 DJ_2 级光学经纬仪读数方法

3.1.3 经纬仪的使用

1)经纬仪的安置

经纬仪的安置包括对中和整平,其目的是使仪器竖轴位于过测站点的铅垂线上,从而使水平度盘和横轴处于水平位置,竖直度盘处于铅垂状态。对中的方式有垂球对中和用对点器对中两种,整平分粗平和精平。

粗平是通过伸缩脚架腿或旋转脚螺旋使圆水准气泡居中,其规律是圆水准气泡向伸高脚架腿的一侧移动,或圆水准气泡移动方向与用左手大拇指和右手食指旋转脚螺旋的方向一致,如图 3.8 所示;精平是通过旋转脚螺旋使管水准气泡居中,要求分别转动照准部使管水准器轴旋至相互垂直的两个方向上使气泡居中,其中一个方向应与任意两个脚螺旋中心的连线方向平行。

经纬仪安置的操作程序是:

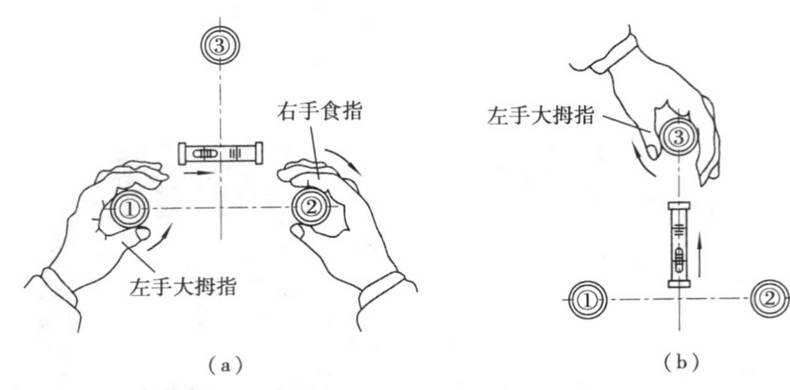

图3.8　经纬仪整平方法

打开三脚架腿,调整好其长度使脚架高度适合于观测者的高度;张开三角架,将其安置在测站上,使架头大致水平;从仪器箱中取出经纬仪放置在三角架头上,并使仪器基座中心基本对齐三角架头的中心,旋紧连接螺旋后,即可进行对中整平操作。

可以使用垂球对中或光学对中器对中进行经纬仪安置操作。

(1)使用垂球对中法安置经纬仪　将垂球挂在连接螺旋中心的挂钩上,调整垂球线长度使垂球尖略高于测站点。

①粗对中与粗平:平移三脚架(应注意保持三角架头面基本水平),使垂球尖大致对准测站点的中心,将三脚架的脚尖踩入土中。

②精对中:稍微旋松连接螺旋,双手扶住仪器基座,在架头上移动仪器,使垂球尖准确对准测站点后,再旋紧连接螺旋。垂球对中的误差应小于3 mm。

③精平:旋转脚螺旋使圆水准气泡居中;转动照准部,使管水准器与某两脚螺旋连线平行,并通过这两脚螺旋调节,使管水准器气泡居中,然后再水平转动照准部90°。若管水准气泡居中,则水平度盘处于精平状态;若管水准气泡不居中,则通过第三个脚螺旋将管水准气泡调节到零点,使水平度盘处于精平状态。注意,旋转脚螺旋精平仪器时,不会破坏前已完成的垂球对中关系。

(2)使用光学对中法安置经纬仪　光学对中器也是一个小望远镜。使用光学对中器之前,应先旋转目镜调焦螺旋使对中标志分划板十分清晰,再旋转物镜调焦螺旋(有些仪器是拉伸光学对中器)看清地面的测点标志。

①粗对中:双手握紧三角架,眼睛观察光学对中器,移动三脚架使对中标志基本对准测站点的中心(应注意保持三角架头基本水平),将三脚架的脚尖踩入土中。

②精对中:旋转脚螺旋使对中标志准确对准测站点的中心,光学对中的误差应小于1 mm。

③粗平:伸缩脚架腿,使圆水准气泡居中。

④精平:转动照准部,旋转脚螺旋,使管水准气泡在相互垂直的两个方向上居中。精平操作会略微破坏前已完成的对中关系。再次精对中:旋松连接螺旋,眼睛观察光学对中器,平移仪器基座(注意,不要有旋转运动),使对中标志准确对准测站点的中心,拧紧连接螺旋。

2)瞄准和读数

测角时的照准标志,一般是竖立于测点的标杆、测钎或觇牌。测量水平角时,要求望远镜的十字丝竖丝与照准标志重合。

望远镜瞄准目标的操作步骤如下：

(1) 目镜对光　松开望远镜制动螺旋和水平制动螺旋，将望远镜对向明亮的背景(如白墙、天空等，注意不要对向太阳)，转动目镜螺旋使十字丝清晰。

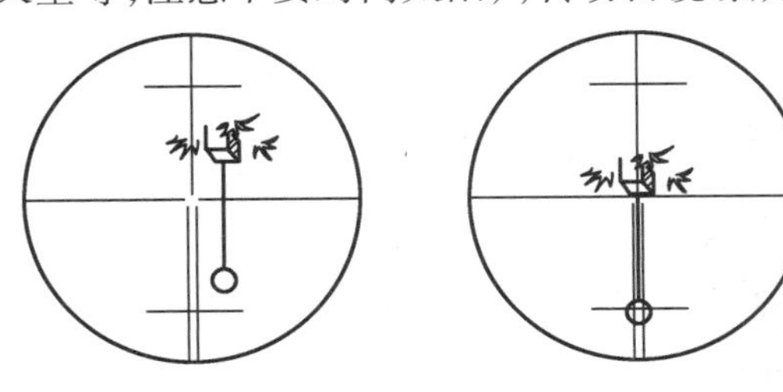

图 3.9　目标的照准

(2) 瞄准目标　用望远镜上的准心、缺口瞄准目标，旋紧制动螺旋，转动物镜调焦螺旋使目标清晰，旋转水平微动螺旋和望远镜微动螺旋，让十字丝纵丝的单线平分目标，或十字丝双线夹住目标。因目标经常会倾斜，必须尽量瞄准其基部。纵向转动望远镜使十字丝横丝大致靠近目标根部再固定，并注意消除视差，如图 3.9 所示。

(3) 读数　读数时先打开度盘照明反光镜，调整反光镜的开度和方向，使读数窗亮度适中，旋转读数显微镜的目镜使刻划线清晰，然后读数。

3.2 微课

3.2　水平角测量

地面上相交两条直线投影到水平面上所夹的角度叫水平角。如图 3.10 所示，A，O，B 为地面上任意三点，将其分别沿垂线方向投影到水平面 P 上，便得到相应的 A_1，O_1，B_1 各点，则 O_1A_1 与 O_1B_1 的夹角 β，即为地面上 OA 与 OB 两条直线之间的水平角。

为了测出水平角的大小，设想在过 O 点的铅垂线上任意一点 O_2 处，放置一个按顺时针注记的全圆量角器(相当于水平度盘)，使其中心与 O_2 重合，并置成水平位置，则度盘与过 OA，OB 的两竖直面相交，交线分别为 O_2a_2 和 O_2b_2，显然 O_2a_2，O_2b_2 在水平度盘上可得到读数，设分别为 a，b，则圆心角 $\beta = b - a$，就是 $\angle A_1O_1B_1$ 的值。

下面具体介绍用经纬仪观测水平角的方法。

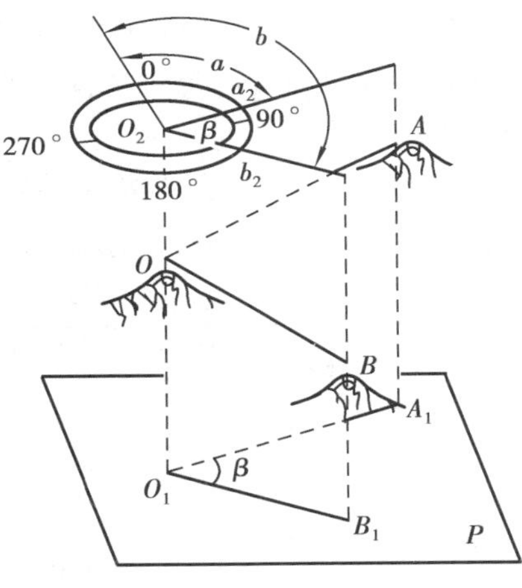

图 3.10　水平角观测原理

3.2.1　测回法

测回法适用于观测两个方向之间的单角，如图 3.11 所示为采用测回法观测水平角 $\angle ABC$ 的操作步骤：

在测站 B 点安置经纬仪，以盘左位置(竖盘在望远镜视准方向的左侧)照准左目标 A，读取水平度盘读数 $a_{左}$，以顺时针方向转动照准部照准右目标 C，读取水平度盘读数 $c_{左}$，则盘左所观测的角值为

$$\angle ABC_{左} = c_{左} - a_{左} \tag{3.1}$$

以上完成了上半个测回。为了检核和消除仪器误差对测角的影响，应以盘右位置(竖盘在

视准方向的右侧)再作下半个测回。作下半个测回时,先照准右目标 C,逆时针方向转动照准部照准左目标 A,设水平度盘读数分别为 $c_右$,$a_右$,则下半测回角值为

图 3.11 测回法观测水平角

$$\angle ABC_右 = c_右 - a_右 \tag{3.2}$$

上、下两半测回合称一测回,用 J_6 级经纬仪观测水平角上、下两个半测回角值差(称不符值)应≤ ±40″。达到精度要求取平均值作为一测回的结果,即

$$\angle ABC = (\angle ABC_左 + \angle ABC_右)/2 \tag{3.3}$$

当测角精度要求较高时,往往需要观测几个测回。为了减小水平度盘分划误差的影响,各测回间应根据测回数,每一测回水平度盘起始位置在上一测回基础上增加 180°/n(n 为测回数)左右。

表 3.1 为观测两测回,第二测回观测时,A 方向的水平度盘应配置为 90°左右。如果第二测回的半测回角差符合要求,则取两测回角值的平均值作为最后结果。

表 3.1 水平角读数观测记录(测回法)

测站	目标	竖盘位置	水平度盘读数 ° ′ ″	半测回角值 ° ′ ″	一测回平均角值 ° ′ ″	各测回平均角值 ° ′ ″
一测回	A	左	0 02 18	98 13 12	98 13 09	98 13 10
	C		98 15 30			
	A	右	180 02 42	98 13 06		
	C		278 15 48			
二测回	A	左	90 01 12	98 13 06	98 13 12	
	C		188 14 18			
	A	右	270 01 24	98 13 18		
	C		8 14 42			

3.2.2 方向观测法

当一个测站上需要观测 3 个以上方向时,则可采用方向观测法。如图 3.12 所示,O 点为测站点,A,B,C,D 为 4 个观测目标,其观测步骤如下:

①在 O 点上安置仪器，并对中、整平。

②盘左观测：将望远镜调到盘左位置，先选一明显目标作为起始方向（又称零方向），如图3.12中 A。瞄准起始目标 A 后，调节度盘使其读数稍大于0°，然后精确读取水平度盘读数，得读数 a；松开水平制动螺旋，顺时针方向依次观测目标 B,C,D 各点，分别读得读数 b,c,d；再次瞄准起始目标 A（称为归零），得读数 a'。以上操作称为上半测回，a 与 a' 之差称为半测回归零差，半测回归零差 J_6 级不大于18″。若超限，则上半测回应重测。

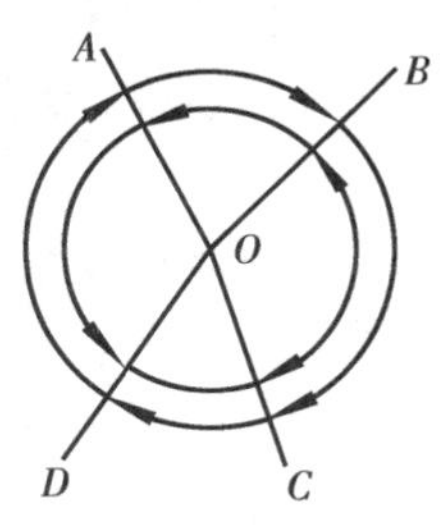

图3.12 方向观测法观测水平角

③盘右观测：倒转望远镜变成盘右位置，先照准目标 A，然后再逆时针转动，依次观测 D,C,B,A 目标，并分别读取读数，称为下半测回。下半测回同样也要检查归零差，如不符合要求应重测。

上下两个半测回合起来称为一个测回，当测角精度要求较高时，可增加测回数。同测回法观测一样，每个测回开始前，也要变换度盘位置，各测回的起始读数仍按180°/n（n 为测回数）递增。

由于上下半测回中，起始方向都被照准2次，照准部都旋转了一个全圆，所以又称全圆观测法。

方向观测法有固定的记录格式，如表3.2所示，有关读数要现场及时记入相应栏内。现结合表3.2说明方向观测法的计算步骤如下：

表3.2 方向观测法观测手簿

测站	测回数	目标	读数		2C=左−(右±180°)	平均读数 = $\frac{1}{2}$[左+(右±180°)]	归零后方向值	各测回归零方向值的平均值
			盘左	盘右				
			° ′ ″	° ′ ″	° ′ ″	° ′ ″	° ′ ″	° ′ ″
1	2	3	4	5	6	7	8	9
O	1					(0 01 21)		
		A	0 01 12	180 01 30	−18	0 01 09	0 00 00	0 00 00
		B	85 23 24	265 23 18	+6	85 23 21	85 22 00	85 21 57
		C	148 31 30	328 31 30	0	148 31 30	148 30 09	148 30 09
		D	288 48 36	108 48 30	+6	288 48 33	288 47 12	288 47 15
		A	0 01 36	180 01 30	+6	0 01 33		
O	2					(90 01 39)		
		A	90 01 24	270 01 36	−12	90 01 30	0 00 00	
		B	175 23 24	355 23 42	−18	175 23 33	85 21 54	
		C	238 31 42	58 31 54	−12	238 31 48	148 30 09	
		D	18 49 06	198 48 48	+18	18 48 57	288 47 18	
		A	90 01 48	90 01 48	0	90 01 48		

①计算半测回的归零差，即半测回中两次瞄准起始方向的读数之差，归零差不大于18″为合格。

②计算2倍照准误差 $2C$ 值，即

$$2C = 盘左读数 - (盘右读数 \pm 180°) \tag{3.4}$$

各方向 2C 值之差 J_6 级小于 36″为合格。

③计算盘左、盘右读数的平均值，即

$$平均读数 = [盘左读数 + (盘右读数 \pm 180°)]/2 \quad (3.5)$$

④计算起始方向读数的平均值，并将其记在表中平均读数栏的最上边，用小括号括起来，以示醒目。

⑤计算归零后的方向值，即各方向的平均读数减去起始方向平均读数。

⑥计算各测回归零后方向值的平均值。

取各测回同一方向的归零后方向值的平均值作为该方向的最后结果。

同一方向值各测回互差应小于 24″。

3.2.3 水平角观测的注意事项

①仪器高度要和观测者的身高相适应；三脚架要踩实，仪器与脚架连接要牢固，操作仪器时不要用手扶三脚架；转动照准部和望远镜之前，应先松开制动螺旋，使用各种螺旋时用力要轻。

②精确对中，特别是对短边测角，对中要求应更严格。

③当观测目标间高低相差较大时，更应注意仪器整平。

④照准标志要竖直，尽可能用十字丝交点瞄准标杆或测钎底部。

⑤记录要清楚，应当场计算，发现错误，立即重测。

⑥一测回水平角观测过程中，不得再调整照准部管水准气泡，如气泡偏离中央超过 2 格时，应重新整平与对中仪器，重新观测。

3.3 竖直角测量

3.3 微课

在同一竖直面内，倾斜视线与水平线之间的夹角称为竖直角，简称竖角，用 α 表示。当倾斜视线在水平线之上时，竖直角为正值，称仰角，图 3.13 中，$\alpha_1 = +6°48'$；当倾斜视线在水平线之下时，竖直角为负值，称俯角，图 3.13 中，$\alpha_2 = -13°25'$。竖直角的角值范围是 0° ~ ±90°。竖直角也称倾斜角。

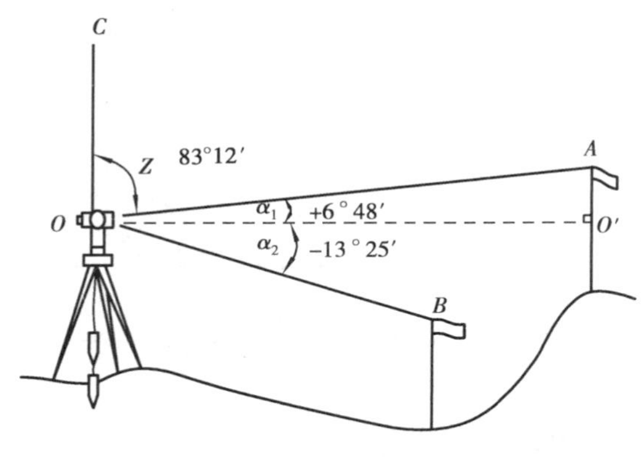

图 3.13 竖直角与天顶角

在同一竖直面内，视线与铅垂线的天顶方向之间的夹角称为天顶角，也叫天顶距，用 Z 表示。如图 3.13 中视线 OA 的天顶角为 83°12′。

3.3.1 竖盘构造

经纬仪的竖盘固定在望远镜横轴一端并与望远镜连接在一起，即竖盘随望远镜一起绕横轴旋转，竖盘面垂直于横轴。

竖盘读数指标与竖盘指标管水准器连接在一起，旋转竖盘管水准器微动螺旋将带动竖盘指标管水准器和竖盘读数指标一起做微小的转动。

竖盘读数指标的正确位置是：望远镜处于盘左、竖盘管水准气泡居中时，读数窗中的竖盘读数应为 90°（有些仪器设计为 0°、180°或 270°，本书约定为 90°）。

竖盘注记为 0°～360°，分顺时针和逆时针注记两种形式，本书只介绍顺时针注记的形式，如图 3.14 所示。

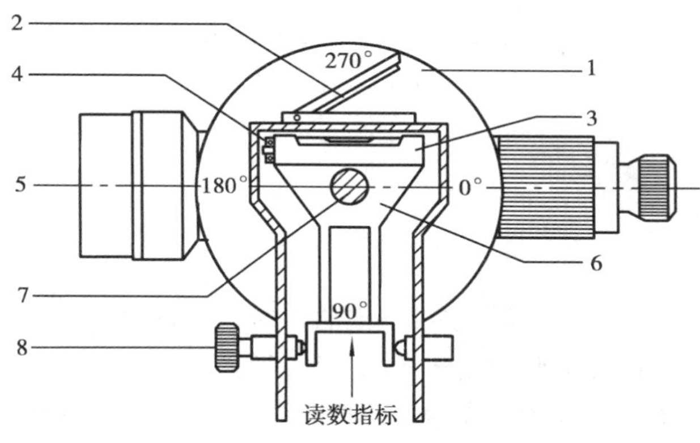

图 3.14 竖盘构造示意图

1. 竖盘 2. 竖盘指标管水准器观察反射镜 3. 竖盘指标管水准器 4. 竖盘指标管水准器校正螺丝 5. 视准轴 6. 竖盘指标承板 7. 竖盘中心 8. 竖盘指标管水准器微动螺旋

3.3.2 竖直角的计算

如图 3.15(a) 所示，望远镜位于盘左位置，当视准轴水平，竖盘指标管水准气泡居中时，竖盘读数为 90°；当望远镜抬高一个角度 α 照准目标，竖盘指标水准管气泡居中时，竖盘读数设为 L，则盘左观测的竖直角为

$$\alpha_L = 90° - L \tag{3.6}$$

如图 3.15(b) 所示，纵转望远镜于盘右位置，当视准轴水平、竖盘指标管水准气泡居中时，竖盘读数为 270°；当望远镜抬高一个角度 α 照准目标、竖盘指标水准管气泡居中时，竖盘读数设为 R，则盘右观测的竖直角为

$$\alpha_R = R - 270° \tag{3.7}$$

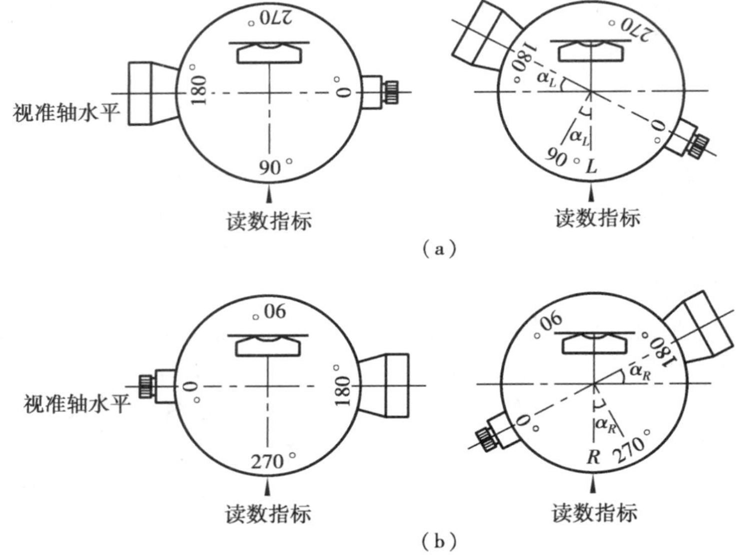

图 3.15 竖直角计算原理图

(a)盘左;(b)盘右

3.3.3 竖盘指标差

当望远镜视准轴水平,竖盘指标管水准气泡居中时,竖盘读数为 90°(盘左)或 270°(盘右)的情形称为竖盘指标管水准器与竖盘读数指标关系正确。

当竖盘指标管水准器与竖盘读数指标关系不正确时,则望远镜视准轴水平时的竖盘读数相对于正确值(90°(盘左)或 270°(盘右))就有一个小的角度偏差 x,称为竖盘指标差。如图 3.16 所示,设所测竖角的正确值为 α,则考虑指标差 x 时的竖角计算公式应为

$$\alpha = 90° + x - L = \alpha_L + x \tag{3.8}$$

$$\alpha = R - (270° + x) = \alpha_R - x \tag{3.9}$$

由(3.9) - (3.8)得

$$x = \frac{1}{2}(\alpha_R - \alpha_L) = \frac{L + R}{2} - 180° \tag{3.10}$$

由(3.9) + (3.8)得

$$a = \frac{1}{2}(\alpha_L + \alpha_R) = \frac{R - L}{2} - 90° \tag{3.11}$$

由此说明,利用盘左、盘右两次读数求算竖直角,可以消除竖盘指标差对竖直角的影响。

在测量竖直角时,虽然盘左、盘右两次观测能消除指标差的影响,但求出指标差的大小可以检查观测成果的质量。同一仪器在同一测站上观测不同的目标时,在某段时间内其指标差应为固定值,但由于观测误差、仪器误差和外界条件的影响,使实际测定的指标差数值总是在不断变化,对于 DJ_6 级经纬仪该变化不应超过 25″。

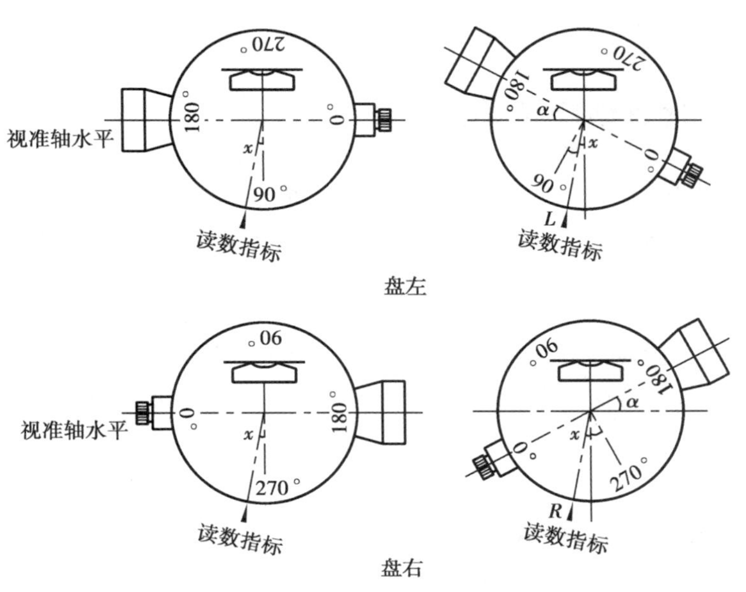

图 3.16 有指标差的竖直角计算示意图

3.3.4 竖直角观测

竖直角观测应用横丝瞄准目标的特定位置,例如标杆的顶部或标尺上的某一位置。竖直角观测的操作程序如下:

①在测站点上安置好经纬仪,用小钢尺量出仪器高。仪器高是测站点标志顶部到经纬仪横轴中心的垂直距离。

②盘左瞄准目标,使十字丝横丝切于目标某一高度,旋转竖盘指标管水准器微动螺旋使竖盘指标管水准气泡居中,读取竖直度盘读数。

③盘右瞄准目标,使十字丝横丝切于目标同一高度,旋转竖盘指标管水准器微动螺旋使竖盘指标管水准气泡居中,读取竖直度盘读数。

竖直角的记录计算见表 3.3。

表 3.3 竖直角观测手簿

测站	目标	竖盘位置	竖盘计数 ° ′ ″	半测回角值 ° ′ ″	指标差	一测回竖直角 ° ′ ″
A	B	左	82 36 12	+7 23 48	+6	+7 23 54
		右	277 24 00	+7 24 00		
	C	左	118 12 30	−28 12 30	+9	−28 12 21
		右	241 47 48	−28 12 12		

3.3.5 竖盘指标自动归零补偿器

在仪器竖盘光路中，安装一个补偿器来代替竖盘指标管水准器，当仪器竖轴偏离铅垂线的角度在一定范围内时，通过补偿器仍能读到相当于竖盘指标管水准气泡居中时的竖盘读数。竖盘指标自动归零补偿器可以显著地提高竖盘读数的速度。自动补偿器也称竖盘指标自动归零装置，当仪器稍有倾斜时，补偿装置由于重力的作用能自动地调节光路，使读数指标的影像处于正确的位置，这样可以读得与竖盘水准管气泡居中时相同的竖盘读数。由于这时的指标差通常为零，所以称竖盘指标差自动归零装置。目前采用的补偿器形式较多，补偿范围也不等，一般在 $\pm 2' \sim \pm 10'$。

3.4 经纬仪的检验与校正

3.4 微课

3.4.1 经纬仪的轴线及其应满足的关系

经纬仪的主要轴线有视准轴 CC、横轴 HH、管水准器轴 LL、竖轴 VV，如图 3.17 所示。

为使经纬仪正确工作，上述轴线应满足下列 6 个条件：

①管水准器轴应垂直于竖轴（$LL \perp VV$）。

②十字丝竖丝应垂直于横轴（竖丝 $\perp HH$）。

③视准轴应垂直于横轴（$CC \perp HH$）。

④横轴应垂直于竖轴（$HH \perp VV$）。

⑤竖盘指标差 x 应为零。

⑥光学对中器的视准轴与竖轴重合。

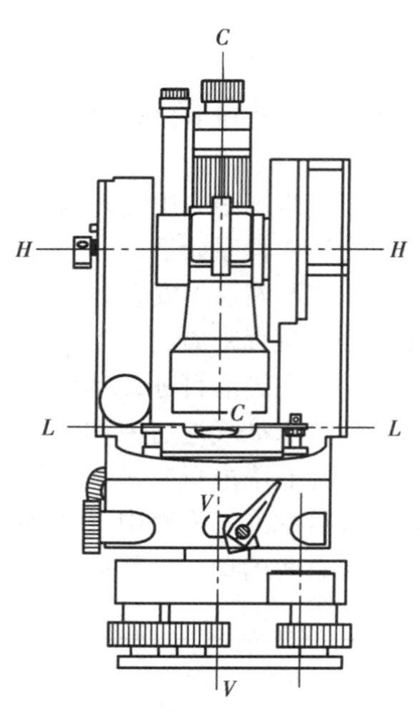

图 3.17 经纬仪的主要轴线

3.4.2 经纬仪的检验与校正

现以 DJ_6 型经纬仪为例，介绍检验与校正的方法。

1）水准管轴垂直于竖轴的检验与校正

（1）检验方法

①整平仪器，使照准部水准管平行于任意一对脚螺旋的连线。

②调节这一对脚螺旋，使水准管气泡严格居中。

③将仪器旋转 180°，若气泡仍然居中，则满足要求，否则应进行校正。

（2）校正方法

①旋转平行于水准管的一对脚螺旋，使气泡退回偏离量的一半。

②用校正针拨动位于水准管一端的校正螺丝，使气泡居中。

③将仪器再转 90°，转动另一脚螺旋，使水准管气泡严格居中即可。

该项校正需要反复进行几次，直至气泡偏离值在 1 格以内为止。

2）十字丝竖丝垂直横轴的检验与校正

（1）检验方法

①整平仪器，用十字丝竖丝的一端精确对准一个明显的目标点。

②固定照准部和望远镜制动螺旋。

③转动望远镜微动螺旋，如果目标点沿竖丝上下移动，说明满足要求；否则，应予校正。

（2）校正方法

①用钟表起子旋松固定十字丝环的 4 个压环螺丝。

②轻轻转动十字丝环，使竖丝铅垂。

③反复校正，直至满足要求为止。

④旋紧固定十字丝环的 4 个压环螺丝。

3）视准轴垂直于横轴的检验与校正

（1）检验方法

①整平仪器，盘左位置照准一个与仪器大致同高的目标点，读得水平度盘读数 M_1。

②倒转望远镜，以盘右位置照准同一目标点，读得水平度盘读数 M_2。

③若 $M_1 = M_2 \pm 180°$，说明视准轴垂直于横轴，不须校正；当 $|M_1 - (M_2 \pm 180°)| > 2'$，应加以校正。

（2）校正方法

①计算盘右位置观测同一目标点的正确读数 M'。

②$M' = [M_2 + (M_1 \pm 180°)]/2$，并将水平度盘读数指在 M' 的数值上。

③拨动十字丝环的左、右两个校正螺丝，松一个、紧一个，使十字丝竖丝对准目标点即可。

4）横轴垂直于竖轴的检验与校正

（1）检验方法

①在距墙壁 10 ~ 20 m 处安置经纬仪，盘左位置瞄准墙壁高处一明显目标点 A。

②固定照准部，将望远镜视线放平，在墙上标出十字丝的交点对着的一点 a_1。

③盘右位置再瞄准 A 点，固定照准部，放平望远镜视线，再用十字丝交点在墙上标出一点 a_2。

④若 a_1 与 a_2 重合，则说明横轴与竖轴垂直；否则，需要校正。

（2）校正方法

①取 a_1 与 a_2 的中心 a，用十字丝交点瞄准 a。

②将望远镜徐徐上仰，十字丝交点不通过 A 点而移到 A' 点。

③用专用工具调整横轴的一端，将其升高或降低，使十字丝交点对准 A 点。

④反复校正，也可用正、倒镜观测中数的方法予以消除。

5）竖盘指标差的检验与校正

（1）检验方法

①安置好仪器，用盘左、盘右观测某一清晰目标的竖直角一测回（注意，每次读数之前，应使竖盘指标管水准气泡居中）。

②依公式(3.10),计算出竖盘指标差。

(2)校正方法

①旋转竖盘指标管水准器微动螺旋,使盘右竖盘读数为 $R-x$。

②用校正针拨动竖盘指标管水准校正螺丝,使气泡居中。

③该项校正需要反复进行,直到满足要求为止。

6)光学对中器视准轴与竖轴重合的检验与校正

(1)检验方法

①在地面上放置一张白纸,在白纸上画一十字形的标志 P,以 P 点为对中标志安置好仪器。

②将照准部旋转 180°,如果 P 点的像未偏离对中器分划板中心,则满足要求,不需要校正;若对准了 P 点旁的另一点 P',则说明对中器的视准轴与竖轴不重合,需要校正。

(2)校正方法

①用直尺在白纸上定出 P,P' 点的中点 O。

②转动对中器的校正螺丝使对中器分划板的中心对准 O 点即可。

3.5、3.6 微课

3.5 角度观测的误差来源及其消减方法

角度测量的误差主要来源于仪器误差、人为操作误差和外界环境的影响等 3 个方面。只有对这些误差加以分析,才能找出消除或减小误差的方法,从而提高观测精度。

由于竖直角主要用于三角高程测量和视距测量,在测量竖直角时,只要严格按照操作规程施测,采用测回法消除竖盘指标差对竖角的影响,测得的竖直角值都能满足对高程和水平距离的求算。因此下面只分析水平角的测量误差。

3.5.1 仪器误差

仪器有制造方面的误差,如度盘偏心差、度盘刻划不均匀、水平度盘和竖轴不垂直等;有校正不完善的误差,如竖轴与照准部水准管轴不完全垂直、视准轴与横轴的残余误差等。这些误差中,有的可以采用适当的作业方法去削弱或消除。例如,利用盘左、盘右两个位置观测,每次照准目标的同一高度,并取平均值作为结果,可以抵消视准轴误差、横轴误差及照准部偏心误差在水平方向上的影响;度盘刻划不均匀的误差,可通过增加测回数,并改变各测回度盘起始位置,最后取平均值的办法削弱其影响。

3.5.2 人为操作误差

(1)仪器对中误差　仪器对中不准确,使仪器中心偏离测站中心,其位移称为偏心距,偏心距将使所测水平角产生误差。经研究已经知道,对中引起的水平角观测误差,与偏心距成正比,并与测站到观测点的距离成反比。因此,在观测短边之间的水平角时,尤其要精确对中。

(2)整平误差　若仪器未能精确整平或在观测过程中气泡不再居中,竖轴就会偏离铅垂位置。这项误差类似于度盘或横轴不水平所引起的角度误差,且无法用观测方法来消除,尤其在山区或视线倾斜较大时,其误差对水平角的影响更大。因此,在观测过程中要密切注意水准管气泡的变化,如果发现气泡偏离中心位置1格以上,应重新整平和测量。

(3)瞄准误差　影响瞄准的主要因素有望远镜的放大率、物镜的调焦误差、人眼的判断能力、瞄准目标的形状和清晰度,其中与望远镜放大率的关系最大。经计算,DJ_6 级经纬仪的瞄准误差为 $\pm 2'' \sim \pm 2.4''$。因此,观测时必须注意消除视差。

(4)读数误差　读数误差主要是指估读最小分划值所引起的误差,它取决于仪器的读数装置。如 DJ_6 级光学经纬仪的分微尺测微器,其最小分划值为 $1'$,估读误差为分划值的1/10,即 $\pm 6''$。

(5)标杆倾斜的误差　观测点一般都应竖立标杆,当标杆倾斜而又瞄准其顶部时,则瞄准点偏离地面点而产生偏心差。经分析,标杆越长,瞄准点越高,则产生的方向值误差就越大;边长短时误差的影响更大。因此,观测时,标杆要竖直地立在测点上,照准时尽可能瞄准其底部,以减小其误差。

3.5.3 外界环境的影响

外界环境的影响因素很多,主要是指松软的土壤和风力影响仪器的稳定,日晒和环境温度的变化引起管水准气泡的运动和视准轴的变化,太阳照射地面产生热辐射引起大气层密度变化带来目标影像的跳动,大气透明度低时目标成像不清晰,视线太靠近建筑物时引起的折光,等等,这些因素都会给水平角观测带来误差。因此,用选择有利的观测时间和条件,布设测量点位时应注意避开松软的土壤和建筑物等措施来削弱它们对水平角观测的影响。

3.6 电子经纬仪

世界上第一台电子经纬仪于1968年研制成功,20世纪80年代初生产出商品化的电子经纬仪。随着电子技术的飞速发展,电子经纬仪的制造成本急速下降,现在国产电子经纬仪的售价已经接近同精度的光学经纬仪的价格。

与光学经纬仪比较,电子经纬仪利用光电转换原理和微处理器自动测量度盘的读数并将测量结果显示在仪器显示窗上,如将其与电子手簿连接,可以自动储存测量结果。以ET-02电子经纬仪为例进行介绍。

3.6.1 外部构造

图3.18所示为南方测绘仪器公司生产的ET-02电子经纬仪,各部件的名称见图中的注记。一测回方向观测中误差为 $\pm 2''$,角度最小显示到 $1''$,竖盘指标自动归零补偿采用液体电子传感补偿器。可以与南方测绘公司生产的光电测距仪和电子手簿连接,组成速测全站仪,完成野外

数据的自动采集。

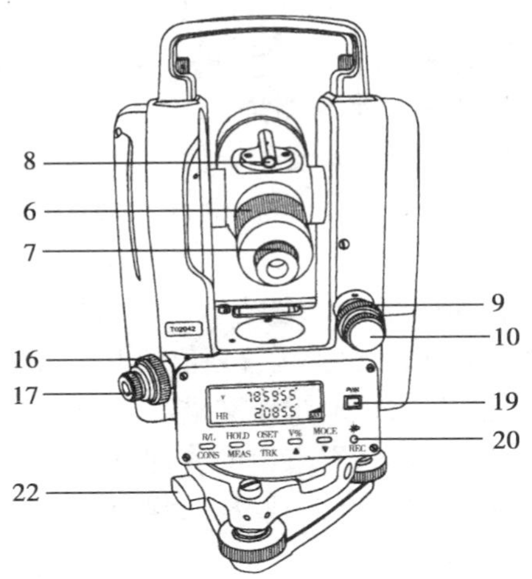

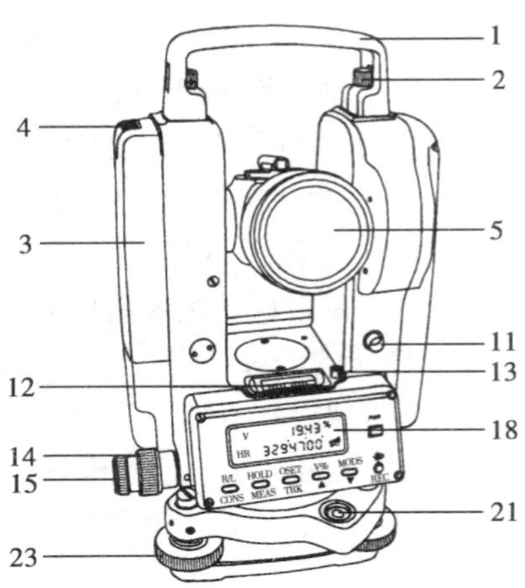

图 3.18　ET-02 **电子经纬仪**

1. 提把　2. 提把固定螺钉　3. 机载电池盒　4. 电池盒按钮　5. 望远镜物镜　6. 望远镜调焦手轮　7. 望远镜目镜　8. 粗瞄准器　9. 垂直制动手轮　10. 垂直微动手轮　11. 测距仪数据接口　12. 长水准器　13. 长水准器校正螺丝　14. 水平制动螺旋　15. 水平微动螺旋　16. 对中器调焦手轮　17. 对中器目镜　18. 显示屏　19. 电源开关　20. 操作键盘　21. 圆水准器　22. 基座锁定钮　23. 基座脚螺旋

仪器使用 NiMH 高能可充电电池供电，充满电的电池可供仪器连续使用 8 ~ 10 h；设有双操作面板，每个操作面板都有完全相同的 1 个显示窗和 7 个功能键，便于正倒镜观测；望远镜的十字丝分划板和显示窗均有照明光源，以便于在黑暗环境中观测。

(1)数据输入输出接口

①数据输入接口，即测距仪数据接口，通过南方 CE-202 系列相应的电缆与测距仪连接，可将测距仪测得的距离值自动显示在电子经纬仪的显示屏上。

②数据输出接口，即电子手簿接口，用南方 CE-201 电缆与南方电子手簿连接，可将仪器观测的数据输入电子手簿进行记录。

通过以上两项连接后，电子经纬仪与测距仪和电子手簿组成了能自动采集数据的多功能全站仪。

(2)显示屏与操作键盘

①显示屏　本仪器采用线条式液晶显示屏，当常用符号全部显示时，其位置如图 3.19 所示。中间两行各 8 个数位显示角度或距离等观测结果数据或提示字符串，左右两侧所显示的符号或字母表示数据的内容或采用的单位名称。具体说明如下：

V　竖直角

%　斜率百分比

H　水平角

G　角度单位：格(pon)　(角度单位采用度及密位时该位置无符号显示)

HR　右旋(顺时针)水平角

HL　左旋(逆时针)水平角

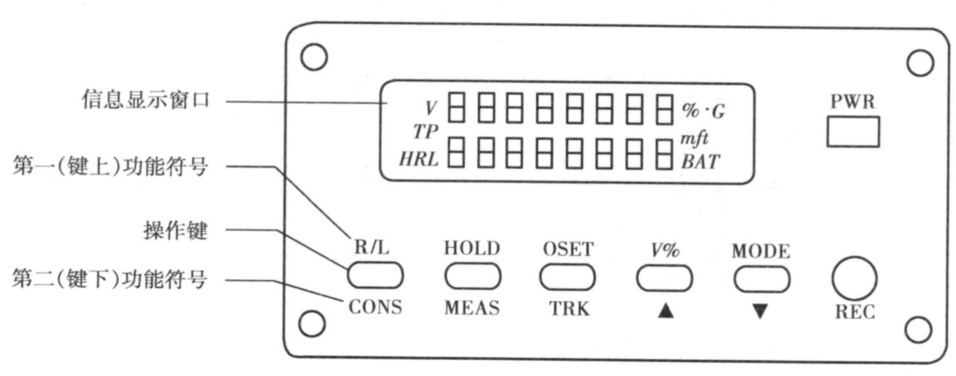

图 3.19 显示屏与操作键盘

m 距离单位:米

◢ 斜距

ft 距离单位:英尺

◢ 平距

BAT 电池电量

◢| 高差

(注:其余符号在本仪器中未采用)

②操作键盘 本仪器共有 6 个操作键和 1 个电源开关键,每个键具有一键双功能,一般情况下仪器执行键上方所标示的第一(测角)功能,当按下 MODE 键后再按其余各键则执行按键下方所标示的第二(测距)功能。具体说明如下:

R/L / CONS 键 R/L 显示右旋/左旋水平角选择键。连续按此键,两种角值交替显示。CONS 专项特种功能模式键。

HOLD / MEAS (◀) 键 HOLD 水平角锁定键。按此键 2 次,水平角锁定;再按一次则解除。MEAS 测距键。按此键连续精确测距(电经仪无效)。
(◀)在特种功能模式中按此键,显示屏中的光标左移。

OSET / TRK (▶) 键 OSET 水平角置零键。按此键 2 次,水平角置零。
TRK 跟踪测距键。按此键每秒跟踪测距 1 次,精度至 0.01 m(电经仪无效)。
(▶)在特种功能模式中按此键,显示屏中的光标右移。

V% / ▲ 键 V% 竖直角和斜率百分比显示转换键。连续按键交替显示。在测距模式状态时,连续按此键则交替显示斜距(◢)、平距(◢)、高差(◢|)。
▲增量键。在特种功能模式中按此键,显示屏中的光标可上下移动或数字向上增加。

MODE ▼ 键	MODE 测角、测距模式转换键。连续按键，仪器交替进入一种模式，分别执行键上或键下标示的功能。 ▼减量键。在特种功能模式中按此键，显示屏中的光标可向下、向上移动或数字向下减少。
☼ ⊕ REC 键	☼ 望远镜十字丝和显示屏照明键。按键 1 次开灯照明；再按则关（若不按键，10 s 后自动熄灭）。
REC 记录键	令电子手簿执行记录。
PWR 键	PWR 电源开关键。按键开机；按键时间大于 2 s，则关机。

3.6.2 使用方法

(1)仪器的安置　电子经纬仪的安置包括对中和整平，其方法与光学经纬仪相同，在此不再重述。

(2)仪器的初始设置　本仪器具有多种功能项目供选择，以适应不同作业性质对成果的需要。因此，在作业之前，参照仪器使用说明书，对仪器采用的功能项目进行初始设置。

(3)水平角观测　设角顶点为 O，左边目标为 A，右边目标为 B。观测水平角 $\angle AOB$ 的方法如下：

①安置仪器于 O 点，转动照准部，以盘左位置用十字丝中心照准目标 A，先按 R/L 键，设置水平角为右旋（HR）测量方式，再按两次 OSET 键，使目标A的水平度盘读数设置为0°00′00″，作为水平角起算的零方向；顺时针转动照准部，以十字丝中心照准目标 B，读取水平度盘读数。如显示屏显示为 V 91°05′10″ HR 67°20′32″，则水平度盘读数为 67°20′32″。故显示屏显示的读数也就是盘左时 $\angle AOB$ 的角值。

②倒镜，以盘右位置照准目标 B，先按 R/L 键，设置水平角为左旋（HL）测量方式，再按两次 OSET 键，使目标B的水平度盘读数设置为 0°00′00″；逆时针转动照准部，照准目标 B，读取显示屏上的水平度盘读数，也就是盘右时的角值。

③若盘左盘右的角值之差在误差允许范围内，取其平均值作为 $\angle AOB$ 的角值。

(4)竖直角观测　竖直角在开始观测前应进行初始设置，若设置水平方向为 0°，则盘左时显示屏显示的竖盘读数即为竖直角。如显示屏显示为 V 12°30′25″ HR 65°25′26″，则视准轴方向的竖直角为 +12°30′25″（为俯角时，竖直角等于读数减去 360°）；用测回法观测时，竖直角 $=(L-R\pm 180°)/2$。若设置天顶方向为 0°，则显示屏显示的读数为天顶距，可根据竖直角的计算方法改算成竖直角。

初始设置完成后,用电子经纬仪观测竖直角的方法同光学经纬仪。

开启电源后,若显示屏显示“*b*”,则提示仪器的竖轴不垂直,将仪器精确置平后,“*b*”自行消失;仪器精确置平后开启电源,若显示“V O SET”,则提示应将竖盘指标归零。其方法为:将望远镜在盘左竖直方向上下转动1~2次,当望远镜通过水平视线时将指示竖盘指标归零,显示出竖直角值。仪器可以进行水平角及竖直角测量。

3.6.3 注意事项

①日光下测量应避免将物镜直接瞄准太阳。若在太阳下作业应安装滤光器。

②避免在高温或低温下存放和使用仪器,亦应避免温度骤变(使用时气温变化除外)时使用仪器。

③仪器不使用时,应将其装入箱内,置于干燥处,并注意防震、防尘和防潮。

④若仪器工作处的温度与存放处的温度差异太大,应先将仪器留在箱内,直到它适应环境温度后再使用仪器。

⑤仪器长期不使用时,应将仪器上的电池卸下分开存放。电池应每月充电1次。

⑥仪器运输时,应将仪器装于箱内,并避免挤压、碰撞和剧烈震动,长途运输最好在箱子周围使用软垫。

⑦仪器安装至三脚架或拆卸时,要一手握住仪器,一手装卸,以防仪器跌落。

⑧外露光学器件需要清洁时,应用脱脂棉或镜头纸轻轻擦净,切不可用其他物品擦拭。

⑨不可用化学试剂擦拭塑料部件及有机玻璃表面,可用浸水的软布擦拭。

⑩仪器使用完毕后,用绒布或毛刷清除仪器表面灰尘。仪器被雨水淋湿后,切勿通电开机,应及时用干净软布擦干并在通风处放一段时间。

⑪作业前应仔细全面检查仪器,确信仪器各项指标、功能、电源、初始设置和改正参数均符合要求时再进行作业。

⑫即使发现仪器功能异常,非专业维修人员不可擅自拆开仪器,以免发生不必要的损坏。

复习思考题

1. 名词解释

竖盘指标差

2. 填空题

(1)经纬仪十字丝刻画板上的上丝和下丝主要是在测量__________时使用。

(2)经纬仪进行测量前的安置工作包括对中和__________两个主要步骤。

(3)经纬仪测回法测量水平角时盘左盘右读数的理论关系是________。

(4)经纬仪照准部包括望远镜、________和水准器三部分。

(5)经纬仪满足三轴相互垂直条件时,望远镜围绕横轴旋转,扫出的面应该是________。

(6)光学经纬仪应满足的三轴条件是指水平度盘的水准管轴应垂直于竖轴、视准轴应垂直于________和仪器横轴应垂直于竖轴。

(7)经纬仪主要由照准部、________和基座三部分构成。

3. 单选(或多选)题

(1)经纬仪测量水平角时,正倒镜瞄准同一方向所读的水平方向值理论上应相差(　　)。

A. 180°　　B. 0°　　C. 90°　　D. 270°

(2)用经纬仪测水平角和竖直角,一般采用正倒镜方法,下面哪个仪器误差不能用正倒镜法消除(　　)。

A. 视准轴不垂直于横轴　　B. 竖盘指标差

C. 横轴不水平　　D. 竖轴不竖直

(3)经纬仪不能直接用于测量(　　)。

A. 点的坐标　　B. 水平角　　C. 垂直角　　D. 视距　　E. 方位角

(4)用经纬仪测竖直角,盘左读数为81°12′18″,盘右读数为278°45′54″,则该仪器的指标差为(　　)。

A. 54″　　B. -54″　　C. 6″　　D. -6″

(5)水平角测量通常采用测回法进行,取符合限差要求的上下单测回平均值作为最终角度测量值,这一操作可以消除的误差是(　　)。

A. 对中误差　　B. 整平误差　　C. 视准误差　　D. 读数误差

(6)经纬仪对中和整平操作的关系是(　　)。

A. 互相影响,应反复进行　　B. 先对中,后整平,不能反复进行

C. 相互独立进行,没有影响　　D. 先整平,后对中,不能反复进行

(7)在竖直角观测中,盘左盘右取平均值是否能够消除竖盘指标差的影响?(　　)

A. 不能　　B. 能消除部分影响

C. 可以消除　　D. 二者没有任何关系

4. 简答题

(1)简述测回法测量水平角时一个测站上的工作步骤和角度计算方法。

(2)简述角度观测时,用盘左盘右取中数的方法可以消除哪些误差?

(3)什么叫水平角?在同一个竖直面内不同高度的点在水平度盘上的读数是否一样?

(4)经纬仪上有哪些制动与微动螺旋?它们各起什么作用?如何正确使用制动和微动螺旋?

(5)什么叫竖直角?如何推求竖直角的计算公式?

(6)经纬仪有哪些主要轴线?各轴线间应满足什么条件?

(7)经纬仪的检验主要有哪几项?

(8)测水平角时,对中、整平的目的是什么?是怎样进行的?

5. 叙述题

(1)说明经纬仪测量时一测站上进行对中和整平的主要步骤和方法。

(2)分析水平角观测时产生误差的原因?观测时应采取的措施。

(3)如何检验校正竖盘指标差?

6. 计算题

(1)用 DJ_6 型光学经纬仪进行测回法测量水平角 β,其观测数据记在下表中,试计算水平角

值。并说明盘左与盘右角值之差是否符合要求。

水平角观测手簿(测回法)

测回	测站	目标	竖盘位置	读数	半测回角值	一测回角值	平均角值	备注
				° ′ ″	° ′ ″	° ′ ″	° ′ ″	
1	O	A	左	00 02 12				
		B		78 51 00				
		A	右	180 02 42				
		B		258 51 12				
2	O	A	左	90 03 06				
		B		168 52 00				
		A	右	270 03 18				
		B		348 52 06				

(2)根据下表中全圆测回法的观测数据,完成其所有计算工作。

水平角观测手簿(方向观测法)

测回	测站	目标	读数		2C	平均读数 = $\frac{1}{2}$[左 +(右 ±180°)]	归零后方向值	各测回归零平均方向值	角值
			盘左	盘右					
			° ′ ″	° ′ ″	° ′ ″	° ′ ″	° ′ ″	° ′ ″	° ′ ″
1	O	A	00 01 30	180 01 24					
		B	60 22 30	240 22 36					
		C	218 12 30	38 12 42					
		D	285 24 18	105 24 18					
		A	00 01 24	180 01 30					
2	O	A	90 02 36	270 02 42					
		B	150 23 42	330 23 30					
		C	308 13 24	128 13 18					
		D	15 25 12	195 25 06					
		A	90 02 42	270 02 36					

(3)完成表中竖直角观测的计算。

竖直角观测记录

测站	目标	竖盘位置	竖盘读数 ° ′ ″	半测回竖直角 ° ′ ″	指标差 ° ′ ″	一测回竖直角 ° ′ ″	备　注
O	1	左	72 18 18				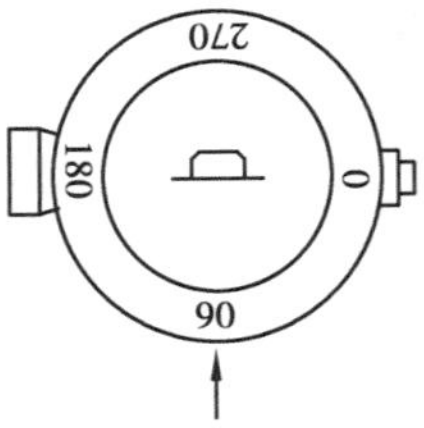
		右	287 42 00				
	2	左	96 32 48				
		右	263 27 30				

4 距离测量与直线定向

[本章导读]

重点学习距离丈量的工具；普通距离丈量的方法；经纬仪光学视距法测量地面上两点间水平距离的原理及三角高程测量地面上两点间高差的方法；光电测距原理；直线方向的表示方法；罗盘仪的结构及使用方法等内容。

在本章的学习过程中，让同学们认识到基础繁复工作的重要性，培养同学们吃苦耐劳的精神和分析问题、解决问题的能力。

4.1 距离丈量的一般方法

4.1 微课

4.1.1 丈量工具

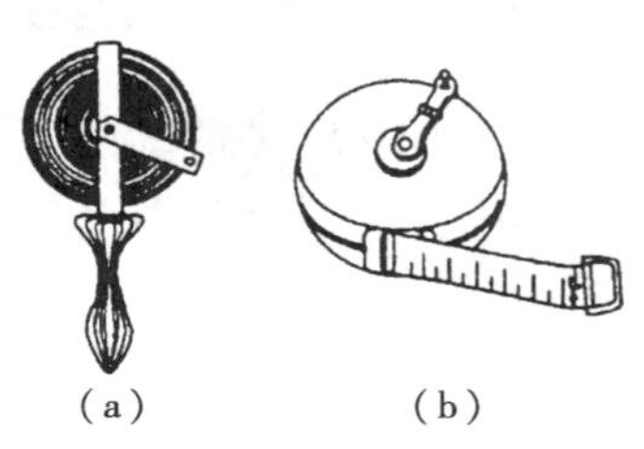

图4.1 钢尺

(a)钢带尺；(b)皮盒钢带尺

1)**钢尺**

钢尺亦称钢卷尺，如图4.1所示。图4.1(a)为一般钢带尺，长度有30 m,50 m等几种。图4.1(b)为有皮盒的钢带尺，长度有20 m,30 m,50 m几种。钢尺的基本分划为厘米，在每米及每分米处都有数字注记，适于一般距离丈量。有的钢尺在起点处一分米内刻有毫米分划，亦有钢尺，在整个尺内都刻有毫米分划，这两种钢尺适用精密距离丈量。由于钢尺的零点位置不同，钢尺有端点尺(图4.2)和刻线尺(图4.3)两种。

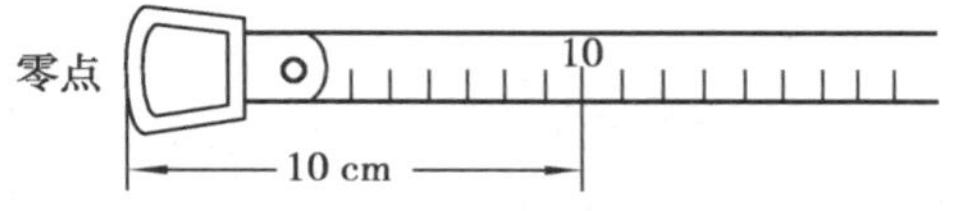

图4.2 端点尺

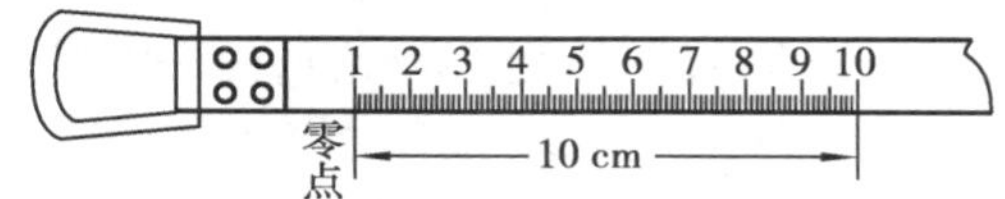

图4.3 刻线尺

端点尺是以尺的最外端作为尺的零点，刻线尺是以尺前端的一刻线作为尺的零点。

2)**皮尺**

皮尺是用麻丝和金属丝制成的带状尺，以厘米为基本分划，它一般为端点尺。常用的皮尺有20 m,30 m,50 m等几种。皮尺伸缩性较大，只用在低精度的量距工作中。

3)测绳

测绳是由细麻绳和金属丝制成的线状绳尺,长度有 50 m,100 m 等几种,测绳尺的起点处包有“0”符号金属圈,每 1 m 处都有铜箍刻以米数注记,其精度比皮尺还低。

花杆(图 4.4(a))、测钎(图 4.4(b))和锤球(图 4.4 (c))是量距的辅助工具。

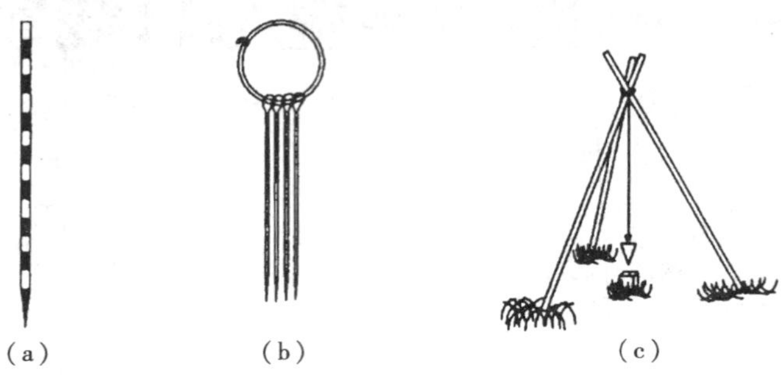

图 4.4 量距辅助工具

(a)花杆;(b)测钎;(c)锤球

花杆用于直线方向的标定,测钎用来标定丈量尺段的端点和计数尺段数,锤球是对点、标点和投点的工具。

4.1.2 地面点的标志

在丈量距离之前,需要在直线两端作出标志,临时性的可用长约 30 cm、粗约 5 cm 的木桩打入地下,并在桩顶上钉一小钉或刻一“十”字,以便精确表示点位。永久性的标志可用水泥桩或石桩,或在岩石上凿一记号,并涂上红漆。为了远处能明显看到目标,可在点位上竖立标杆,并在杆顶扎一小旗(图 4.5)。

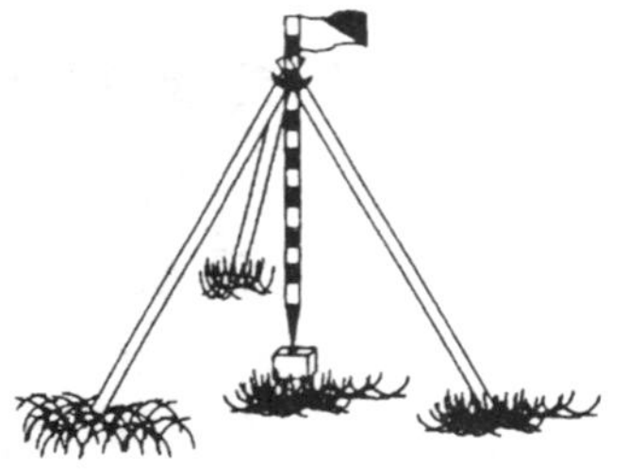

图 4.5 点的标定

4.1.3 直线定线

1)目估法定线

如图 4.6 所示,设 A,B 为直线的两端点,现需在 A,B 之间标定 C,D 等点,使其与 A,B 在同一直线。先在 A,B 点上竖立标杆,由一测量员站在 A 点标杆后 1 ~2 m 处,由 A 端瞄向 B 点,使单眼的视线与标杆边缘相切,并以手势指挥手持标杆者在该直线方向左右移动,直到 A,C,B 三点位于同一条直线,然后将标杆竖直地插在 C 点上,同法继续定出 D 等点。

2)经纬仪定线

如图 4.7 所示,设 A,B 为地面上互相通视的两点,需在 A,B 方向线上定出 C,D 等点,使其与 A,B 成一直线。定线由两人进行,方法如下:

①甲在 A 点安置经纬仪(对中、整平),乙在 B 点竖立标杆。

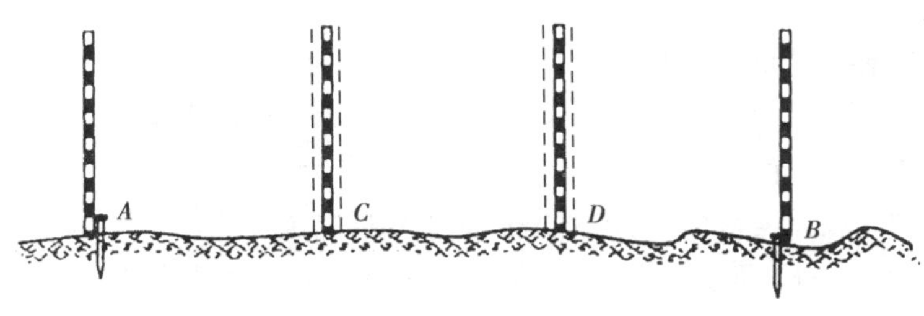

图 4.6 在两点间定线

图 4.7 经纬仪定线

②用望远镜精确瞄准 B 点的标杆（尽量瞄到底部或安置在 B 点的垂球线），乙携带标杆由 B 点走向 A 点，甲根据望远镜的视线以手势指挥乙将标杆左右移动，令标杆精确对准经纬仪望远镜十字丝纵丝为止，定出 D 点，同理定出 C 等点。

4.1.4 距离丈量的一般方法

距离丈量的目的在于获得两点间的水平距离。根据地面坡度不同，量距可分为平坦地面和倾斜地面量距两种。

1）平坦地面的距离丈量

对于平坦地面，直接沿地面丈量水平距离。可先在地面进行直线定线，亦可边定线边丈量。丈量时由两人进行（图 4.8），各持钢尺的一端沿着直线丈量的方向，前者称前尺手，后者称后尺手。前尺手拿测钎与标杆，后尺手将钢尺零点对准起点，前尺手沿丈量方向拉直尺子，并由后尺手定方向。当前、后尺手同时将钢尺拉紧拉平时，后尺手准确地对准起点，同时前尺手将测钎垂直插到尺子终点处，这样就完成了第一尺段的丈量工作。两人同时举尺前进，后尺手走到插测钎处停下，同法量取第二尺段，然后后尺手拔起测钎套入环内，再继续前进，同法量至终点。最后不足一整尺段的长度称为余尺长。直线全长 D 可按下式计算

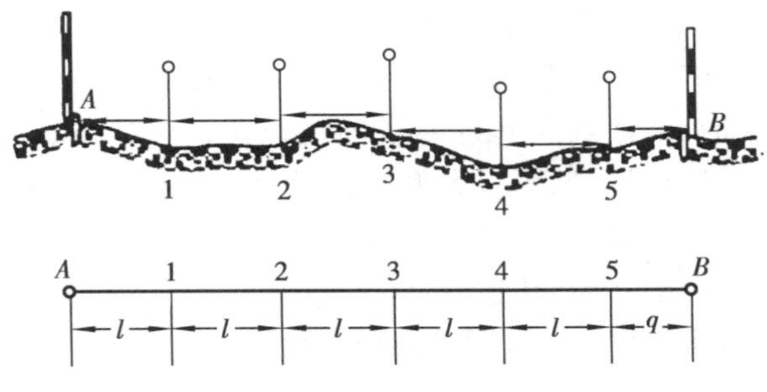

图 4.8 平坦地面距离丈量

$$D = nL + q \tag{4.1}$$

式中，n——整尺段数；

L——整尺长；

q——不足一整尺段的余尺长。

为了防止丈量过程中发生错误及提高丈量精度，应进行往返丈量。

2）倾斜地面的距离丈量

当地面倾斜或高低不平的时候，可使用平量法或斜量法。

（1）平量法　沿倾斜地面丈量距离，丈量时可将钢尺的一端抬高使尺子水平。尺子的水平情况可由第二人离尺子侧边适当距离用目估判定。如图 4.9 所示，将钢尺的一端对准地面点位，另一端抬高拉成水平，尺子的高度一般不超过前、后尺手的胸高。如地面倾斜较大，可将一整尺段分成若干小段来丈量，丈量时自上坡向下坡为好。

$$\text{直线 } AB \text{ 全长 } D_{AB} = D_{A1} + D_{12} + D_{23} + D_{3B}$$

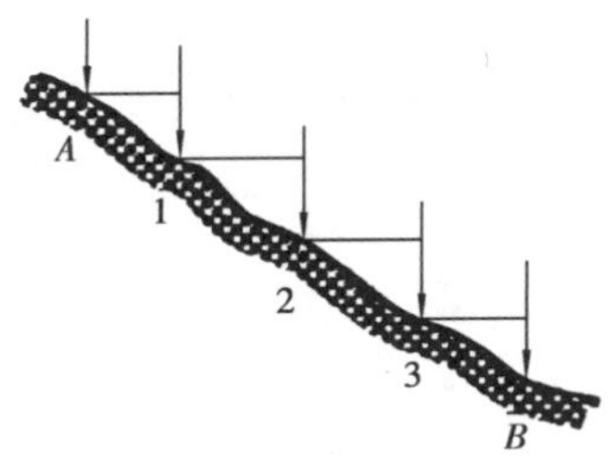

图 4.9　平量法

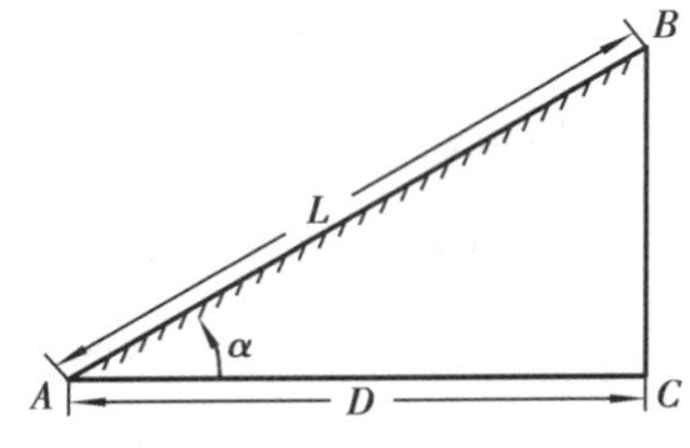

图 4.10　斜量法

（2）斜量法　当倾斜地面的坡度比较均匀时，可采用该法。如图 4.10 所示，沿斜坡丈量 AB 斜距 L，并同时用经纬仪测得地面的倾斜角 α，可按下式计算水平距离

$$D = L \cdot \cos\alpha \tag{4.2}$$

钢尺量距成果精度一般用相对误差形式来表示。钢尺量距一般方法的相对误差，在平坦地区要达到 1/3 000，在地形起伏较大地区应达到 1/2 000，在困难地区丈量精度不得低于 1/1 000。量距的相对误差可按下式计算

$$\text{相对误差 } K = \frac{1}{\dfrac{D_{均}}{|D_{往} - D_{返}|}} \tag{4.3}$$

3）距离丈量的注意事项

①丈量前应对丈量工具进行检验，并认准尺子的零点位置。

②为了减少定线的误差，必须按照定线的要求去做。

③丈量过程中拉力要均匀，不要忽紧忽松，尺子应放在测钎的同一侧。

④丈量至终点量余长时，要注意尺上的注记方向，以免造成错误。

⑤在丈量过程中，每量毕一尺段后，后尺手都必须及时收拔测钎，量至终点时，手中的测钎数即为整尺段数，注意不含最后量余长时的一根测钎。

⑥记录要清晰不要涂改，记好后要回读检核，以防记错。

⑦注意爱护仪器工具，钢尺用完后，应擦净，防止生锈。

4.1.5 钢尺的检定

钢尺量得的距离，一般方法的精度只能达到1/1 000～1/5 000，当量距精度要求较高时，应采用精密方法进行丈量。钢尺量距的精密方法与钢尺量距的一般方法基本步骤相同，只不过钢尺须经检定，得出以检定时拉力、温度和倾斜为条件的尺长方程式。

(1)尺长改正　钢尺在标准温度、标准拉力下的实际长度为l'，而钢尺的名义长度(尺面上刻注的长度)为l_0，则钢尺在尺段长为l时的尺长改正数Δl为

$$\Delta l = \frac{(l' - l_0)}{l_0} l \tag{4.4}$$

(2)温度改正　设钢尺在检定时的温度为t_0，而丈量时的温度为t，钢尺的膨胀系数为α，一般为$1.15\times10^{-5}\sim1.25\times10^{-5}/l$ ℃，则丈量一尺段长度l的温度改正数Δl_t为

$$\Delta l_t = \alpha(t - t_0) l \tag{4.5}$$

(3)倾斜改正　丈量的距离是斜距l，一尺段两端点间的高差为h，将斜距l改算成水平距离D，要加改正数Δl_h为

$$\Delta l_h = \frac{-h^2}{2l} \tag{4.6}$$

若实际量距为l，经过尺长、温度和倾斜改正后的水平距离D为

$$D = l + \Delta l + \Delta l_t + \Delta l_h \tag{4.7}$$

4.2 视距测量

4.2—4.5 微课

视距测量是根据几何光学和三角学原理，利用仪器望远镜内视距装置及视距尺测定两点间的水平距离和高差的一种测量方法。此法具有操作方便、速度快、不受地形起伏限制等优点。但普通视距精度较低，测距时的相对精度约为1/200～1/300。因此，这种方法常用于低精度的测量工作中。

4.2.1 视距测量原理

1)视线水平时的视距测量原理

如图4.11所示，欲测定A,B两点间的水平距离D及高差h，可在A点安置经纬仪，B点竖立视距尺。当经纬仪视线水平时照准视距尺，可使视线与视距尺相垂直。若十字丝的上丝为n，下丝为m，其间距为p。F为物镜的主焦点，f为物镜焦距，δ为物镜中心至仪器旋转中心的距离，则视距尺上M,N点按几何光学原理成像在十字丝分划板上的两根视距丝m,n处，MN的长度可由上、下视距丝读数之差求得，即视距间隔l。由图4.11可得：

$$\triangle MFN \backsim \triangle m'Fn'$$

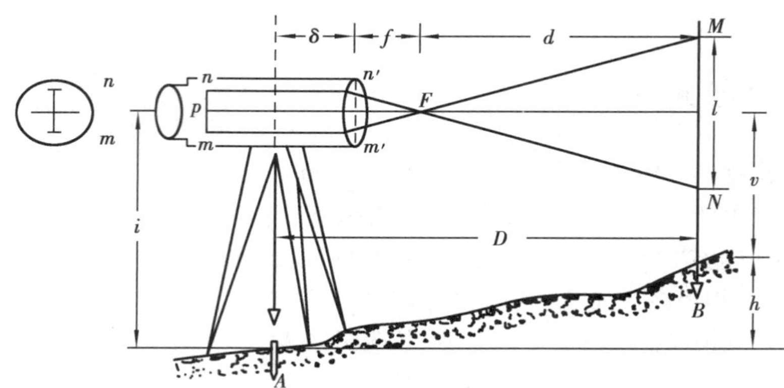

图 4.11 视线水平时的视距测量原理

则

$$d:l=f:p$$

$$d=\frac{f}{p}l$$

而

$$D=d+f+\delta=\frac{f}{p}l+f+\delta$$

令

$$\frac{f}{p}=k, f+\delta=C, \text{则 } D=kl+C \tag{4.8}$$

k 称为视距乘常数，一般的仪器视距乘常数为 100；C 称为视距加常数，对于外对光望远镜来说，C 值一般在 0.3 ~ 0.6 m，对于内对光望远镜，经过调整物镜焦距、调焦透镜焦距及上、下丝间隔等参数后，$C=0$。那么式(4.8)可表示为

$$D=kl \tag{4.9}$$

在平坦地区当视线水平时，读取十字丝中丝在尺上的读数 v，量取仪器高 i，则 A，B 两点之间的高差 h 可表示为

$$h=i-v \tag{4.10}$$

2）视线倾斜时的视距测量原理

在地形起伏较大地区进行视距测量时，望远镜视准轴往往是倾斜的，如图 4.12 所示。设竖直角为 α，尺间隔为 l，此时视线不再垂直于视距尺。利用视线倾斜时的尺间隔 l 求水平距离和高差，必须加入两项改正：

①视准轴不垂直于视距尺的改正，由 l 求出 $l'=M'N'$，以求得倾斜距离 D'；

②由斜距 D' 化为水平距离 D，由于通过视距丝的两条光线的夹角很小，约为 34′，所以 $\angle OM'N'$ 和 $\angle ON'M'$ 可当做直角看待，则

$$M'Q=MQ\cos\alpha$$

$$N'Q=NQ\cos\alpha$$

$$l'=M'N'=M'Q+N'Q=l\cos\alpha$$

倾斜距离 D' 为

$$D'=kl'=kl\cos\alpha$$

而水平距离 D 则为

$$D=D'\cos\alpha=kl\cos^2\alpha \tag{4.11}$$

式(4.11)是内对光式望远镜视线倾斜时计算水平距离的公式。

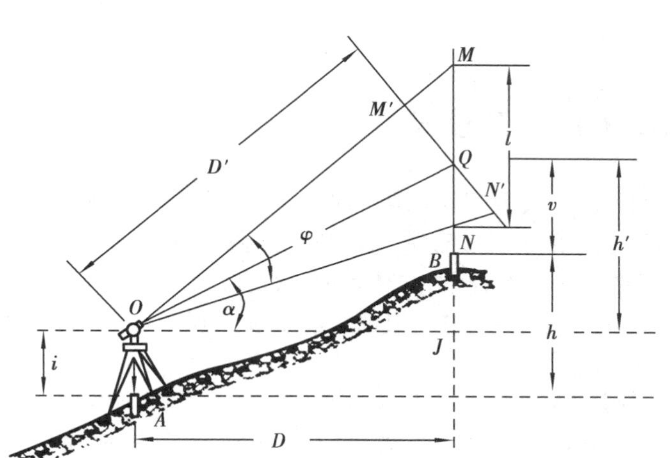

图 4.12　视线倾斜时的视距测量原理

由图中还可看出 A,B 两点之间的高差 h 为

$$h = h' + i - v = D\tan\alpha + i - v = \frac{1}{2}kl\sin 2\alpha + i - v \tag{4.12}$$

式(4.12)是内对光式望远镜视线倾斜时计算高差的公式。

应用这个公式时,应将倾斜角 α 的正负号(仰角为正,俯角为负)一起代入公式中,高差自然就有了正负之分。

4.2.2　视距测量的观测与计算

1)视距测量的观测

视距测量的观测步骤如下:

①在测站上安置经纬仪,对中、整平、量取仪器高,记入手簿;

②在待测点上竖立视距尺,注意立直;

③用望远镜瞄准视距尺,在尺上读取上丝、下丝、中丝的读数,然后调节竖盘水准管微动螺旋,使指标水准管气泡居中,读取竖盘读数,计算竖直角和竖盘的指标差;

④计算水平距离 D 及高差 h。

2)视距测量的计算

根据视距测量平距与高差计算式(4.11)及式(4.12),可利用计算器分步计算出 D 及 h,具体方法见表 4.1。

表 4.1　视距测量记录手簿(测定的竖盘指标差为 $x = +57''$)

测站 仪器高	点号	上丝读数 下丝读数	尺间隔 /m	竖盘读数 ° ′ ″	竖直角 ° ′ ″	水平距离 /m	中丝读数 /m	高差 /m
$\frac{O}{1.31}$	A	1.324 1.817	0.493	87 32 54	+2 28 03	49.209	1.571	+1.860
	B	0.796 1.835	1.039	93 22 48	−3 21 51	103.542	1.316	−6.092

4.2.3 视距测量的误差及注意事项

(1)读数误差　用视距丝读取视距间隔的误差与尺子最小分划的宽度、距离远近、望远镜的放大倍率及成像清晰程度等因素有关。若视距间隔仅有 1 mm 的差异,将使距离产生近 0.1 m的误差。所以读数时一定要仔细,并认真消除视差。为了减少读数误差的影响,可用上丝或下丝对准尺上的整分划数,然后用另一根视距丝估读出视距读数,同时视距测量的施测距离也不宜过大。

(2)视距尺倾斜引起的误差　当标尺前倾时,所得尺间隔变小;当标尺后仰时,尺间隔增大。倾斜角越大,对距离影响也越大。因此,为了减小它的影响,应使用装有圆水平器的视距尺,观测时尽可能使视距尺竖直。

(3)视距常数 K 不准确的误差　视距常数 K 值通常为 100;但是由于仪器制造的误差以及温度变化的影响,使实际的 K 值并不准确等于 100。如仍按 $K=100$ 计算,就会使所测距离含有误差。因此,每台仪器均要严格检查其视距常数值,如测得的 K 值在 99.95 ~ 100.05 ,使用时便可把它当成 100,否则应采用实测的 K 值。

(4)垂直折光差的影响　视距尺不同部分的光线是通过不同密度的空气层到达望远镜的,越接近地面的光线受折光影响越显著。因此在阳光下作业时,应使视线离开地面 1 m 左右,这样可以减少垂直折光差。此外,如视距尺刻划误差、竖直角观测误差都将影响视距测量精度。

4.3 红外光电测距

4.3.1 测距仪的分类

采用红外线波段作为载波的测距仪称为红外光电测距仪,是电磁波测距仪中的一种。红外光电测距是近代一种较先进的测距方法,它具有测程长、精度高、受地形限制小及作业效率高等优点。

按测程可将红外光电测距仪分为:短程(< 3 km)、中程(3 ~ 15 km)和远程(>15 km)。

按测距精度可将红外光电测距仪分为:Ⅰ级($|m_D|\leqslant 5$ mm)、Ⅱ级(5 mm $\leqslant |m_D| \leqslant$ 10 mm)和Ⅲ级($|m_D|\geqslant 10$ mm)。m_D为 1 km 的测距中误差。

按测距方式可将红外光电测距仪分为脉冲式和相位式测距仪。

4.3.2 光电测距原理

光电测距的基本原理是通过测定光波在待测距离上往返传播的时间 t_{2D}(图 4.13),利用如下公式来计算待测距离 D

$$D=\frac{1}{2}ct_{2D} \tag{4.13}$$

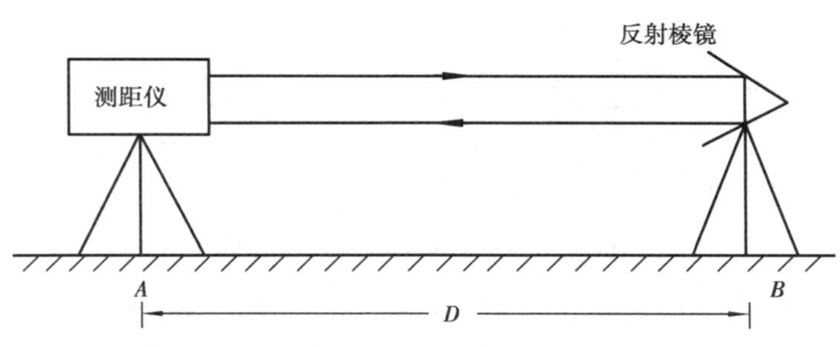

图 4.13 光电测距原理

式中，c——光波在大气中的传播速度，其值为 c_0/n；

c_0——光波在真空中的传播速度，迄今所知的光速的准确值为 $c_0 = 299\ 792\ 458$ m/s；

n——大气折射率，它是大气压力、温度、湿度的函数；

t_{2D}——光波在被测距离上往、返传播一次所需的时间，s。

由于光速太快，对于一个不太长的距离 D 来说，t 是一个很小的数值。为了精确测距必须能准确测定这种极短的时间间隔，根据测定时间 t 的测定方法不同，又分为脉冲法和相位法两种。

1）**脉冲法**

由测距仪的发射系统发出光脉冲，经被测目标反射后，再由测距仪的接收系统接收，测出这一光脉冲往返所需时间间隔（t_{2D}）来求得距离 D。

2）**相位法**

相位法是通过测量连续的调制光波信号，在待测距离上往返传播所产生的相位变化，代替测定信号传播时间 t_{2D}，从而获得被测距离 D。图 4.14 表示调制光波在测线上往返程展开后的形状。

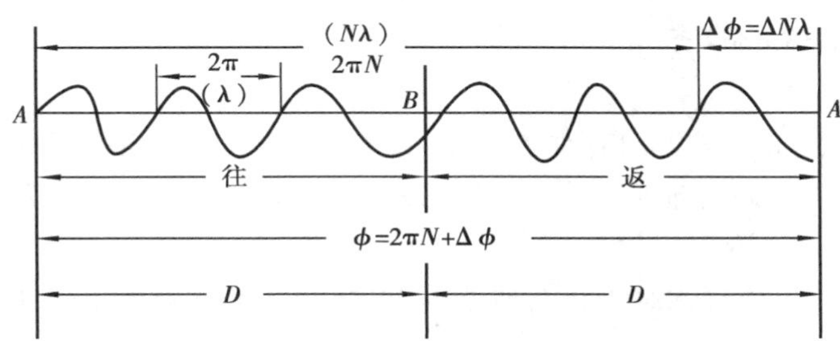

图 4.14 相位法测距往返程波形展开图

由图 4.14 可知，调制光波往返程总相位移为

$$\phi = N \cdot 2\pi + \Delta\phi = 2\pi\left(N + \frac{\Delta\phi}{2\pi}\right) \tag{4.14}$$

式中，N——调制光波往返程总相位移整周期个数，其值可为 0 或正整数；

$\Delta\phi$——不足整周期之相位移尾数，$\Delta\phi < 2\pi$；

令 $\dfrac{\Delta\phi}{2\pi} = \Delta N$——不足整周期的比例数。

根据物理学原理，相位移 ϕ 等于调制光波的角频率 ω 乘以传播时间 t，即 $\phi = \omega t$。又因 $\omega = 2\pi f$（f 为调制光波的频率），故

$$t_{2D} = \frac{\phi}{2\pi f} \tag{4.15}$$

则

$$D=\frac{1}{2}ct_{2D}=\frac{1}{2}c\frac{\phi}{2\pi f}(N+\Delta N) \tag{4.16}$$

将光速 $c=\lambda f$（λ 为调制光波波长）代入(4.16)式得

$$D=\frac{\lambda}{2}(N+\Delta N)=L_s(N+\Delta N) \tag{4.17}$$

式(4.17)就是相位法测距的基本公式。由此可见，相位式光电测距就好像有一把钢尺在量距，尺子的长度为 L_s，其值是调制波波长的一半，对某一频率的调制光波波长 L_s 是已知的，所以只要能够测量发射与接收调制光波相位移的整周期数 N 和不足整周期的比例数 ΔN，即可求得距离 D。

相位法与脉冲法相比，其主要优点在于测距精度高，目前精度高的光电测距仪能达到毫米级，甚至高达 0.1 mm 级。但由于发射功率不可能很大，测程相对较短。

红外测距仪的种类很多，使用时请参看仪器使用说明书。

4.4 直线定向

确定一条直线对于标准方向的关系，称为直线定向。要确定两点间平面位置的相对关系，除了测量两点间的距离外，还要知道直线的方向。

4.4.1 标准方向的种类

测量工作通常采用的标准方向有真子午线、磁子午线和坐标纵轴线 3 种。

(1)真子午线方向　通过地面上某点指向地球南北极的方向线，称为该点的真子午线方向。可用天文测量的方法测定。

(2)磁子午线方向　磁针水平静止时所指的方向线，即为该点的磁子午线方向。用罗盘仪可以测定。

(3)坐标纵轴线方向　坐标纵轴线方向就是直角坐标系中的纵坐标轴的方向。如果采用高斯平面直角坐标，则以中央子午线作为纵坐标轴。

4.4.2 直线方向的表示方法

表示直线方向有方位角及象限角两种：

1)方位角

由标准方向的北端起顺时针方向量至某一直线的水平角，称为该直线的方位角。方位角的大小应在 0°～360°范围内。如图 4.15 所示，若以真子午线方向作为标准方向所确定的方位角称为真方位角，用 $\alpha_{真}$ 表示；若以磁子午线方向作为标准方向所确定的方位角称为磁方位角，用

$\alpha_{磁}$表示；若以坐标纵轴线作为标准方向所确定的方位角称为坐标方位角，用 α 表示。

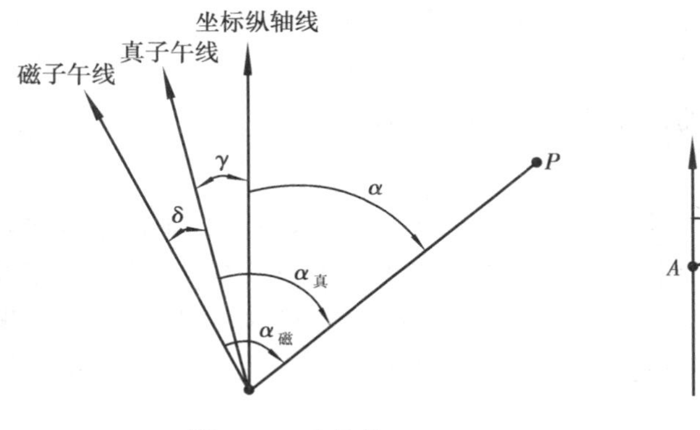

图 4.15　方位角

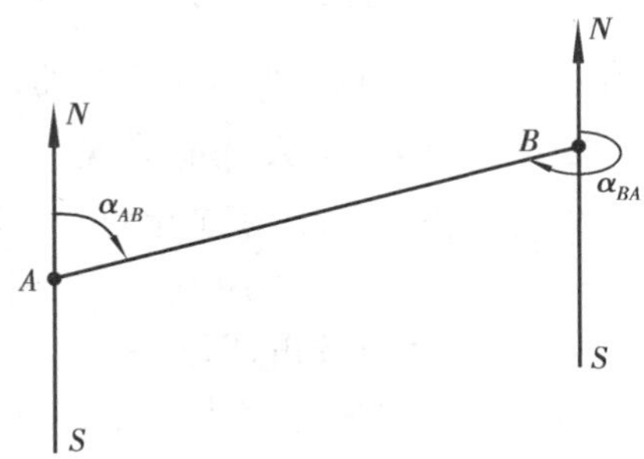

图 4.16　正反坐标方位角的关系

应用坐标方位角来表示直线的方向在计算上是比较方便的。若直线 AB（由 A 至 B 为直线的前进方向）的方位角 α_{AB} 称为正坐标方位角，则直线 BA（由 B 至 A 为直线的前进方向）的方位角 α_{BA} 称为反坐标方位角，同一直线正、反坐标方位角相差 180°（图 4.16），即

$$\alpha_{AB}=\alpha_{BA}\pm 180° \tag{4.18}$$

2）象限角

由标准方向的北端或南端与直线所夹的锐角，称为该直线的象限角。象限角在 0°～90°范围内，常用 R 表示。图 4.17 中直线 OA，OB，OC，OD 的象限角依次为 NER_{OA}，SER_{OB}，SWR_{OC} 和 NWR_{OD}。

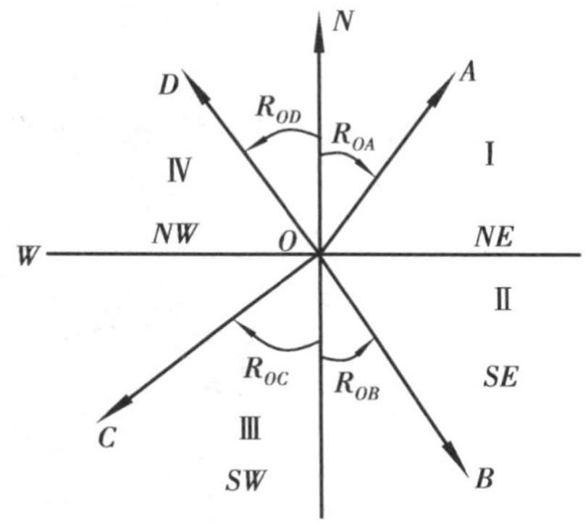

图 4.17　象限角

坐标方位角与象限角之间的换算关系如表 4.2 所示。

表 4.2　方位角与象限角的换算关系

直线方向	由象限角 R 求方位角 α	由方位角 α 求象限角 R
第Ⅰ象限　北偏东	$\alpha=R$	$R=\alpha$
第Ⅱ象限　南偏东	$\alpha=180°-R$	$R=180°-\alpha$
第Ⅲ象限　南偏西	$\alpha=180°+R$	$R=\alpha-180°$
第Ⅳ象限　北偏西	$\alpha=360°-R$	$R=360°-\alpha$

4.4.3　几种方位角之间的关系

1）真方位角与磁方位角的关系

由于地球磁南北极与地球南北极并不重合，因此，过地面上某点的磁子午线与真子午线不重合，其夹角 δ 称为磁偏角，如图 4.18 所示。磁针北端偏于真子午线以东称东偏，偏于真子午

线以西称西偏。直线的磁方位角与真方位角之间可用下式进行换算

$$\alpha_{真} = \alpha_{磁} + \delta \tag{4.19}$$

式(4.19)中的δ值,东偏时取正值,西偏时取负值。

地球上不同的地点磁偏角是不同的,我国磁偏角的变化为$+6° \sim -10°$。

2)真方位角与坐标方位角的关系

由高斯分带投影可知,除了中央子午线上的点外,投影带内其他各点的坐标轴方向与真子午线方向也不重合,如图4.19所示。图中地面点M,N等点的真子午线方向与中央子午线之间的夹角,称为子午线收敛角,用γ表示,γ角有正有负。在中央子午线以东地区,各点的坐标纵轴线偏在真子午线的东边,γ为正值;在中央子午线以西地区,γ则为负值,地面上某点的子午线收敛角γ可用下式计算

$$\gamma = (L - L_0)\sin B \tag{4.20}$$

式中,L_0——中央子午线经度;

L,B——某点的经度、纬度。

真方位角与坐标方位角之间的关系,如图4.20所示,可用下式进行换算

$$\alpha_{12真} = \alpha_{12} + \gamma \tag{4.21}$$

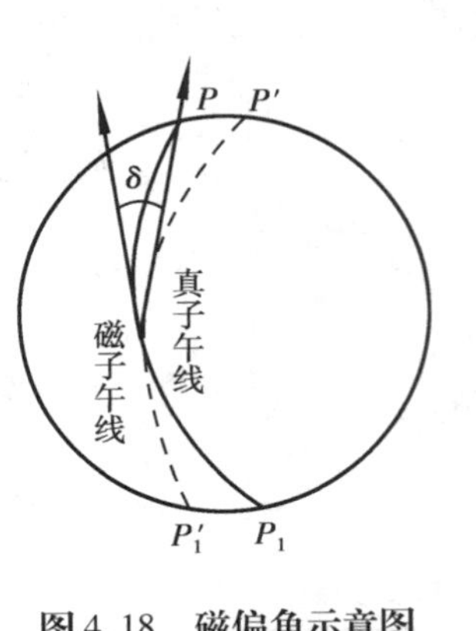

图4.18 磁偏角示意图

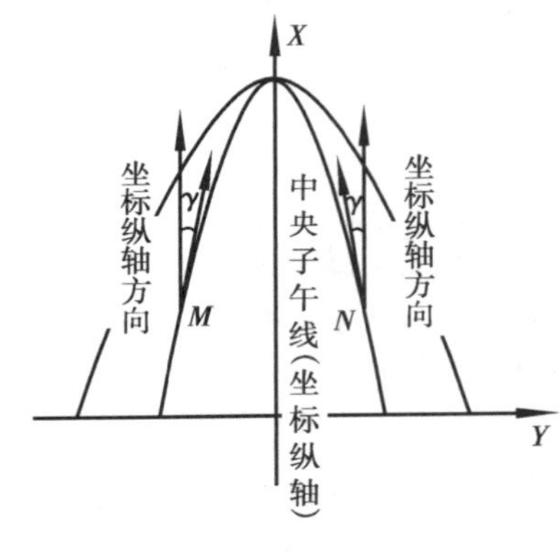

图4.19 子午线收敛角

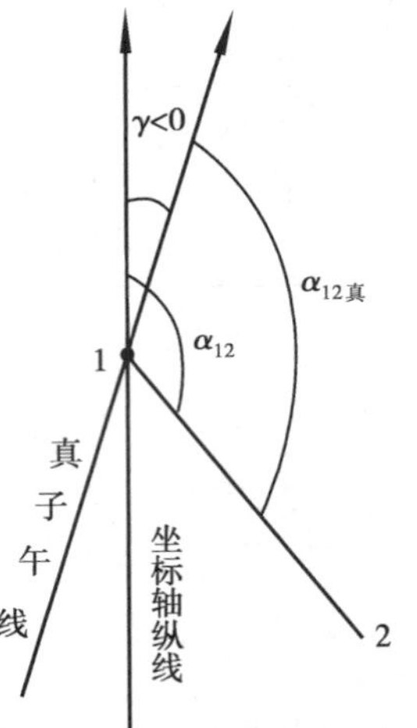

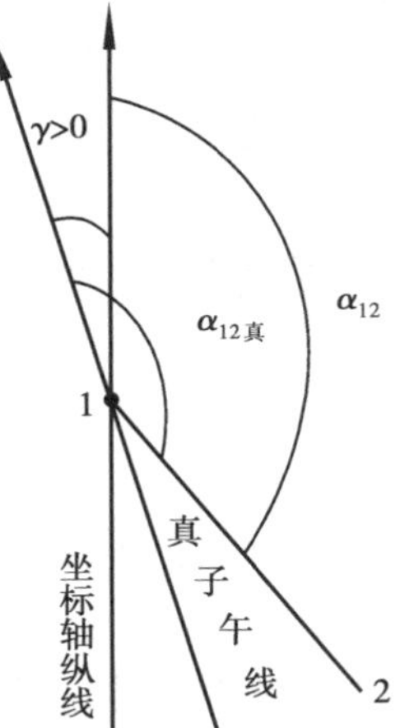

图4.20 真方位角与坐标方位角的关系

3) 坐标方位角与磁方位角的关系

已知某点的磁偏角 δ 与子午线收敛角 γ,则坐标方位角与磁方位角之间的换算关系为

$$\alpha = \alpha_{磁} + \delta - \gamma \tag{4.22}$$

4.5 罗盘仪及其使用

罗盘仪是测定直线磁方位角的仪器,构造简单,使用方便,广泛应用于各种勘测和精度要求不高的测量工作中。

4.5.1 罗盘仪的构造

如图 4.21 所示,罗盘仪主要由磁针、刻度盘、望远镜和水准器等部分组成。

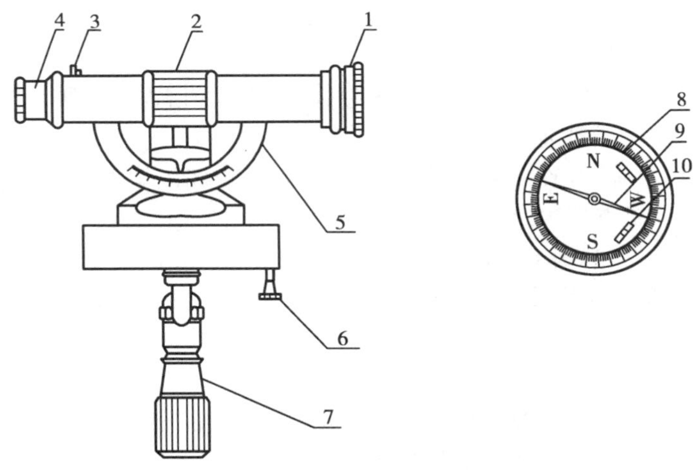

图 4.21 罗盘仪

1. 望远镜物镜 2. 调焦轮 3. 瞄准星 4. 望远镜目镜 5. 竖直度盘 6. 磁针制动螺旋 7. 安平连接器 8. 水平度盘 9. 磁针 10. 长水准器

(1)磁针　磁针为长条形人造磁铁,支承在刻度盘中心的顶针尖端上,可灵活转动。当它静止时,一端指南,一端指北。磁针南端绕缠一铜环或铝片,用于平衡磁针所受引力,保持磁针两端平衡。这也是区别磁针南北端的重要标志。为了防止磁针的磨损,不用时,可旋紧举针螺旋,将磁针固定。

(2)刻度盘　刻度盘从0°按逆时针方向注记到360°,一般刻有1°和30′两种基本分划,每隔10°有一注记。

(3)望远镜　罗盘仪的望远镜一般为外对光式望远镜,由物镜、目镜、十字丝组成,用于瞄准目标。望远镜的视准轴与度盘上的0°和180°直径方向在同一竖直面内,在望远镜的左侧附有竖盘,可测量竖直角,同时还有控制望远镜转动的制动螺旋和微动螺旋。

(4)水准器和球臼　在罗盘盒内装有一个圆水准器或两个互相垂直的水准管,当圆水准器内的气泡位于中心位置,或两个水准管内的气泡同时居中时,罗盘盒水平。球臼螺旋位于罗盘盒下方,配合水准器可使罗盘盒水平。

此外,还附有三脚架、锤球等。

4.5.2 罗盘仪测定直线的磁方位角

1)用罗盘仪测定磁方位角的步骤

(1)将仪器搬到测线的一端,并在测线另一端插上花杆。

(2)罗盘仪的安置

①对中　将仪器装于三脚架上,并挂上锤球后,移动三脚架,使锤球尖对准测站点,此时仪器中心与地面点处于同一条铅垂线。

②整平　松开仪器球形支柱上的螺旋,上、下俯仰度盘位置,使度盘上的两个水平气泡同时居中,旋紧螺旋,固定度盘,此时罗盘仪度盘处于水平位置。

(3)瞄准读数

①转动目镜调焦螺旋,使十字丝清晰。

②转动罗盘仪,使望远镜对准测线另一端的目标;调节调焦螺旋,使目标成像清晰稳定;再转动望远镜,使十字丝交点对准立于测点上的花杆的最底部。

③松开磁针制动螺旋,等磁针静止后,从正上方向并顺注记增大方向读取磁针北端所指的读数,即为所测直线的磁方位角。

为了防止错误和提高观测精度,通常在测定直线的正方位角后,还要测定直线的反方位角。正反方位角应相差180°,如果误差小于等于限差(0.5°),可按下式取二者平均数作为最后结果,即

$$\alpha = 1/2[\alpha_{正} + (\alpha_{反} \pm 180°)] \tag{4.23}$$

在倾斜地面的距离丈量中,需要测定地面两点连线的倾斜角,此时,将十字丝交点对准标杆上和仪器等高处,然后在竖直度盘上读数即可。

④读数完毕后,旋紧磁针制动螺旋,将磁针顶起以防止磁针磨损。

2)使用罗盘仪的注意事项

①在磁铁矿区或离高压线、无线电天线、电视转播台等较近的地方不宜使用罗盘仪,有电磁干扰现象。如果必须在上述物体附近观测,仪器至少离开30 m以外。

②一切铁器不要接近仪器,如斧头、钢尺、测钎等。

③磁力异常(小范围内磁偏角变化幅度很大)的地区不能用罗盘仪测图,应用经纬仪或平板仪等测图,使其不受磁力异常干扰。如果罗盘仪测量时,仅有个别测站出现磁力异常现象,可以根据一直线的正、反方位角的关系进行改正。因在同测站上测量两直线的夹角值不受磁力异常影响,所以也可以根据水平夹角进行改正。

④磁针转动必须灵敏,用后必须保护好磁针。

复习思考题

1. 名词解释

直线定线　方位角　象限角　真子午线　磁子午线　直线定向

2. 填空题

(1)钢尺丈量距离须做尺长改正,这是由于钢尺的________与钢尺的________不相等而引起的距离改正。当钢尺的实际长度变长时,丈量距离的结果要比实际距离________。

(2)丈量距离的精度,一般采用________来衡量,这是因为____________________。

(3)相位法测距是将________的关系改化为________的关系,通过测定________来求得距离。

(4)红外光电测距仪是通过光波或电波在待测距离上往返一次所需的时间,因准确测定时间很困难,实际上测定调制光波____________________。

(5)辨别罗盘仪磁针南北端的方法是____________,采用此法的理由是______________。

(6)直线定向所用的标准方向主要有________、________、________。

(7)方位罗盘刻度盘的注记是按________方向增加,度数由________到________。

3. 判断题

(1)某钢尺经检定,其实际长度比名义长度长 0.01 m。现用此钢尺丈量 10 个尺段距离,如不考虑其他因素,丈量结果将必比实际长度长了 0.01 m。 (　　)

(2)一条直线正反坐标方位角永远相差 180°,这是因为作为坐标方位角的标准方向线是始终平行的。 (　　)

(3)如果考虑到磁偏角的影响,正反方位角之差不等于 180°。 (　　)

(4)磁方位角等于真方位角加磁偏角。 (　　)

(5)视距测量作业要求检验视距常数 K,如果 K 不等于 100,其较差超过 1/1 000,则需对测量成果加以改正或按检定后的实际 K 值进行计算。 (　　)

(6)距离丈量的精度是用绝对误差来衡量的。 (　　)

(7)用罗盘仪测定磁方位角时,一定要根据磁针南端读数。 (　　)

(8)罗盘仪是测量高差的主要仪器。 (　　)

4. 单项选择题

(1)丈量一段距离,往、返测的结果为 126.78 m 和 126.68 m,则相对误差为(　　)。

A. 1/1 267　　B. 1/1 200　　C. 1/1 300　　D. 1/1 167

(2)地面上一条直线的正反方位角之间相差(　　)。

A. 180°　　B. 360°　　C. 270°　　D. 90°

(3)由标准方向线的北端顺时针旋转到该直线所夹的水平角,称为(　　)。

A. 天顶距　　B. 竖直角　　C. 方位角　　D. 象限角

(4)用钢尺丈量平坦地面两点间平距的计算公式是(　　)。

A. $D = nl + q$　　B. $D = Kl$　　C. $D = nl$　　D. $D = nq$

(5)距离丈量中,丈量工具精度最低的是(　　)。

A. 钢尺　　B. 皮尺　　C. 测绳

(6)地面上某直线的磁方位角为120°17′,而该处的磁偏角为东偏3°13′,则该直线的真方位角为(　　)。

A. 123°30′　　B. 117°04′　　C. 123°04′　　D. 117°30′

(7)测量工作中,常用来表示直线方向的是(　　)。

A. 水平角　　B. 方位角　　C. 竖直角

(8)罗盘仪是用来测定直线的(　　)。

A. 水平角　　B. 竖直角　　C. 磁方位角

5. 简答题

(1)距离丈量的方法有哪几种? 各适用于什么情况?

(2)丈量距离时,为什么要进行直线定线? 直线定线的方法有哪几种?

(3)钢尺量距时可能产生的误差有哪些? 如何提高量距精度?

(4)试述相位式测距仪测距的基本原理。

(5)视距测量需测出哪些数据? 请写出视距测量的计算公式。

(6)罗盘仪的使用方法是怎样的?

(7)什么叫直线定向? 在直线定向中有哪几种标准方向线? 它们之间存在什么关系?

6. 计算题

(1)用钢尺丈量了 *AB*,*CD* 两段水平距离,*AB* 的往测值为226.780 m,返测值为226.735 m;*CD* 的往测值为457.235 m,返测值为457.190 m。问这两段距离哪一段的丈量结果更精确? 为什么?

(2)用钢尺往返丈量了一段距离,其平均值为325.63 m,要求量距的相对误差为1/2 000,则往返丈量距离之差不能超过多少?

(3)一钢尺名义长度为30 m,经检定实际长度为30.006 m,用此钢尺量两点间距离为186.434 m,求改正后的水平距离。

(4)某钢尺名义长度为30 m,在20 ℃条件下的检定长度为29.992 m。用此钢尺在30 ℃条件下丈量一段坡度均匀、长度为150.620 m的距离。丈量时的拉力与钢尺检定拉力相同,并测得该段距离的两端点高差为-1.8 m,试求其正确的水平距离。

(5)已知 *A* 点的磁偏角为-2°16′,子午线收敛角为-5°37′,*A* 点至 *B* 点的坐标方位角为352°46′,求 *A* 点至 *B* 点的磁方位角,并绘图说明之。

(6)某直线的磁方位角为120°17′,而该处的磁偏角为东偏3°13′,问该直线的真方位角是多少?

5 小地区控制测量

[本章导读]

小地区控制测量是指在半径≤10 km 的区域范围进行的测定控制点位置的工作。本章介绍的内容有控制测量概述、经纬仪导线测量、前方交会法加密控制点、高程控制测量等。重点内容主要是经纬仪导线测量,三、四等水准测量及三角高程外业观测和内业计算。

在本章的学习过程中,要培养学生理实一体的理念,做到理论指导实践,在实践中获得成就感和从事测绘工作的职业幸福感与职业荣誉感。

5.1、5.2 微课

5.1 控制测量概述

利用精密仪器工具和精确的测量方法测出各控制点平面位置和高程的工作称为控制测量。在前面绪论中我们已经学习过,测量工作必须遵循测量工作的基本原则,即"从整体到局部,先控制后碎部,由高级到低级"的原则。也就是说先在测区内选择一定数量的控制点,测出各控制点的平面位置和高程,建立控制网,然后根据控制网进行碎部测量和测设工作。

5.1.1 国家控制网

在全国范围内建立的控制网,称为国家控制网。国家控制网分为平面控制网和高程控制网。国家平面控制网按精度分为一、二、三、四等,一等控制网精度最高,其余依次降低。建立国家平面控制网,主要采用三角测量的方法。国家高程控制网也分为 4 个等级。其中,一等高程控制网精度最高,其余依次降低。国家高程控制网,是由国家测绘部门专业人员采用精密水准测量的方法由高级到低级建立起来的。

5.1.2 图根控制网

在城市或厂矿等地区,一般应在上述国家控制网的基础上,根据测图、工程规划和施工测量的要求,布设不同等级的平面控制网,称为图根控制网。直接供地形测图使用的控制点,称为图根控制点,简称图根点。图根控制网的建立一般采用导线测量方法、小三角测量和交会定点等方法建立。建立图根控制网时,若附近有国家级控制点,图根控制网应与国家级控制点相连;若附近没有国家级控制点,则可建立独立的图根控制网。

本章主要讨论小地区(半径为 10 km 以下)控制网建立的有关问题。下面将分别介绍用经纬仪导线测量建立小地区平面控制网的方法,用三、四等水准测量和三角高程测量建立小地区高程控制网的方法。

5.2 经纬仪导线测量

5.2.1 导线测量概述

将测区内相邻的控制点连接成连续的折线称为导线,如图5.1所示。组成导线的控制点称为导线点。丈量导线各边边长,测量导线边的夹角,通过计算得到各导线点的平面位置称为导线测量。

由于控制点组成的几何图形不同,导线又分为闭合导线、附合导线和支导线 3 种。

从一个控制点开始,经若干连续折线,最后又回到原出发点的导线称为闭合导线,如图5.1中的 *A*—*B*—*C*—*D*—*A*,此种导线形式适宜于布设在块状地区;从一个已知的控制点出发,经若干连续折线,最后附合到另一个已知控制点的导线(即布设在两个已知高级控制点之间的导线)称为附合导线,如图 5.1 中的 1—2—3—4,这种导线适合布设于带状测区;从一个控制点开始支出 2 ~ 3 个控制点后,既不回到原出发点,也不附合到另一个已知控制点的导线称为支导线,如图 5.1 中的 4—1′—2′。支导线不具备校核条件,故一般不得超出 3 个点。

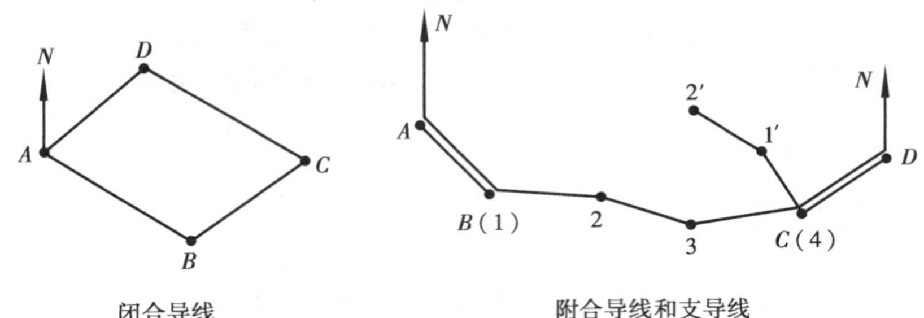

图 5.1 导线布设形式

导线测量是图根控制的一种布设形式,它比较适用于建筑物多的城镇、工矿区及森林荫蔽地区。根据所用测量仪器不同分为经纬仪导线测量和电磁波测距导线测量。用经纬仪观测导线边的转折角,用钢尺丈量各导线边长,通过计算得出各导线点的坐标,称为经纬仪导线测量;用经纬仪观测导线边的转折角,用电磁波测距仪测量各导线边长,通过计算得出各导线点坐标,称为电磁波导线测量。

5.2.2 经纬仪导线测量外业工作

经纬仪导线测量外业工作包括踏勘选点、测角量边和导线定向。

1)踏勘选点

在测量之前,首先对测量区域进行踏勘,了解测区范围及地形情况,并实地选定控制点及确定导线的形式和布置方案,这项工作称为踏勘选点。选点时应注意:

①导线点应均匀分布在测区内,相邻边的边长不宜相差过大,以免测角时带来较大的误差,边长视测图比例尺而定,一般在 100 ~ 300 m 之间;

②相邻导线点间必须通视良好,便于测角;

③导线点应选在地势高、视野开阔的地方,便于测图;

④导线点应选在土质坚实,不易被破坏,便于安置仪器的地方;

⑤导线点选定后,应进行打桩标定,一般是在地面上打木桩,桩顶钉一小铁钉或画“十”字标志点的位置。需要长期保存的导线点应埋设混凝土桩或石柱。导线点标定后应量出导线点与附近明显地物的距离,绘出草图,注明尺寸,便于今后寻找。

2)测角量边

(1)测角　用测回法或全圆方向观测法观测导线转折角,导线的转折角分为左角和右角,即在导线前进方向左侧的水平角称为左角,右侧的称为右角。在测量导线转折角时,左角或右角并无根本的差别,左、右角的换算关系是

$$左角 = 360° - 右角 \qquad 右角 = 360° - 左角$$

导线等级不同,使用仪器类型不同,测回数和精度要求也不相同。如用 DJ_6 经纬仪观测,需测 2 个测回,每测回两半测回角值之差不应超过 $\pm 40''$,并取平均值作为该测回角值。各测回角值之差不应超过 $\pm 24''$,若精度符合要求,即取平均值作为该观测角角值。导线角度观测闭合差应 $\leqslant \pm 60''\sqrt{n}$。

(2)量边　测定导线边边长可采用钢尺量距。用经过检定的钢尺往返丈量各相邻导线点之间的水平距离,往返丈量的相对误差一般不得超过 1/2 000,在特殊困难地区也不得超过 1/1 000。当精度符合要求时,取平均值作为边长的最后结果。也可用光电测距仪测出各导线边边长。

3)导线定向

(1)导线与国家控制点连测　当测区附近有高级控制点或同级已知坐标点时,为了计算导线边的方位角和导线点的坐标,应与国家控制点或同级已知坐标点连测,即测出连接角与连接边。

(2)罗盘仪定向　当测区内没有高级控制点时,还要用罗盘仪往返测定起始边的磁方位角,其误差不得超过 30′,取其平均值作导线定向之用。

5.2.3 导线测量内业计算

经纬仪导线内业计算就是利用外业测角量边的资料，计算出各导线点的坐标增量，再根据已知点的坐标推算出各导线点的坐标。布设的导线形式不同，计算的方法也略有差异，现分述如下。

1)坐标正反算

(1)坐标正算　根据距离和方位角计算坐标增量，再据一点已知坐标推算所求点坐标，称为坐标正算。如图5.2所示，设已知点A的坐标为(X_A,Y_A)，测得AB之间的距离D及方位角α_{AB}，推求待定点B的坐标(X_B,Y_B)。

$$\Delta x_{AB}=D\cos\alpha_{AB}$$

$$\Delta y_{AB}=D\sin\alpha_{AB}$$

$$x_B=x_A+\Delta x_{AB}=x_A+D\cos\alpha_{AB}$$

$$y_B=y_A+\Delta y_{AB}=y_A+D\sin\alpha_{AB}$$

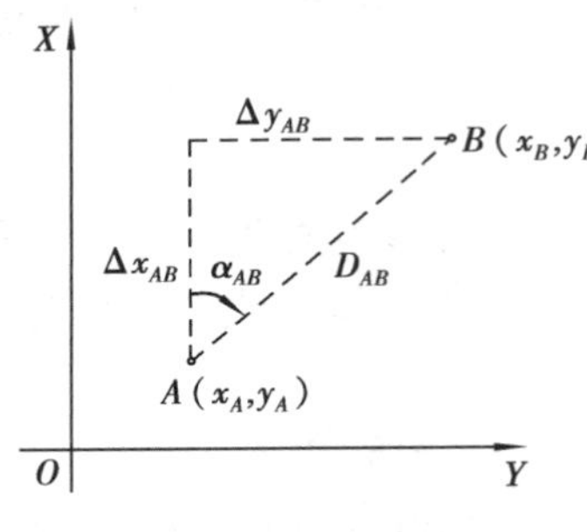

图5.2　坐标正算

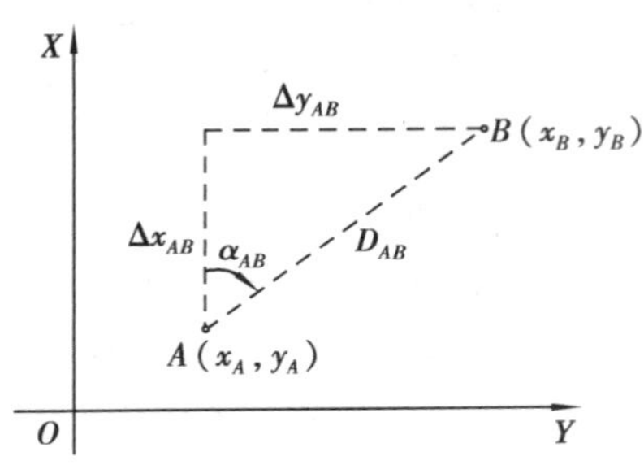

图5.3　坐标反算

(2)坐标反算　利用两个已知点坐标，计算两点间的距离和方位角称坐标反算。如图5.3所示，已知A,B两点的坐标(x_A,y_A),(x_B,y_B)，计算两点间的距离D及方位角α_{AB}。

$$\tan\alpha_{AB}=\frac{Y_B-Y_A}{X_B-X_A}=\frac{\Delta Y_{AB}}{\Delta X_{AB}}$$

$$D=\frac{\Delta Y_{AB}}{\sin\alpha_{AB}}=\frac{\Delta X_{AB}}{\cos\alpha_{AB}}\text{或}D=\sqrt{\Delta Y^2+\Delta X^2}$$

2)闭合导线的内业计算

(1)角度闭合差的计算和调整

①角度闭合差f_β计算　内角和观测值$\sum\beta_{测}$与理论值$\sum\beta_{理}$之差f_β称为闭合导线角度闭合差，计算公式为

$$n\text{边形内角和应满足的条件}\sum\beta_{理}=(n-2)\times180°$$

$$f_\beta=\sum\beta_{测}-\sum\beta_{理}=\sum\beta_{测}-(n-2)\times180°$$

②计算角度闭合差容许值$f_{\beta容}$　一般图根导线测量的角度闭合差容许值$f_{\beta容}$为

$$f_{\beta容}=\pm60''\sqrt{n}$$

③精度评定　当 $|f_\beta| > |f_{\beta容}|$ 时，成果不合格，需查找原因，返工重测；当 $|f_\beta| \leqslant |f_{\beta容}|$ 时，满足精度要求，成果合格，可继续往下计算。

④角度改正　当角度观测精度达到要求时，就可将角度闭合差 f_β 反符号平均分配到各角值上；当 f_β 不能整除时，余数分在短边上，改正值的计算公式为

$$\delta = \frac{-f_\beta}{n}$$

调整后的内角总和应满足理论上的要求，以此校核。

(2)坐标方位角的计算　导线边坐标方位角可根据已知边的方位角和改正后的内角，推算出其他各边的方位角，其计算公式推导如图 5.4 所示。

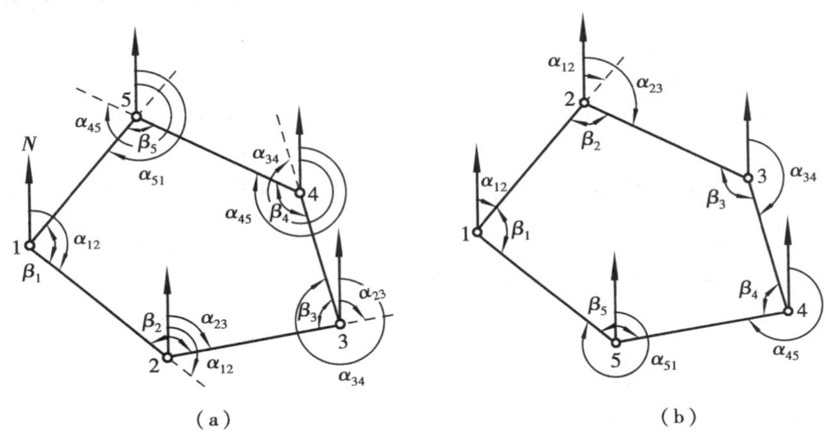

图 5.4　坐标方位角计算

当导线点是按逆时针编号的，如图 5.4(a)所示，其坐标方位角的计算公式为

$$\alpha_{前} = \alpha_{后} \pm 180° + \beta_{左}$$

当导线点是按顺时针编号的，如图 5.4(b)所示，其坐标方位角的计算公式为

$$\alpha_{前} = \alpha_{后} + 180° - \beta_{右}$$

式中，$\alpha_{前}$——前一导线边的坐标方位角；

$\alpha_{后}$——后一导线边的坐标方位角；

β——改正后的内角。

如图 5.4(a)所示，方位角推算方法为

$$\alpha_{12}$$

$$\alpha_{23} = \alpha_{12} \pm 180° + \beta_2 \quad \alpha_{34} = \alpha_{23} \pm 180° + \beta_3$$

$$\alpha_{45} = \alpha_{34} \pm 180° + \beta_4 \quad \cdots \quad \alpha_{12} = \alpha_{51} \pm 180° + \beta_1$$

当采用上式算得的 α 值小于 0°或大于 360°，应加上 360°或减去 360°。由最后一边的方位角推算而得第一边的方位角，其值应等于它的起始值，如不等表明计算有错误。以此作为校核。

(3)坐标增量计算及坐标增量闭合差的调整　导线边两端点的坐标值之差称坐标增量，纵坐标增量用 ΔX 表示，横坐标增量用 ΔY 表示。

①坐标增量计算　按坐标正算公式计算各边的坐标增量，其公式如下

$$\Delta X = D \times \cos\alpha, \quad \Delta Y = D \times \sin\alpha$$

由于 $\cos\alpha$ 和 $\sin\alpha$ 在不同的象限有不同的正负号，所以坐标增量也有正负值。计算位数取

到 cm。

②坐标增量闭合差计算　由图 5.5 可以看出,闭合导线纵、横坐标增量总和的理论值应等于零。即

$$\sum \Delta X_{理} = 0 \qquad \sum \Delta Y_{理} = 0$$

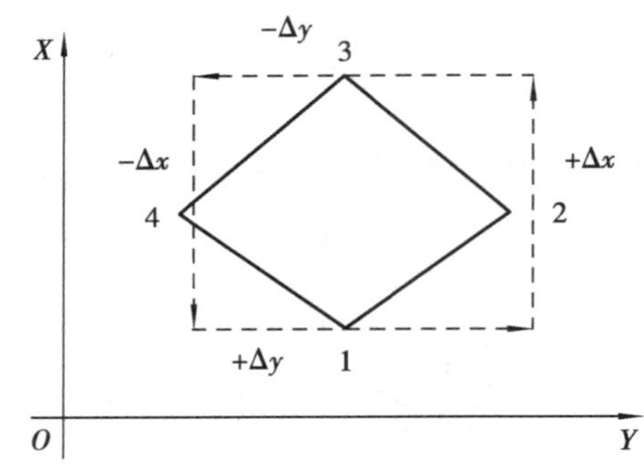

图 5.5　坐标增量总和理论值示意图

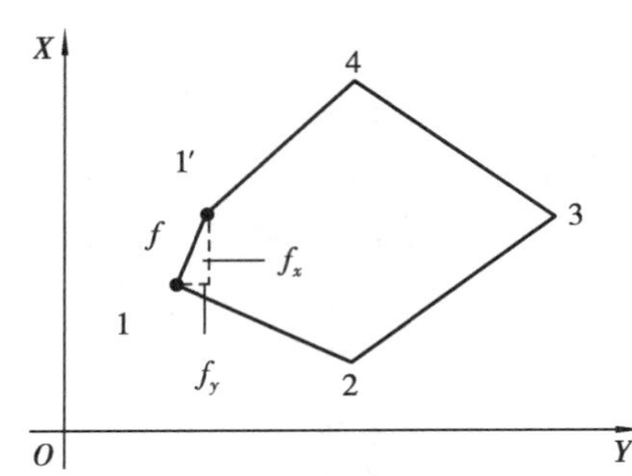

图 5.6　坐标增量闭合差示意图

实际上,由于测角、量边的误差影响,计算得到坐标增量总和 $\sum \Delta x$ 和 $\sum \Delta y$ 并不等于零,因而产生坐标增量闭合差,如图 5.6 所示。计算公式如下:

$$f_x = \sum \Delta x_{测} \qquad f_y = \sum \Delta y_{测}$$

式中,f_x——纵坐标增量闭合差;

f_y——横坐标增量闭合差。

③导线全长绝对闭合差计算　由于坐标增量闭合差 f_x,f_y 的存在,造成导线不能闭合,如图 5.6 中 1—1′。1—1′的长度 f 称为导线全长闭合差,其计算公式为

$$f = \sqrt{f_x^2 + f_y^2}$$

④导线全长相对闭合差计算　用导线全长绝对闭合差 f 除以导线边长总和 $\sum D$,并化成分子为 1,分母为整数的分数形式。计算公式如下:

$$K = \frac{f}{\sum D} \quad 化成\ K = \frac{1}{M}$$

导线全长相对闭合差 K 值越小精度越高。在通常情况下,图根导线的 K 值不应超过 1/2 000,困难地区也不应超过 1/1 000。

⑤计算坐标增量改正值　当导线全长相对闭合差 K 值达到精度要求时,可进行坐标增量闭合差的调整,调整的方法为:将增量闭合差 f_x 和 f_y 以相反的符号与边长成正比进行分配。计算公式如下:

$$V\Delta X_i = -\frac{f_x}{\sum D} \times D_i$$

$$V\Delta Y_i = -\frac{f_y}{\sum D} \times D_i$$

将坐标增量改正数加到相应的坐标增量中,得出改正后的坐标增量。改正后的坐标增量总和应该等于零,以此作为校核计算。

(4)导线点坐标计算　根据起点的已知坐标及调整之后的坐标增量逐一推算。推算至最

后一点后，还要再推算回起点的坐标，推算出的坐标值应与已知坐标值相等，以此进行校核。推算公式如下：

设 X_1,Y_1 坐标值为已知，则

$$X_2 = X_1 + \Delta X_{1\text{-}2} \qquad Y_2 = Y_1 + \Delta Y_{1\text{-}2}$$

$$X_3 = X_2 + \Delta X_{2\text{-}3} \qquad Y_3 = Y_2 + \Delta Y_{2\text{-}3}$$

$$\vdots \qquad\qquad \vdots$$

$$X_n = X_{n-1} + \Delta X_{(n-1)-n} \qquad Y_n = Y_{n-1} + \Delta Y_{(n-1)-n}$$

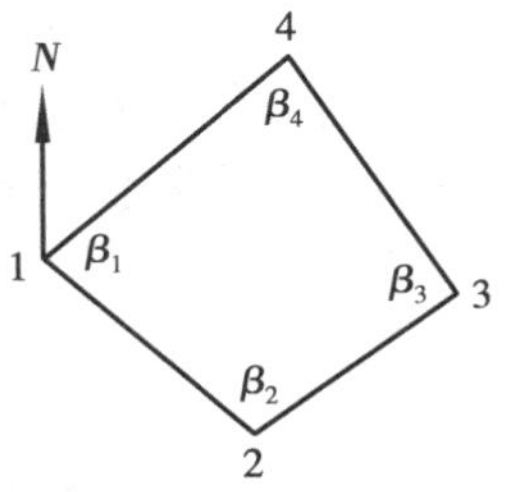

图 5.7　闭合导线坐标计算

(5)闭合导线的内业计算实例　如图 5.7 所示，外业观测数据各边边长：$D_{1\text{-}2}=92.42\ \text{m}$，$D_{2\text{-}3}=85.53\ \text{m}$，$D_{3\text{-}4}=100\ \text{m}$，$D_{4\text{-}1}=105.82\ \text{m}$；各角观测值：$\angle 1 = 89°30'12''$，$\angle 2 = 90°50'06''$，$\angle 3 = 100°36'48''$，$\angle 4 = 79°02'06''$，填入表 5.1，并按上述介绍的方法步骤进行计算，结果详见表 5.1。

表 5.1　经纬仪闭合导线坐标计算表

点号	角值		方位角	边长/m	坐标增量/m		坐标/m		点号
	观测值	改正后角值			ΔX	ΔY	X	Y	
1	2	3	4	5	6	7	8	9	10
1							500	600	1
			136°00′00″	92.42	(−0.01) −66.48	(+0.02) +64.20			
2	(+12″) 90°50′06″	90°50′18″					433.51	664.22	2
			46°50′18″	85.53	(−0.01) +58.51	(+0.02) +62.38			
3	(+12″) 100°36′48″	100°37′00″					492.01	726.62	3
			327°27′18″	100	(−0.01) +84.30	(+0.02) −53.80			
4	(+12″) 79°02′06″	79°02′18″					576.3	672.84	4
			226°29′36″	105.822	(−0.01) −76.29	(+0.01) −72.85			
1	(+12″) 89°30′12″	89°30′24″					500	600	1
			136°00′00″						
2									
$\sum$	359°59′12″	360°00′00″		382.97	0.04	−0.07			
校核计算	$\sum\beta_{理}=(4-2)\times180=360°$ 角度闭合差 $f_\beta = 359°59'12'' - 360° = -48'' <$ 容许闭合差 $f_{\beta容} = \pm60''\sqrt{4} = \pm120''$ 坐标增量闭合差：$f_x = +0.04 \quad f_y = -0.07$ 导线全长绝对闭合差 $f=\sqrt{f_x^2+f_y^2}=0.08$ 导线全长相对闭合差 $K = \dfrac{f}{\sum D} = \dfrac{0.08}{382.97} = \dfrac{1}{4\,750} < \dfrac{1}{2\,000}$								

3)附合导线内业计算

附合导线内业计算方法与闭合导线大同小异，不同的地方是角度闭合差和坐标增量闭合差的计算方法不同。

(1)角度闭合差计算　如图 5.8 为一附合导线，A,B,C,D 是高级控制点，其坐标和方位角

为已知(起始边和终了边的方位角若不知道,可按坐标反算公式计算出方位角)。附合导线的起点 1 和终点 4 分别与高级控制点 B 点和 C 点连接。角度闭合差的计算方法可根据起始边的方位角和导线前进方向左角观测值逐边推算各边方位角,直至推算出终了边方位角 α'_{CD},推算出的终了边方位角 α'_{CD}与原已知的终了边方位角 α_{CD}(或通过坐标反算出的方位角)的差值即为附合导线的角度闭合差f_β,其计算公式如下:

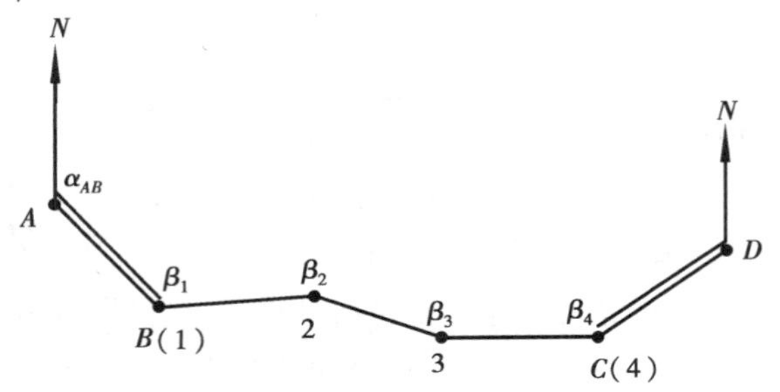

图 5.8 附合导线坐标计算实例

α_{AB},α_{CD}为已知方位角,

$$\alpha_{1\text{-}2} = \alpha_{AB} - 180^\circ + \beta_1$$
$$\alpha_{2\text{-}3} = \alpha_{1-2} - 180^\circ + \beta_2$$
$$\alpha_{3\text{-}4} = \alpha_{2-3} - 180^\circ + \beta_3$$
$$\alpha'_{CD} = \alpha_{3\text{-}4} - 180^\circ + \beta_4$$

上述推算过程可归纳为

$$\alpha'_{CD} = \alpha_{AB} - n \times 180^\circ + \sum \beta_{左}$$

角度闭合差:

$$f_\beta = \alpha'_{CD} - \alpha_{CD} = (\alpha_{AB} - n \times 180^\circ + \sum \beta_{左}) - \alpha_{CD}$$

附合导线角度容许闭合差$f_{\beta容}$和角度闭合差的调整与闭合导线相同。

(2)坐标增量闭合差的计算　理论上,附合导线的坐标增量总和,应等于已知导线终点与起点坐标值之差。其计算公式如下:

$$\sum \Delta X_{理} = (X_{终} - X_{始})$$
$$\sum \Delta Y_{理} = (Y_{终} - Y_{始})$$

由于测角量边存在误差,使得计算出的坐标值与理论值不相等,两者的差值即为增量闭合差,其计算公式如下:

$$f_x = \sum \Delta X_{测} - (X_{终} - X_{始})$$
$$f_y = \sum \Delta Y_{测} - (Y_{终} - Y_{始})$$

附合导线内业计算的其他步骤同闭合导线。

(3)附合导线内业计算实例　如图 5.8 所示,A,B,C,D 为高级控制点,已知 AB 和 CD 边的方位角分别为 224°03′00″和 46°10′24″;B 点坐标为(X_B = 920.30,Y_B = 1 011.28),C 点坐标(X_C = 810.13,Y_C = 1 181.79)。先将导线前进方向各左角 β 值和边长的观测数据填入计算表中,并按上述介绍的方法步骤进行计算,计算结果详见表 5.2。

表 5.2 附合导线内业计算表

点号	角值		方位角	边长/m	坐标增量/m		坐标/m		点号
	观测值	改正后角值			ΔX	ΔY	X	Y	
1	2	3	4	5	6	7	8	9	10
A									A
			224°03′00″						
B (1)	(+12″) 114°17′00″	114°17′12″					920.30	1 011.28	1
			158°20′12″	77.28	(−0.01) −71.82	(−0.02) 28.53			
2	(+12″) 146°59′30	146°59′42					848.47	1 039.79	2
			125°19′54″	89.64	(−0.01) −51.46	(−0.02) 63.28			
3	(+12″) 135°11′30″	135°11′42″					797.00	1 103.05	3
			80°31′36″	79.84	(−0.01) 13.14	(−0.01) 78.75			
C (4)	(+12″) 145°38′30″	145°38′42″					810.13	1 181.79	C
			46°10′18″						
D									
计核	542°06′30″			246.76	−110.14	170.56			

$\sum\beta_{理} = 542°06'30''$　$\alpha'_{CD} = 46°09'30''$　$\alpha_{CD} = 46°10'18''$

角度闭合差 $f_\beta = \alpha'_{CD} - \alpha_{CD} = (\alpha_{AB} - n \times 180° + \sum\beta) - \alpha_{CD} = -48''$

容许闭合差 $f_{\beta容} = \pm 60''\sqrt{4} = \pm 120''$

坐标增量闭合差 $f_x = \sum \Delta X_{测} - (X_{终} - X_{始}) = -110.14 - (810.13 - 920.30) = +0.03$

$f_y = \sum \Delta Y_{测} - (Y_{终} - Y_{始}) = 170.56 - (1\ 181.79 - 1\ 011.28) = +0.05$

导线全长绝对闭合差 $f = \sqrt{f_x^2 + f_y^2} = \sqrt{0.03^2 + 0.05^2}\ \text{m} = 0.06\ \text{m}$

导线全长相对闭合差 $K = \dfrac{f}{\sum D} = \dfrac{0.06}{246.76} = \dfrac{1}{4\ 113} < \dfrac{1}{2\ 000}$

5.3,5.4 微课

5.3 前方交会法加密控制点

交会法加密控制点是指利用经纬仪测角，再根据已知点坐标来求算未知点坐标的一种点位确定方法。一般是在已有控制点的数量不能满足测图或施工放样需要时，才采用此法加密控制点。

经纬仪交会法分前方交会、侧方交会和后方交会 3 种。下面介绍常用的前方交会法。

5.3.1 数据观测

如图 5.9 所示，P 点为未知点，A，B 为已知控制点，其坐标分别为(X_A, Y_A)和(X_B, Y_B)。为了计算出 P 点的坐标，将经纬仪分别安置在已知点 A，B 上，用测回法测出 α 和 β 角值，用于待

定点 P 的坐标计算。

5.3.2 坐标计算

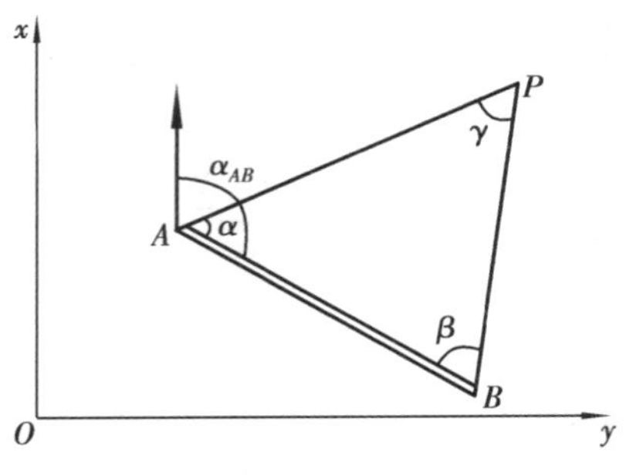

图 5.9 前方交会法加密控制点

如图 5.9 所示，根据 A,B 两点的坐标和 α,β 角值，计算 P 点的坐标，计算公式如下：

$$X_P=\frac{X_A\cot\beta+X_B\cot\alpha-(Y_A-Y_B)}{\cot\alpha+\cot\beta}$$

$$Y_P=\frac{Y_A\cot\beta+Y_B\cos\alpha+(X_A-X_B)}{\cot\alpha+\cot\beta}$$

5.3.3 注意事项

①在推导上述公式时，假设 $\triangle ABP$ 的点号依 A,B,P 按逆时针方向编号，其中 A,B 是已知点，P 是未知点。

②交会角不能过小过大。

交会角过大或过小时，由于 α,β 含有测角误差，将使 P 点产生较大的位移。为了提高精度，交会角一般不应小于 30°或大于 120°，最好在 90°左右。

③用 3 个已知点交会校核。

为了校核所定点位的正确性，一般要求由 3 个已知点进行交会校核。分两组观测数据和计算 P 点坐标，即分别观测 α_1,β_1 和 α_2,β_2，然后分组计算 P 点坐标。当两组计算出的 P 点误差在限差范围内时，取平均值作为结果。误差的计算公式如下：

$$f_D=\sqrt{f_x^2+f_y^2}\leqslant 2\times 0.1M\ \text{mm}$$

式中，f_D——P 点误差，$f_x=X_{P1}-X_{P2}$，$f_y=Y_{P1}-Y_{P2}$；

M——测图比例尺分母值。

5.4 高程控制测量

5.4.1 三、四等水准测量

1) 国家高程控制网

国家水准网分为一、二、三、四 4 个等级。低一级的控制网在高一级控制网的基础上建立。一、二等水准网是国家高程控制的基础，一般沿铁路、公路或河流布设成闭合或附合的形式，由国家测绘部门组织测绘人员，用精密水准测量的方法测定其高程。三、四等水准路线是由一、二等水准路线加密而成，作为地形测量和工程测量的高程控制，可布设成闭合或附合的形式。

2)三、四等水准测量的技术要求

如上所述,三、四等水准测量是在一、二等水准路线的基础上进行的,水准路线可布设为闭合水准路线或符合水准路线。为了保证其测量精度,在施测过程中,必须遵守一定的测量技术要求。三、四等水准测量的技术要求详见表5.3。

表5.3　三、四等水准测量技术要求

项目	使用仪器	高差闭合差限差/mm	视线距离/m	前后视距之差/m	前后视距累积差/m	黑红面读数差/mm	黑红面所测高差之差/mm	每千米高差中误差/mm	附合路线长度/km
三等水准测量	DS_3	$\pm 12\sqrt{L}$	≤75	≤2	≤5	2	3	±6	45
四等水准测量	DS_3	$\pm 20\sqrt{L}$	≤100	≤3	≤10	3	5	±10	15

3)三、四等水准测量观测方法

三、四等水准测量应使用不低于DS_3级水准仪,标尺主要采用双面水准尺观测,两根标尺黑面的底数均为0,红面的底数一根为4.687 m,一根为4.787 m。现以三等水准测量的观测方法为例加以说明。

(1)安置仪器　在每一测站上安置水准仪,调整圆水准器气泡居中,分别瞄准后、前视尺、估读视距,使前后视距离差不超过2 m。如超限,则需移动前视尺或水准仪,以满足要求。

(2)观测读数　仪器安置好后,分别进行立尺、瞄准、消除视差、精平、读数。观测记录顺序见表5.4。

读取后视尺黑面读数:下丝①,上丝②,中丝③;

读取前视尺黑面读数:下丝④,上丝⑤,中丝⑥;

读取前视尺红面读数:中丝⑦;

读取后视尺红面读数:中丝⑧。

(3)计算与校核　如表5.4所示,观测数据的计算分为视距计算、高差计算和校核计算三部分。

①视距计算:

后视距⑨=[①-②]×100

前视距⑩=[④-⑤]×100

后、前视距离差(11)=[⑨-⑩],绝对值不超过2 m。

后、前视距离累积差(12)=本站的后、前视距离差(11)+前站的后、前视距离差(12),绝对值≤5 m。

②高差计算:

红面读数差=K+黑-红,绝对值不应超过2 mm。K=4.787,又称尺常数;黑、红分别代表黑面尺读数和红面尺读数。

黑面高差(16)=后视读数-前视读数=③-⑥;

红面高差(17)=后视读数-前视读数=⑧-⑦;

黑、红面高差之差(15) = [(16) − (17) ±0.100];(15) = (13) − (14);

高差中数(18) = [(16) + (17) ±0.100]/2,作为该两点测得的高差。

当整个水准路线测量完毕,应逐页校核计算有无错误,校核方法是:

$\sum$⑨ − $\sum$⑩ = (12)末站;

水准路线总长度 $L = \sum$⑨ + $\sum$⑩;

高差计算校核时,当测站数为奇数时:$\sum(16) + [\sum(17) \pm 0.100] = 2\sum(18)$;

当测站数为偶数时:$\sum(16) + \sum(17) = 2\sum(18)$。

表 5.4 三、四等水准测量记录手簿

测点编号	后尺 下丝 上丝 后距/m 视距差/m	前尺 下丝 上丝 前距/m 累积差/m	方向及尺号	标尺读数 黑面/m	标尺读数 红面/m	K+黑减红/mm	高差中数/mm	备注
	(1)	(4)	后尺 1#	(3)	(8)	(13)	(18)	
	(2)	(5)	前尺 2#	(6)	(7)	(14)		
	(9)	(10)	后 − 前	(16)	(17)	(15)		
	(11)	(12)						
1	1.571	0.739	后尺 1#	1.384	6.171	0	0.832 5	
	1.197	0.363	前尺 2#	0.551	5.239	−1		
	37.4	37.6	后 − 前	+0.833	+0.932	+1		
	−0.2	−0.2						
2	2.121	2.196	后尺 2#	1.934	6.621	0	−0.074 5	
	1.747	1.821	前尺 1#	2.008	6.796	−1		
	37.4	37.5	后 − 前	−0.074	−0.175	+1		
	−0.1	−0.3						$K_1 = 4.787$ m $K_2 = 4.687$ m
3	1.914	2.055	后尺 1#	1.726	6.513	0	−0.140 5	
	1.539	1.678	前尺 2#	1.866	6.554	−1		
	37.5	37.7	后 − 前	−0.140	−0.041	+1		
	−0.2	−0.5						
4	1.965	2.141	后尺 2#	1.832	6.519	0	−0.174 5	
	1.700	1.874	前尺 1#	2.007	6.793	+1		
	26.5	26.7	后 − 前	−0.175	−0.274	−1		
	−0.2	−0.7						
5	0.565	2.792	后尺 1#	0.356	5.144	−1	−2.217 5	
	0.127	2.356	前尺 2#	2.574	7.261	0		
	43.8	43.6	后 − 前	−2.218	−2.117	−1		
	+0.2	−0.5						
校核	$\sum(9) = 182.6$ $\sum(10) = 183.1$ $\sum(12)_{末} = -0.5$ 总视距 = 365.7		$\sum(3) = 7.232$ $\sum(8) = 30.968$ $\sum(6) = 9.006$ $\sum(7) = 32.643$ $\sum(16) = -1.774$ $\sum(17) = -1.675$ $\sum(16) + [\sum(17) - 0.100]$ $= -3.549 = 2\sum(18)$				$\sum(18) = -1.774\ 5$	

(4)成果整理　根据三、四等水准测量高差闭合差的限差要求，采用普通水准测量的闭合差的调整及高程计算方法，计算各水准点的高程。

5.4.2 三角高程测量

三角高程测量是根据两点间的水平距离和竖直角，用三角公式计算两点间高差，然后再根据一已知点高程推算所求点高程的方法。

1)观测读数

如图5.10所示，设 A，B 两点间的水平距离 D 为已知，h 为欲求两点间高差，测量方法如下：安置仪器于 A，对中、整平，量取仪器高 i，立标杆于 B，盘左瞄准 B 点上的标杆顶点，读取竖盘读数，计算出竖直角 $\alpha_{左}$。用盘右再观测一次，得 $\alpha_{右}$。施测读数时，除由 A 点向 B 点观测外，还要把仪器安装在 B 点，再由 B 点返测回 A 点，取两次测得高差的平均值作为正确高差。当 A、B 两点距离较远时，应考虑地球曲率差和大气折光差的影响，需要进行地球曲率差和大气折光差改正数计算。

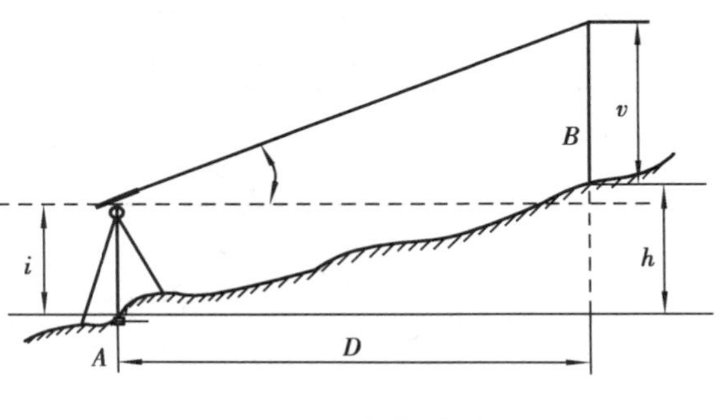

图5.10　三角高程测量

2)记录计算

(1)计算公式　三角高程测量计算公式包括竖角计算、高差计算、地球曲率和大气折光影响计算等。

竖直角计算：$\alpha=\frac{1}{2}(\alpha_{左}+\alpha_{右})$

高差计算：$h=D\times\tan\alpha+i-V$

地球曲率和大气折光差改正数：$f=0.43\times\frac{D^2}{R}$

改正后高差：$h=D\times\tan\alpha+i-V+f$

式中，α——竖直角；

h——高差；

D——两点间水平距离；

i——仪器高；

V——桩顶至杆顶的距离；

f——改正数；

R——地球半径。

(2)记录计算表格　三角高程测量记录计算用表有地球曲率和大气折光改正值表，见表5.5；外业观测记录用表见表5.6，内业计算用表见表5.7。

表 5.5 地球曲率和大气折光改正值表

两点间距离 D/m	改正值 f/m	两点间距离 D/m	改正值 f/m
100	0.001	600	0.025
200	0.003	800	0.044
400	0.011	1 000	0.068

表 5.6 三角高程外业测量记录表

测站	目标	仪器高/m	目标高/m	竖直度盘读数		竖角值	指标差
				盘 左	盘 右		
A	B	1.56	1.50	86°47′48″	273°11′54″	+3°12′03″	−9″
B	A	1.44	1.50	93°12′25″	266°47′25″	−3°12′30″	−5″

表 5.7 三角高程测量内业计算表

已知点	A	
待求点	B	
观测形式	往测	返测
水平距离 D/m	275.56	275.56
竖直角 α	+3°12′03″	−3°12′30″
$D\times\tan\alpha$/m	+15.41	−15.45
仪器高/m	1.56	1.44
目标高/m	1.50	1.50
高差/m	+15.47	−15.51
误差/m	$f=0.04<f_{容}=0.04\times D=0.11$	
平均高差/m	+15.49	

(3)结果评定 三角高程测量两点间往测高差和返测高差之差的容许误差为0.04D m(D为边长值,以100 m为单位),若误差在容许范围内,取往返测的平均值作为结果。

复习思考题

1. 控制测量内容有哪些？其目的是什么？

2. 什么叫经纬仪导线？导线布设的基本形式有哪几种？各在什么情况下使用？

3. 经纬仪导线测量的外业工作主要有哪些内容？

4. 闭合导线坐标增量总和 $\sum\Delta x=+0.38$ m，$\sum\Delta y=-0.48$ m，导线总长 $\sum D=1\ 325.38$ m,试计算导线全长相对闭合差和边长为125.58 m的坐标增量改正数。

5. 闭合导线12341的已知数据为:$X_1=5\ 032.70$ m,$Y_1=4\ 537.66$ m,$\alpha_{12}=97°58'08''$,观测数据为:$\beta_1=125°52'04''$,$\beta_2=82°46'29''$,$\beta_3=91°08'23''$,$\beta_4=60°14'02''$,$D_{12}=100.29$ m,$D_{23}=78.96$ m,$D_{34}=137.22$ m,$D_{41}=78.67$ m,试列表计算2,3,4点的坐标。

6. 采用三角高程测量的方法，从 A 点观测 B 点，测得竖角 $\theta = +14°06'30''$，A 站仪器高 $i = 1.31$ m，B 点目标高 $v = 3.80$ m；从 B 点观测 A 点，测得 $\theta = -13°19'00''$，B 站仪器高 $i = 1.47$ m，A 点目标高 $v = 4.03$ m，已知 AB 的水平距离 $D = 314.23$ m。求 A，B 两点的平均高差。

全站仪

[本章导读]

全站仪的品牌种类很多,本章以南方 NTS-660 全站仪为例,介绍全站仪的构造,仪器的使用方法、角度测量、距离测量、三维坐标测量、面积计算及放样测量等。通过本章的学习,对全站仪的使用方法有一个基本的认识,了解全站仪测量的自动化、数字化、智能化和高精度。

在本章的学习过程中,要培养学生关注测量仪器的发展,让同学们了解测绘仪器的国产化,自主创新,培养同学们的创新思维。

随着现代科学技术的发展和微处理机的广泛应用,最先进的光学技术、电子技术、精密机械技术与最新的光电信息处理技术融于一体,出现了高度集成和智能化的全站型电子速测仪。它是一种集自动测距、测角、计算和数据自动记录及传输功能于一体的高精度、自动化、数字化及智能化的三维坐标测量与定位系统,是当今广泛应用地理空间信息采集、工程测量等的电子测量仪器。由于该仪器可在测站上采集到全部测量数据,所以全站型电子速测仪又称电子全站仪,简称全站仪。全站仪的品牌种类很多,现以南方测绘仪器公司生产的NTS-660全站仪为例,说明全站仪的应用技术。

6.1,6.2 微课

6.1 南方 NTS-660 全站仪

6.1.1 南方 NTS-660 全站仪的特点

(1)菜单图形显示　南方 NTS-660 全站仪采用图标菜单,智能化程度高,功能强大,操作方便。

(2)绝对数码度盘　预装绝对数码度盘,仪器开机即可直接进行测量。即使中途重置电源,方位角信息也不会丢失。

(3)强大的内存管理　选用 16 MB 内存,可存储测量数据或坐标数据多达 4 万个,并可方便地进行内存管理,对数据进行增加、删除、修改、传输。

(4)望远镜镜头更轻巧。

(5)仪器倾斜图形显示　此新型全站仪增加了仪器倾斜的图形显示,用户可根据显示屏上电子气泡的走向来整平仪器,直观、方便、快捷。

(6)预装标准测量程序 除具备常用的基本测量模式(角度测量、距离测量、坐标测量)和特殊测量程序(悬高测量、偏心测量、对边测量、距离放样、坐标放样、后方交会)之外,还预装了标准测量程序,为控制测量、地形测量、工程放样提供了极大的方便。

(7)简体中文显示。

6.1.2 仪器各部件名称及其功能

1)仪器各部件名称

仪器各部件名称如图6.1所示。

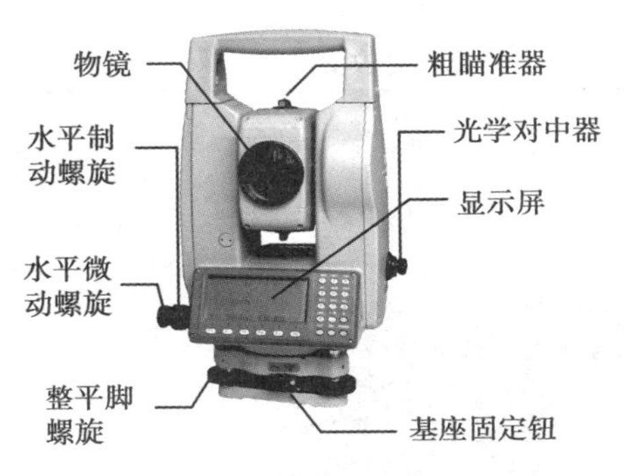

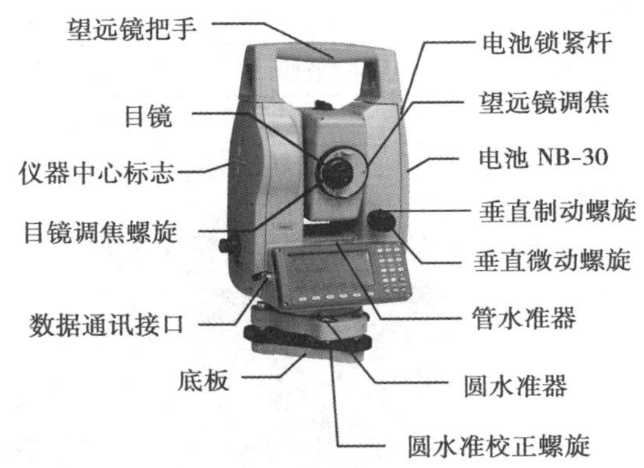

图6.1 仪器各部件名称

2)显示屏

一般上面几行显示观测数据,底行显示软键功能,它随测量模式的不同而变化。利用星键(★)可调整显示屏的对比度和亮度,如图6.2和图6.3所示。显示屏上显示符号的含义见表6.1。

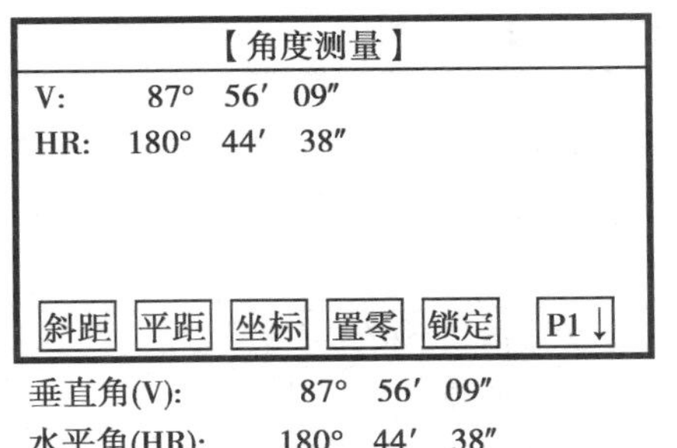

图6.2 角度测量模式

【斜距测量】
V: 87° 56′ 09″
HR: 180° 44′ 38″
SD: 12.345
PSM 30
PPM 0
(M) F.R
斜距 平距 坐标 置零 锁定 P1↓

垂直角(V): 87° 56′ 09″
水平角(HR): 180° 44′ 38″
斜距(SD): 12.345 m

图6.3 距离测量模式

表 6.1 显示屏上显示符号的含义

符 号	含 义	符 号	含 义
V	垂直角	*	电子测距正在进行
V%	百分度	m	以米为单位
HR	水平角(右角)	ft	以英尺为单位
HL	水平角(左角)	F	精测模式
HD	平距	T	跟踪模式(10 mm)
VD	高差	R	重复测量
SD	斜距	S	单次测量
N	北向坐标	N	N 次测量
E	东向坐标	ppm	大气改正值
Z	天顶方向坐标	psm	棱镜常数值

3) **操作键**

操作键如图 6.4 所示,各键名称及功能如表 6.2 所示。

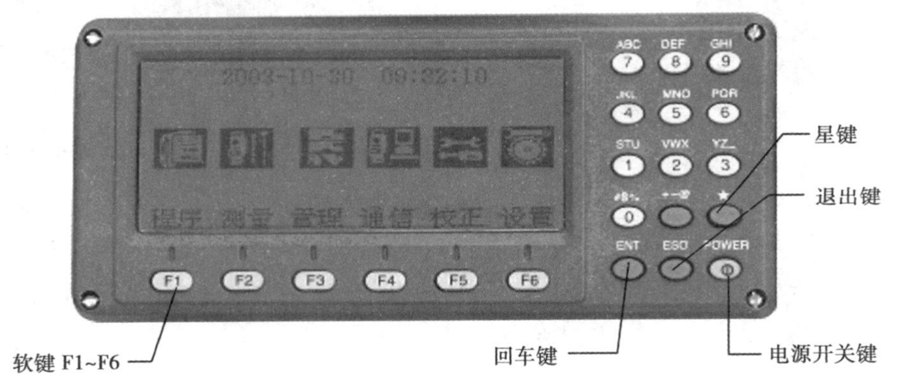

图 6.4 操作键

表 6.2 各操作键名称及功能

按 键	名 称	功 能
F1 ~ F6	软 键	功能参见所显示的信息
0 ~ 9	数字键	输入数字,用于欲置数值
A ~ /	字母键	输入字母
ESC	退出键	退回到前一个显示屏或前一个模式
★	星 键	用于仪器若干常用功能的操作
ENT	回车键	数据输入结束并认可时按此键
POWER	电源键	控制电源的开/关

4) **功能键(软键)**

软键功能标记在显示屏的底行,该功能随测量模式的不同而改变,如图 6.5 所示。

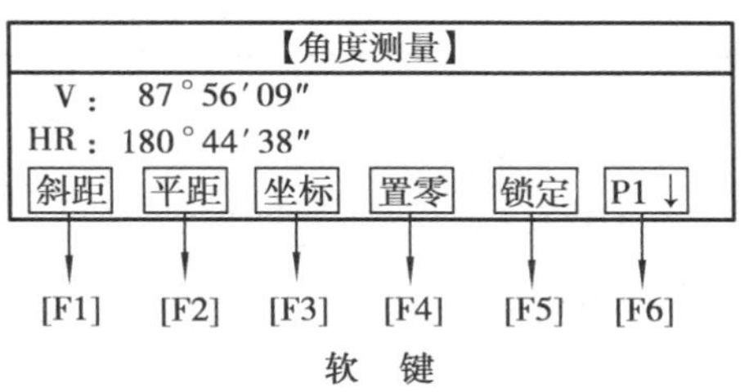

软 键

【角度测量】
V： 87°56′09″
HR： 120°44′38″
斜距 平距 坐标 置零 锁定 P1↓
记录 置盘 R/L 坡度 补偿 P2↓

角度测量

【斜距测量】
V： 87°56′09″
HR： 120°44′38″
SD：
PSM 30
PPM 0
(m) F.R
测量 模式 角度 平距 坐标 P1↓
记录 放样 均值 m/ft P2↓

斜距测量

【平距测量】
V： 87°56′09″
HR： 120°44′38″
SD：
VD：
PSM 30
PPM 0
(m) F.R
测量 模式 角度 斜距 坐标 P1↓
记录 放样 均值 m/ft P2↓

平距测量

【坐标测量】
N： 12345.578
E： -12345.678
Z： 10.123
PSM 30
PPM 0
(m) F.R
测量 模式 角度 斜距 坐标 P1↓
记录 放样 均值 m/ft P2↓

坐标测量

图 6.5 功能键

表 6.3 为不同模式下各软键的功能。

表 6.3 不同模式下各软键的功能

模 式	显 示	软 键	功 能
角度测量	斜距	F1	倾斜距离测量
	平距	F2	水平距离测量
	坐标	F3	坐标测量
	置零	F4	水平角置零
	锁定	F5	水平角锁定
	记录	F1	将测量数据传输到数据采集器
	置盘	F2	预置一个水平角
	R/L	F3	水平角右角/左角变换
	坡度	F4	垂直角/百分度的变换
	补偿	F5	设置倾斜改正。 若打开补偿功能,则显示倾斜改正值

续表

模　式	显　示	软　键	功　能
斜距测量	测量	F1	启动斜距测量。 选择连续测量/N 次(单次)测量模式
	模式	F2	设置单次精测/N 次精测/重复精测/跟踪测量模式
	角度	F3	角度测量模式
	平距	F4	平距测量模式，显示 N 次或单次测量后的水平距离
	坐标	F5	坐标测量模式，显示 N 次或单次测量后的坐标
	记录	F1	将测量数据传输到数据采集器
	放样	F2	放样测量模式
	均值	F3	设置 N 次测量的次数
	M/ft	F4	距离单位米或英尺的变换
平距测量	测量	F1	启动平距测量。 选择连续测量/N 次(单次)测量模式
	模式	F2	设置单次精测/N 次精测/重复精测/跟踪测量模式
	角度	F3	角度测量模式
	斜距	F4	斜距测量模式，显示 N 次或单次测量后的倾斜距离
	坐标	F5	坐标测量模式，显示 N 次或单次测量后的坐标
	记录	F1	将测量数据传输到数据采集器
	放样	F2	放样测量模式
	均值	F3	设置 N 次测量的次数
	M/ft	F4	米或英尺的变换
坐标测量	测量	F1	启动坐标测量。 选择连续测量/N 次(单次)测量模式
	模式	F2	设置单次精测/N 次精测/重复精测/跟踪测量模式
	角度	F3	角度测量模式
	斜距	F4	斜距测量模式，显示 N 次或单次测量后的倾斜距离
	平距	F5	平距测量模式，显示 N 次或单次测量后的水平距离
	记录	F1	将测量数据传输到数据采集器
	高程	F2	输入仪器高/棱镜高
	均值	F3	设置 N 次测量的次数
	M/ft	F4	米或英尺的变换
	设置	F5	预置仪器测站点的坐标

5)星键(★键)模式

按下★键即可看到仪器的若干操作选项,这些选项分两页屏幕显示。按[F5](P1↓)键查看第2页屏幕,再按[F5](P2↓)可返回第1页屏幕。

由星键(★)可做的仪器操作请查阅仪器操作手册。

6)自动关机

自动关机时间为30 min。若在设定的时间内无任何按键操作,则仪器就会自动切断电源,以便节省电能。

详细介绍请参阅仪器操作手册“参数设置模式”。

6.2 南方NTS-660全站仪测量前的准备

6.2.1 测量前的准备

(1)打开电源开关。

(2)仪器的初始设置　仪器的初始设置包括仪器常数设置、日期和时间的调整、液晶对比度的调整、棱镜常数的设置、大气改正的设置及大气折光和地球曲率改正,具体方法可参看仪器说明书。

(3)安置反射棱镜　全站仪在进行距离测量等作业时,需在目标处放置反射棱镜。反射棱镜有单棱镜和三棱镜组,可通过基座连接器将棱镜组与基座连接,再安置到三角架上,也可直接安置在对中杆上。棱镜组由用户根据作业需要自行配置。

如图6.6所示为南方测绘仪器公司生产的棱镜组。

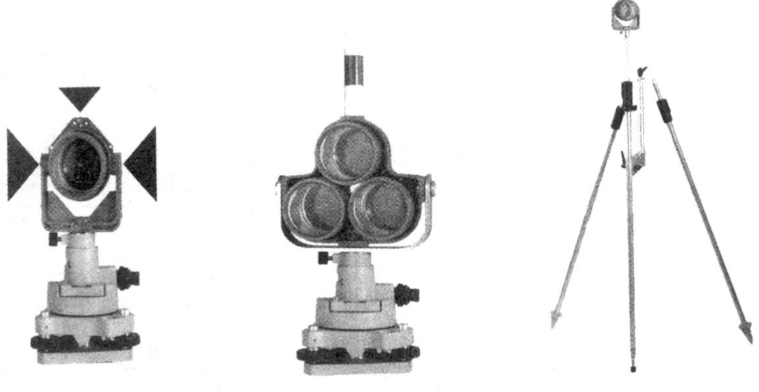

图6.6　反射棱镜

6.2.2 全站仪的使用

(1)安置仪器　将仪器安装在三角架上,精确整平和对中,仪器的整平与对中方法与光学经纬仪相同。

(2)望远镜目镜调整和目标照准　瞄准目标(棱镜)的方法与光学经纬仪相同。

6.3　南方 NTS-660 全站仪的应用

南方 NTS-660 全站仪的测量模式如图 6.4 所示,测量模式包括角度测量、距离测量、坐标测量。

6.3.1　角度测量

1)水平角(右角)和垂直角测量

确认在角度测量模式下的操作步骤如下:

操作步骤	按　键	显　示
①照准第一个目标(A)	照准 A	【角度测量】 V :　87° 56′ 09″ HR:　130° 44′ 38″ 斜距 平距 坐标 置零 锁定 P1↓
②设置目标 A 的水平角读数为0°00′00″。 按[F4](置零)键和[F6](设置)键	[F4] [F6]	【水平度盘置零】 HR:　0° 00′ 00″ 退出 设置 【角度测量】 V :　87° 56′ 09″ HR:　0° 00′ 00″ 斜距 平距 坐标 置零 锁定 P1↓
③照准第二个目标(B)。 仪器显示目标 B 的水平角和垂直角	照准 B	【角度测量】 V :　57° 16′ 09″ HR:　120° 44′ 38″ 斜距 平距 坐标 置零 锁定 P1↓

2)水平角测量模式(右角/左角)的转换

确认在角度测量模式下的操作步骤如下:

操作步骤	按 键	显 示
①按[F6](P1↓)键,进入第2页显示功能	[F6]	【角度测量】 V : 87° 56′ 09″ HR: 120° 44′ 38″ 斜距 平距 坐标 置零 锁定 P1↓ 记录 置盘 R/L 坡度 补偿 P2↓
②按[F3]键,水平角测量右角模式转换成左角模式	[F3]	【角度测量】 V : 87° 56′ 09″ HL: 239° 15′ 22″ 记录 置盘 R/L 坡度 补偿 P2↓
③类似右角观测方法进行左角观测		
• 每按一次[F3](R/L)键,右角/左角便依次切换 • 右角/左角转换开关可以关闭,参见操作手册"参数设置模式"		

3)水平度盘读数的设置

(1)利用锁定水平角法设置　确认在角度测量模式下的操作步骤如下:

操作步骤	按 键	显 示
①利用水平微动螺旋设置水平度盘读数	显示角度	【角度测量】 V : 87° 56′ 09″ HR: 120° 44′ 38″ 斜距 平距 坐标 置零 锁定 P1↓
②按[F5](锁定)键,启动水平度盘锁定功能	[F5]	【 锁 定 】 HR: 120° 44′ 38″ 退出 解除
③照准用于定向的目标点	照准	
④按[F6](解除)键,取消水平度盘锁定功能,显示返回到正常的角度测量模式	[F6]	【角度测量】 V : 107° 56′ 29″ HR: 120° 44′ 38″ 斜距 平距 坐标 置零 锁定 P1↓
※要返回到先前模式,可按[F1](退出)键		

(2)利用数字键设置　确认在角度测量模式下的操作步骤如下:

操作步骤	按　键	显　示
①照准用于定向的目标点	照准	【角度测量】 V ：　87° 56′ 09″ HR：　0° 44′ 38″ 斜距 平距 坐标 置零 锁定 P1↓ 记录 置盘 R/L 坡度 补偿 P2↓
②按[F6](P1↓)键，进入第 2 页功能，再按[F2](置盘)键 ③输入所需的水平度盘读数，例如：120°20′30″	[F6] [F2] 输入角度值	【配置度盘】 HR：120.2030 退出　左移
④按[ENT]键。※ 至此，即可进行定向后的正常角度测量	[ENT]	【角度测量】 V ：　87° 56′ 09″ HR：120° 20′ 30″ 斜距 平距 坐标 置零 锁定 P1↓
※若输入有误，可按[F6](左移)键移动光标，或按[F1](退出)键重新输入正确值； ※若输入错误数值(例如 70′)，则设置失败，须从第③步起重新输入		

4)垂直角百分度模式

确认在角度测量模式下的操作步骤如下：

操作步骤	按　键	显　示
①按[F6](P1↓)键，进入第 2 页功能菜单	[F6]	【角度测量】 V ：　84° 24′ 28″ HR：120° 44′ 38″ 斜距 平距 坐标 置零 锁定 P1↓ 记录 置盘 R/L 坡度 补偿 P2↓
②按[F4](坡度)键	[F4]	【角度测量】 V%：　9.79 % HR ：120° 44′ 38″ 记录 置盘 R/L 坡度 补偿 P2↓
※每按一次[F4](坡度)键，垂直角显示模式便依次转换		

6.3.2 距离测量

1)大气改正的设置

设置大气改正时，须量取温度和气压，由此即可求得大气改正值，大气改正的设置是在星键(★)模式下进行的，请参看仪器说明书。

2)棱镜常数的设置

南方的棱镜常数为 -30,因此棱镜常数应设置为 -30。如果使用的是另外厂家的棱镜,则应预先设置相应的棱镜常数。棱镜常数设置在星键(★)模式下进行,请参看仪器说明书。

3)距离测量(连续测量)

确认在角度测量模式下的操作步骤如下:

操作步骤	按　键	显　示
①照准棱镜中心	照准	【角度测量】 V :　87° 56′ 09″ HR:　120° 44′ 38″ 斜距 平距 坐标 置零 锁定 P1↓
②按[F1](斜距)键或[F2](平距)键,并按[F2](模式)键,选择连续精测模式※1),※2) [示例]平距测量 显示测量结果※3)~※6)	[F2]	【平距测量】 V :　87° 56′ 09″ HR:　120° 44′ 38″ HD:　< VD:　PSM 30 PPM 0 (m) * F. R 测量 模式 角度 斜距 坐标 P1↓ 【平距测量】 V :　87° 56′ 09″ HR:　120° 44′ 38″ HD:　796.097 VD:　4.001　PSM 30 PPM 0 (m) F. R 测量 模式 角度 斜距 坐标 P1↓
※1)显示在窗口第四行右面的字母表示如下测量模式: F:精测模式　T:跟踪模式 R:连续(重复)测量模式　S:单次测量模式　N:N 次测量模式 ※2)若要改变测量模式,按[F2](模式)键,每按下一次,测量模式就改变一次。 ※3)当电子测距正在进行时,"*"号就会出现在显示屏上。 ※4)测量结果显示时伴随着蜂鸣声。 ※5)若测量结果受到大气折光等因素影响,则自动进行重复观测。 ※6)返回角度测量模式,可按[F3](角度)键		

4)距离测量(单次/N 次测量)

当预置了观测次数时,仪器就会按设置的次数进行距离测量并显示出平均距离值。若预置次数为 1,则由于是单次观测,故不显示平均距离。仪器出厂时设置的是单次观测。

(1)设置观测次数　确认在角度测量模式下的操作步骤如下:

操作步骤	按　键	显　示
		【角度测量】 V ： 87° 56′ 09″ HR： 120° 44′ 38″ 斜距 平距 坐标 置零 锁定 P1↓
①按[F1](斜距)键或[F2](平距)键	[F1] 或[F2]	【平距测量】 V ： 87° 56′ 09″ HR： 120° 44′ 38″ HD： < VD： PSM 30 PPM 0 (m) *F.R 测量 模式 角度 斜距 坐标 P1↓ 记录 放样 均值 m/ft P2↓
②按[F6](P1↓)键,进入第2页功能。 ③按[F3](均值)键,输入观测次数,示例:3次	[F6] [F3] [3]	【测量次数】 N： 3 退出 左移
④按[ENT]键,进行 *N* 次观测	[ENT]	【平距测量】 V ： 87° 56′ 09″ HR： 120° 44′ 38″ HD： < VD： PSM 3 PPM 0 (m) *F.R 记录 放样 均值 m/ft P2↓

(2)观测方法　确认在角度测量模式下的操作步骤如下：

操作步骤	按　键	显　示
①照准棱镜中心	照准	【角度测量】 V ： 87° 56′ 09″ HR： 120° 44′ 38″ 斜距 平距 坐标 置零 锁定 P1↓

续表

操作步骤	按　键	显　示
②按[F1](斜距)键或[F2](平距)键,选择斜距或平距测量模式。 示例:平距测量 *N* 次观测开始	[F1] 或[F2]	【平距测量】 V ：　87° 56′ 09″ HR:　120° 44′ 38″ HD:　　　　　< VD:　PSM 30　PPM 0　(m) * F. R 测量 模式 角度 斜距 坐标 P1↓ 记录 放样 均值 m/ft P2↓ 【平距测量】 V ：　87° 56′ 09″ HR:　120° 44′ 38″ HD:　54.321 VD:　1.234　PSM 30　PPM 0　(m) * F. R 测量 模式 角度 斜距 坐标 P1↓
③显示出平均距离并伴随蜂鸣声,同时屏幕上"＊"号消失		【平距测量】 V ：　87° 56′ 09″ HR:　120° 44′ 38″ HD:　54.321 VD:　1.234　PSM 30　PPM 0　(m) F. R 测量 模式 角度 斜距 坐标 P1↓
• 观测结束后按[F1](测量)键可重新进行测量; • 按[F3](角度)键返回到角度测量模式		

5)*精测/跟踪模式*

(1)精测模式　这是正常距离测量模式,观测时间约 3 s,最小显示距离为 1 mm。

(2)跟踪模式　此模式测量时间要比精测模式短,主要用于放样测量中。在跟踪运动目标或工程放样中非常有用,观测时间约 1 s,最小显示距离为 10 mm。

操作步骤如下:

操作步骤	按　键	显　示
①照准棱镜中心	照准棱镜	【角度测量】 V ：　87° 56′ 09″ HR:　120° 44′ 38″ 斜距 平距 坐标 置零 锁定 P1↓

续表

操作步骤	按　键	
②按[F1](斜距)键或[F2](平距)键。 选择测距模式。※ 示例:平距观测模式 进行距离测量	[F1] 或[F2]	V :　8 HR:　12 HD: VD: PSM　3.0 PPM　0 (m)　*F.R 测量 模 坐标 P1↓
③按[F2](模式)键,变为跟踪粗测模式		【平 V :　87° HR:　120° HD: VD: PSM　30 PPM　0 m)　*T.R 测量 模式 示 P1↓
※每按一次[F2](模式)键,观测模式就依次改变		

6.3.3 放样

该功能可显示测量的距离与预置距离之差。

显示值＝观测值－标准(预置)距离

可进行各种距离测量模式如平距(*HD*)、高差(*VD*)或斜距(*SD*)的放　　差放样为例说明其操作步骤。

[示例:高差的放样]

操作步骤	按　键	显　示
①在距离测量模式下按[F6](P1↓)键进入第2页功能	[F6]	【平距测量】 V :　87°56′09″ HR:　120°44′38″ HD: VD: PSM　30 PPM　0 (m)　*F.R 测量 模式 角度 斜距 坐标 P1↓ 记录 放样 均值 m/ft P2↓
②按[F2](放样)键	[F2]	【放样】 HD: VD: 退出 左移

续表

操作步骤	按　键	显　示
③输入待放样的高差值并按[ENT]键。观测开始	输入放样值 [ENT]	【平距测量】 V ：90° 10′ 20″ HR：120° 30′ 40″ HD： < dVD： PSM 30 PPM 0 (m) * F. R 记录 放样 均值 m/ft P2↓ 【平距测量】 V ：90° 10′ 20″ HR：120° 30′ 40″ HD： 12.345 dVD： 0.009 PSM 30 PPM 0 (m) F. R 记录 放样 均值 m/ft P2↓
• 一旦将标准距离重新设置为"0"或关机，即可返回到正常距离测量模式		

6.3.4 坐标测量

1) 设置测站点坐标

设置好测站点(仪器位置)相对于原点的坐标后，仪器便可求出显示未知点(棱镜位置)的坐标，关机后(若参数设置中[坐标记忆]设置为[开])测站点坐标仍可恢复，请参见仪器操作"参数设置模式"。

确认在角度测量模式下，设置测站点坐标的具体操作步骤如下：

操作步骤	按　键	显　示
①按[F3](坐标)键	[F3]	【角度测量】 V ：87° 56′ 09″ HR：120° 44′ 38″ 斜距 平距 坐标 置零 锁定 P1↓
②按[F6](P1↓)键进入第2页功能	[F6]	【坐标测量】 N ： < E： Z： PSM 30 PPM 0 (m) * F. R 测量 模式 角度 斜距 平距 P1↓ 记录 高程 均值 m/ft 设置 P2↓

续表

操作步骤	按 键	显 示
③按[F5](设置)键,显示以前的数据	[F5]	【设置测站点】 N: 12345.670 m E: 12.436 m Z: 10.445 m 退出 左移
④输入新的坐标值并按[ENT]键。※	输入N坐标 [ENT] 输入E坐标 [ENT] 输入Z坐标 [ENT]	【设置测站点】 N : 1000.000 m E: 1000.000 m Z: 1000.000 m 退出 左移
⑤测量开始		完成! 【坐标测量】 N : < E: Z: PSM 30 PPM 0 (m) *F.R 记录 高程 均值 m/ft 设置 P2↓
※按[F1](退出)键可取消设置		

2)设置仪器高/棱镜高

坐标测量须输入仪器高与棱镜高,以便直接测定未知点坐标。

确认在角度测量模式下,设置仪器高/棱镜高的操作步骤如下:

操作步骤	按 键	显 示
①按[F3](坐标)键	[F3]	【角度测量】 V : 87° 56′ 09″ HR: 120° 44′ 38″ 斜距 平距 坐标 置零 锁定 P1↓
②在坐标观测模式下,按[F6](P1↓)键进入第2页功能	[F6]	【坐标测量】 N : E: Z: PSM 30 PPM 0 (m) *F.R 测量 模式 角度 斜距 平距 P1↓ 记录 高程 均值 m/ft 设置 P2↓

续表

操作步骤	按 键	显 示
③按[F2](高程)键,显示以前的数据	[F2]	【高程设置】 仪器高: 0.000 m 棱镜高: 0.000 m 退出 左移
④输入仪器高,按[ENT]键。※ ⑤输入棱镜高,按[ENT]键。 显示返回到坐标测量模式	仪器高 [ENT] 棱镜高 [ENT]	【高程设置】 仪器高: 1.630 m 棱镜高: 1.450 m 退出 左移 【坐标测量】 N: < E: Z: PSM 30 PPM 0 (m) * F. R 记录 高程 均值 m/ft 设置 P2↓
※按[F1](退出)键可取消设置		

3)坐标测量的操作

在进行坐标测量时,通过输入测站坐标、仪器高和棱镜高,即可直接测定未知点的坐标。

确认在角度测量模式下,坐标测量的操作步骤如下:

操作步骤	按 键	显 示
①设置测站坐标和仪器高/棱镜高。※1) ②设置已知点的方向角。 ③照准目标点	设置方向角 照准	【角度测量】 V : 87° 56′ 09″ HR: 120° 44′ 38″ 斜距 平距 坐标 置零 锁定 P1↓
④按[F3](坐标)键。※2)	[F3]	【坐标测量】 N: < E: Z: PSM 30 PPM 0 (m) *F. R 测量 模式 角度 斜距 平距 P1↓
⑤显示测量结果		【坐标测量】 N : 14235.458 E: -12344.094 Z: 10.674 PSM 30 PPM 0 (m) F. R 测量 模式 角度 斜距 平距 P1↓

续表

※1)若未输入测站点坐标,则以缺省值(0,0,0)作为测站坐标。若未输入仪器高和棱镜高,则亦以0代替; ※2)按[F2](模式)键,可更换测距模式(单次精测/N次精测/重复精测/跟踪测量)。 • 要返回正常角度或距离测量模式可按[F6](P2↓)键进入第1页功能,再按[F3](角度),[F4](斜距)或[F5](平距)键

6.4 数据输出

测量结果可由NTS-660系列全站仪传送到数据采集器,也可通过按软键(记录)将测量结果输出到外部设备,请参阅仪器操作手册。

6.5 应用测量程序模式

应用测量程序模式如图6.4所示。

按[F1]键,程序模式(应用测量程序)可以进行:

①设置水平方向的方向角;②导线测量;③悬高测量;④对边测量;⑤角度复测;⑥坐标放样;⑦线高测量;⑧偏心测量。

菜单上列出了仪器内安装的测量程序如下:

6.5.1 设置水平方向定向角

输入测站点和后视点坐标,显示测站点坐标输入与后视点坐标输入。输入坐标后仪器可计算出后视定向角。如果参数模式下[坐标记忆]选择为[开],则测站点坐标被存入内存中,请参见仪器操作手册"参数设置模式"。其操作步骤举例说明如下:

操作步骤	按 键	显 示
①按[F2](设置方向)键。 显示当前的测站数据。 ※若要修改测站坐标,按[F1](输入)键	[F2]	【程序】 5/9 F1 标准测量 p F2 设置方向 p F3 导线测量 p F4 悬高测量 p F5 对边测量 p 翻页 【设置方向】 测站点 N: 1234.456 m E: 2345.243 m Z: 1000.000 m 输入 确认
②输入新的测站坐标值,并按[ENT]键	[ENT]	【设置方向值】 测站点 N: 1000.000 m E: 1000.000 m Z: 100.000 m 退出 左移
③输入后视点的N,E,Z坐标。 例如:N坐标:54.321 m E坐标:12.344 m Z坐标:10.000 m	N坐标 [ENT] E坐标 [ENT] Z坐标 [ENT]	【设置方向值】 后视点 N: 54.321 m E: 12.344 m Z: 10.000 m 退出 左移
④照准后视点	照准 后视点	【设置方向值】 方向值 HR: 226° 14′ 37″ >设置否? 退出 是 否
⑤按[F5](是)键。 显示返回到主菜单	[F5]	设置完毕!

6.5.2 导线测量(保存坐标)

如图6.7所示,在导线测量模式中前视点坐标测定后被存入内存,用户迁站到下一个点后该程序会将前一个测站点作为后视定向用;迁站安置好仪器并照准前一个测站点后,仪器会显示后视定向边的反方位角。若未输入测站点坐标,则取其为零(0,0,0)或上次预置的测站点坐标。

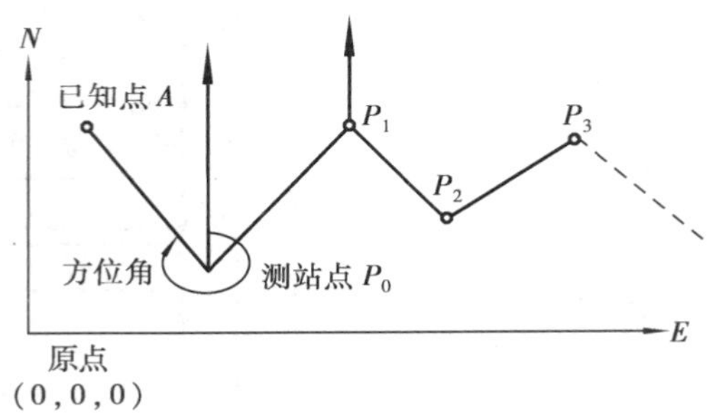

图 6.7 导线测量

设置好测站点 P0 的坐标和 P0 至已知点 A 的方位角后,导线测量的步骤如下:

操作步骤	按 键	显 示
①按[F3](导线测量)键	[F3]	【程序】 5/9 F1 标准测量 p F2 设置方向 p F3 导线测量 p F4 悬高测量 p F5 对边测量 p 翻页 【导线测量】 1. 存储坐标 2. 调用坐标
②按[F1](存储坐标)键。 按[F5](高程)键可重新设置仪器高或棱镜高	[F1]	【存储坐标】 HR: 120° 30′ 40″ HD: m 测量 高程
③照准仪器即将移至的目标点 P1 棱镜。 ④按[F1](测量)键。 测量开始	照准 P1 [F1]	【存储坐标】 HR: 120° 30′ 40″ HD* < m 测量 设置
⑤显示水平距离和水平角		【存储坐标】 HR: 120° 30′ 40″ HD* 1123.678 m 测量 设置
⑥按[F6](设置)键。 显示 P1 点坐标	[F6]	【存储坐标】 N: 1234.456 m E: 2345.243 m Z: 12.465 m > 设置否? 是 否

续表

操作步骤	按 键	显 示
⑦按[F5](是)键。 P1 点坐标被确认	[F5]	完毕!
⑧显示返回到主菜单。关闭电源,将仪器搬至 P1 点(P1 点棱镜搬至 P0 点)。 ⑨仪器设置在 P1 点后,打开电源即可观测	关机迁站 到 P1 开机选择 [程序] 选项	【程序】 5/9 F1 标准测量 p F2 设置方向 p F3 导线测量 p F4 悬高测量 p F5 对边测量 p 翻页
⑩按[F3](导线测量)键	[F3]	【导线测量】 1. 存储坐标 2. 调用坐标
⑪按[F2](调用坐标)键	[F2]	【调用坐标】 HR: 120° 30′ 40″ > 设置否? 是 否
⑫照准前一个仪器站点 P0。 按[F5](是)键。 P1 点坐标及 P1 至 P0 的方向角即被设置。 显示返回主菜单	照准 P0 [F5]	完毕!
⑬重复①~⑫步,根据需要决定重复的次数		【程序】 5/9 F1 标准测量 p F2 设置方向 p F3 导线测量 p F4 悬高测量 p F5 对边测量 p 翻页

6.5.3 悬高测量

该程序用于测定遥测目标相对于棱镜的垂直距离(高度)及其离开地面的高度(无需棱镜的高度)。使用棱镜高时,悬高测量以棱镜作为基点,不使用棱镜时则以测定垂直角的地面点作为基点,上述两种情况下基准点均位于目标点的铅垂线上。

1)输入棱镜高(h)

如图 6.8 所示,具体操作步骤如下:(举例:$h = 1.5$ m)

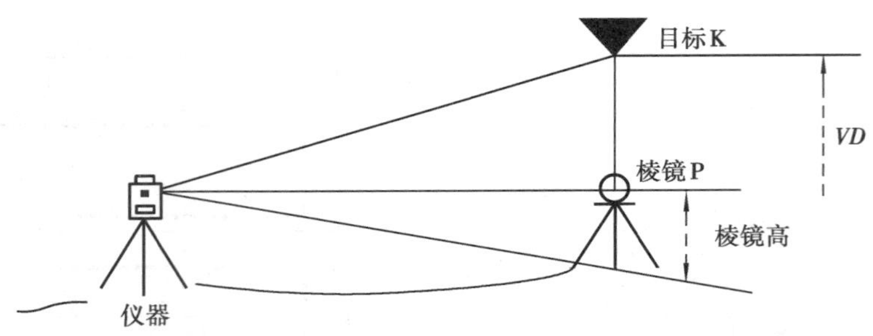

图 6.8 悬高测量(输入棱镜高)

操作步骤	按 键	显 示
①按[F4](悬高测量)键	[F4]	【程序】 5/9 F1 标准测量 p F2 设置方向 p F3 导线测量 p F4 悬高测量 p F5 对边测量 p 翻页 【悬高测量】 1. 有棱镜高 2. 无棱镜高
②按[F1](有棱镜高)键	[F1]	【悬高测量】 (1)棱镜高 镜高: m 退出 左移
③输入棱镜高,按[ENT]键	输入棱镜高 [ENT]	【悬高测量】 (1)棱镜高 镜高: 1.500 m 退出 左移 【悬高测量】 (2)平距 HD: m 测量 设置
④照准棱镜 P。 ⑤按[F1](测量)键。开始观测	照准棱镜 P [F1]	【悬高测量】 (2)平距 HD* m 测量 设置
⑥显示仪器至棱镜之间的水平距离(平距)		【悬高测量】 (2)平距 HD: 123.456 m 测量 设置

续表

操作步骤	按　键	显　示
⑦按[F6](设置)键。 棱镜位置即被确定。※1)	[F6]	【悬高测量】 VD: 1.734 m 退出 镜高 平距
⑧照准目标 K。 显示垂直距离(高差)。※2)	照准 K	【悬高测量】 VD: 3.340 m 退出 镜高 平距
※1)按[F2](镜高)键返回到步骤③,按[F3](平距)键返回到步骤④ ※2)按[F1](退出)键返回到主菜单		

2)不输入棱镜高

如图 6.9 所示,在不输入棱镜高时,具体操作步骤如下:

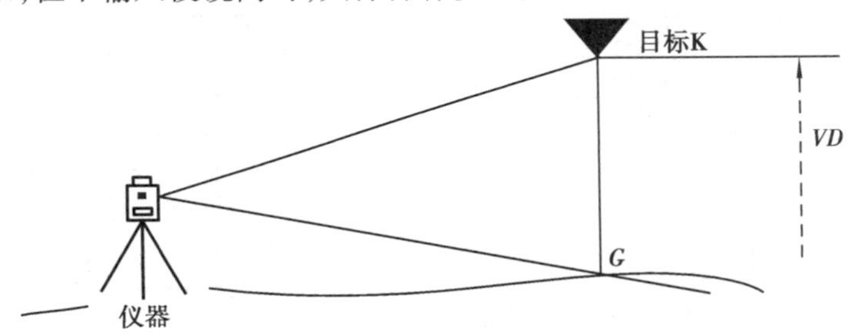

图 6.9　悬高测量(不输入棱镜高)

操作步骤	按　键	显　示
①按[F4](悬高测量)键	[F4]	【程序】 5/9 F1 标准测量 p　F2 设置方向 p F3 导线测量 p　F4 悬高测量 p F5 对边测量 p 翻页 【悬高测量】 1. 有棱镜高　2. 无棱镜高
②按[F2](无棱镜高)键	[F2]	【悬高测量】 (1)平距 HD: m 测量 设置

续表

操作步骤	按　键	显　示
③照准棱镜 ④按[F1](测量)键测距开始	照准棱镜 [F1]	【悬高测量】 (1)平距 HD* < m 测量　设置
⑤显示仪器至棱镜之间的水平距离(平距)		【悬高测量】 (1)平距 HD: 123.456 m 测量　设置
⑥按[F6](设置)键。 棱镜位置即被确定	[F6]	【悬高测量】 (2)垂直角 V: 120° 30′ 40″ 设置
⑦照准地面点 G。 ⑧按[F6](设置)键,G 点位置即被确定。※1)	照准 G [F6]	【悬高测量】 VD: 1.734 m 退出　平距　V 角
⑨照准目标 K。 显示垂直距离(高差)。※2)	照准 K	【悬高测量】 VD: 1.734 m 退出　平距　V 角
※1)按[F2](平距)键返回到步骤③,按[F3](V 角)键返回到步骤⑦ ※2)按[F1](退出)可返回到主菜单		

6.5.4 对边测量

利用对边测量可测量两个棱镜之间的水平距离(d*HD*)、斜距(d*SD*)和高差(d*VD*),如图 6.10所示。对边测量模式具有两个功能。

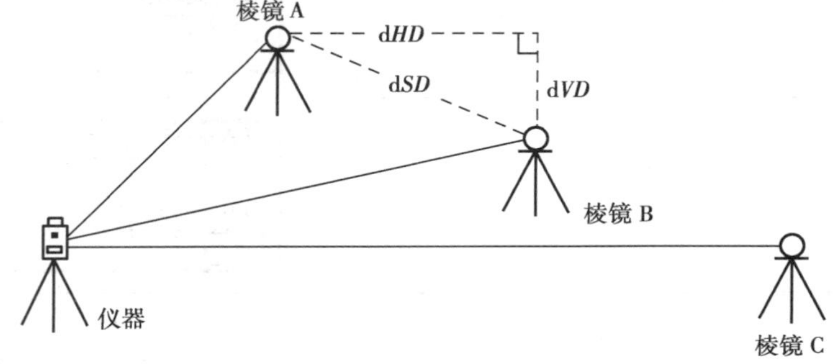

图 6.10　对边测量

(1)$(A-B,A-C)$ 测量 $A-B,A-C,A-D,\cdots$

(2)$(A-B,B-C)$ 测量 $A-B,B-C,C-D,\cdots$

$(A-B,A-C)$对边测量的操作步骤如下：

操作步骤	按　键	显　示
在程序菜单中按[F6]键，进入该菜单的第2页。 ①按[F5](对边测量)键	[F5]	【程序】 5/9 F1 标准测量 p　F2 设置方向 p F3 导线测量 p　F4 悬高测量 p F5 对边测量 p 翻页 【对边测量】 1. MLM1： (A-B, A-C) 2. MLM2： (A-B, B-C)
②按[F1] MLM1:(A-B,A-C)键	[F1]	【对边测量】 MLM1 平距 1 HD： m 测量 设置
③照准棱镜 A,并按[F1](测量)键。显示仪器和棱镜 A 之间的平距	照准 A [F1]	【对边测量】 MLM1 平距 1 HD： m 测量 设置 【对边测量】 MLM1 平距 1 HD* 123.678 m 测量 设置
④按[F6](设置)键	[F6]	【对边测量】 MLM1 平距 2 HD： m 测量 设置
⑤照准棱镜 B,按[F1](测量)键。 显示仪器至棱镜 B 的水平距离	照准 B [F1]	【对边测量】 MLM1 平距 2 HD* < m 测量 设置 【对边测量】 MLM1 平距 2 HD* 223.678 m 测量 设置

续表

操作步骤	按　键	显　示
⑥按[F6](设置)键。 显示棱镜 A 与棱镜 B 之间的平距(dHD),高差(dVD)和斜距(dSD)。※	[F6]	【对边测量】 MLM1 dHD: 12.658 m dVD: 12.345 m dSD: 12.478 m 退出 平距
⑦要测定 A 与 C 两点之间的距离,可按[F2](平距)键	[F2]	【对边测量】 MLM1 平距 2 HD: m 测量 设置
⑧照准棱镜 C,按[F1](测量)键。显示仪器至棱镜 C 的水平距离(平距)	照准 C [F1]	【对边测量】 MLM1 平距 2 HD* < m 测量 设置 【对边测量】 MLM1 平距 2 HD* 223.678 m 测量 设置
⑨按[F6](设置)键。 显示棱镜 A 与棱镜 C 之间的平距(dHD),高差(dVD)和斜距(dSD)	[F6]	【对边测量】 MLM1 dHD: 13.678 m dVD: 10.045 m dSD: 20.400 m 退出 平距
※按[F1](退出)键可返回到主菜单		

$(A-B,B-C)$的对边测量观测步骤与$(A-B,A-C)$完全相同。

6.5.5 角度复测

该程序用于累计角度重复观测值,显示角度总和以及全部观测角的平均值,同时记录观测次数,如图 6.11 所示。

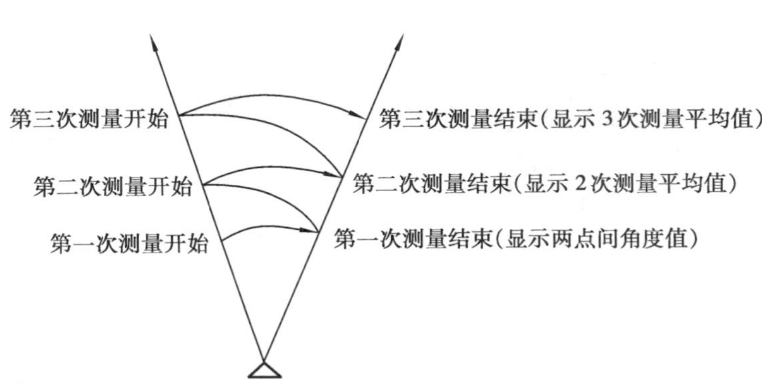

图6.11　角度复测

角度复测的操作步骤如下：

操作步骤	按　键	显　示
①在程序菜单中按[F6]键,进入该菜单的第2页	[F6]	【程序】 5/9 F1 标准测量 p　F2 设置方向 p F3 导线测量 p　F4 悬高测量 p F5 对边测量 p 翻页 【程序】 9/9 F1 角度复测 p　F2 坐标放样 p F3 线高测量 p　F4 偏心测量 p 翻页
②按[F1](角度复测)键	[F1]	【角度复测】 计数[0] Ht: 160° 30′ 28″ Hm: 退出 置零 解除 锁定
③瞄准第1个目标A	照准A	【角度复测】 计数[0] Ht: 189° 45′ 28″ Hm: 退出 置零 解除 锁定
④按[F2](置零)和[F5](是)键	[F2] [F5]	【角度复测】 置零吗? 是 否 【角度复测】 计数[0] Ht: 0° 00′ 00″ Hm: 退出 置零 解除 锁定

续表

操作步骤	按　键	显　示
⑤用水平制动和微动螺旋照准第2个目标点B。	照准B	【角度复测】　计数[1] Ht:　120°　20′　00″ Hm:　120°　20′　00″ 退出　置零　　解除　锁定
⑥按[F6](锁定)键	[F6]	【角度复测】　计数[1] Ht:　120°　20′　00″ Hm:　120°　20′　00″ 退出　置零　　解除　锁定
⑦用水平制动和微动螺旋重新照准第1个目标A。 ⑧按[F5](解除)键	重新照准A [F5]	【角度复测】　计数[1] Ht:　120°　20′　00″ Hm:　120°　20′　00″ 退出　置零　　解除　锁定
⑨用水平制动和微动螺旋重新照准第2个目标B。 ⑩按[F6](锁定)键。 显示角度总和与平均角度	重新照准B [F6]	【角度复测】　计数[2] Ht:　240°　40′　00″ Hm:　120°　20′　00″ 退出　置零　　解除　锁定 二倍的角度值
⑪根据需要重复⑦~⑩步,进行角度复测		【角度复测】　计数[2] Ht:　481°　20′　00″ Hm:　120°　20′　00″ 退出　置零　　解除　锁定
• 按[F1](退出)键便结束角度复测模式		

6.5.6 设置方向角和放样坐标点

方向角选项利用测站点和后视点坐标计算后视方向角。一旦设置了后视方向角,便可以进行坐标放样,如图6.12所示。

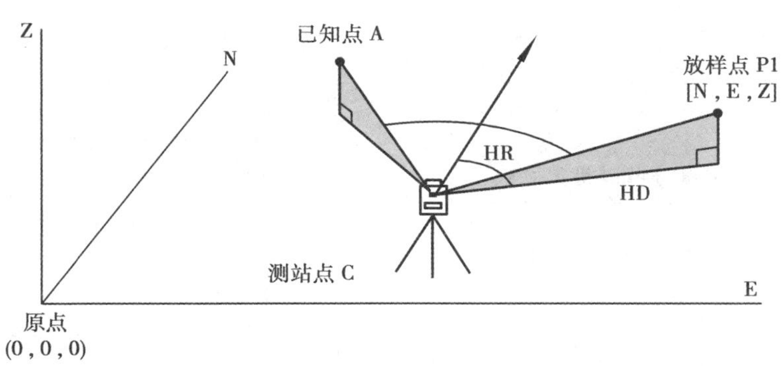

图 6.12 设置方向角和放样坐标点

设置方向角和放样坐标点的方法步骤如下：

操作步骤	按 键	显 示
①在主菜单中按[F1](程序)键	[F1]	【程序】 5/9 F1 标准测量 p F2 设置方向 p F3 导线测量 p F4 悬高测量 p F5 对边测量 p 翻页
②按[F6]键进入该菜单的第 2 页	[F6]	【程序】 9/9 F1 角度复测 p F2 坐标放样 p F3 线高测量 p F4 偏心测量 p 翻页
③按[F2](坐标放样)键。 显示放样菜单屏幕。 如创建过作业,屏幕中会显示作业信息	[F2]	【放样】 F1 设置方向角 F2 设置放样点 F3 坐标数据 F4 选项 作业名 SOUTH 点 数 10 格网因子 1.000000
④按[F1]键设置方向角	[F1]	【设置测站点】 记录号 1 点号: 1 数字 空格 ← → ↑ ↓

续表

操作步骤	按　键	显　示
⑤A 输入测站点点号。测站点号可以是数字或字符。 如点号以字符开头,按[F1](字母)键便允许输入数字 ⑤B 如仪器内存中没有该测站点的坐标值,便显示输入该点坐标的输入屏幕。 按[F1](输入)键进行输入测站点的坐标。 如需要零值,按[F6](确认)键。 如坐标值是其他数据,则输入坐标并按[ENT]键接受该数据。 ●注意:点号和坐标值在输入完后,不存储在内存中	[F1] 输入点号 [F1] 输入坐标 [F6]	A 【设置测站点】 记录号　1 点号：1 数字 空格 ← → ↑ ↓ B 【设置方向值】 测站点 N：0.000　m E：0.000　m Z：0.000　m 输入　确认
⑥A 下一屏幕提示输入后视点的点号。点号也可以是数字或字符,如在仪器内存中存在该点号和坐标值则进入到第⑦步,如内存中没有该点的数据则进入⑥B ⑥B 如仪器内存中没有该后视点的坐标数据,便显示输入该点坐标的输入屏幕。输入坐标后按[ENT]键接受该坐标值。 ●注意:按[F1](退出)键返回到第④步。 按[F6]键将光标由右向左移,用于编辑前一个字符		A 【设置后视点】 记录号　2 点号：2 数字 空格 ← → ↑ ↓ B 【设置方向值】 后视点 N：1000.000　m E：1000.000　m Z：0.000　m 退出　左移
⑦下一屏幕显示后视方位角。如方位角正确,用仪器瞄准后视点后锁定仪器。按[F5](是)键接受该方位角。 如对该方位角不满意按[F6](否)键返回到⑥A ●注意:在按(是)前应确保瞄准的后视点正确,以免放错坐标点		【设置方向值】 方位角 H(B)：20° 00′ 00″ > 设置吗？ 是　否

续表

操作步骤	按 键	显 示
⑧输入仪器高后按[ENT]键	输入仪器高 [ENT]	【设置放样点】 仪器高：1.600 退出 左移
⑨A 输入放样点的点号。 如内存中存在该点的坐标，便进入到第⑩步。 如内存中没有该点号，便进入到第⑨B。 ⑨B 输入放样点的坐标值，并在输入完每一坐标值后按[ENT]键。继续进行第⑩步	输入点号 输入坐标值 [ENT]	A 【设置放样点】 记录号 1 点号：3 数字 空格 ← → ↑ ↓ B 【设置放样点】 N：1000.000 m E：0.000 m Z：0.000 m 退出 左移
⑩输入放样点的棱镜高	输入棱镜高	【设置放样点】 棱镜高：1.750 退出 左移
⑪显示待放样点的放样角度和放样距离。 从后视点，仪器应旋转45°23′45″才能转到放样点的方向上，平距23.901是仪器到放样点的距离		【放样】 dHR： 45° 23′ 45″ dHD： 23.901 m 角度 距离 精粗 坐标 指挥 继续 [F1] [F2] [F3] [F4] [F5] [F6]

[F1]～[F6]键的说明：

[F1]（角度）——该项选择显示实际的水平角（HR）和放样角度（dHR）。当仪器转到放样点的方向时，（HR）显示的便是待放样的角度，而（dHR）显示的为零（0°00′00″）	HR： 243° 26′ 07″ dHR： 0° 00′ 03″ （跟踪） 角度 距离 精粗 坐标 指挥 继续 [F1] [F2] [F3] [F4] [F5] [F6]
可以从[F2]～[F5]键中的任一键中选择角度选项	

续表

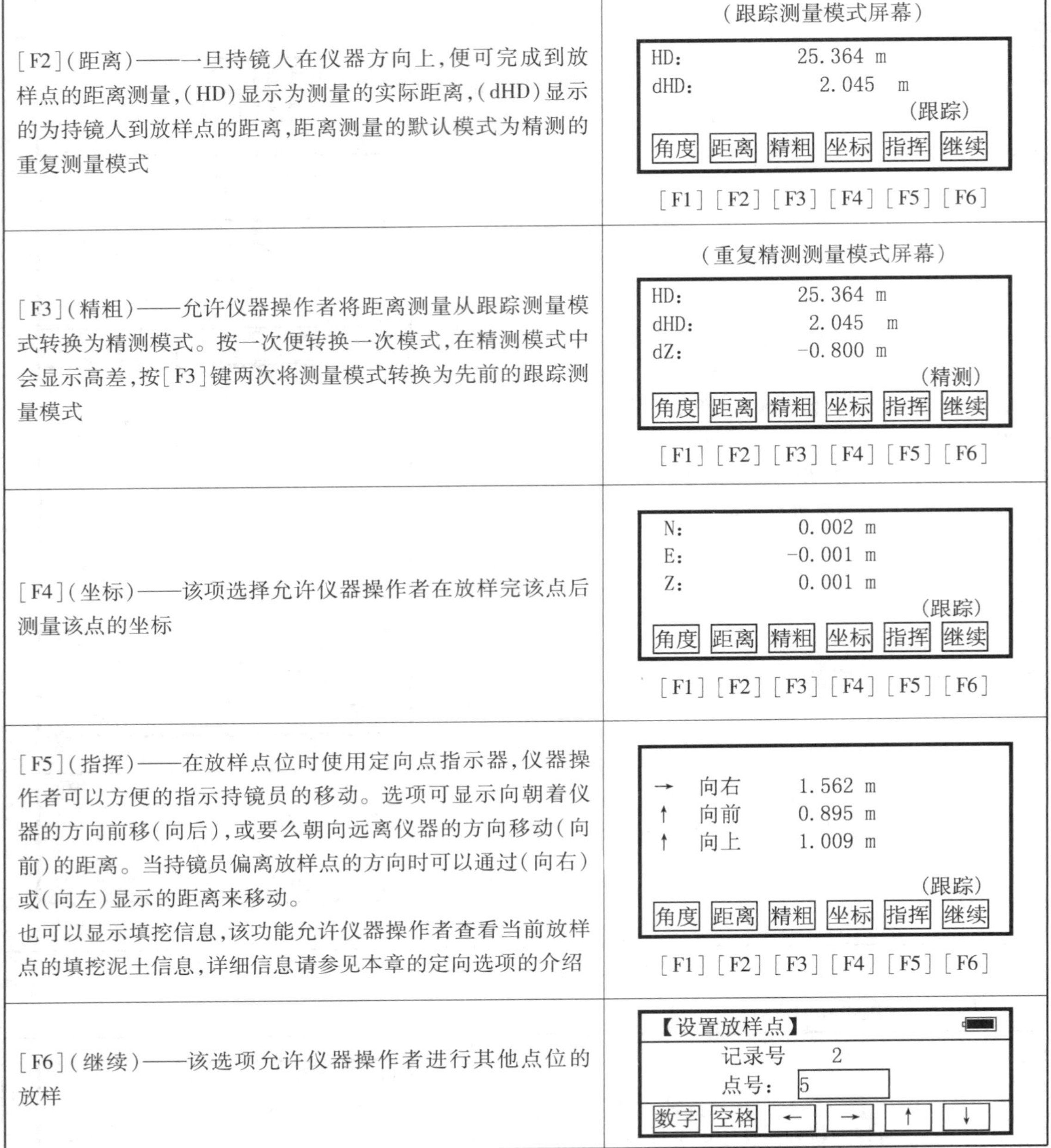

[F2](距离)——一旦持镜人在仪器方向上,便可完成到放样点的距离测量,(HD)显示为测量的实际距离,(dHD)显示的为持镜人到放样点的距离,距离测量的默认模式为精测的重复测量模式	(跟踪测量模式屏幕) HD: 25.364 m dHD: 2.045 m (跟踪) 角度 距离 精粗 坐标 指挥 继续 [F1] [F2] [F3] [F4] [F5] [F6]
[F3](精粗)——允许仪器操作者将距离测量从跟踪测量模式转换为精测模式。按一次便转换一次模式,在精测模式中会显示高差,按[F3]键两次将测量模式转换为先前的跟踪测量模式	(重复精测测量模式屏幕) HD: 25.364 m dHD: 2.045 m dZ: -0.800 m (精测) 角度 距离 精粗 坐标 指挥 继续 [F1] [F2] [F3] [F4] [F5] [F6]
[F4](坐标)——该项选择允许仪器操作者在放样完该点后测量该点的坐标	N: 0.002 m E: -0.001 m Z: 0.001 m (跟踪) 角度 距离 精粗 坐标 指挥 继续 [F1] [F2] [F3] [F4] [F5] [F6]
[F5](指挥)——在放样点位时使用定向点指示器,仪器操作者可以方便的指示持镜员的移动。选项可显示向朝着仪器的方向前移(向后),或要么朝向远离仪器的方向移动(向前)的距离。当持镜员偏离放样点的方向时可以通过(向右)或(向左)显示的距离来移动。 也可以显示填挖信息,该功能允许仪器操作者查看当前放样点的填挖泥土信息,详细信息请参见本章的定向选项的介绍	→ 向右 1.562 m ↑ 向前 0.895 m ↑ 向上 1.009 m (跟踪) 角度 距离 精粗 坐标 指挥 继续 [F1] [F2] [F3] [F4] [F5] [F6]
[F6](继续)——该选项允许仪器操作者进行其他点位的放样	【设置放样点】 记录号 2 点号: 5 数字 空格 ← → ↑ ↓

6.5.7 定向功能

定向功能用于野外放样时有两项作用:

一项作用是使持镜员既快又准确地将棱镜移到放样的位置,通过仪器操作者测量的棱镜到仪器的距离来指示持镜员的移动;(向后)表示朝着仪器的方向移动棱镜,(向前)表示朝着远离仪器的方向移动棱镜。(向右)或(向左)表示向右或向左移动到要放样的点位的方向上,(向右)或(向左)导向信息对于在实际点位非常接近设计点位时是十分有用的。参照图表和下面的文字介绍。

另一特点是放样完成后显示填挖信息。输入最后一点的棱镜高,全站仪便会显示填(向上)或挖(向下)信息。

使用定向功能进行放样的操作步骤如下:

操作步骤	按　键	显　示
①在角度或距离放样屏幕中按[F5](指挥)键	[F5]	dHR:　45° 23′ 45″ dHD:　23.901 m 角度 距离 精粗 坐标 指挥 继续
②下一屏幕便显示到达放样点应向左或向右移动的距离以及向朝着靠近仪器方向移动还是向远离仪器的方向移动。在观测数据最后一行会显示填(向上)或挖(向下)信息,它是根据前一点输入的棱镜高来计算的		→　向右　1.562 m ↑　向前　0.895 m ↑　向上　1.009 m 角度 距离 精粗 坐标 指挥 继续
③当测量的坐标点与设计点之差在 ±5 mm 之内时,便显示"不动"和(+)或(-)号		不动　0.002 m 不动　0.001 m 不动　-0.002 m 角度 距离 精粗 坐标 指挥 继续

导向功能

使用导向功能可以指示持镜员按照下面显示的方向移动。

当在放样模式中进行放样不能直接瞄准放样点时,该功能非常有用。

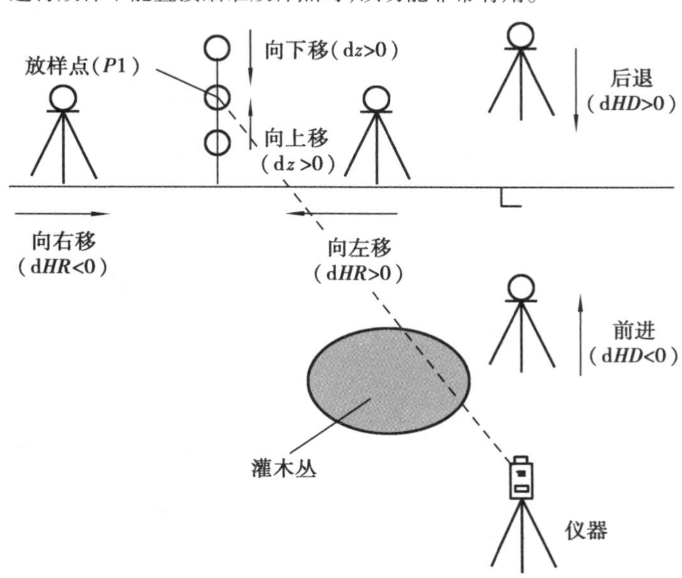

6.5.8 线高测量

用于测定一个地面点上方不可以到达的目标高度,不仅上方目标而且沿着地面基线上的点均无法到达,在架空线路下方相距一定距离上设置棱镜 A 和棱镜 B,构成一个基线。在仪器站上分别测定仪器到棱镜 A、棱镜 B 的水平距离并存入仪器中;显示屏上显示棱镜 A 与棱镜 B 的垂距,仪器到棱镜 B 的水平距离,以及沿基线方向的距离,屏幕还将显示棱镜 A 到该点的垂直距离和水平距离。如此,基线两端点之间的垂直距离,图 6.13 中 *G* 点与 *L* 点之间的垂直距离也可以被测定。

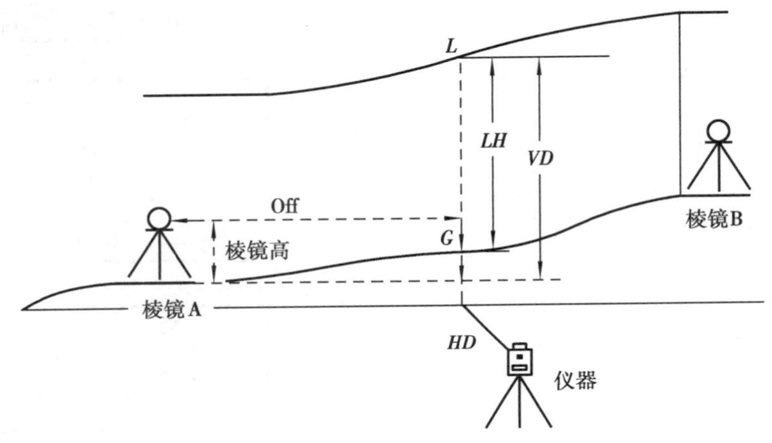

图 6.13 线高测量

线高测量的操作步骤如下:

操作步骤	按 键	显 示
①在程序菜单中按[F6]键,进入该菜单的第 2 页。 ②按[F3](线高测量)键	[F6] [F3]	【程序】 5/9 F1 标准测量 p F2 设置方向 p F3 导线测量 p F4 悬高测量 p F5 对边测量 p 翻页 【程序】 9/9 F1 角度复测 p F2 坐标放样 p F3 线高测量 p F4 偏心测量 p 翻页
③按[F1](有)键	[F1]	【线高测量】 F1 有棱镜高 F2 无棱镜高

续表

操作步骤	按 键	显 示
④输入棱镜高,按[ENT]键	输入棱镜高 [ENT]	【线高测量】 棱镜高 镜高: 1.800 m 退出 左移
⑤照准棱镜 A,按[F1](测量)键。距离测量开始	照准 A [F1]	【线高测量】 〈步骤 1〉 点 A HD: m 测量 设置 【线高测量】 〈步骤 1〉 点 A HD* < m 测量 设置
⑥显示水平距离。按[F6](设置)键,存储水平距离	[F6]	【线高测量】 〈步骤 1〉 点 A HD* 50.365 m 测量 设置
⑦照准棱镜 B,按[F1](测量)键,开始距离测量。 显示水平距离。 ⑧按[F6](设置)键,存储水平距离	[F1] [F6]	【线高测量】 〈步骤 2〉 点 B HD: m 测量 设置 【 线高测量】 〈步骤 2〉 点 B HD* < m 测量 设置 【线高测量】 〈步骤 2〉 点 B HD* 50.365 m 测量 设置
⑨照准架空线路上的点 L。屏幕显示出照准 L 点的测量数据。 VD:L 点相对于 A 点的高差 HD:仪器测站点到 L 点的水平距离 Off:A 点到 L 点的水平距离	照准 L	【线高测量】 VD: 31.025 m HD: 50.365 m Off: 74.13 m 退出 线高

续表

操作步骤	按　键	显　示
⑩按[F2](线高)键。 该功能用于测量架空线到地面的高度,操作步骤如下: • 在按[F2]键之前,先照准架空线上的点 • 在设置相应的地面点 G 时,不要转动水平微动螺旋	[F2]	【线高测量】 地面点 V:　90° 50′ 10″ 退出　　设置
⑪转动垂直微动螺旋,照准地面点 G	照准 G	【线高测量】 地面点 V:　30° 20′ 10″ 退出　　设置
⑫按[F6](设置)键,显示架空线高度 LH(高度)和水平距离(Off)	[F6]	【线高测量】 LH:　33.385 m Off:　25.327 m 退出　垂距　　继续
• 结束测量可按[F1](退出)或[ESC]键。 • 返回操作步骤⑨可按[F2](垂距)键。 • 返回操作步骤⑪可按[F6](继续)键。 当地面点 G 不清晰时,可利用(继续)键以便检测同一条铅垂线上的另一个地面点 G		

6.6 存储管理模式

如图 6.4 所示,按[F3]键,进入存储管理模式,该模式包括下列项目:显示文件存储状态;文件的保护;文件的删除;文件的更名;内存的格式化。

6.6.1 查阅内存状态

NTS-660 系列全站仪可以显示内存容量、剩余空间。

操作步骤	按 键	显 示
①在程序菜单中按[F3]键可以查看内存容量和剩下的内存空间	[F3]	【文件管理】 存储容量 16384 Kbyte 剩余容量 16384 Kbyte 格式化 文件
②按[F6](文件)键。 显示每个文件的状态(文件名,扩展名,使用存储空间,文件建立日期)。 按[ESC]键可返回到主菜单图标	[F6]	【文件管理】 CONFIG .SYS 1567 01-25 DEFAULT.RAW 1025 09-02 DEFAULT.PTS 2014 10-05 FIXED .LYR 12558 11-11 SOUTH .LIB 2563 12-26 保护 更名 删除 ↑ ↓

对于内存中的文件格式说明如下:

CONFIG. SYS 系统文件

DEFAULT . LIB 编码库文件

* * * * * * . RAW 原始数据文件

* * * * * * . HAL 水平定线数据文件

* * * * * * . XDE 横断面数据文件

* * * * * * . PTL 放样数据文件

DEFAULT . LYR 编码层文件

FIXED. PTS 固定点数据文件

* * * * * * . PTS 坐标数据文件

* * * * * * . VCL 垂直定线数据文件

* * * * * * . STK 填挖数据文件

6.6.2 文件的保护

本模式用于保护一个或多个存储的文件。文件被保护后,在文件扩展名之后出现一个星号,于是该文件就不能被删除(除非取消文件保护)。

注意:即使在文件保护状态下,若对储存器进行格式化,则所有存储的文件仍将被删除。

对文件保护的操作步骤如下:

操作步骤	按 键	显 示
①照 6.6.1 操作,进入文件管理状态		【文件管理】 CONFIG .SYS 1567 01-25 DEFAULT.RAW 1025 09-02 DEFAULT.PTS 2014 10-05 FIXED LYR 12558 11-11 SOUTH .LIB 2563 12-26 保护 更名 删除 ↑ ↓

续表

操作步骤	按　键	显　示
②按[F5](↑)或[F6](↓)键,选择某一个文件	选择文件	【文件管理】 FIXED .LYR 12558 11-11 SOUTH .LIB 2563 12-26 SURVEY .RAW 1025 12-27 TAX .PTS 2014 12-28 LAYOUT .PTL 12558 12-29 保护 更名 删除 ↑ ↓
③按[F1](保护)键	[F1]	【保护】 [SOUTH .LIB] 开 关
④按[F5](开)键。※1) 该文件被保护,显示返回到文件名。※2)	[F5]	【保护】 [SOUTH .LIB] 文件保护已开! 开 关
※1)若要取消对文件的保护,可重复上述操作,选择[F6](关)键。 ※2)如文件被保护,在文件名的末尾会显示"＊"		

6.6.3 文件的更名

内存中的文件均可更名。文件更名时,旧文件会出现在新文件名输入行的上面。键入新文件名时不要输入扩展名(CONFIG.SYS是系统文件,不能被更名)。

文件更名的操作步骤如下:

操作步骤	按　键	显　示
①照6.6.1操作,进入文件管理状态		【文件管理】 CONFIG .SYS 1567 01-25 DEFAULT.RAW 1025 09-02 DEFAULT.PTS 2014 10-05 FIXED .LYR 12558 01-11 SOUTH .LIB 2563 12-26 保护 更名 删除 ↑ ↓
②按[F5](↑)或[F6](↓)键,选择某一个文件	选择文件	【文件管理】 FIXED .LYR 12558 11-11 SOUTH .LIB 2563 12-26 SURVEY .RAW 1025 12-27 TAX .PTS 2014 12-28 LAYOUT .PTL 12558 12-29 保护 更名 删除 ↑ ↓

续表

操作步骤	按　键	显　示
③按[F2](更名)键	[F2]	【更名】 原名　[SOUTH　.RAW] 新名　[　　　] 英文　空格　←　→
④输入一个新文件名(不超过8个字符)。按[ENT]键		【更名】 原名　[SOUTH　.RAW] 新名　[TIANHE　] 英文　空格　←　→

6.6.4　文件的删除

本模式用于删除内存中的一个文件。若文件被保护,该文件不能被删除,只有消除文件保护后方可删除,每次只能删除一个文件(CONFIG.SYS是系统文件,不能被删除)。

删除文件的操作步骤如下:

操作步骤	按　键	显　示
①照6.6.1操作,进入文件管理状态		【文件管理】 CONFIG .SYS　1567　01-25 DEFAULT.RAW　1025　09-02 DEFAULT.PTS　2014　10-05 FIXED .LYR　12558　11-11 SOUTH .LIB　2563　12-26 保护　更名　删除　↑　↓
②按[F5](↑)或[F6](↓)键,选择某一个文件	选择文件	【文件管理】 FIXED .LYR　12558　11-11 SOUTH .LIB　2563　12-26 SURVEY .RAW　1025　12-27 TAX .PTS　2014　12-28 LAYOUT .PTL　12558　12-29 保护　更名　删除　↑　↓
③按[F3](删除)键	[F3]	【删除】 [SOUTH　.RAW] 是　否
④确认文件名后,按[F5](是)键	[F5]	
• 若文件被保护,则该文件不能被删除,必须先取消文件保护后方可删除		

6.6.5 内存的格式化

本项操作将会删除内存中的全部文件,而且这些文件是不能被恢复的。

内存格式化的操作步骤如下:

操作步骤	按　键	显　示
①在程序菜单图标中按[F3]键,便显示内存容量和剩余内存空间	[F3]	【文件管理】 存储容量　16384 Kbyte 剩余容量　16384 Kbyte 格式化　文件
②按[F1](格式化)键。 ③确认显示正确后,可按[F5](是)键。执行内存的格式化	[F1] [F5]	【文件管理】 进行格式化吗? 是　否

6.7 数据通信模式

如图6.4所示,按[F4]键,进入数据通信模式,该模式用于设置波特率(数据通信协议),接收数据文件(输入)和发送数据文件(输出),进行数据文件的发送与接收时,计算机上必须安装有支持YMODEM协议的数据通信软件。

6.7.1 通信参数的设置

为了实现NTS-660系列仪器与计算机之间的数据文件传送,仪器与计算机的通信参数设置必须相同。波特率可选值为1 200,2 400,4 800,9 600,19 200,38 400,57 600,115 200。

波特率设置的操作步骤如下:

操作步骤	按　键	显　示
①按[F1](通信参数)键	[F1]	【数据通讯】 F1 通信参数 F2 接收数据 F3 发送数据
②按光标控制键[F3]~[F6],使选择的波特率高亮度显示,确认选择正确后按[ENTER]键	[F3]~ [F6] [ENTER]	【通讯端口设置】 波特率 2 400 校验 无校验 数据 8 停止位 1 ← → ↑ ↓ 【数据通信】 F1 通信参数 F2 接收数据 F3 发送数据

6.7.2 数据文件的输入

将数据文件从计算机传送到 NTS-660 系列仪器的操作步骤如下：

操作步骤	按　键	显　示
在计算机上发送数据文件之前,必须确认 NTS-660 仪器已处于准备好等待接收的状态。 ①按[F2](接收数据)键	[F2]	【数据通信】 F1 通信参数 F2 接收数据 F3 发送数据
②屏幕出现提示,按[F5](确定)开始接收数据	[F5]	【接收文件】 准备好了吗? 确定 取消
③运行计算机数据文件发送指令。显示输入文件名,接收数据量(字节)/文件的容量(字节)及已输入的部分占整个文件数据量的百分比。 一旦传送结束,显示屏就返回到主菜单图标		【接收文件】 [SOUTH .PTL] 0/ 8676 (0)

6.7.3 数据文件的输出

将全站仪内存中的文件传送给计算机的操作步骤如下：

操作步骤	按　键	显　示
在全站仪上发送数据文件之前，必须确认计算机已处于准备好等待接收的状态。 ①按[F3]（发送数据）键	[F3]	【数据通信】 F1　通信参数 F2　接收数据 F3　发送数据
②按[F5]（↑）或[F6]（↓）键和[ENTER]键，选择某一个文件。显示输出文件名，已发送数据量（字节））/文件的容量（字节）及已输入的部分占整个文件数据量的百分比。 一旦传送结束，显示屏就返回到主菜单图标	选择文件 [ENTER]	【文件管理】 SURVEY .RAW　1025　09-02 TAX　PTS　2014　10-05 SOUTH PTL　12558　08-11 保护　更名　删除　↑　↓ 【发送文件】 [SOUTH　.PTL] 0/ 102250　(20) 取消

6.7.4 全站仪的其他功能

全站仪还具有偏心测量模式、标准测量程序、参数设置模式、可以进行横断面测量、点放样、串放样、定线放样、横断面放样、斜坡放样、道路设计、导线平差、坐标解析计算、面积计算、龙门板标定等测量功能，另外在使用仪器前应对所用仪器进行检验与校正。

以上内容各种型号的仪器在功能和用法上可能不尽相同，用时可参看仪器使用操作手册，这里不再多述。

复习思考题

1. NTS-660 系列仪器怎样进行角度测量和距离测量？
2. 用 NTS-660 系列仪器怎样进行坐标测量？
3. 用 NTS-660 系列仪器怎样进行对边测量？
4. 用 NTS-660 系列仪器怎样进行悬高测量？线高测量？
5. 为了实现 NTS-660 系列仪器与计算机之间的数据文件传送，仪器与计算机的通信参数应该怎样设置？

7 全球定位系统(GPS)

[本章导读]

本章主要介绍全球定位系统(GPS)的特点和组成;用 GPS 定位的方法; GPS 小区域控制测量;以南方测绘仪器有限公司生产的静态 GPS 接收机(南方 9600 北极星)为例说明静态 GPS 接收机的使用方法;GPS 技术的应用前景。

在本章的学习过程中,让同学们拓展学习中国北斗卫星导航系统的发展历程,弘扬"自主创新、开放融合、万众一心、追求卓越"的新时代北斗精神,增强民族自豪感和自信心,从而更加爱党、爱国、爱社会主义制度。

7.1 微课

7.1 GPS 概述

GPS(全球定位系统),是英文 Navigation System Timing and Ranging/Global Positioning System(授时与测距导航系统/全球定位系统)的简称,是美国国防部于 1973 年开始研制,历时 20 年,耗资 200 亿美元,于 1993 年全面建成具有在海、陆、空进行全方位实时三维导航与定位能力的新一代卫星导航与定位系统。GPS 利用卫星发射的无线电信号进行导航定位,具有全球性、全天候、高精度、快速实时的三维导航、定位、测速和授时功能。由于该系统定位的高度自动化和精确性,已广泛应用于大地测量、工程测量、控制测量、地籍测量、精密工程测量以及车辆、船舶及飞机的导航等方面。这项技术的应用给测绘领域带来了一场深刻的技术革命。

7.1.1 GPS 系统的特点

GPS 系统的特点如下:

①定位精度高。

②观测时间短。

③测站间无须通视。

④可提供三维坐标。

⑤操作简便。

⑥全天候作业。

⑦功能多、应用广。

7.1.2 GPS系统的组成

GPS定位系统由3个主要部分组成:GPS卫星——空间部分、地面监控系统——地面控制部分、GPS信号接收机——用户设备部分,如图7.1所示。

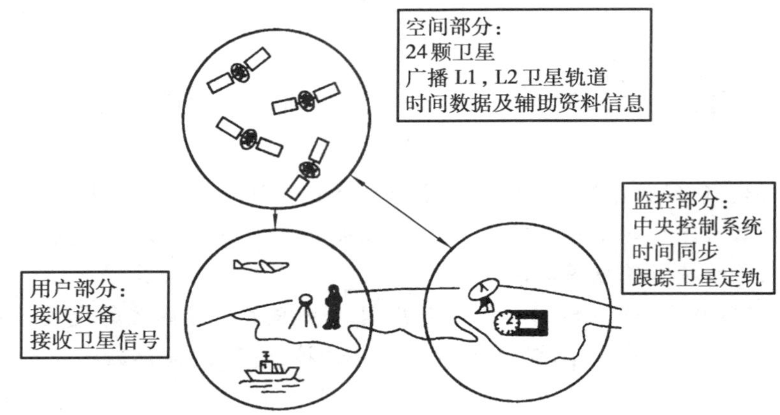

图7.1 GPS系统的组成

1)GPS卫星星座

GPS卫星星座由21颗工作卫星和3颗在轨备用卫星组成,如图7.2所示。24颗卫星平均分布在6个倾角为55°的近似圆形轨道上,每个轨道上有4颗卫星。每两个轨道面之间在经度上相隔60°,轨道平均高度为20 200 km,卫星运行周期为11 h 58 min。卫星通过天顶时,卫星的可见时间为5 h。在地球上任何位置的任何时刻,在高度角15°以上,平均可观测到6颗卫星,最少时为4颗,最多时可达11颗。每颗卫星上装有4台高精度的原子钟(2台铯钟、2台铷钟),称为卫星钟,以提供高精度的时间标准。

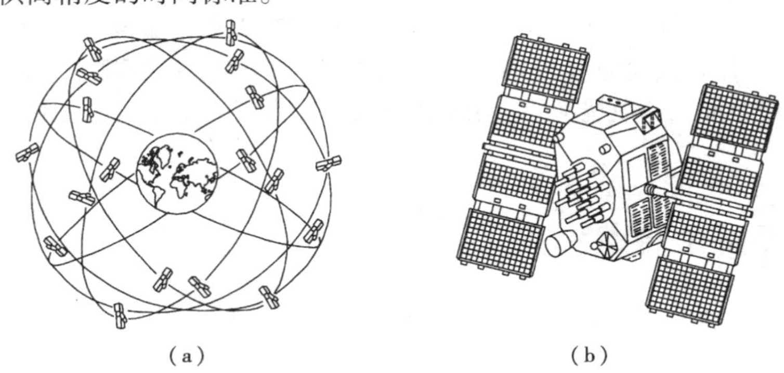

图7.2 GPS卫星星座

(a)24颗卫星;(b)卫星主体

GPS卫星的作用:

①向广大用户连续不断地发送导航定位信号(简称为 GPS 信号),并用导航电文报告自己的现势位置以及其他在轨卫星的概略位置。

②越过注入站上空时,接收由地面注入站用 S 波段(10 cm)发送到卫星的导航电文和其他有关信息,并通过 GPS 信号电路,适时地发送给广大用户。

③接收地面主控站通过注入站发送到卫星的调度命令。例如,适时地改正运行偏差,或者启用备用时钟等。

2)地面监控系统

GPS 卫星监控系统由 1 个主控站——卫星操控中心(CSOC)、5 个监控站和 3 个注入站(NSWC)组成,分布在美国本土的科罗拉多和三大洋的美国军事基地,如图 7.3 所示。

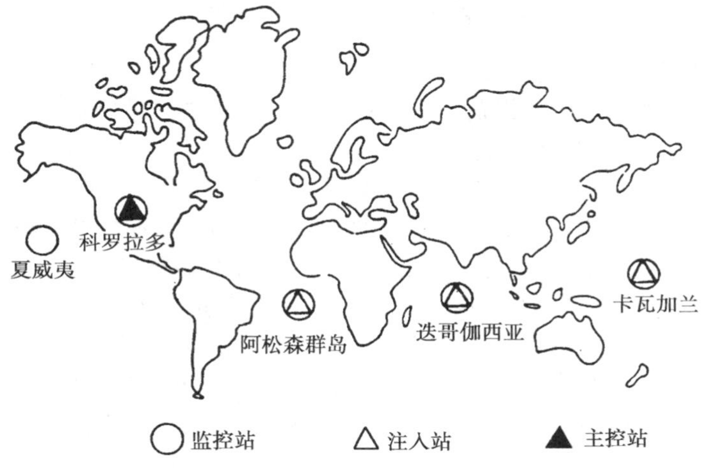

图 7.3 地面监控站

它的主要功能是:对卫星工作状态及运行轨道实时监测;计算和编制导航电文,包括卫星星历、卫星钟差、大气修正参数;将导航电文发送注入到每颗卫星。

3)GPS 信号接收机(用户)

GPS 信号接收机的主要任务是捕获卫星信号,跟踪并锁定卫星信号;对接收机的卫星信号进行处理,测量出 GPS 信号从卫星到接收机天线间传播的时间;接收卫星发射的导航电文,实时计算接收机天线的三维位置、速度和时间。

GPS 接收机按用途可分为:导航型、测地型和授时型。测地型 GPS 接收机中又分为单频接收机和双频接收机,后者精度高,测量距离可长达几百千米以上。

7.2 微课

7.2 GPS 定位方法

7.2.1 GPS 测量的定位方式和类型

GPS 测量定位根据所采用的观测值可分为伪距定位和载波相位定位,根据定位的模式可分为绝对定位和相对定位,根据获取定位结果的时间可分为实时定位和后处理定位,根据接收机的运动状态可分为动态定位和静态定位。

1)静态定位和动态定位

(1)静态定位　静态定位是在进行 GPS 定位时,认为接收机的天线在整个观测过程中的位置是保持不变的。也就是说,在数据处理时,将接收机天线的位置作为一个不随时间的改变而改变的量。在测量中,静态定位一般用于高精度的测量定位,其具体观测模式为多台接收机在不同的测站上进行静止同步观测,时间有几分钟、几小时等。其特点是定位精度和可靠性高,主要用于建立控制网及变形监测等。

(2)动态定位　动态定位是在进行 GPS 定位时,认为接收机的天线在整个观测过程中的位置是变化的。也就是说,在数据处理时,将接收机天线的位置作为一个随时间的改变而改变的量。动态定位又可分为动态和准动态两类。动态定位的特点是作业效率高,定位结果的可靠性略低。主要用于工程施工放样、资源勘探、海洋测绘、航空摄影遥感、GIS 数据采集、测图等。

2)绝对定位和相对定位

(1)绝对定位　绝对定位是指在一个待定点上,用一台接收机独立跟踪 GPS 卫星,从而测定待定点(天线相位中心)的绝对坐标,又称单点定位。其特点是作业方式简单,可以单机作业。绝对定位精度低,只有几米到数十米,一般用于导航和精度要求不高的应用中。

(2)相对定位　相对定位又称差分定位,是指确定同步跟踪相同的 GPS 卫星信号的若干台接收机之间的相对位置(坐标差)的定位方法。两点间的相对位置可以用一条基线向量来表示,故相对定位有时也称为测定基线向量或简称为基线测量。只要给定一个测站的坐标,即可求出其他点的坐标。由于各台接收机同步观测相同的卫星,因此有不少误差,如卫星钟的钟误差、卫星星历误差、卫星信号在大气中传播的误差等,是大体相同的,在相对定位过程中可以有效地加以消除或减弱,故可获得很高精度的相对位置,从而使这种方法成为精密定位中的主要作业方式。进行相对定位时至少需用 2 台接收机进行同步观测。

3)实时定位和后处理定位

(1)实时定位　实时定位是指一边接收卫星信号一边进行计算,实时地解算出接收机天线所在的位置、速度等信息。

(2)后处理定位　后处理定位是指把卫星信号记录在一定的数据载体(如接收机内存、记录模块或 PCMCIA 卡)上,回到室内统一进行数据处理以进行定位。

一般来说,静态定位多采用后处理,而动态定位多采用实时处理。

7.2.2　布设 GPS 网的工作步骤

1)测前工作

一项 GPS 测量工程项目,往往是由工程发包方、上级主管部门或其他单位或部门提出,由 GPS 测量队伍具体实施。对于一项 GPS 测量工程项目,一般有如下一些要求:

①测区位置及其范围。

②用途和精度等级。

③点位分布及点的数量。

④提交成果的内容。这主要指用户需要提交哪些成果,所提交的坐标成果分别属于哪些坐标系,所提交的高程成果分别属于哪些高程系统,除了提交最终的结果外是否还需要提交原始

数据或中间数据等。

⑤时限要求。

⑥投资经费。

⑦技术设计。

⑧测绘资料的搜集与整理　主要包括测区及周边地区可利用的已知点的相关资料(点志记、坐标等)和测区的地形图等。

⑨仪器的检验。

⑩踏勘、选点埋石。

2)技术设计

在布设 GPS 网时,技术设计是非常重要的。这是因为技术设计提供了布设 GPS 网的技术准则,在布设 GPS 网时所遇到的所有技术问题,都需要从技术设计中寻找答案。因此,在进行每一项 GPS 工程时,都必须首先进行技术设计。技术设计的内容包括:

(1)项目来源　介绍项目的来源、性质。

(2)测区概况　介绍测区的地理位置、气候、人文、经济发展状况、交通条件、通信条件等。

(3)工程概况　介绍工程的目的、作用、要求、GPS 网等级(精度)、完成时间等。

(4)技术依据　介绍作业所依据的测量规范、工程规范、行业标准等。

(5)施测方案　介绍测量所采用的仪器、采取的布网方法等。

(6)作业要求　介绍外业观测时的具体操作规程、技术要求等,包括仪器参数的设置(如采样率、截止高度角等)、对中精度、整平精度、天线高的量测方法及精度要求等。

(7)观测质量控制　介绍外业观测的质量要求,包括质量控制方法及各项限差要求等。

(8)数据处理方案　详细的数据处理方案,包括基线解算和网平差处理所采用的软件和处理方法等内容。

3)布网方法

国家测绘局 1992 年制订的我国第一部“GPS 测量规范”将 GPS 的精度分为 A ~ E 5 级(见表 7.1)。其中 A,B 两级一般是国家 GPS 控制网,C,D,E 3 级是针对局部性 GPS 网规定的。

表 7.1　GPS 的精度

级别 项目	A	B	C	D	E
固定误差 a/mm	≤5	≤8	≤10	≤10	≤10
比例误差系数 $b/10^{-6}$	≤0.1	≤1	≤5	≤10	≤20
相邻点最小距离/km	100	15	5	2	1
相邻点最大距离/km	2 000	250	40	15	10
相邻点平均距离/km	300	70	15 ~ 10	10 ~ 5	5 ~ 2

4)设计的一般原则

①GPS 网一般应通过独立观测边构成闭合图形,例如三角形、多边形或附合线路,以增加检核条件,提高网的可靠性。

②GPS 网应尽量与原有地面控制网相重合,重合点一般不少于 3 个,且分布均匀。

③GPS 网应考虑与水准点相重合,而非重合点一般应根据要求以水准测量方法(或相当精度的方法)进行联测,或在网中布设一定密度的水准联测点。

④为了便于观测和水准联测,GPS 网点一般应设在视野开阔和容易到达的地方。

⑤为了便于用经典方法联测或扩展,可在网点附近布设一通视良好的方位点,以建立联测方向。

5)GPS 网的图形设计

(1)三角形网　以三角形作为基本图形所构成的 GPS 网称为三角形网。

优点:图形结构几何强度大,具有良好的自检能力,经平差后网中相邻点间基线向量的精度均匀。

缺点:观测工作量大。只有在网的精度和可靠性要求比较高时,才单独采用这种图形。

图 7.4 中,由 9 个控制点组成的 GPS 网,如采用三角形作为基本图形来布网时需测定 17 条独立的基线向量,因此只有在对 GPS 网的可靠性和精度有极高的要求时才会采用这种图形。如有必要,我们还能在三角形网的基础上继续加测一些对角线(见图中的虚线),以进一步提高图形强度。

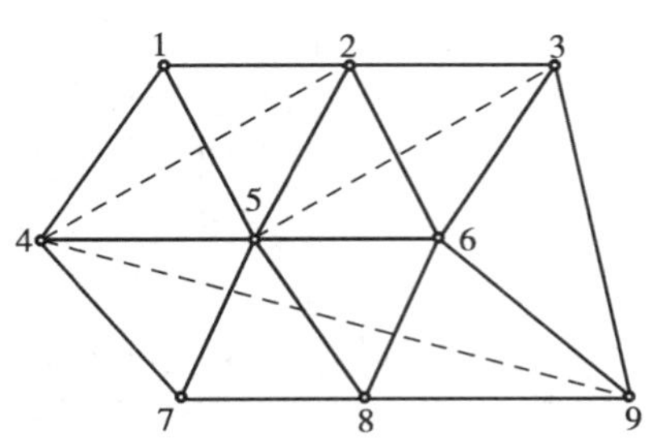

图 7.4　三角形网

(2)多边形网　以多边形(边数 $n \geq 4$)作为基本图形所构成的 GPS 网称为多边形网。

优点:观测工作量较小,且具有较好的自检性和可靠性。

缺点:多边形网的几何强度不如三角形网强,但只要对多边形的边数 n 加以适当的限制,多边形网仍会有足够的几何强度。

如图 7.5 所示的多边形网是由 3 个四边形和 1 个五边形组成的,共由 12 条独立的基线向量构成。

(3)附合导线网　以附合导线(或称附合路线)作为基本图形所构成的 GPS 网称为附合导线网,见图 7.6。

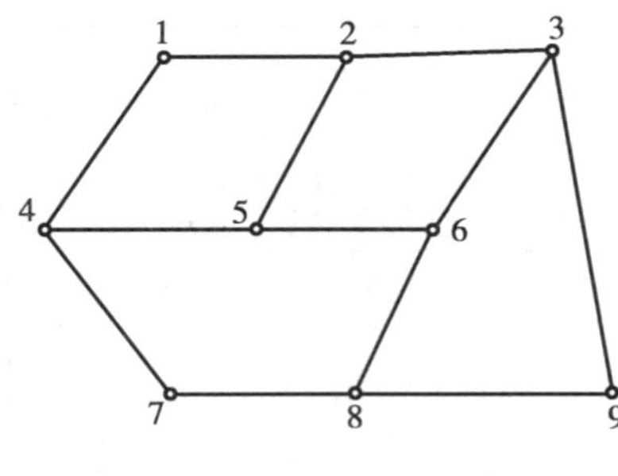

图 7.5　多边形网

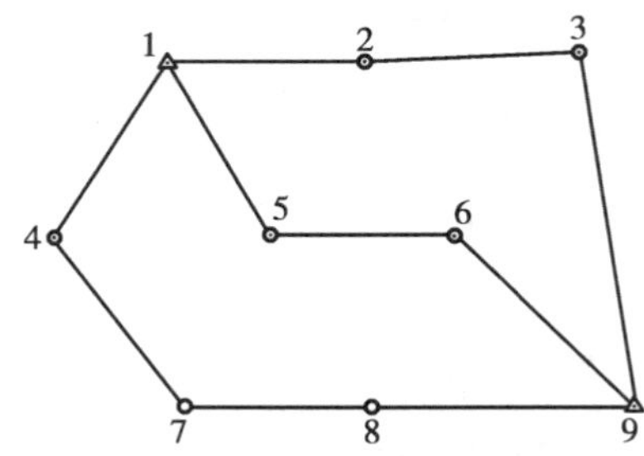

图 7.6　附合导线网

附合导线网的几何强度一般不如三角形网和多边形网,但只要对附合导线的边数及长度加以限制,仍能保证一定的几何强度。

如图 7.6 所示的 GPS 网是由 10 条独立的基线向量组成的。

GPS 测量规范中一般都会对多边形的边数和附合导线的边数作出限制,例如在国标中有如表 7.2 所示的规定。

表 7.2 对闭合环和附合导线边数的规定

等 级	A	B	C	D	E
闭合环和附合导线的边数	≤5	≤6	≤6	≤8	≤10

(4)星形网 从一个已知点上分别与各待定点进行相对定位(待定点间一般无任何联系)所构成的 GPS 网称为星形网，如图 7.7 所示。

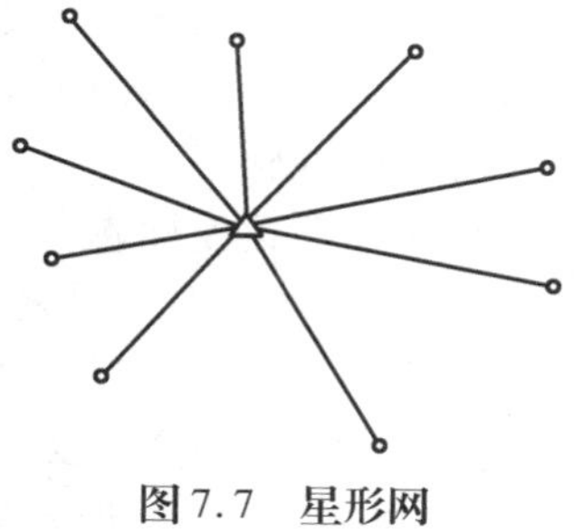

图 7.7 星形网

优点：观测中只需要两台 GPS 接收机，作业简单。在快速静态定位和动态定位等快速作业模式中，大多采用这种网形。

缺点：几何图形简单，检验和发现粗差能力差。

它广泛用于工程测量、边界测量、地籍测量和碎部测量等。

7.2.3 GPS 小区域控制测量

1)GPS 测量中的几个基本术语

(1)观测时段 观测时段是指从测站上开始接收卫星信号起至停止观测止的连续工作时间段，简称时段。其持续的时间称为时段长度。时段是 GPS 测量中的基本单位。不同等级的 GPS 测量对时段数及时段长度均有不同的要求，详见有关规范。

(2)同步观测 同步观测是指 2 台或 2 台以上的 GPS 接收机对同一组卫星信号进行的观测。只有进行同步观测，才能保证卫星星历误差、卫星钟钟差、电离层延迟等误差的强相关性，才有可能通过在接收机间求差来消除或大幅度削弱这些误差。因此，同步观测是进行相对定位时必须遵循的一条原则。

(3)同步观测环 同步观测环是指 3 台或 3 台以上的 GPS 接收机进行同步观测所获得的基线向量构成的闭合环，简称同步环。

(4)独立环观测 独立环观测是指由非同步观测获得的基线所构成的闭合环。我们可以根据 GPS 测量的精度要求，为独立环闭合差制定一个合适的限差(GPS 测量规范中已做了相应的规定)。这样，用户就能通过此项检验较为科学地评定 GPS 测量的质量。与同步环检验相比，独立环检验能更加充分地暴露出基线向量中存在的问题，更客观地反映 GPS 测量的质量。

2)GPS 控制的实施

GPS 控制网的建立可以采用静态的测量方法，也可以采用动态的测量方法，由应用的精度要求而定；同样，其数据的处理可以采用后处理的方法，也可以采用实时处理的方法，由应用的要求而定。

GPS 的外业观测与常规测量中的外业观测有很大的不同，除了安置接收机天线(包括对中、整平、定向、量取仪器高)，设置接收机中的参数(截止高度角、采样间隔)，以及开机、关机等工作需要由作业人员完成外(如不设置参数，接收机一般采用缺省值。缺省值是按最一般的情况来设置的)，整个观测工作是由接收机自动完成的，作业人员通常无需加以干预。所以在 GPS 测量中，一般都把外业观测工作称为数据采集。

GPS 测量实施的工作程序大体分为 GPS 网的技术设计、仪器检验、选点与建立标志、外业观测与成果检核、GPS 网的平差计算以及技术总结等若干阶段。

下面,以 GPS 静态相对定位方法为例,简要说明 GPS 控制的实施过程。

(1)GPS 控制网的技术设计

①充分考虑建立控制网的应用范围。

②采用的布网方案及网形设计。

(2)仪器检验

(3)选点与建立标志

由于 GPS 测量观测站之间无需相互通视,而且网的图形结构也比较灵活,所以选点较常规测量简便得多。在选点工作开始之前,应充分收集和了解有关测区的地理情况以及原有测量标志点的分布及保持情况,以便确定适宜的观测站位置。选点工作通常遵循以下原则:

①观测站(即接收机天线安置点)应远离大功率的无线电发射源,如电视台、微波站等,其距离不得小于 400 m;远离高压输电线,其距离一般不得小于 200 m。

②观测站四周视野开阔,高度角 15°以上不允许存在成片的障碍物,测站上应便于安置 GPS 接收机和天线,可方便地进行观测。

③观测站应远离房屋、围墙、广告牌、山坡及大面积的水域等信号反射物,以减弱多路径效应的影响。

④观测站应选在交通方便的地方,并且便于用其他测量手段联测和扩展。

⑤对于基线较长的 GPS 网,还应考虑观测站附近具有良好的通讯设施和电力供应,以供观测站间的联络和设备用电。

⑥可根据需要在 GPS 点附近设立方位点。方位点与 GPS 点保持通视,离 GPS 点的距离一般不小于 300 m。方位点应位于目标明显、观测方便的地方。

为了较长期地保存点位,GPS 控制点一般应设置具有中心标志的标石,精确地标志点位,点的标石和标志必须稳定、坚固。最后,应绘制点之记、测站环视图和 GPS 网图,作为提交的选点技术资料。

(4)GPS 测量的外业工作

①天线安置　天线应尽量利用三脚架安置在标志中心的垂线方向上,直接对中,对中误差应不大于 3 mm。天线的圆水准气泡必须居中(安置时参看相应仪器的说明书),观测人员将测站点点号、时段号、近似坐标记入观测手簿。

②量取天线高　应在各观测时段的前后各量取天线高一次,两次量高之差不应大于3 mm。取平均值作为最后天线高,并记入观测手簿。

③观测作业　可参看仪器使用说明书,目前 GPS 接收机自动化程度相当高,只需简单的按键操作,即可自动完成观测数据记录。

④成果检核与数据处理　当外业观测结束后,一般当天即将观测数据下载到计算机中,并计算 GPS 基线向量,基线向量的解算软件一般采用仪器厂家提供的软件。当然,也可以使用通用数据格式的第三方软件或自编软件。

当完成基线向量的解算后,应对解算成果进行检核,常见的有同步环和异步环的检测。根据规范要求的精度,剔除误差大的数据,必要时还需要进行重测。

当进行了数据的检核后,就可以将基线向量组网进行平差了。网平差一般至少都包含以下两个计算过程:一个是在 WGS-84 大地坐标系中的三维无约束平差;另一个是 GPS 网的二维约束平差。通过平差计算,最终得到各观测点在指定坐标系中的坐标,并对坐标值的精度进行评定。如果需要利用 GPS 测定网中各点的正高或正常高,还需要进行高程拟合。

GPS 测量得到的是 GPS 基线向量,其坐标基准为 WGS-84 坐标系,而实际工程中,往往需要的是属于国家坐标系或地方独立坐标系中的坐标。为此,在 GPS 网的技术设计中,必须说明 GPS 网的成果所采用的坐标系统和起算数据。现在各种 GPS 测量系统软件可以很方便地实现 WGS-84 坐标系、54 坐标系、80 坐标系中空间直角坐标、大地坐标及高斯平面直角坐标之间的转换,并且可以采用高斯投影或 UTM 投影在任何独立坐标系中进行网平差处理。

最后需要说明的是,各种数据处理软件(包括随机的厂方软件),都必须经相关的业务技术主管部门检验和鉴定,批准后方可用于相应级别的正式生产作业。

7.3 GPS 技术的应用

7.3,7.4 微课

1)GPS 在大地控制测量中的应用

GPS 定位技术以其精度高、速度快、费用省、操作简便等优良特性被广泛应用于大地控制测量中。时至今日,可以说 GPS 定位技术已完全取代了用常规测角、测距手段建立大地控制网。通常将应用 GPS 卫星定位技术建立的控制网称为 GPS 网。归纳起来大致可以将 GPS 网分为两大类:一类是全球或全国性的高精度 GPS 网,这类 GPS 网中相邻点的距离在数千千米至上万千米,其主要任务是作为全球高精度坐标框架,为全球性地球动力学和空间科学方面的科学研究工作服务,或用以研究地区性的板块运动或地壳形变规律等问题;另一类是区域性的 GPS 网,包括城市或矿区 GPS 网、GPS 工程网等,这类网中的相邻点间的距离为几千米至几十千米,其主要任务是直接为国民经济建设服务。

2)GPS 在地形、地籍及房地产测量中的应用

用常规的测图方法(如用经纬仪、测距仪等)通常是先布设控制网点,这种控制网一般是在国家高等级控制网点的基础上加密次级控制网点,然后依据加密的控制点和图根控制点,测定地物点和地形点在图上的位置,最后按照一定的规律和符号绘制成平面图。

GPS 新技术的出现,可以高精度并快速地测定各级控制点的坐标。特别是应用 RTK 新技术,甚至可以不布设各级控制点,仅依据一定数量的基准控制点,便可以高精度并快速地测定界址点、地形点、地物点的坐标,利用测图软件可以在野外一次测绘成电子地图,然后通过计算机、绘图仪、打印机输出各种比例尺的图件。

3)GPS 在其他方面的应用

GPS 在海洋测绘、航海、航空导航、航空摄影测量、公安、交通系统、军事领域、农业领域、林业管理、旅游及野外考察等方面都有广泛的应用。

7.4 实时动态测量

1)RTK 定位技术简介

实时动态(Real Time Kinematic,RTK)测量技术,是以载波相位观测量为根据的实时差分

GPS(RTD GPS)测量技术。常规 GPS 的测量方法,如静态、快速静态、动态测量都需要事后进行解算才能获得厘米级的精度,而 RTK 是能够在野外实时得到厘米级定位精度的测量方法,它采用了载波相位动态实时差分的方法,极大地提高了外业作业效率,是 GPS 应用的重大里程碑。RTK 定位时要求基准站接收机实时地把观测数据(伪距观测值,相位观测值)及已知数据传输给流动站接收机。

高精度的 GPS 测量必须采用载波相位观测值。RTK 定位技术就是基于载波相位观测值的实时动态定位技术,它能够实时地提供测站点在指定坐标系中的三维定位结果,并达到厘米级精度。在 RTK 作业模式下,基准站通过数据链将其观测值和测站坐标信息一起传送给流动站。流动站不仅通过数据链接收来自基准站的数据,还要采集 GPS 观测数据,并在系统内组成差分观测值进行实时处理,同时给出厘米级定位结果,历时不到 1 s。流动站可处于静止状态,也可处于运动状态;可在固定点上先进行初始化后再进入动态作业,也可在动态条件下直接开机,只要能保持 4 颗以上卫星相位观测值的跟踪和必要的几何图形,则流动站可随时给出厘米级定位结果。RTK 测量广泛应用于区域比较大的控制测量、地形测量、放样测量。

RTK 测量有 3 种状态:单点定位状态;浮点状态(精度一般为分米级);RTK 测量状态(精度为厘米级)。

2)RTK 测量在数字测图中的应用

用 RTK 技术测定点位不需要点间通视,测定范围大、速度快、精度高(1 ~2 s 就可达到厘米级精度),仅一人就可以完成野外的数据采集工作,极大地提高了数字测图的效率。因此,RTK 已成为数字测图和 GIS 野外数据采集的主要手段之一。

复习思考题

1. 名词解释

观测时段　同步观测　同步观测环　独立环观测　静态定位　动态定位　绝对定位　相对定位　实时定位　后处理定位　采样频率值　卫星高度角

2. 填空题

(1)GPS 简称________,GPS 系统由________、________、________3 个主要部分组成。

(2)RTK 的含义是____。

3. 简答题

(1)用 GPS 测量有哪些优点?

(2)布设 GPS 网的基本形式有哪几种? 各自的优缺点是什么?

(3)用 GPS 作控制测量时,选点工作通常遵循哪些原则?

(4)GPS 测量的外业工作是怎样进行的?

8 大比例尺地形图测绘

[本章导读]

地形图的测绘是获得反映测区内地物和地貌的平面位置和高程而进行的测量工作。地形图是控制测量与碎部测量的综合结果。本章在图根控制测量的基础上,主要介绍地物和地貌在地形图上的表示方法以及测图前的准备、碎部点位的测定方法、地形测量方法、地形图绘制、地形图的拼接与整饰等地形测绘的基本内容,并简要介绍大比例尺地形图的数字化测图方法。

在本章的学习过程中,对于大比例尺地形图测绘必须团队合作,这要求学生具备良好的人际沟通、团队协作能力,一个人某个环节的误差超限会直接影响最后的观测成果,因此每个团队成员都必须具有较强的责任心,为团队负责,为测量成果负责,培养学生的责任担当意识。

地形图是园林规划设计、园林工程施工的重要资料,其应用非常广泛。测绘地形图的步骤也是按照“从整体到局部,先控制后碎部”的原则进行。即先在测区内建立控制网,再在控制网的基础上进行碎部测量。测绘大比例尺地形图就是通过碎部测量,将测区内的地物、地貌如实地反映到图纸上。

随着测绘科技的快速发展,地形图测绘也开始走向自动化。即将外业利用电子全站仪采集的数据终端与计算机、自动绘图机连接,再配以数据处理软件和绘图软件,从而实现地形图测绘的自动化。目前此法正处于推广应用阶段。鉴于我国园林行业的现状及条件,传统的测绘方法仍为当前主要的技术手段。因此,本章将重点介绍利用平板仪和经纬仪测绘各种大比例尺(1∶500 ~1∶5 000)地形图的方法。

8.1 地形图上地物和地貌的表示方法

8.1 微课

8.1.1 地物的表示方法

地面上各种不同形状的物体总称为地物。在地形图上所有的地物都是用简明、清晰和易于判断实物的符号表示出来,这些符号称为地形图图式。表 8.1 是根据国家测绘总局统一制定和颁布的“1∶500,1∶1 000,1∶2 000 地形图图式”中摘录的一小部分地物、地貌符号。图式是测绘、使用和阅读地形图的重要依据,因此,在测绘和使用地形图之前,应首先了解各种地物在《地形图图式》上的分类方法。

1)按地物性质分类

按地物的性质不同,在图式上常遇见的可分为下列各种符号:

测量控制点,如三角点、水准点、导线点等;居民地,如房屋、窑洞、蒙古包等;独立地物,如纪念碑、水塔、烟囱等;管线及垣栅,如电力线、通讯线、管线、篱笆、铁丝网等;境界线,如国界、省界、县界、林场界、乡界等;水系,如河流、湖泊、水库等;道路,如铁路、公路、小路等;地貌与土质,如等高线、石块地、砂地、盐碱地等;植被,如森林、耕地、草地、菜地等。

表 8.1 常用地物、注记和地貌符号

编号	符号名称	图例 1∶500,1∶1 000,1∶2 000	编号	符号名称	图例 1∶500,1∶1 000,1∶2 000
1	坚固房屋 4—房屋层数	坚 4　1.5	9	花圃	1.5　1.5　10.0　10.0
2	普通房屋 2—房屋层数	2　1.5	10	草地	1.5　0.8　10.0　10.0
3	建筑物间的 悬空建筑		11	水稻田	0.2　2.0　10.0　10.0
4	简单房屋	木	12	旱地	1.0　2.0　10.0　10.0
5	台阶	0.5　0.5　0.5	13	菜地	2.0　2.0　10.0　10.0
6	三角点 凤凰山—点名 384.468— 高程	凤凰山 394.468　3.0	14	通信线	4.0
7	图根点 1. 埋石的 2. 不埋石的	2.0　N16 84.46 1.5　2.5　25 62.74	15	围墙 1. 砖、石及混泥土墙 2. 土墙	10.0　10.0　0.5　0.5　10.0　0.3
8	水准点 Ⅱ京石 5—点名 32.804—高程	2.0　Ⅱ 京石 5 32.804			

续表

编号	符号名称	图例 1∶500,1∶1 000,1∶2 000	编号	符号名称	图例 1∶500,1∶1 000,1∶2 000
16	电力线 1. 高压线 2. 低压 3. 电杆 4. 电线架 5. 铁塔	4.0 4.0 1.0 1.0	24	小路	4.0 1.0 0.3
			25	独立树 1. 阔叶 2. 针叶 3. 果树	1.5 3.0 0.7 3.0 0.7 3.0 0.7
17	栅栏、栏杆	1.0 10.0			
18	篱笆	1.0 10.0	26	宣传橱窗、标语牌	1.0 2.0
19	活树篱笆	3.5 0.5 10.0 1.0 0.8	27	彩门、牌坊、牌楼	1.0 0.5 1.0
20	沟渠 1. 一般的 2. 有堤岸的 3. 有沟堑的	0.3 1	28	水塔	2.0 3.0 1.0 1.2
21	公路	0.5 沥 砾 0.5	29	烟囱	3.5 1.0
22	简易公路	0.15 碎石 0.3			
23	大车道	8.0 2.0	30	消防栓	1.5 1.5 2.0

续表

编号	符号名称	图例 1∶500,1∶1 000,1∶2 000	编号	符号名称	图例 1∶500,1∶1 000,1∶2 000
31	阀门	1.5 1.5 2.0	38	示坡线	0.8
32	水龙头	3.5 2.0 1.2			
33	路灯	3.5 1.0	39	高程点及其注记	0.5·163.2 75.4
34	汽车站	2.0 3.0 1.0 0.7			
35	行树	10.0 1.0	40	陡崖 1. 土质的 2. 石质的	1 2
36	灌木丛(大面积的)	0.5 1.0	41	梯田坎(加固的)	1.3 84.2 1
37	等高线及其注记 1. 首曲线 2. 计曲线 3. 间曲线	0.15 87 0.3 85 0.15 6.0 1.0	42	冲沟	

2)按图式上的符号与实地物体的比例关系分类

(1)比例符号　当地物较大,可据其水平投影的形状、大小依测图比例尺缩绘在图上的符号称为比例符号,如房屋、较宽的道路、稻田、花圃、湖泊等。如表 8.1 中,编号 1 ~ 5 都是比例符号。

(2)非比例符号　当地面物体很小,但又很重要,如三角点、导线点、水准点、独立树、路灯、检修井等,其轮廓较小,无法将其形状和大小按照地形图的比例尺绘到图上,则不考虑其实际大小,而是采用规定的符号表示,这种符号称为非比例符号。如表 8.1 中,编号 6 ~ 8 都是非比例符号。

非比例符号绘在图上时,应表示出地物的正确位置。符号上表示地物中心位置的点叫定位点。图式上对各种符号的定位点都有具体的规定:

①规则的几何图形符号(圆形、正方形、三角形等),以图形几何中心点为实地地物的中心位置。

②底部为直角形的符号(独立树、路标等),以符号的直角顶点为实地地物的中心位置。

③宽底符号(烟囱、岗亭等),以符号底部中心为实地地物的中心位置。

④几种图形组合符号(路灯、消火栓等),以符号下方图形的几何中心为实地地物的中心位置。

⑤下方无底线的符号(山洞、窑洞等),以符号下方两端点连线的中心为实地地物的中心位置。

各种符号均按直立方向描绘,即与南图廓垂直。

(3)半依比例符号　对于成带状的狭长地物,如小路、通讯线、管道、垣栅等,其长度可按比例缩绘,而宽度无法按比例表示的符号称为半依比例符号。如表 8.1 中,编号 14 ~ 19 都是半依比例符号。这些半依比例符号的中心线就是实际地物的中心线。

由于地形图的比例尺有多种,同一物体在不同比例尺地形图上所用的符号就不可能相同。如宽 15 m 的河流,在 1∶5 000 比例尺图上用双线依比例符号表示,但在 1∶50 000 比例尺图上,只能用半依比例符号表示。

另外,有些地物符号需要配合一定的文字、数字作补充说明,称这些说明为注记。如村、镇和河流名称用文字注记;房屋的结构、层数、地名、路名、单位名、计曲线的高程、碎部点高程、独立性地物的高程以及河流的水深、流速等;对于植被种类如水田、林种、苗圃等,常在这类地物轮廓内加绘某种注明符号,这些符号并不表示禾苗、树木等的位置,仅表明是哪类植物。

8.1.2 地貌的表示方法

地貌是指地表面的高低起伏状态,包括山地、丘陵和平原等。在图上表示地貌的方法很多,而测量工作中通常用等高线表示,因为用等高线表示地貌,不仅能表示地面的起伏形态,并且还能表示出地面的坡度和地面点的高程。

1)地貌的基本形态

地貌的形态错综复杂,但一般是由山、山脊、山谷、鞍部、盆地等几种基本形态组成,如图 8.1所示。依据相对高差和坡度的不同将多种多样的地貌形态分为以下 4 种地形类型:地势起伏小,地面倾斜角在 3°以下,比高不超过 20 m 的,称为平坦地;地面高低变化大,倾斜角在 3° ~10°,比高不超过 150 m 的,称为丘陵地;高低变化悬殊,倾斜角为 10° ~25°,比高在 150 m 以上的,称为山地;绝大多数倾斜角超过 25°的,称为高山地。

(1)山　较四周显著凸起的高地称为山,大的叫岳或岭,小的叫丘或岗。连绵不断的大山称为山脉。山的最高点称山顶,呈尖锐状的山顶称山峰。

(2)山脊　由山顶向某个方向延伸的凸棱部分称山脊。山脊上最高点的连线称为山脊线,雨水以山脊线为界向两侧流向山谷,所以山脊线又称分水线。山脊的两侧叫山坡,山坡与平地相接的部分称山脚或山麓。

(3)山谷　延伸在两山脊之间的低凹部分叫山谷。山谷内最低点的连线叫山谷线,或称集水线,它是两侧谷坡相交处的谷底部分。山谷的最低处称为谷口,最高处称为谷源。

(4)鞍部　相邻两个山顶间的低洼处形似马鞍状的地貌,称为鞍部。一般情况下,鞍部既是山谷的发源地,又是山脊的低凹处。

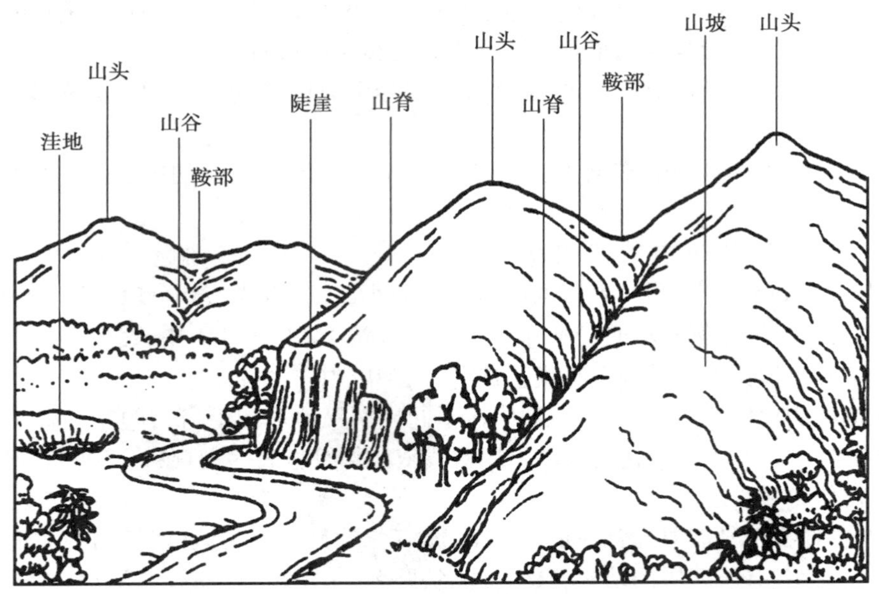

图 8.1　地貌的基本形态

(5)盆地　四周高中间低,其中大而深的称为盆地,范围较小而浅的称为洼地,很小的称为坑。湖泊是汇集有水的盆地。

(6)特殊地貌　如雨裂、冲沟、绝壁、悬崖、陡坎、梯田等,由雨水冲刷成的狭小而下凹部分称为雨裂,雨裂逐渐扩大形成冲沟;由岩石构成的陡峭岩壁称为绝壁或峭壁,下部凹进的绝壁称为悬崖;山坡局部地方形成几乎垂直的地形称为陡坎。

2)用等高线表示地貌

(1)等高线的定义　等高线是地面上高程相同的相邻点所连接而成的连续闭合曲线。如图 8.2 所示,设有一座位于平静湖水中的小山头,山顶被湖水恰好淹没时的水面高程为 100 m。然后水位下降 10 m,露出山头,此时水面与山坡就有一条交线,而且是闭合曲线,曲线上各点的高程是相等的,这就是高程为 90 m 的等高线。随后水位又下降 10 m,山坡与水面又有一条交线,这就是高程为 80 m 的等高线。依此类推,水位每降落 10 m,水面就与地表面相交留下一条等高线,从而得到一组高差为 10 m 的等高线。设想把这组实地上的等高线沿铅垂线方向投影到水平面 H 上,并按规定的比例尺缩绘到图纸上,就得到用等高线表示该山头地貌的等高线图。

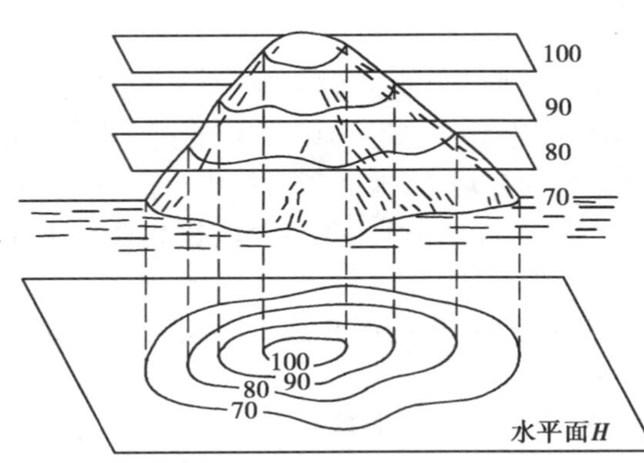

图 8.2　用等高线表示地貌的原理

(2)等高距与等高线平距　地形图上相邻等高线间的高差,称为等高距,用 h 表示,图 8.2 中 $h=10$ m。同一幅地形图的等高距是相同的,因此地形图的等高距也称为基本等高距。大比例尺地形图常用的基本等高距为 0.5 m,1 m,2 m,5 m 等。等高距越小,用等高线表示的地貌细部就越详尽;等高距越大,地貌细部表示的地貌细部就越粗略。但是,当等高距过小时,图上的等高线过于密集,将会影响图面的清晰度。

测绘地形图时,要根据测图比例尺、测区地面的坡度情况和国家规范要求选择合适的基本等高距,见表 8.2。

表 8.2 地形图的基本等高距/m

比例尺 地形类别	1 : 500	1 : 1 000	1 : 2 000	1 : 5 000
平坦地	0.5	0.5	1	2
丘陵	0.5	1	2	5
山地	1	1	2	5
高山地	1	2	2	5

相邻等高线间的水平距离称为等高线平距,用 d 表示,它随着地面起伏情况而改变。相邻两等高线之间的地面坡度为

$$i = \frac{h}{d \cdot M}$$

式中,M 为地形图的比例尺分母。在同一幅地形图上,等高线平距愈大,表示地貌的坡度愈小;反之,坡度愈大,如图 8.3 所示。因此,可以根据图上等高线的疏密程度,判断地面坡度的陡缓。

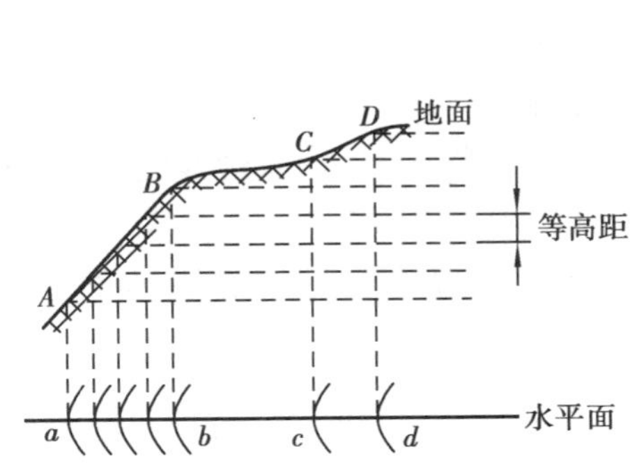

图 8.3 等高线平距与地面坡度的关系

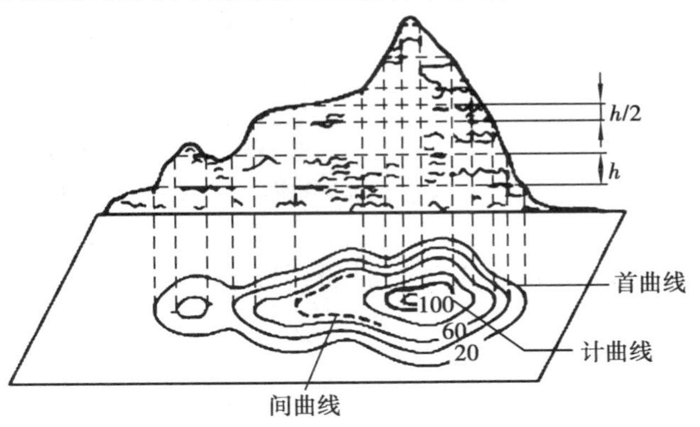

图 8.4 等高线的分类

(3) 等高线的分类　等高线分为首曲线、计曲线、间曲线和助曲线 4 种,如图 8.4 所示。

①首曲线(基本等高线)　即按规定等高距描绘的等高线称为首曲线,又称基本等高线。故首曲线的高程必须是等高距的整数倍。在地形图中,首曲线用细实线描绘,其上不注记高程。

②计曲线(加粗等高线)　为了读图方便,规定每逢 5 倍等高距的等高线加粗描绘,并在该等高线上的适当部位注记高程,该等高线称计曲线,也叫加粗等高线。

判定计曲线的方法是:根据首曲线的高程除以等高距所得的商来决定,如果所得商数是 5 的整数倍,则此首曲线应加粗描绘,它是计曲线。如图 8.4 中高程为 100 m 的首曲线为计曲线。

③间曲线　为了显示首曲线不能表示的地貌特征,可按 1/2 基本等高距描绘等高线,这种等高线叫间曲线,又称半距等高线。在图上用长虚线描绘,如图 8.4 所示。

④助曲线　按1/4基本等高距描绘的等高线称为助曲线，在图上用短虚线描绘。

间曲线和助曲线都是用于表示平缓的山头、鞍部等局部地貌，或者在一幅图内坡度变化很大时，也常用来表示平坦地区的地貌。间曲线和助曲线都是辅助性曲线，在图幅中何处加绘没有强性规定，在图幅中也可不自行闭合。

(4)典型地貌的等高线　地球表面高低起伏的形态千变万化，但经过仔细研究分析就会发现它们都是由几种典型的地貌综合而成的。了解和熟悉典型地貌的等高线，有助于正确地识读、应用和测绘地形图。典型地貌主要有：山头和洼地、山脊和山谷、鞍部、陡崖和悬崖等，如图8.1所示。

①山头和洼地　图8.5(a)，(b)分别表示山头和洼地的等高线，它们都是一组闭合曲线，其区别在于：山头的等高线由外圈向内圈高程逐渐增加，洼地的等高线由外圈向内圈高程逐渐减小，这样就可以根据高程注记区分山头和洼地。

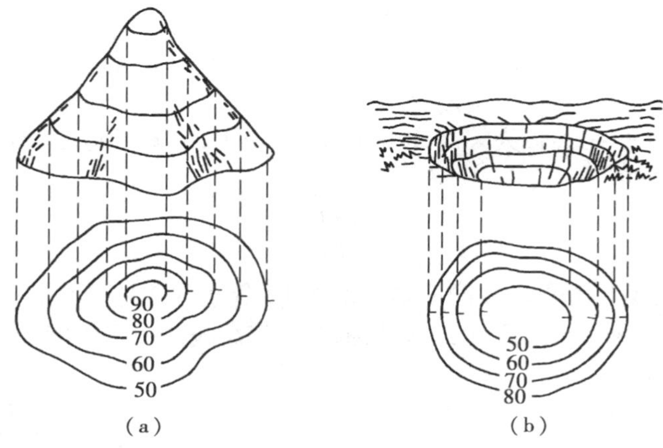

图8.5　用等高线表示的山头和洼地

也可以用示坡线来指示斜坡向下的方向。在山头、洼地的等高线上绘出示坡线，有助于地貌的识别。

②山脊和山谷　山坡的坡度和走向发生改变时，在转折处就会出现山脊或山谷地貌(图8.6)。

图8.6　用等高线表示的山脊和山谷

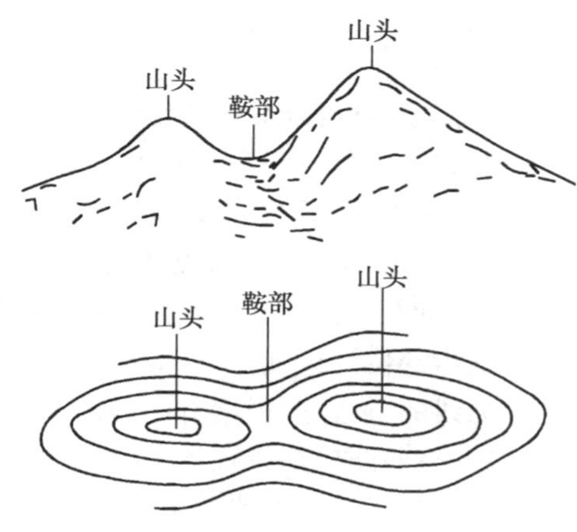

图8.7　用等高线表示的鞍部

山脊的等高线均向下坡方向凸出,两侧基本对称。山脊线是山体延伸的最高棱线,也称分水线。

山谷的等高线均凸向高处,两侧也基本对称。山谷线是谷底点的连线,也称集水线。

在园林工程规划及设计中,要考虑地面的水流方向、分水线、集水线等问题。因此,山脊线和山谷线在地形图测绘及应用中具有重要的作用。

③鞍部 相邻两个山头之间呈马鞍形的低凹部分称为鞍部。鞍部是山区道路选线的重要位置。鞍部左右两侧的等高线是近似对称的两组山脊线和两组山谷线,如图 8.7 所示。

④陡崖和悬崖 陡崖是坡度在 70°以上的陡峭崖壁,有石质和土质之分。如果用等高线表示,将非常密集或重合为一条线,因此采用陡崖符号来表示,如图 8.8(a),(b)所示。

悬崖是上部突出、下部凹进的陡崖。悬崖上部的等高线投影到水平面时,与下部的等高线相交,下部凹进的等高线部分用虚线表示,如图 8.8(c)所示。

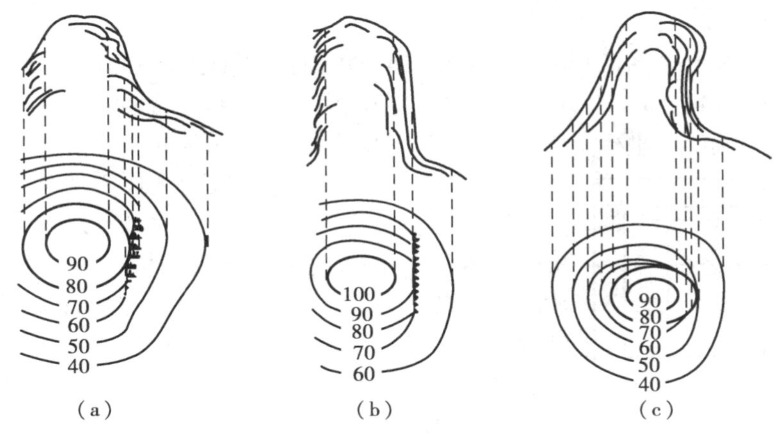

图 8.8 用等高线表示的陡崖和悬崖

(5)等高线的特征 通过研究等高线表示地貌的规律性,可以归纳出等高线的特征,它对于正确测绘地貌并勾画等高线,以及正确使用地形图都有很大帮助。

①同一条等高线上各点的高程相等。

②等高线是闭合曲线,不能在图幅内随意中断;如果不在同一幅图内闭合,则必定在相邻的其他图幅内闭合。

③等高线只有在陡崖或悬崖处才会重合或相交。

④等高线经过山脊或山谷时改变方向,因此山脊线与山谷线应和改变方向处的等高线的切线垂直相交,如图 8.6 所示。

⑤在同一幅地形图内,基本等高距是相同的。因此,等高线平距大,则表示地面坡度小;等高线平距小,则表示地面坡度大;等高线平距相等,则坡度相同。倾斜平面的等高线是一组间距相等且平行的直线。

8.2 测图前的准备工作

测区完成控制测量工作后,就可以测定的图根控制点作为基准,进行地形图的测绘。

8.2.1 图纸的准备

测绘地形图使用的图纸一般为聚酯薄膜，但在偏远地区，普通图纸也有使用。聚酯薄膜图纸厚度一般为 0.07 ~ 0.1 mm，经过热定型处理后，伸缩率小于 0.2‰。聚酯薄膜图纸具有透明度好、伸缩性小、不怕潮湿等优点。图纸弄脏后，可以水洗，便于野外作业。在图纸上着墨后，可直接复晒蓝图。缺点是易燃、易折，在使用与保管时要注意防火防折。

8.2.2 坐标方格网的绘制

聚酯薄膜图纸分空白图纸和印有坐标方格网的图纸。印有坐标方格网的图纸又有50 cm × 50 cm 正方形分幅和 40 cm × 50 cm 矩形分幅两种规格。如果购买的聚酯薄膜图纸是空白图纸，则需要在图纸上精确绘制坐标方格网，每个方格的尺寸为 10 cm × 10 cm。

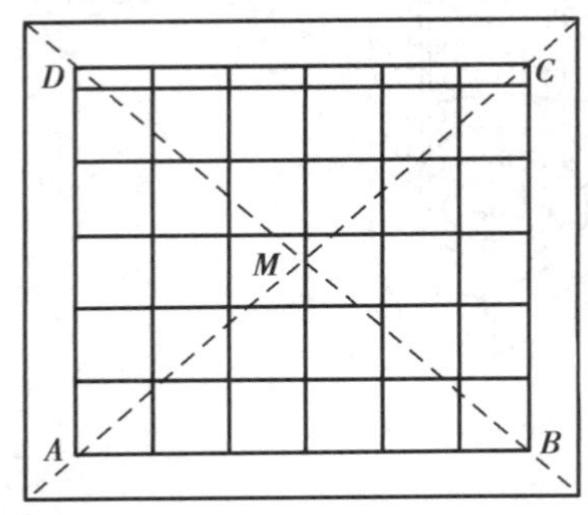

图 8.9 对角线法绘方格网

对角线法绘制坐标方格网的操作方法是：如图 8.9 所示，将 2H 铅笔削尖，用长直尺沿图纸的对角方向画出两条对角线，相交于 *M* 点；自 *M* 点起沿对角线量取等长的 4 条线段 *MA*，*MB*，*MC*，*MD*，连接 *A*，*B*，*C*，*D* 点得一矩形；从 *A*，*B* 两点起，沿 *AD*，*BC* 每隔10 cm取一点；从 *A*，*D* 两点起沿 *AB*，*DC* 每隔 10 cm 取一点。分别连接对边 *AD* 与 *BC*，*AB* 与 *DC* 的相应点，即得到由 10 cm × 10 cm 的正方形组成的坐标方格网。

目前已采用 AutoCAD 在计算机上绘制坐标格网，它具有速度快、精度高的优点。

为了保证坐标方格网的精度，无论是印有坐标方格网的图纸还是自己绘制的坐标方格网图纸，都应进行以下几项检查：

①将直尺沿方格的对角线方向放置，同一条对角线方向的方格角点应位于同一直线上，偏离不应大于 0.2 mm。

②检查各个方格的对角线长度，其长度与理论值 141.4 mm 之差不应超过 0.2 mm。

③图廓对角线长度与理论值之差不应超过 0.3 mm。

如果超过限差要求，应该重新绘制；对于印有坐标方格网的图纸，则应予以作废。

8.2.3 控制点的展绘

展点前，根据地形图的分幅位置，将坐标格网线的坐标值注记在图框外相应的位置。展点后，在控制点右侧用分数形式标注（分子为点号，分母为点的高程），如图 8.10 所示。

展点时，先根据控制点的坐标，确定其所在的方格。

例如 *A* 点的坐标为 $x_A = 214.60$ m，$y_A = 256.78$ m，由图可以查看出，*A* 点在方格 1，2，3，4内。

从1,2点分别向右量取 $\Delta y_{2A}=(256.78-200)\text{m}/1\ 000=5.678\text{ cm}$,定出 a,b 两点;从2,4点分别向上量取 $\Delta x_{2A}=(214.60-200)\text{m}/1\ 000=1.46\text{ cm}$,定出 c,d 两点;连接 ab,cd 得到交点即为 A 点的位置。

参照表8.1中的控制点符号,根据控制点的等级,将点号与高程注记在点位的右侧。

同法,可将其余控制点 B,C,D 点展绘在图上。

展绘完图幅内的全部控制点后,要进行检查。检查的方法是:在图上分别量取已展绘控制点间的长度,如线段 AB,BC,CD,DA 的长度,其值与已知值(由坐标反算的长度除以地形图比例尺的分母)之差应不超过 ±0.3 mm,否则应重新展绘。

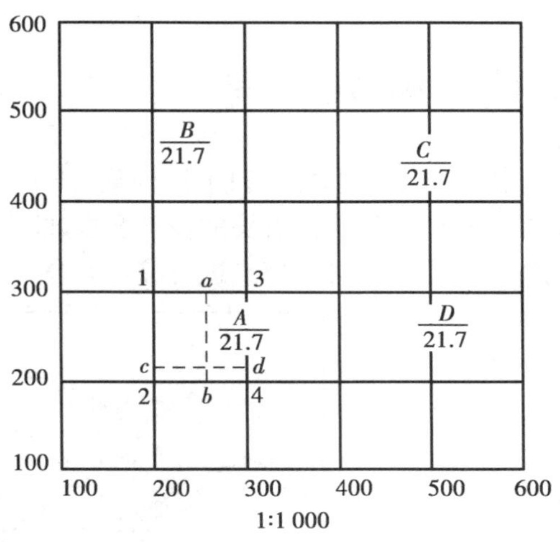

图8.10　展绘控制点

为了保证地形图的精度,测区内应有一定数目的图根控制点。《城市测量规范》规定,测区内解析图根点的个数不应少于表8.3的要求。

表8.3　一般地区解析图根点的个数

测图比例尺	图幅尺寸/cm	解析图根点/个
1∶500	50×50	8
1∶1 000	50×50	12
1∶2 000	50×50	15

8.3—8.5 微课

8.3　碎部点位的测定方法

测绘地形图是在图根点上测出周围的地物和地貌。反映地物轮廓和几何位置的点称为地物特征点,简称地物点,如房屋的角点、道路中线或边线、河岸线、各种地物的转折、变向点等。地貌可近似地看做由许多形状、大小、坡度方向不同的斜面组成,这些斜面的交线称为地貌特征线,通常叫地性线,如山脊线、山谷线是主要的地性线。山脊线或山谷线上变换方向之点为方向变换点,方向变换点之间的连线称为方向变换线;两个倾斜度不同坡面的交线称为倾斜变换线。地性线上的坡度变化点和方向改变点、峰顶、鞍部的中心、盆地的最低点等都是地貌特征点。地物点和地貌点合称碎部点,故测绘地形图就是测出必要的碎部点,并将地物、地貌用规定的符号描绘出来,所以地形测量也称碎部测量。

8.3.1 碎部点选择

测绘地形图的精度和速度与司尺员能否正确合理地选择碎部点有着密切的关系。司尺员必须了解测绘地形图有关的技术要求,能掌握地形的变化规律,并能根据测图比例尺的大小和用图目的等方面对碎部点进行综合取舍,如图 8.11 所示为选点示意图。

图 8.11 选择碎部点

1)地物特征点的选择

(1)用比例符号表示的地物特征点的选择 能按比例尺测绘出形状和大小的地物,以其轮廓点为地物特征点。但由于地物形状不规则,一般规定当地物在图上的凸凹部分小于0.4 mm时,这些轮廓点不作为地物特征点;反之,则应选为地物轮廓点。

(2)用半依比例符号表示的地物特征点的选择 对于一些线状地物,如道路、窄的河流、管线等,其宽度无法按比例尺在地形图上表示,此时只对其位置和长度进行测定,因此只取其起、始点和中途方向或坡度的变换点作为地物特征点。

(3)用非比例符号表示的地物特征点的选择 针对不能按比例尺在图上表示独立地物,如电杆、水井、里程碑、三角点等,应以其中心位置作为地物特征点。

由于地物在不同比例尺地形图中表示的符号不一,具体应根据测图比例尺的大小来决定地物特征点的选择,特别是带状地物。

2)地貌特征点的选择

为了能真实地用等高线表示地貌形态,除对明显的地貌特征点必须选测外,还需在其间保持一定的立尺密度,使相邻立尺点间的最大间距不超过表 8.4 的规定。

表 8.4 地貌点间距表

测图比例尺	立尺点最大间距/m	测图比例尺	立尺点最大间距/m
1 : 500	15	1 : 2 000	50
1 : 1 000	30	1 : 5 000	100

8.3.2 碎部点位置的测定

碎部测量是以导线点为依据，测绘其周围的碎部。碎部点的平面位置通过极坐标法、直角坐标法、角度交会法和距离交会法4种方法加以测定。碎部点的高程，一般情况是用经纬仪采用三角高程测量法，先测量各碎部点与控制点之间的高差；若精度要求较高时，可用水准仪测出各碎部点与控制点之间的高差；然后再根据控制点的已知高程和测定的与各碎部点之间的高差，就可以推算出各碎部点的高程。

8.4 大比例尺地形图的常规测绘方法

大比例尺地形图的测绘方法有解析测图法和数字测图法。解析测图法又分为经纬仪测图法、大平板仪测图法、小平板与经纬仪联合测图法和经纬仪联合光电测距仪测图法，此处只介绍经纬仪测绘法和大平板仪测图法。

8.4.1 经纬仪测绘法

经纬仪测绘法就是用一种特制的量角器（也称地形分度规）配合经纬仪测图；普通量角器也有应用，不过绘图速度较慢。操作要点是将经纬仪安置于测站上，绘图板放在其近旁的适当位置，用经纬仪测定碎部点与已知方向线之间的水平夹角，用视距法测出测站点到碎部点间的平距和高差（大部分地物点一般不测高差）；然后根据碎部点的极坐标用量角器进行展点，对照实地勾绘地形图。测图原理如图8.12所示。

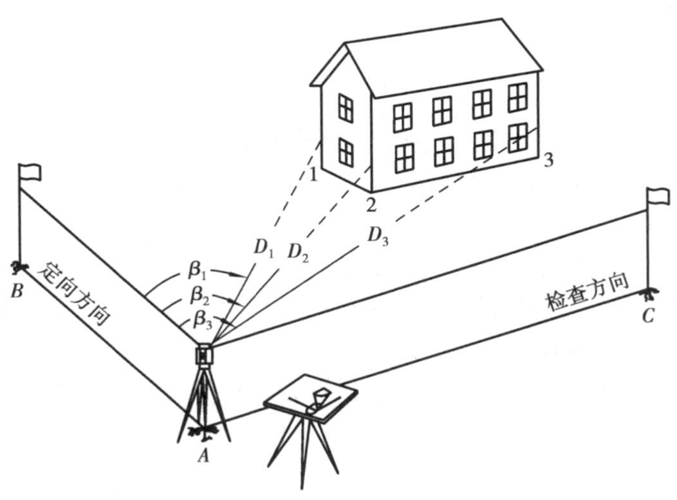

图8.12 经纬仪测图原理

其中 A,B 两点为已知控制点,测量并展绘碎部点 1 的操作过程如下:

1)测站准备

在 A 点安置好经纬仪,量取仪高 i_A,用望远镜照准 B 点的标志,将水平度盘读数置为 $0°00'00''$。在经纬仪旁边架好小平板,用透明胶带纸将聚酯薄膜图纸固定在图板上;在绘制了坐标格网的图纸上展绘好 a,b 两点,用直尺和铅笔在图纸上绘出直线 ab 作为量角器的零方向线;用一颗大头针插入专用量角器的中心,并将大头针准确地钉入图纸上的 a 点,如图 8.13 所示。

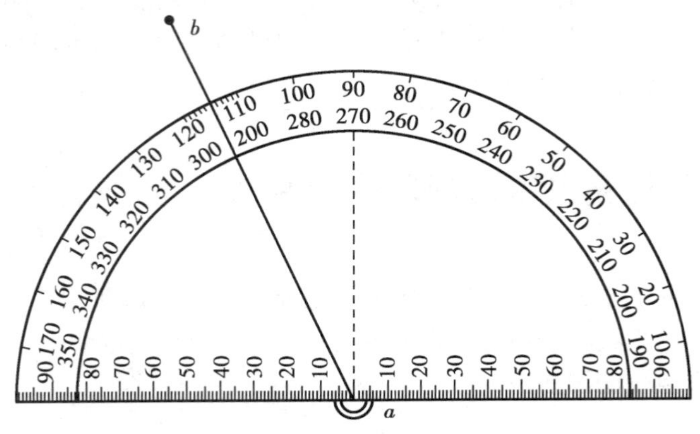

图 8.13 使用量角器展绘碎部点

2)经纬仪观测与计算

在碎部点 1 竖立标尺,使经纬仪望远镜盘左照准标尺,读出视线方向的水平度盘读数 β_1,竖直度盘读数 L_1,上丝读数 l_1',下丝读数 l_1'',中丝读数 v_1,仪高 i_1,则测站到碎部点 1 的水平距离 D_1 及碎部点 1 的高程 H_1 的计算公式为

$$D_1 = k(l_1'' - l_1')\cos^2(90° - L_1 + x) \tag{8.1}$$

$$H_1 = H_A + D_1\tan(90° - L_1 + x) + i_1 - v_1 \tag{8.2}$$

式中,x——经纬仪竖盘指标差;

k——望远镜的视距常数,$k = 100$。

3)展绘碎部点

以图纸上 a,b 两点的连线为零方向线,转动量角器,使量角器上的 β_1 角位置对准零方向线,在 β_1 角的方向上量取距离 D_1/M(式中 M 为地形图比例尺的分母值),用铅笔点一个小圆点作标记,在小圆点旁注记上其高程值 H_1,即得到碎部点 1 在图纸上的位置。如图 8.13 所示,地形图比例尺为 1∶1 000,碎部点 1 的水平角为 110°,水平距离为 64.5 m。

使用同样的操作方法,可以测绘出图中房屋的另外两个角点 2,3,在图纸上连接 1,2,3 点,通过推平行线即可将房屋画出。

量角器配合经纬仪测图一般需要 4 个人操作,其分工是:1 人观测,1 人记录计算,1 人绘图,1 人立尺。

8.4.2 大平板仪测图法

1)平板仪测量原理

平板仪是测绘地形图或平面图的常用仪器。其特点是可以同时测定地面点的平面位置和高程,并用图解的方法按一定的测图比例尺将地面上点的位置缩绘到图纸上,构成与实地相似的图形。因此,平板仪测量又称图解测量。

平板仪测量的基本原理如图 8.14 所示。设地面上有不在同一平面上的 A,B,C 3 点,在地面上的 B 点安置一块图板,图板上固定一张图纸。将 B 点以铅垂线方向投影到图纸上的 b 点,然后通过 BA,BC 两个方向作两个垂直面,则垂直面与图纸面的交线 bm,bn 所夹的角度 mbn 就是地面上 A,B,C 的水平角。如再量取 B 点至 A,C 两点的水平距离,并按一定比例尺在 bm,bn 的方向线上截取 a,c 两点,则图上 a,b,c 3 点组成的图形和地面上 A,B,C 3 点投影到水平面上的图形相似。如果地面上 B 点的位置已知,根据上述方法,就可得出所求点 A,C 在图上的位置,这就是平板仪测图的原理。再以三角高程法测出 A,C 点对 B 点的高差,并将其加在 B 点的高程上,就可得出 A,C 两点的高程。

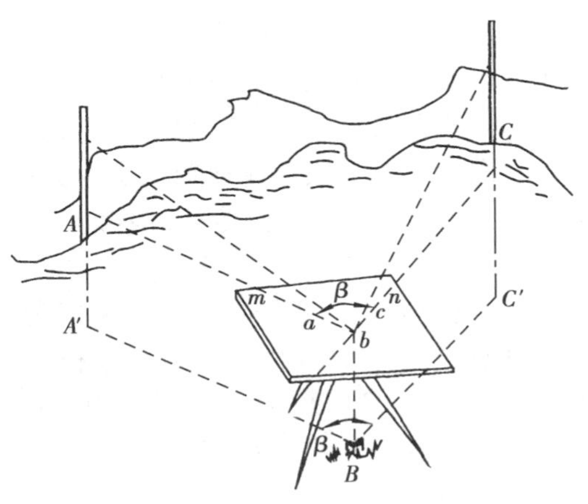

图 8.14 平板仪测量原理

由此可见,平板仪测量是根据相似形原理,在图纸上测绘出每一测站周围地物和地貌特征点的平面位置和高程,并以这些点可描绘出地形图。

因此平板仪测量必须具有能安置成水平位置的平板,照准目标的设备和画直线用的直尺,以及测量距离的视距丝和测定竖角的竖盘等。

2)大平板仪的构造

如图 8.15 所示为大平板仪。大平板仪主要由平板、照准仪等构成。平板由图板、基座和三脚架组成,照准仪主要由望远镜、竖盘和直尺组成,此外还有对点器、圆水准器和定向罗盘等附件。

图板一般为 60 cm×60 cm×3 cm 的木质平板,通过基座上的 3 颗螺丝可以将图板固定在基座上,再用脚架中心螺旋将基座连接在三角架头上。

将圆水准器放在图板上,旋转基座的 3 个脚螺旋可以整平图板。基座上还有制动螺旋和微动螺旋,可以控制图板在水平方向的转动。

对点器的作用是使图纸上的控制点对准地面上相应的测站点,定向罗盘用于图板的近似定向。

照准仪各部件的名称如图 8.16 所示,它主要由望远镜、竖盘和直尺组成。直尺和望远镜的视准轴在同一个竖直面内,当望远镜照准标尺后,直尺在平板上的方向就代表视线方向。

望远镜的结构与光学经纬仪望远镜的结构相同，其上也有物镜调焦螺旋6和目镜调焦螺旋7、照准仪上有控制望远镜在垂直方向转动的制动螺旋3和微动螺旋4、竖盘指标管水准器微动螺旋11、望远镜支柱上的横向管水准器13及支柱横向微倾螺旋14用于精确置平望远镜的旋转轴。

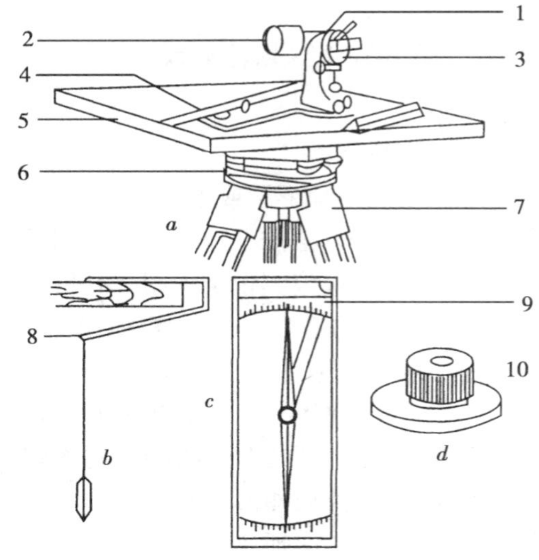

图8.15 大平板仪及其附件

1. 照准仪 2. 望远镜 3. 竖盘 4. 直尺 5. 图板 6. 基座 7. 三角架 8. 对点器 9. 定向罗盘 10. 圆水准器

3) 平板仪在测站上的安置

平板仪的安置工作包括对中、整平和定向三项工作。对中是使地面点与图板上相应点位在同一铅垂线上，整平是使图板成水平位置，定向则是使图板上的直线与相应地面上的直线重合或平行。由于这三项工作是互相影响的，必须按下列次序分两步进行。

(1) 初步安置　先用目估将图板定向；接着移动脚架，仍用目估使图板大致水平；然后移动整个平板进行大致对中，此时应尽可能不破坏前面的定向和整平。经过这样初步安置后，再进行下述的精确安置。

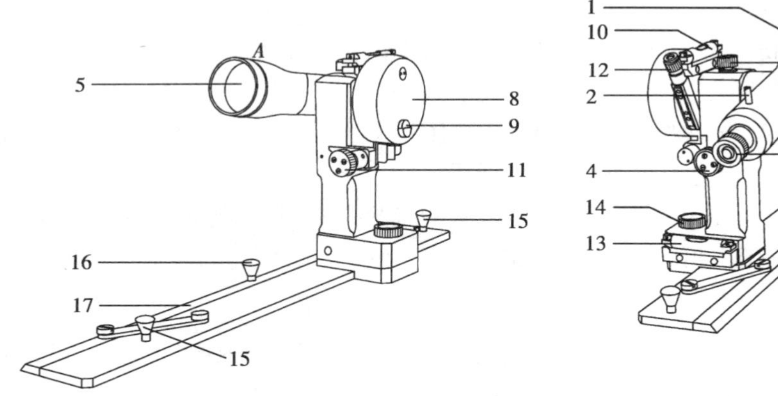

图8.16 照准仪

1. 准心 2. 照门 3. 望远镜制动螺旋 4. 微动螺旋 5. 物镜 6. 物镜调焦螺旋 7. 目镜调焦螺旋 8. 竖盘 9. 反光镜 10. 竖盘指标管水准器 11. 竖盘指标管水准器微动螺旋 12. 竖盘读数显微镜 13. 横向管水准器 14. 支柱横向微倾螺旋 15. 直尺校正螺丝 16. 平行尺校正螺丝 17. 平行尺

(2) 精确安置　精确安置的步骤恰与初步安置相反，其次序为对中、整平、定向。分述如下：

①对中　对中时，将对点器的尖端对准图上的 a 点，移动三角架使垂球尖对准地面上相应的 A 点，如图8.17(a)所示。平板仪的对中误差对于不同比例尺有不同的要求，一般规定以测图比例尺精度的一半为对中的容许误差。例如，当测图比例尺为1∶5 000时，对中容许误差为

0.25 m,若比例尺为 1∶2 000 时,对中容许误差为 0.1 m。由此可知,当测图比例尺大于 1∶5 000 时,应用对点器进行对中;测图比例尺等于或小于 1∶5 000 时,可用目估对中。

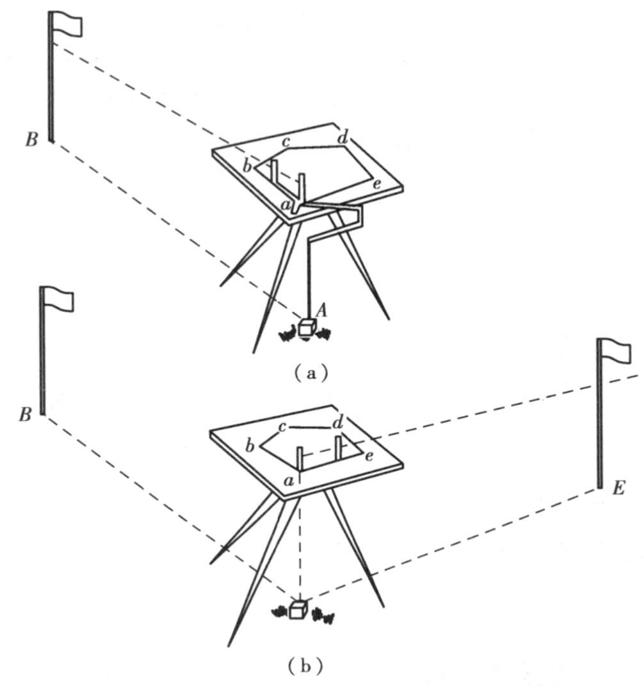

图 8.17 对中和定向

②整平 平板仪的精确整平,是利用直尺上的水准器(或单独的水准器)和脚螺旋来进行的。其方法与经纬仪的整平相同,也需要重复几次才能完成。

③定向 图板的最后定向,可根据图板上的已知直线来进行;当图板上没有已知直线可利用时,也可用罗盘来定向。

a. 按已知直线定向 如图 8.17(b)所示,设平板仪安置在已知直线的端点 A,经过对中、整平以后,将照准仪的直尺边贴靠在图上相应的已知直线 ab 上,转动图板,使照准仪望远镜照准地面上的另一已知点 B,固定图板,定向工作即完成。用作定向的直线越长,定向误差越小,因此要尽量利用较长的已知直线来定向。

b. 用长盒罗盘定向 将长盒罗盘的侧边切于图上已有的磁子午线上,转动图板使磁针两端和罗盘的零直径线对准为止,固定图板,定向工作即完成。由于罗盘定向的精度较低,所以尽量不用这种方法作最后定向。

4)大平板仪测图法

大平板仪在测图过程中,各碎部点高程采用视距法测得,具体方法同经纬仪测量。各碎部点平面位置测定方法主要有极坐标法和方向交会法。

(1)极坐标法 如图 8.18 所示,要测定碎部点 P 的位置,可以通过测定测站点 A 至碎部点 P 方向与测站点 A 至后视点 B 方向间的水平角 β,测站点 A 至碎部点 P 的距离 d 来确定。这就是极坐标法,又称射线法,是测量碎部点平面位置最基本的方法。

(2)方向交会法 如图 8.19 所示,通过测定 A 点至碎部点 P 方向和测站 A 至后视点 B 方

向间的水平角 α，测定测站点 B 至碎部点 P 方向和测站点 B 至后视点 A 方向间的水平角 β，便能测定碎部点的平面位置，这就是方向交会法。当碎部点距测站点较远而测距工具只有钢尺或皮尺，或遇河流、水田等测距不便时，可用此法。通过采用 3 点交会，由于测量误差，3 根方向线不交于一点而形成一个示误三角形。如果示误三角形内切圆半径小于 1 cm，最大边小于 4 cm，可取内切圆的圆心作为 P 点的正确位置。为了消除误差，3 根方向线需要正、倒镜观测取平均值定出，并使交会角 α,β 在 30°～120°范围内。

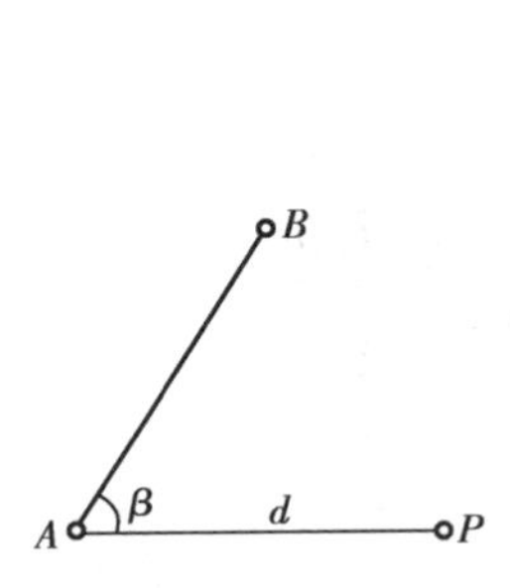

图 8.18　极坐标法测定碎部点

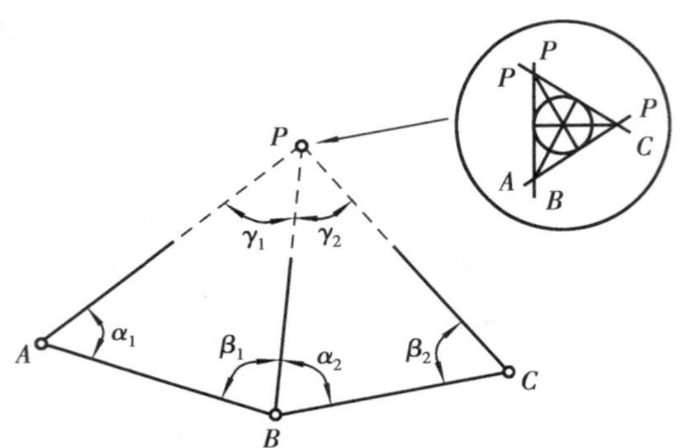

图 8.19　方向交会法测定碎部点平面位置

8.4.3　地形测图中的注意事项

①应正确选择地物点和地貌点。对地物点一般只测其平面位置，如当地物点可作地貌点时，除测其平面位置外，还应测定其高程。

②应根据地貌的复杂程度、测图比例尺大小以及用图目的等，综合考虑碎部点的密度；一般图上平均每平方厘米内应有一个立尺点；在直线段或坡度均匀的地方，地貌点之间的最大距离和碎部测量中最大视距长度不宜超过表 8.4 和表 8.5 的规定。

表 8.5　视距长度表

测图比例尺	最大距离/m		测图比例尺	最大距离/m	
	主要地物点	次要地物和地形点		主要地物点	次要地物和地形点
1∶500	60	100	1∶2 000	180	250
1∶1 000	100	150	1∶5 000	300	350

③在测站上测绘开始之前，对测站周围地形的特点、测绘范围、跑尺路线和分工等问题应有统一的认识，以便在测绘过程中配合默契，做到既不重测，又不漏测，保证成图质量。

④司尺员在跑尺过程中，除按预定的分工路线跑尺外，还应有其本身的主动性和灵活性，务使测绘方便为宜；为了减少差错，对隐蔽或复杂地区的地形，应画出草图，注明尺寸，查明有关名称和量测陡坎、冲沟等比高，及时交给绘图员作为绘图时的依据之一。

⑤根据测区地形情况的不同，跑尺方法也不一样。在平坦地区的特点是等高线稀少，地物多且较复杂，测图工作的重点是测绘地物，因此跑尺时既要考虑少跑弯路，又要照顾绘图时连线的方便，以免差错。在道路密集地区，宜分别地物立尺，如采用一人跑沟，一人测路，或先测沟，

再跑路，对重要地物，尽量逐一测完，不留单点，避免图上紊乱。在山区测图时，司尺员可沿地性线跑尺，例如，从山脊线的山脚开始，沿山脊线往上立尺，测至山顶后，再沿山谷线往下逐一施测。这种跑尺路线便于图上连线，但跑尺者体力消耗较大，因此，可由两人跑尺，一人负责山腰上部，一人位于山腰下侧，基本保持平行前进。

⑥在测图过程中，对地物、地貌要做好合理的综合取舍。

⑦加强检查，及时修正，只有当确认无误后才能迁站。

⑧要保持图面清洁，图上宜用洁净绢布覆盖，并随时使用软笔刷刷净图面。

8.5　地形图的绘制

在外业工作中，当碎部点展绘在图纸上后，就可以对照实地随时描绘地物和等高线。

8.5.1　地物绘制

地物绘制必须根据规定的测图比例尺、按规范和图式的要求，经过综合取舍，将各类地物表示在图上。绘制时，如能按比例大小表示的地物应随测随绘，即把相邻点连接起来；对道路、河流等的弯曲部分，应对照实地情况逐点连成光滑的连续曲线；对不能按比例大小表示的地物，可在图上先绘出其中心位置，并注明地物名称，在装饰图面时，再用规定符号准确描绘出来。

在绘制地物的过程中，有时会发现图上绘出的地物与实地情况不符，如本应为直角的房屋，但图上不成直角；在直线上的电杆，但在图上不在一直线上等，在外业就要检查这种现象的原因，立即纠正。

8.5.2　地貌绘制

地貌用等高线表示，特殊地貌如悬崖、峭壁、陡坎和冲沟等，用相应的图式符号表示。

勾绘等高线时，首先把同一地性线的地貌特征点连接起来，以便得到地貌的基本轮廓。一般是随测随连，用虚线表示山谷线，用实线表示山脊线；然后在相邻两地貌点之间按其高程内插出间隔等于基本等高距的等高线通过点；最后按等高线的性质，将高程相同的各等高线的通过点对照自然地貌勾绘出等高线。

求等高线通过点有下列 3 种方法。

1）解析法

如图 8.20 所示，已知图上控制点 A，B 和碎部点 C，D 等点的平面位置及其高程，要在图上绘出等高距为 1 m 的等高线。根据 A 点和 D 点的高程，可知在连线 AD 上，应有高程为 203 m，204 m，205 m，206 m 和 207 m 的 5 条等高线通过，由于 A，D 两点间的坡度均匀，所以各条等高线间的平距相等。由此可知，上述等高线的通过点可按下列步骤求出。

先求 A，D 两点的高差为 4.9 m，量出 A，D 两点间的图上距离为 24.5 mm；然后计算出相邻两等高线间的平距为 $d_1 = 24.5\ \text{mm}/4.9 = 5\ \text{mm}$。

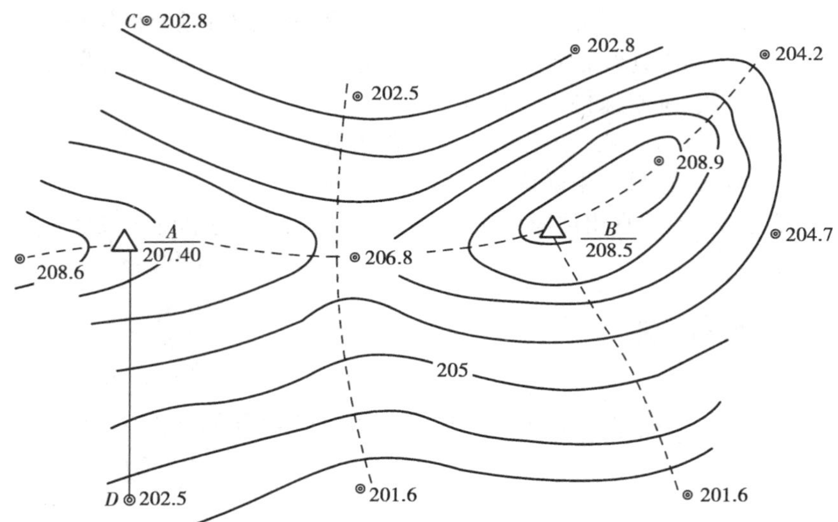

图 8.20 解析法插绘等高线

由于 A 点到 207 m 等高线的高差为 0.4 m，故 A 点沿 AD 方向到 207 m 等高线的图上距离为

$$d_{0.4} = 0.4 \times d_1 = 0.4 \times 5\ \text{mm} = 2\ \text{mm}$$

由于 D 点到 203 m 等高线的高差为 0.5 m，故 D 点沿 DA 方向到 203 m 等高线的图上距离为

$$d_{0.5} = 0.5 \times d_1 = 0.5 \times 5\ \text{mm} = 2.5\ \text{mm}$$

由 $d_{0.4}$ 和 $d_{0.5}$ 即可得出 207 m 和 203 m 两等高线通过点在 AD 直线上的位置，然后在等高线 207 m 至 203 m 间的距离进行四等分，即得 206 m，205 m 和 204 m 各等高线的通过点。

同样，在其他各相邻两地貌点的连线上也可求出基本等高距的各条等高线的通过点。

2）图解法

取一张透明纸，如图 8.21 所示，在纸上画等距平行线，平行线间距和数目视地形坡度而定，陡坡地区可增加根数和缩小间距。如欲求 a，b 两点间的等高线通过点，可将透明纸蒙在 a，b 上移动，使 a，b 两点分别位于 204.8 m 和 208.5 m 时，用直尺紧贴 ab 连线，将直尺与 205 m，206 m，207 m，208 m 各平行线的交点用大头针刺在图纸上，即得相应高程的等高线的通过点。此法不仅操作方便，精度也很高，是地形测绘中的主要方法之一。

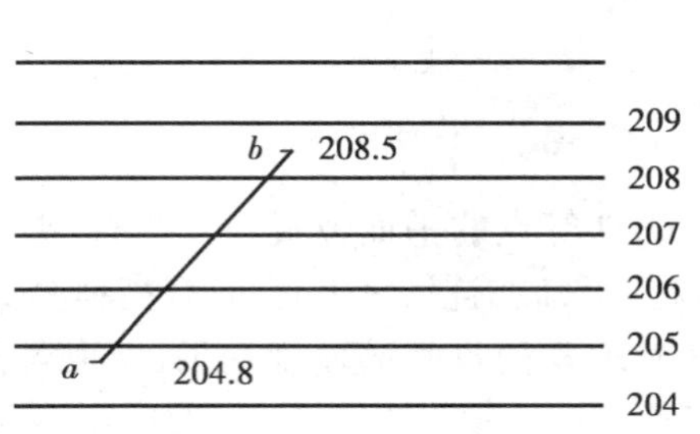

图 8.21 图解法求等高线通过点

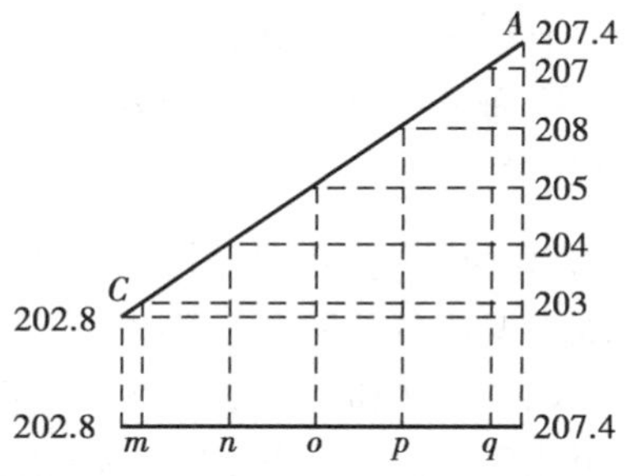

图 8.22 目估法求等高线通过点

3)目估法

目估法是实际测图中常用的一种等高线插绘法。它是根据解析法的原理,综合实际地形进行插绘的,其要领是“取头定尾,中间等分”。

如图 8.22 所示,地面两碎部点 C 和 A 的高程分别为 202.8 m 和 207.4 m,若取基本等高距为 1 m,则其间有高程为 203 m,204 m,205 m,206 m 及 207 m 5 条等高线通过。根据平距与高差成正比的原理,先目估定出高程为 203 m 的 m 点和高程为 207 m 的 q 点,即“取头定尾”;然后将 mq 的距离四等分,定出高程分别为 204 m,205 m,206 m 的 n,o,p 点。同法也可定出其他相邻两地貌点间基本等高距的各条等高线应通过的位置。

勾绘等高线时,要对照实地情况,先画计曲线,后画首曲线,并注意等高线通过山脊线、山谷线的走向。

8.6 地形图的拼接、检查、整饰、清绘和复制

8.6—8.8 微课

8.6.1 地形图的拼接

测区面积较大时,整个测区划分为若干幅图进行施测,在相邻图幅的连接处,由于测量误差和绘图误差的影响,无论地物轮廓线还是等高线往往不能完全吻合。图 8.23 表示相邻两图幅相邻边的衔接情况。

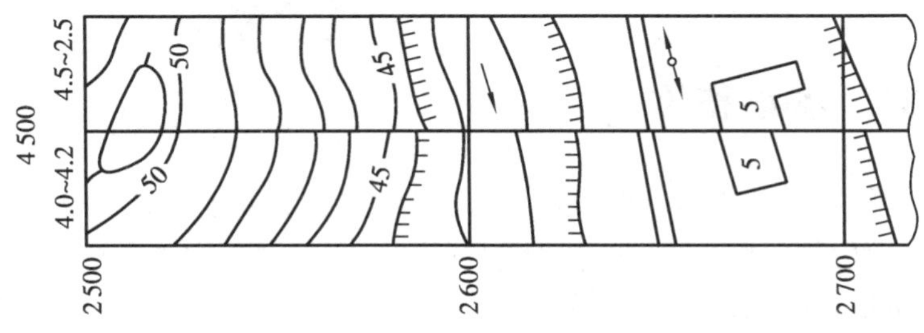

图 8.23 地形图的拼接

由图可知,将两图幅的同名坐标格网重叠时,图中的房屋、河流、等高线、陡坎都存在接边差。若接边差小于表 8.6 规定的平面、高程中误差的 $2\sqrt{2}$ 倍时,可平均配赋,并据此改正相邻图幅的地物、地貌位置,但应注意保护地物、地貌相互位置和走向的正确性。超过限差时则应到实地检查纠正。

表 8.6 地物点、地形点平面和高程中误差

地区分类	点位中误差(图上 mm)	邻近地物点间距中误差(图上 mm)	等高线高程中误差			
			平地	丘陵地	山地	高山地
城市建筑区和平地、丘陵地	≤0.5	≤ ±0.4	≤1/3	≤1/2	≤2/3	≤1
山地、高山地和设站施测困难的旧街坊内部	≤0.75	≤ ±0.6				

8.6.2 地形图的检查

为了保证地形图的质量,除施测过程中加强检查外,在地形图测绘完成后,作业人员和作业小组应对完成的结果、成图资料进行严格的自检和互检,确认无误后方可上交。地形图检查的内容包括内业检查和外业检查。

1)内业检查

①图根控制点的密度应符合要求,位置恰当;各项较差、闭合差应在规定范围内;原始记录和计算成果应正确,项目填写齐全。

②地形图图廓、方格网、控制点展绘精度应符合要求;测站点的密度和精度应符合规定;地物、地貌各要素测绘应正确、齐全,取舍恰当,图式符号运用正确;接边精度应符合要求;图例表填写应完整清楚,各项资料齐全。

2)外业检查

根据内业检查的情况,有计划地确定巡查路线,进行实地对照查看,检查地物、地貌有无遗漏;等高线是否逼真合理,符号、注记是否正确等。再根据内业检查和巡视检查发现的问题,到野外设站检查,除对发现的问题进行修正和补测外,还要对本测站所测地形进行检查,看原测地形图是否符合要求。

8.6.3 地形图的清绘整饰

经过拼接、检查均符合要求后,即可进行图的清绘和整饰工作。清绘和整饰用地形图图式,图式的比例尺和测图比例尺应一致,地物、地貌符号的几何形状、大小和线条粗细,注记的字体、字号和朝向,均应按地形图图式的有关规定进行。

整饰的顺序是先图内后图外,先地物后地貌,先注记后符号。图内包括轮廓、坐标格网、控制点、地物、地貌、注记和符号等;图外包括图名、图号、比例尺、平面坐标和高程系统、测绘方法、测绘单位和测绘日期等。图上注记的原则是除公路、河流和等高线注记随着各自的方向变化外,其他各种注记字向必须朝北,等高线高程注记字头指向上坡方向,等高线不能通过注记和地物。

清绘原图应清晰美观,更符合图式要求。

经过清绘和整饰后,图面要求内容齐全、线条清晰、取舍合理、注记正确。

8.6.4 地形图的复制

清绘原图是地形测绘的最后成果,除用于复制外,不应直接使用,而应长期妥善保存。

地形图复制的方法很多,可根据需要选用。但目前应用最多的方法是静电复印法。

静电复印法是一种较先进的复制方法,它是利用静电复印机把原图放大或缩小后直接印制成复印图,精度高、速度快、成本低、操作简单,目前已广泛采用。

8.7 测图精灵的使用

南方 NTS-960 全站仪外观构造与 NTS-660 相似,其外观构造如图 8.24 所示。

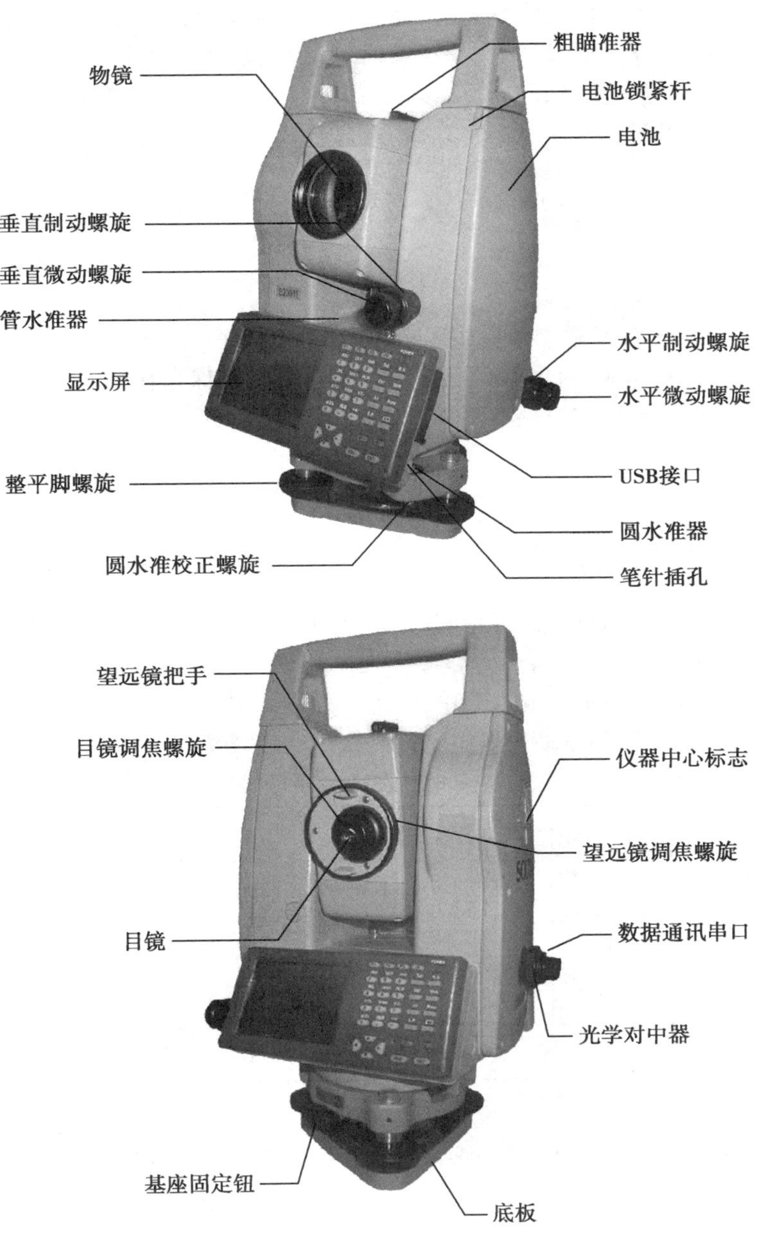

图 8.24 仪器各部件名称

南方 NTS-960 全站仪中内置了一个外业测量软件:测图精灵(即 WinMG2007)。该软件操作方便、功能强大、界面操作人性化设计、实用性强,是掌上平板与 Win 全站仪的完美结合。测图精灵能很好地满足一人能同时操作仪器及现场绘制地形图,回室内通过通讯程序将图形及数据传至台式电脑形成正式的数字化地形图,从而很好地完成数字化野外采集并成图,实现了从现场数据采集到成图的数字化,是目前比较受青睐的一种数字测图方法。其独特的优点主要包括:测图方便,在野外打开全站仪,现场就可绘图;操作简单,测图精灵对图形采用分层管理的办法,将图形分为 12 个图层,600 多个图示符号依据属性不同分别存放在相应的图层里,野外地物均能实现;速度快,测图过程中,测图精灵不用展点,节约时间,提高了外业工作效率;点位精度高,测图精灵没有展点误差;测绘图形比较直观,测图精灵可以直观看到所测图形的情况,所测即所显,以便在外业及时做出相应的调整工作。下面介绍如何用 WinMG2007 来测图。

8.7.1 新建图形

双击桌面上 WinMG2007 图标,进入 WinMG2007 主界面。单击文件菜单下的新建图形,创建一个作业项目。此时作业项目尚未取名,图形信息将自动保存在临时文件 spdatemp. spd 中,为了能使所测的图形数据能实时保存下来,最好先将工程命名保存(如:AB. spd)。

8.7.2 控制点录入

施测之前要先输入控制点。控制点的输入有两种方式:手工输入和自动录入。下面用手工输入方式来输入几个点。

单击文件→坐标输入→手工输入菜单,弹出坐标输入对话框,如图 8.25 所示。在类别栏里输入该点的属性;编码栏供用户输入自定义编码。依照表 8.7 所示输入 4 个点。

表 8.7 控制点坐标

点 号	点 名	X	Y	Z
1	A1	100	200	22
2	A2	200	200	22
3	A3	300	80	21
4	A4	250	40	20

输入第 5 点之前单击右上角的☒键退出,再单击全图显示图标可以见到 4 个点都已展在屏幕上,如图 8.26 所示。

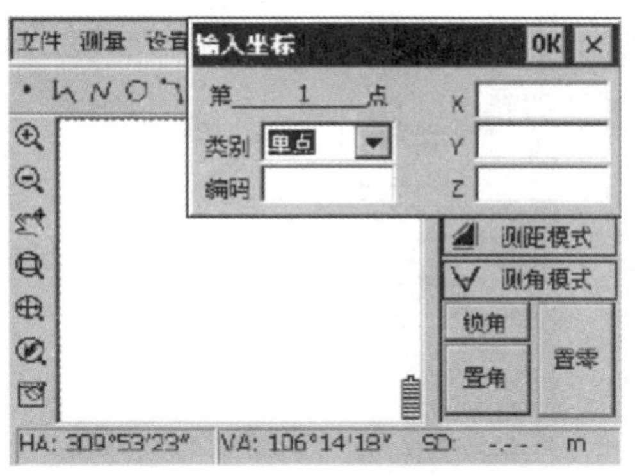

图 8.25 坐标输入对话框

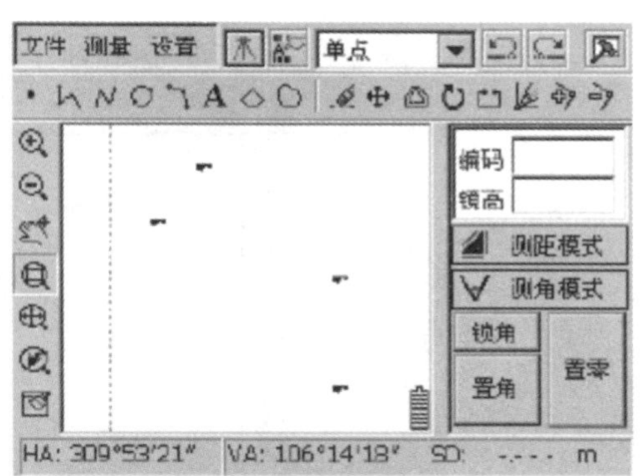

图 8.26 控制点示图

8.7.3 测站定向

依次单击菜单:测量→测站定向,则会弹出一个对话框如图 8.27 所示,测站定向提供了两种方式:点号定向和方位角定向,在实际操作中,常常选择点号定向方式。

按图 8.27 所示,分别输入测站点点号、定向点点号、仪器高,如果需要对测站点和定向点进行检核,则需要输入检核点点号,然后按√键。测站定向完成,可以在屏幕上看到测站点、定向点的标志,如图 8.28 所示。

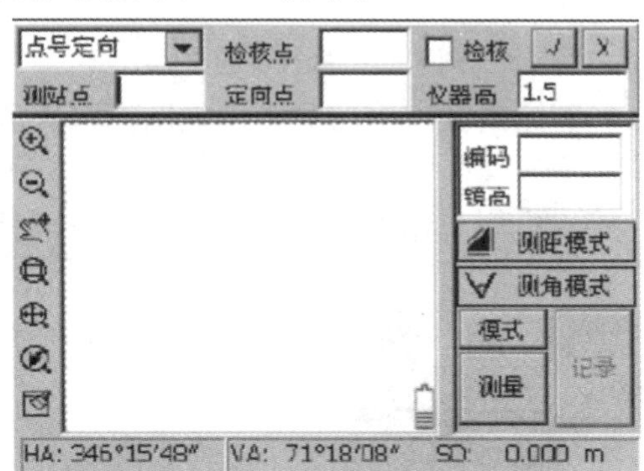

图 8.27 测站定向

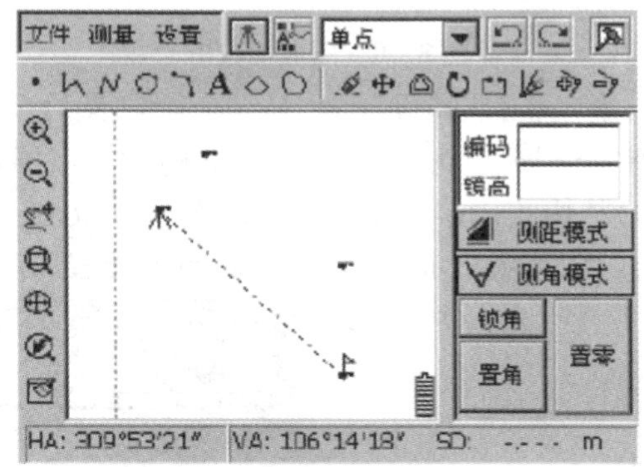

图 8.28 测站点定向标志

8.7.4 启动掌上平板测量

下面可以开始进行测量工作了,单击屏幕上方工具栏中的掌上平板图标,进入掌上平板测量(palmsize board),如图 8.29 所示。

第一步:选择地物所在的图层,再设置该地物的属性。以测一个房屋为例,先在图层下拉框内选择“居民地层”,如图 8.30 所示,然后在属性下拉框内选择“一般房屋”,如图 8.31 所示。

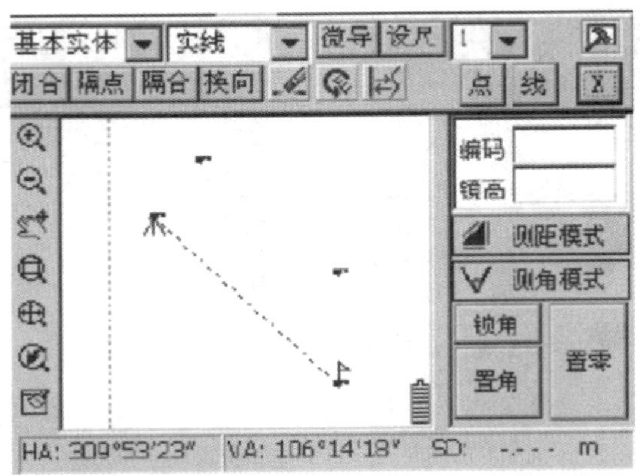

图 8.29 掌上平板

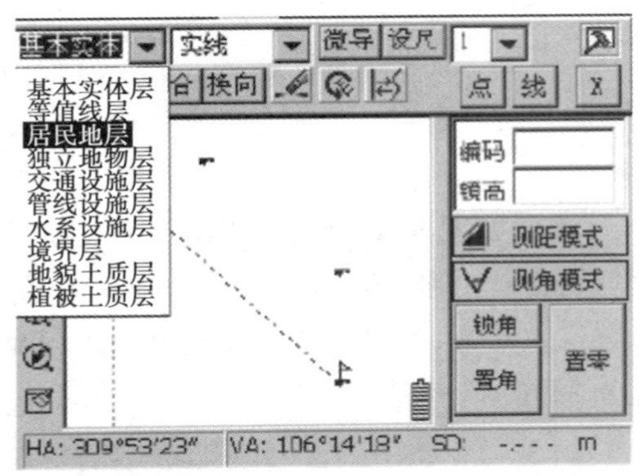

图 8.30 图层下拉框

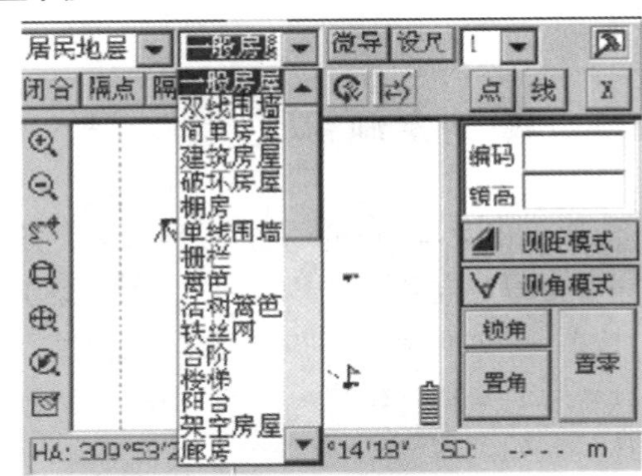

图 8.31 属性下拉框

第二步:选择设尺为“1”,单击线,然后单击屏幕右侧测量窗口中的测距模式图标进入测量状态,将望远镜对准目标后单击测量图标,屏幕下方测量窗口水平角(HA)、垂直角(VA)、斜距(SD)栏内将同步显示全站仪所测得的数值。镜高及编码由用户输入。按记录图标保存该点数据,绘图面板同时显示所测坐标点的位置,如图 8.32 所示。

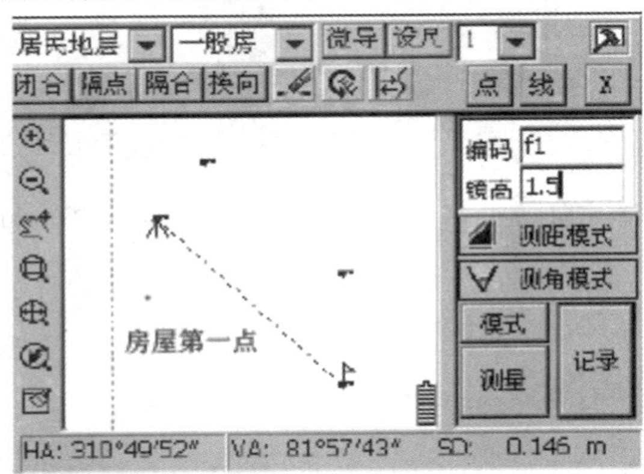

图 8.32 房屋第一点

然后依次测得房屋的第 2、3 点,如图 8.33 所示。此时房屋三点已测好,单击隔合键,则房屋自动隔一点闭合,如图 8.34 所示。

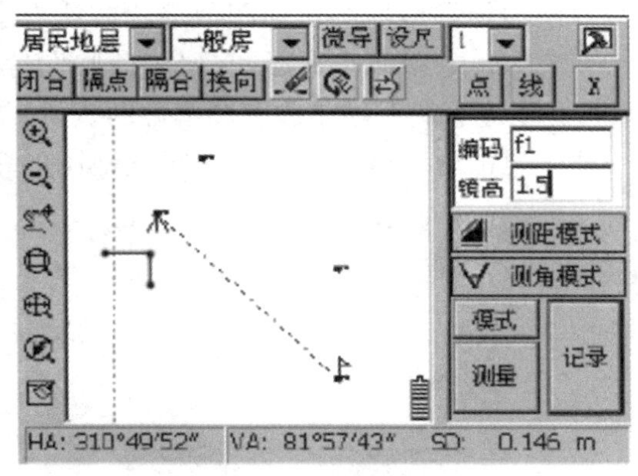

图 8.33 房屋的 3 个点

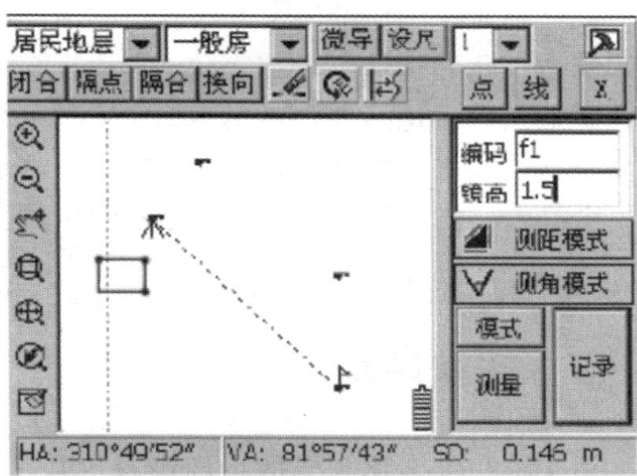

图 8.34 隔点生成房屋

这幅图中包含了最简单的面状地物,其他地物测量方法均与此类似。在测量的过程中,可能会同时测量多个地物,可以把不同的地物分别设在不同的测尺上,当选中测尺时(如选中 1),则该测尺所代表的地物即房屋中,房屋处于激活状态,所测的点即为该线上的点。当要继续测其他地物时,只需选择相应的尺号 2 即可。当要把一个地物设到某个测尺上时(如尺 3),先选择地物的图层和属性,然后用光笔选择某个尺号(如尺 3),再单击设尺按钮即可。测图完成后,依次单击菜单:文件→保存图形,在弹出对话框中输入 MyFirstMap 后单击确定按钮,则 WinMG2007 会将 MyFirstMap. SPD 保存在 SouthDisk 目录下。

注意:用户数据必须保存在“SouthDisk”目录下面,除此目录之外保存在其他路径下的用户数据在更换电池重新启动 Win 全站仪后将全部清空。

8.7.5 数据导入 CASS

首先将 Win 全站仪通过电缆线与计算机(PC 机)连接,再通过电脑上的移动设备“Microsoft ActiveSync”来浏览 Win 全站仪上的文件,然后将 PDA 上 MyFirstMap. SPD 文件拷入到 PC 机上。启动 CASS,在命令行中键入“readspda”后回车或单击菜单数据→WinMG2007 格式转换→读入,在弹出的对话框中打开 MyfirstMap. SPD 文件,同时在存放 MyfirstMap. SPD 文件的目录下会自动生成两个文件 MyfirstMap. dat(CASS 格式坐标数据文件)和 MyfirstMap. hvs(原始数据文件)。这时 WinMG2007 所测的图形和数据就自动导入到 CASS7.0 软件当中。

8.8 大比例尺地形图的数字化方法概述

数字地形图除了可以用地面数字测图方法获得外,也可以用地形图数字化方法获得。目前很多行业部门还拥有大量的各种比例尺的纸质地形图,为了充分利用这些宝贵的地理信息资源,在生产实际中需要将大量的纸质地形图通过图形数字化仪和扫描仪等设备输入到计算机中,用专用的软件进行处理和编辑,将其转换成计算机能存储和处理的数字地形图,这个过程称为地形图的数字化,也称为原图数字化。

通常将传统的白纸测图方法获得的地图称为图解地图。常用的图解地图数字化方法有手扶跟踪数字化和扫描屏幕数字化，适用于各种类型的工作底图和纸质地形图、聚酯薄膜图等。用图解地图数字化的方法建立大比例尺数字地图只是为了充分利用城市原有图解地图资源，尽快满足城市和工程建设对数字化地图产品需求的一种应急措施。这样建立的数字化地图的精度不会高于作为工作底图的图解地图的精度。

8.8.1 手扶跟踪数字化

手扶跟踪数字化需要的生产设备为数字化仪、计算机和数字化测图软件。数字化仪由操作平板、定位标和接口装置构成，如图 8.35 所示。操作平板用来放置并固定工作底图，定位标用来操作数字化测图软件和从工作底图上采集地形特征点坐标数据，接口装置一般为标准的 RS232C 串行接口，它的作用是与计算机交换数据。工作前必须将数字化仪与计算机的一个串行接口连接并在数字化测图软件中配置好数字化仪。

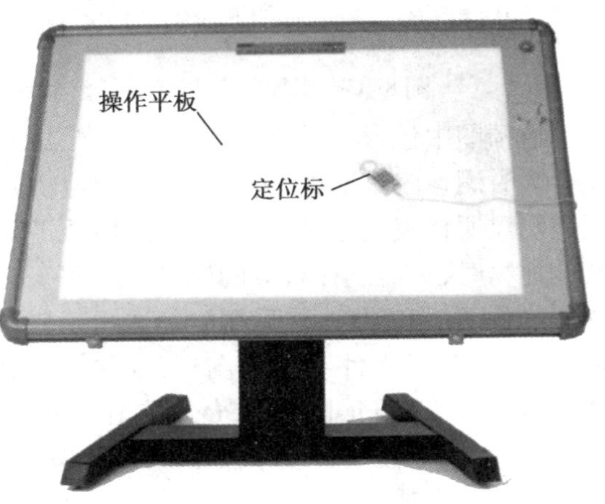

图 8.35 数字化仪

数字化图解地形图时，将工作底图固定在数字化仪操作平板上，数据采集的方式是操作员应用数字化仪的定位标在工作底图上逐点采集地图上地物或地貌的特征点，将工作底图上的图形、符号、位置转换成坐标数据，并输入数字化测图软件定义的相应代码，生成数字化采集的数据文件，经过人机交互编辑，形成数字地图。

8.8.2 扫描数字化

扫描数字化需要的生产设备为扫描仪、计算机、专用矢量化软件或数字化测图软件。因工程大幅面扫描仪的价格较高，所以若单位无扫描仪时，也可将工作底图集中拿到专业公司扫描生成栅格图像文件（一般为 TIFF，PCX，BMP 格式），这样扫描数字化只需要计算机、矢量化软件或数字化测图软件就可以进行。将需要数字化的地图图像格式文件引入矢量化软件，然后对引入的图像进行定位和纠正。

数据采集的方式是操作员使用鼠标在计算机显示屏幕上跟踪地图上的地物或地貌的特征点，将工作底图上的图形、符号、位置转换成坐标数据，并输入矢量化软件或数字化测图软件定义的相应代码，生成数字化采集的数据文件，经过人机交互编辑，形成数字地图。与手扶跟踪数字化比较，扫描数字化具有成本低、速度快、效率高的特点。

复习思考题

1. 名词解释

大比例尺地形图　碎部测量　等高线　地性线　等高线平距

2. 填空题

(1)地物符号一般分为比例符号、________和半依比例符号。

(2)等高距是指____________。

(3)等高线的种类有________、计曲线、间曲线和助曲线4种。

(4)地物注记的形式有文字注记、________和符号注记3种。

3. 单选(或多选)题

(1)相邻两条等高线之间的高差与水平距离之比称为(　　)。

A. 坡度　B. 等高线平距　C. 等高距　D. 相对误差

(2)在地形图中,地貌通常用(　　)来表示。

A. 特征点坐标　B. 等高线　C. 地貌符号　D. 比例符号

(3)相邻两条等高线之间的高差,称为(　　)。

A. 等高线平距　B. 等高距　C. 基本等高距　D. 等高线间隔

(4)下面关于非比例符号中定位点位置的叙述错误的是(　　)。

A. 几何图形符号,定位点在符号图形中心

B. 符号图形中有一个点,则该点即为定位点

C. 宽底符号,符号定位点在符号底部中心

D. 底部为直角形符号,其符号定位点位于最右边顶点处

(5)在地形图中,表示测量控制点的符号属于(　　)。

A. 比例符号　B. 半依比例符号　C. 地貌符号　D. 非比例符号

(6)将地面上各种地物的平面位置按一定比例尺,用规定的符号缩绘在图纸上,这种图称为(　　)。

A. 地图　B. 地形图　C. 平面图　D. 断面图

(7)测量地物、地貌特征点并进行绘图的工作通常称为(　　)。

A. 控制测量　B. 水准测量　C. 导线测量　D. 碎部测量

4. 简答题

(1)等高线具有哪些主要特点?

(2)使用平板仪时,为什么要进行定向?何谓磁针定向和已知直线定向?各适用于什么场合?

(3)测图前的准备工作有哪些?为什么要进行控制点加密?加密测站点的方法有哪些?

5. 叙述题

(1)跑尺员如何选择立尺点?

(2)如何提高碎部测图的质量和速度?

(3)当采用经纬仪配合量角器进行地形测图时,说明测绘地形碎部点的基本过程,并举例

说明如何根据碎部点绘制等高线。

(4)某地区要进行大比例尺地形测图,采用经纬仪配合半圆仪测图法,以一栋建筑物的测量为例,论述在一个测站上进行碎部测量的步骤与方法。

6. 综合题

(1)根据图 8.36 中两已知点的高程,内插等高线在该直线上经过的位置(基本等高距为 5 m)。

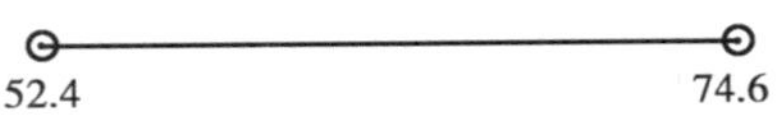

图 8.36

(2)图 8.37 为某丘陵地区所测得的各个地貌特征点,图上已标明了山脊线、山谷线、山顶(用"▲"表示)及鞍部(用"○"表示)。试根据这些地貌特征点,按等高距 $h=5$ m,内插并勾绘等高线。

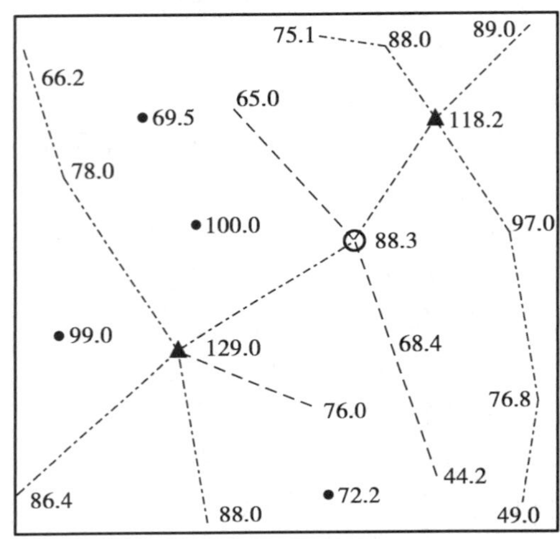

图 8.37

9 大比例尺数字地形图的成图方法

[本章导读]

本章主要以广州南方测绘仪器公司开发的CASS7.0为例，介绍内外业一体化数字成图的方法，重点介绍了草图法中的测点点号定位和坐标定位的成图方法、等高线的绘制方法、图幅的编辑与整饰。通过学习可以认识到数字测图与白纸测图的区别，体会到数字测图过程的自动化、数字测图产品的数字化、数字测图成果的高精度、数字测图理论的先进性。

在本章的学习过程中，重点培养理论联系实际的思维习惯和举一反三解决实际问题的能力。

大比例尺数字地形图一般采用地面数字测图方法，又称为内外业一体化数字测图方法。测量时采用的主要设备为全站仪、电子手簿（或掌上电脑和笔记本电脑）、计算机和数字化测图软件。目前，实现内外业一体化数字测图的数字测图软件很多，不同的数字测图软件在数据采集方法、数据记录格式、图形文件格式和图形编辑功能等方面各有其特点。即使是同一种软件由于版本的不同，其功能也有差异。下面仅以广州南方测绘仪器公司开发的CASS7.0为例，说明内外业一体化数字成图方法。

CASS7.0作为一个综合性数字化测图软件系统提供了“内外业一体化成图”、“电子平板成图”和“老图数字化成图”等多种成图作业模式。本章主要介绍“内外业一体化”的成图作业模式，其他作业模式可参看《用户手册》。

9.1 微课

9.1 准　备

9.1.1 控制测量和碎部测量原则

当在一个测区内进行等级控制测量时，应尽可能多选制高点（如山顶或楼顶），在规范或甲方允许范围内布设最大边长，以提高等级控制点的控制效率。完成等级控制测量后，可用辐射法布设图根点，点位及点之密度完全按需要而测设，灵活多变。

在进行碎部测量时，对于比较开阔的地方，在一个制高点上可以测完大半幅图，不应因为距离“太远”（其实也不过几百米）而忙于搬站；对于比较复杂的地方，不应因为“麻烦”而不愿搬站,要充分利用电子手簿的优势和全站仪的精度,测一个支导线点是很容易的。

9.1.2 测区分幅及进程

平板测图是把测区按标准图幅划分成若干幅图,再一幅一幅往下测;数字化测图是以路、河、山脊等为界线,以自然地块进行分块测绘。

9.1.3 碎部测量

数字化测图的碎部测量数据采集一般用全站仪或速测仪等电子仪器进行,工作时应将全站仪与南方电子手簿用数据传输电缆正确连接(南方电子手簿有 HP2110、MG(测图精灵),具体连接方法见《南方电子手簿 NFSB 使用说明书》、《测图精灵用户手册》,如果采用带内存的全站仪则不用接电子手簿)。当地物比较规整时,可以采用"简码法"模式,在现场可输入简码,室内自动成图,具体编码规则参见软件说明书;当地物比较杂乱时,最好采用"草图法"模式,现场绘制草图,室内用编码引导文件(参见软件说明书)或用测点点号定位方法进行成图。

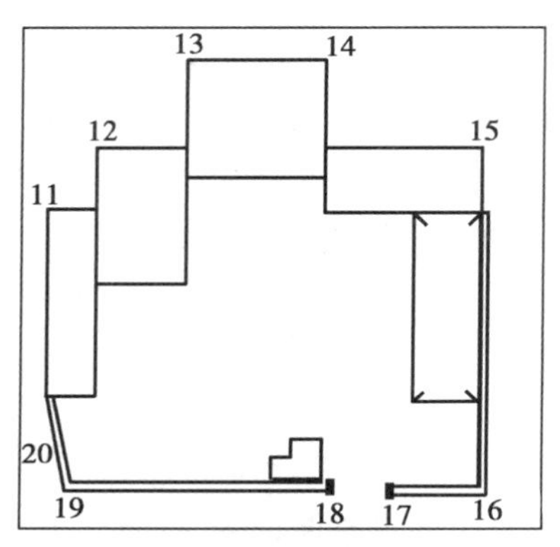

图 9.1 复杂地物可用皮尺丈量方法测量

当所测地物比较复杂时,如图 9.1 所示,为了减少镜站数,提高效率,可适当采用皮尺丈量方法测量,室内用交互编辑方法成图。需要注意的是,待测点的高程不参加高程模型的计算时,在 CASS7.0 中可再利用"坐标显示"功能,将是否参加建模一项设置为"否"即可,设置方法如图 9.2 所示。

C:\CASS70\DEMO\Dgx.dat

	点名	编码	参加建模	展高程	东坐标	北坐标	高程
1	1		是	是	53414.28	31421.88	39.555
2	2		是	是	53387.8	31425.02	36.8774
3	3		是	是	53359.06	31426.62	31.225
4	4		是	是	53348.04	31425.53	27.416
5	5		是	是	53344.57	31440.31	27.7945
6	6		是	是	53352.89	31454.84	28.4999
7	7		是	是	53402.88	31442.45	37.951
8	8		是	是	53393.47	31393.86	32.5395
9	9		是	是	53358.85	31387.57	29.426
10	10		是	是	53358.59	31376.62	29.223
11	11		是	是	53348.66	31364.21	28.2538
12	12		是	是	53362.8	31340.89	26.8212
13	13		是	是	53335.73	31347.62	26.2299
14	14		是	是	53331.84	31362.69	26.6612
15	15		是	是	53351.82	31402.35	28.4848
16	16		是	是	53335.09	31399.61	26.6922
17	17		是	是	53331.15	31333.34	24.6894
18	18		是	是	53344.1	31322.26	24.3684
19	19		是	是	53326.8	31381.66	26.7581
20	20		是	是	53396.59	31331.42	28.7137
21	21		是	是	53372.7	31317.25	25.8215
22	22		是	是	53404.54	31313.74	26.9055

第1页

打开 保存 增加 删除 打印 退出

图 9.2 高程点建模设置

注:在 CASS6.1 以下版本则应在数据采集过程中对高程是否参加建模予以控制,在 NFSB 上,将觇标高置为 0,则待测点的高程就自动为零;若使用测图精灵采集时,则在同步采集面板上选择“不参加建模”选项,则建模中这些点的高程不参加建模计算。在进行地貌采点时,可以用多镜测量,一般在地性线上要采集足够密度的点,尽量多观测特征点。如图 9.3 所示,例如在沟底测了一排点,也应该在沟边再测一排点,这样生成的等高线才真实;而在测量陡坎时,最好坎上坎下同时测点,这样生成的等高线才能真实地反映实际地貌。在其他地形变化不大的地方,可以适当放宽采点密度。

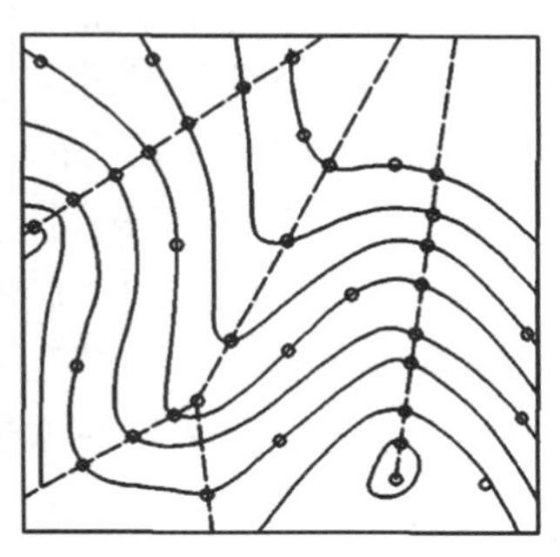

图 9.3　地貌采点要采集特征点

9.1.4　人员安排

一个作业小组可配备:测站 1 人,镜站 1 ~ 3 人,领尺员 2 人;如果配套使用测图精灵,则一般测站 1 人,镜站 1 ~ 3 人即可,无需领尺员了。根据地形情况,镜站可用单人或多人。领尺员负责画草图和室内成图,是核心成员,一般外业 1 d,内业 1 d,2 人轮换,也可根据实际情况自由安排。需要注意的是领尺员必须与测站保持良好的通讯联系(可通过对讲机),使草图上的点号与手簿上的点号一致。

9.1.5　文件管理

数字化测图的内业处理涉及的数据文件较多。因此进入 CASS7.0 成图系统后,将面临输入各种各样的文件名的情况,所以最好养成一套较好的命名习惯,以减少内业工作中不必要的麻烦,具体方法详见说明书。

9.2　绘制平面图

对于图形的生成,CASS7.0 提供了“草图法”、“简码法”、“电子平板法”、“数字化仪录入法”等多种成图作业方式,并可实时地将地物定位点和邻近地物(形)点显示在当前图形编辑窗口中,操作十分方便。首先,要确定计算机内是否有要处理的坐标数据文件(即是否将野外观测的坐标数据从电子手簿或带内存的全站仪传到计算机上来),如果没有,则要进行数据通讯。

9.2.1　数据通讯

数据通讯的作用是完成电子手簿或带内存的全站仪与计算机两者之间的数据相互传输。

南方公司开发的电子手簿的载体有 PC-E500，HP2110，MG(测图精灵)，具体方法参见说明书。

与带内存全站仪通讯：

①将全站仪通过适当的通讯电缆与微机联接好。

②移动鼠标至“数据通讯”项的“读取全站仪数据”项，该处以高亮度(深蓝)显示，按左键，出现如图 9.4 所示的对话框。

③计算机与全站仪双方通讯都要预置相同的通讯参数(波特率、校验位、数据位和停止位等)，根据不同仪器的型号设置好通讯参数，详细方法见《参考手册》；接着在对话框最下面的“CASS 坐标文件：”下的空栏里输入想要保存的文件名，要留意文件的路径。为了避免找不到您的文件，可以输入完整的路径。最简单的方法是点“选择文件”出现如图 9.5 所示的对话框，在“文件名(N)：”后输入你想要保存的文件名，点保存。这时，系统已经自动将文件名填在了“CASS 坐标文件：”下的空白处。这样就省去了手工输入路径的步骤，再点转换。

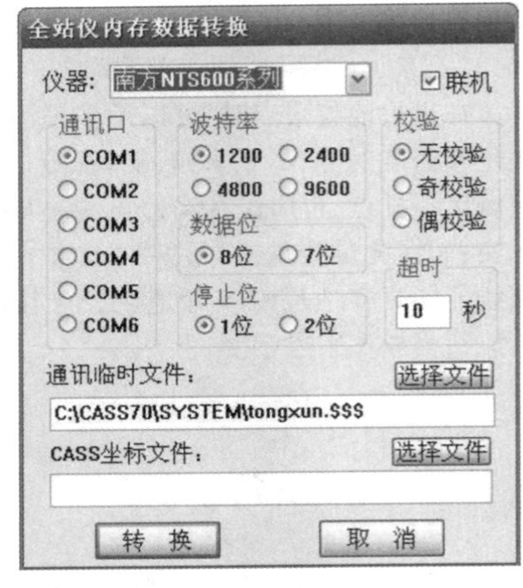

图 9.4 “全站仪内存数据转换”对话框

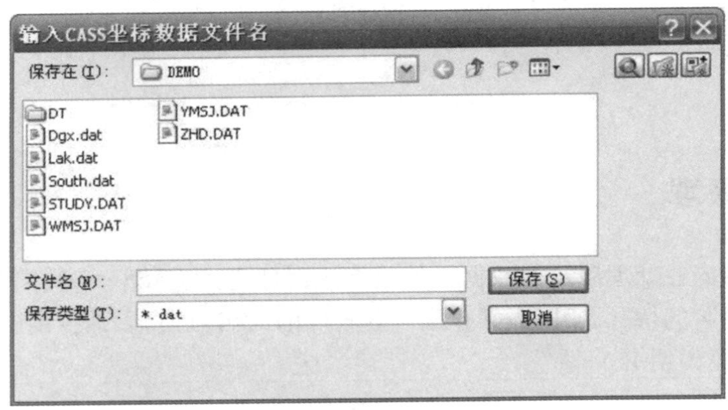

图 9.5 执行“选择文件”操作对话框

如果想将以前传过来的数据进行数据转换，可先选好仪器类型，再将仪器型号后面的“联机”选项取消。这时你会发现，通讯参数全部变灰。接下来，在“通讯临时文件”选项下面的空白区域填上已有的临时数据文件，再在“CASS 坐标文件”选项下面的空白区域填上转换后的 CASS 坐标数据文件的路径和文件名，点“转换”即可。

注意：若出现“数据文件格式不对”提示时，有可能是以下的情形：

①数据通讯的通路问题，电缆型号不对或计算机通讯端口不通。

②全站仪和软件两边通讯参数设置不一致。

③全站仪中传输的数据文件中没有包含坐标数据，这种情况可以通过查看 tongxun. $$$ 来判断。

与测图精灵通讯请参看《软件说明书》，这里不再多述。

9.2.2 内业成图

下面介绍“草图法”的作业流程。对于“简码法”和“测图精灵”采集的数据在 CASS7.0 中成图的方法请参见《软件说明书》。

“草图法”工作方式要求外业工作时,除了测量员和跑尺员外,还要安排一名绘草图的人员,在跑尺员跑尺时,绘图员要标注出所测的是什么地物(属性信息)及记下所测点的点号(位置信息),在测量过程中要和测量员及时联系,使草图上标注的某点点号和全站仪里记录的点号一致,而在测量每一个碎部点时不用在电子手簿或全站仪里输入地物编码,故又称为“无码方式”。

“草图法”在内业工作时,根据作业方式的不同,分为“点号定位”、“坐标定位”、“编码引导”几种方法。

1)测点点号定位成图法

利用该法绘制平面图,只需把上述“坐标数据文件”中的碎部点点号展现在屏幕上,利用屏幕测点点号,对照草图上标明的点号、地物属性和连接关系,将每个地物绘出,方法如下:

(1)定显示区　定显示区的作用是根据输入坐标数据文件的数据大小定义屏幕显示区域的大小,以保证所有点可见。

首先移动鼠标至“绘图处理”项,按左键,即出现如图 9.6 所示的下拉菜单。然后选择“定显示区”项,按左键,即出现如图9.7所示的对话框。这时,需输入碎部点坐标数据文件名。可直接通过键盘输入,如在“文件(N):”(即光标闪烁处)输入 C:\CASS70\DEMO\YMSJ. DAT 后再移动鼠标至“打开(O)”处,按左键。也可参考 Windows 选择打开文件的操作方法操作。这时,命令区显示:

最小坐标(米)$X=87.315, Y=97.020$

最大坐标(米)$X=221.270, Y=200.00$

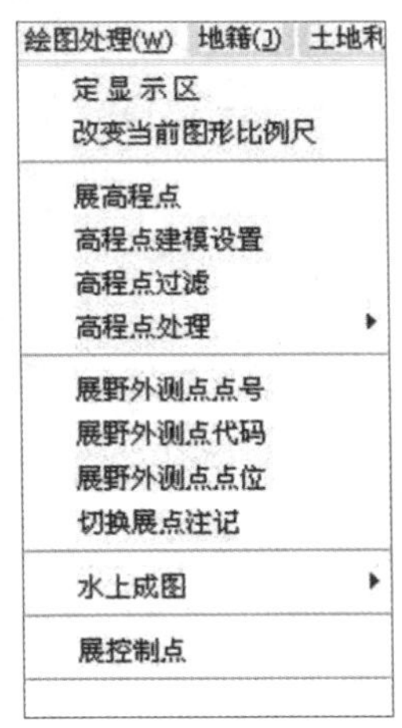

图9.6　数据处理下拉菜单

(2)选择测点点号定位成图法　移动鼠标至屏幕右侧菜单区之“坐标定位/点号定位”项,按左键,即出现如图 9.7 所示的对话框。

输入点号坐标点数据文件名 C:\CASS70\DEMO\YMSJ. DAT 后,命令区提示:

读点完成! 共读入 60 点。

(3)绘平面图　根据野外作业时绘制的草图,移动鼠标至屏幕右侧菜单区选择相应的地形图图式符号,然后在屏幕中将所有的地物绘制出来。系统中所有地形图图式符号都是按照图层来划分的,例如所有表示测量控制点的符号都放在“控制点”这一层,所有表示独立地物的符号都放在“独立地物”这一层,所有表示植被的符号都放在“植被园林”这一层。

①为了更加直观地在图形编辑区内看到各测点之间的关系,可以先将野外测点点号在屏幕中展出来。其操作方法是:先移动鼠标至屏幕的顶部菜单“绘图处理”项按左键,这时系统弹出一个下拉菜单;再移动鼠标选择“展点”项的“野外测点点号”项按左键,便出现如图 9.8 所示的对话框。输入对应的坐标数据文件名 C:\CASS70\DEMO\YMSJ. DAT 后,便可在屏幕展出野外

测点的点号。

图 9.7 选择测点点号定位成图法的对话框

②根据外业草图,选择相应的地图图式符号在屏幕上将平面图绘出来。

如图 9.9 所示,由 33,34,35 号点连成一间普通房屋。移动鼠标至右侧菜单“居民地/一般房屋”处按左键,系统便弹出如图 9.10 所示的对话框;再移动鼠标到“四点房屋”的图标处按左键,图标变亮表示该图标已被选中;然后移鼠标至 OK 处按左键。这时命令区提示:

绘图比例尺 1:输入 1000,回车。

1. 已知三点/2. 已知两点及宽度/3. 已知四点 <1>:输入 1,回车(或直接回车默认选 1)。

说明:已知三点是指测矩形房子时测了 3 个点;已知两点及宽度则是指测矩形房子时测了 2 个点及房子的一条边;已知四点则是测了房子的 4 个角点。

图 9.8 全站仪内存数据转换

点 P/ <点号> 输入 33,回车。

说明:点 P 是指根据实际情况在屏幕上指定一个点;点号是指绘地物符号定位点的点号(与草图的点号对应),此处使用点号。

点 P/ <点号> 输入 34,回车。

点 P/ <点号> 输入 35,回车。

这样,即将 33,34,35 号点连成一间普通房屋。

注意:

①当房子是不规则的图形时,可用“实线多点房屋”或“虚线多点房屋”来绘。

②绘房子时,输入的点号必须按顺时针或逆时针的顺序输入,如上例的点号按 34,33,35 或 35,33,34 的顺序输入,否则绘出来的房子就不正确。

同样在“居民地/垣栅”层找到“依比例围墙”的图标,将 9,10,11 号点绘成依比例围墙的符号;在“居民地/垣栅”层找到“篱笆”的图标,将 47,48,23,43 号点绘成篱笆的符号。完成这些操作后,其平面图如图 9.11 所示。

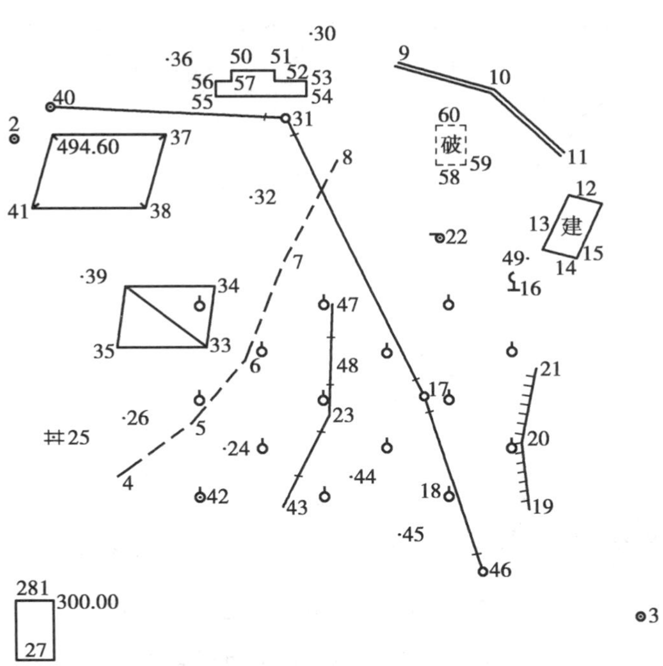

图 9.9　外业作业草图

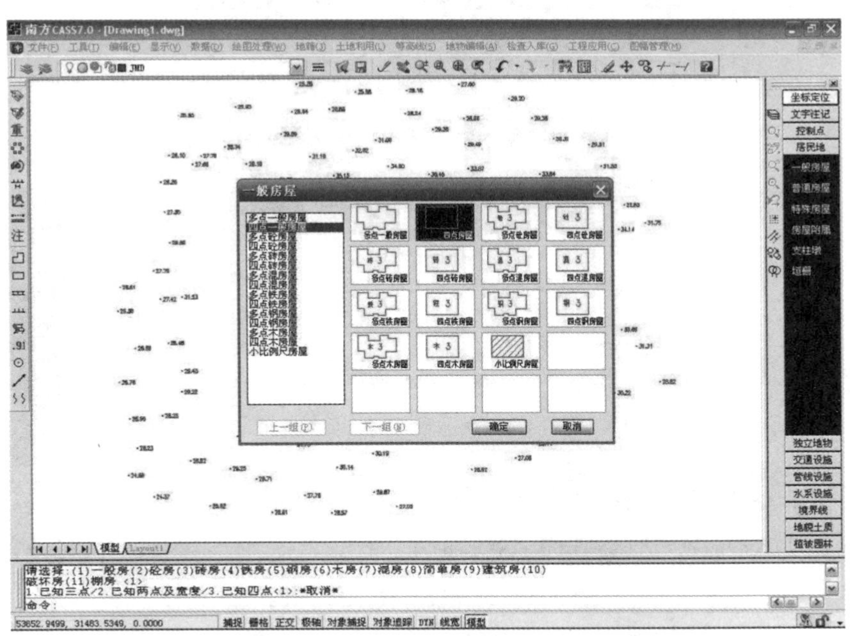

图 9.10　“居民地/一般房屋”图层图例

再把草图中的 19,20,21 号点连成一段陡坎,其操作方法:先移动鼠标至右侧屏幕菜单“地貌土质/坡坎”处按左键,这时系统弹出如图 9.12 所示的对话框。

移鼠标到表示未加固陡坎符号的图标处按左键选择其图标,再移动鼠标到 OK 处按左键确认所选择的图标。命令区便分别出现以下的提示:

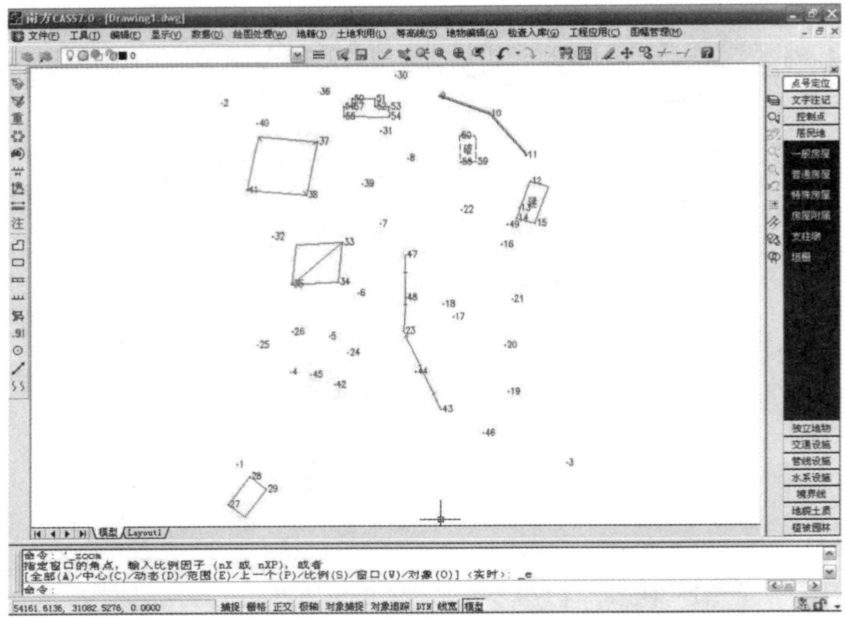

图 9.11 用"居民地"图层绘的平面图

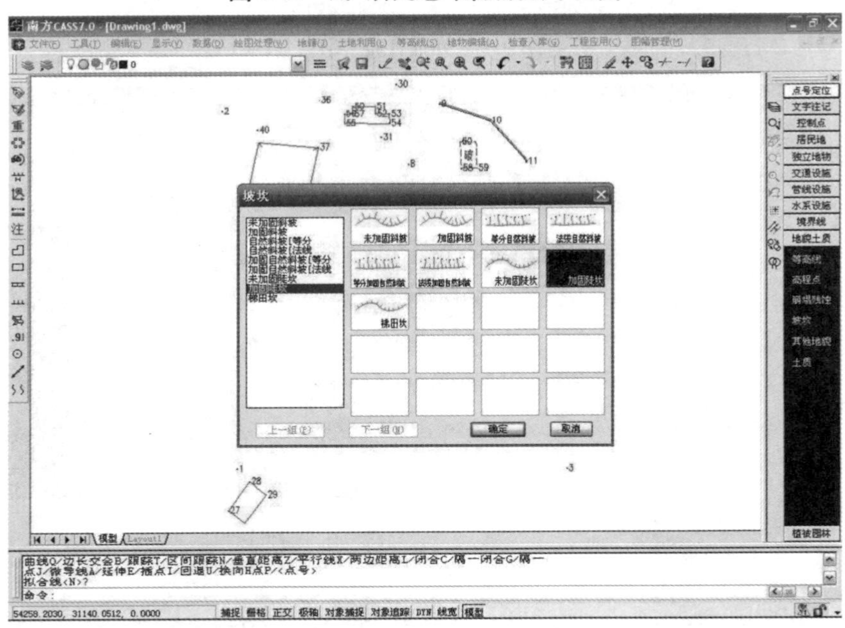

图 9.12 "地貌土质"图层图例

请输入坎高,单位:米 <1.0>:输入坎高,回车(直接回车默认坎高 1 米)。

说明:在这里输入的坎高(实测得的坎顶高程),系统将坎顶点的高程减去坎高得到坎底点高程,这样在建立(DTM)时,坎底点便参与组网的计算。

点 P/ <点号>:输入 19,回车。

点 P/ <点号>:输入 20,回车。

点 P/ <点号>:输入 21,回车。

点 P/ <点号>：回车或按鼠标的右键，结束输入。

注：如果需要在点号定位的过程中临时切换到坐标定位，可以按“P”键，这时进入坐标定位状态，想回到点号定位状态时再次按“P”键即可。

拟合吗？ <N>回车或按鼠标的右键，默认输入 N。

说明：拟合的作用是对复合线进行圆滑。

这时，便在 19，20，21 号点之间绘成陡坎的符号，如图 9.13 所示。注意：陡坎上的坎毛生成在绘图方向的左侧。

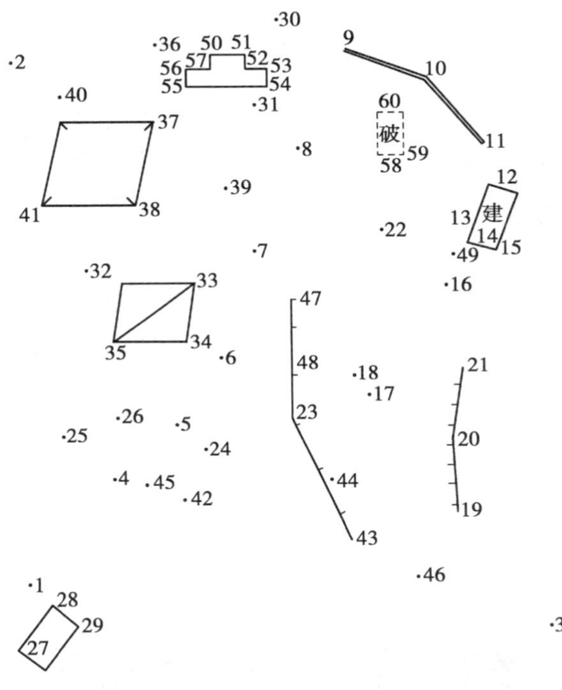

图 9.13　加绘陡坎后的平面图

这样，重复上述的操作便可以将所有测点用地图图式符号绘制出来。在操作的过程中，可以嵌用 CAD 的透明命令，如放大显示、移动图纸、删除、文字注记等。

2）坐标定位成图法

屏幕坐标定位成图法原理类似于测点点号定位成图法，区别是绘图时点位的获取不是通过点号而是利用“捕捉”功能直接在屏幕上捕捉所展的点，操作方法如下：

（1）定显示区　此步操作与“点号定位”法作业流程的“定显示区”的操作相同。

（2）选择坐标定位成图法　移动鼠标至屏幕右侧菜单区之“坐标定位”项，按左键，即进入“坐标定位”项的菜单。如果刚才在“测点点号”状态下，可通过选择“CASS7.0 成图软件”按钮返回主菜单之后再进入“坐标定位”菜单。

（3）绘平面图　与“点号定位”法成图流程类似，需先在屏幕上展点，根据外业草图，选择相应的地图图式符号在屏幕上将平面图绘出来，区别在于不能通过测点点号来进行定位了。仍以作居民地为例讲解。移动鼠标至右侧菜单“居民地”处按左键，系统便弹出对话框，再移动鼠标到“四点房屋”的图标处按左键，图标变亮表示该图标已被选中，然后移动鼠标至 OK 处按左键。

这时命令区提示：

1. 已知三点/2. 已知两点及宽度/3. 已知四点 < 1 >：输入 1，回车（或直接回车默认选 1）。

输入点：移动鼠标至右侧屏幕菜单的“捕捉方式”项，击左键，弹出如图 9.14 所示的对话框。再移动鼠标到“NOD”（节点）的图标处按左键，图标变亮表示该图标已被选中，然后移鼠标至 OK 处按左键。这时鼠标靠近 33 号点，出现黄色标记，单击鼠标左键，完成捕捉工作。

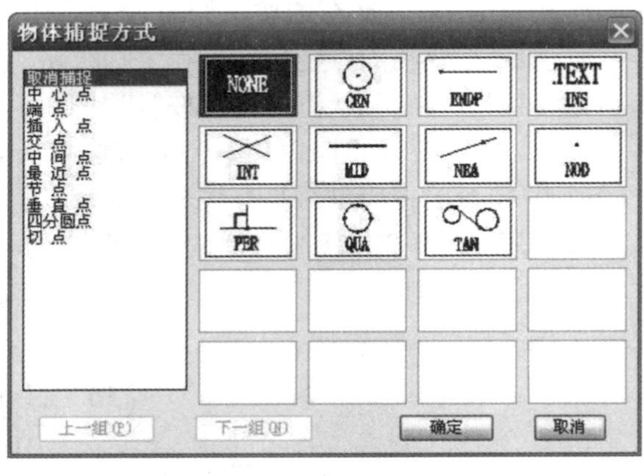

图 9.14 “捕捉方式”选项

输入点：同上操作捕捉 34 号点。

输入点：同上操作捕捉 35 号点。

这样，即将 33，34，35 号点连成一间普通房屋。

注意：在输入点时，嵌套使用了捕捉功能，选择不同的捕捉方式会出现不同形式的黄颜色光标，适用于不同的情况。“捕捉方式”的详细使用方法参见《参考手册》。命令区要求“输入点”时，也可以用鼠标左键在屏幕上直接单击，为了精确定位也可输入实地坐标。

下面以“路灯”为例，移动鼠标至右侧屏幕菜单“独立地物/公共设施”处按左键，这时系统便弹出“独立地物/公共设施”的对话框，如图 9.15 所示，移动鼠标到“路灯”的图标处按左键，图标变亮表示该图标已被选中，然后移鼠标至“确定”处按左键。这时命令区提示：

输入点：输入 143.35，159.28，回车。

这时就在（143.35，159.28）处绘好了一个路灯。

注意：随着鼠标在屏幕上移动，左下角提示的坐标实时变化。

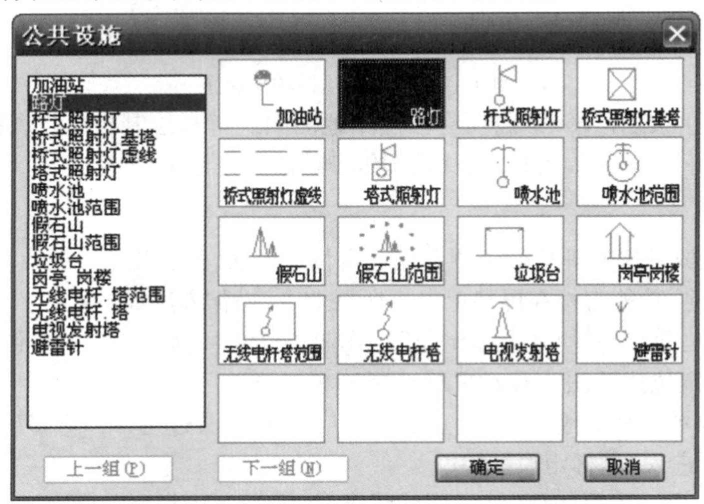

图 9.15 “独立地物/公共设施”图层

9.3 绘制等高线

在地形图中,等高线是表示地貌起伏的一种重要手段。常规的平板测图,等高线是由手工描绘的。等高线可以描绘得比较圆滑但精度稍低。在数字化自动成图系统中,等高线是由计算机自动勾绘,生成的等高线精度相当高。

CASS7.0 在绘制等高线时,充分考虑到等高线通过地性线和断裂线时情况的处理,如陡坎、陡涯等。CASS7.0 能自动切除通过地物、注记、陡坎的等高线。

在绘等高线之前,必须先将野外测的高程点建立数字地面模型(DTM),然后在数字地面模型上生成等高线。

9.3.1 建立数字地面模型(构建三角网)

数字地面模型(DTM),是在一定区域范围内规则格网点或三角网点的平面坐标(x,y)和其地物性质的数据集合。如果此地物性质是该点的高程 Z,则此数字地面模型又称为数字高程模型(DEM)。这个数据集合从微分角度三维地描述了该区域地形地貌的空间分布。

在使用 CASS7.0 自动生成等高线时,应先建立数字地面模型。在这之前,可以先“定显示区”及“展点”,“定显示区”的操作与上一节“草图法”中“点号定位”法的工作流程中的“定显示区”的操作相同,出现如图 9.7 所示界面,要求输入文件名时找到该如下路径的数据文件“C:\CASS70\DEMO\DGX. DAT”。展点时可选择“展高程点”选项,如图 9.16 所示的下拉菜单。要求输入文件名时在“C:\CASS70\DEMO\DGX. DAT”路径下选择“打开”DGX. DAT 文件后命令区提示:

注记高程点的距离(米):根据规范要求输入高程点注记距离(即注记高程点的密度),回车默认为注记全部高程点的高程。这时,所有高程点和控制点的高程均自动展绘到图上。

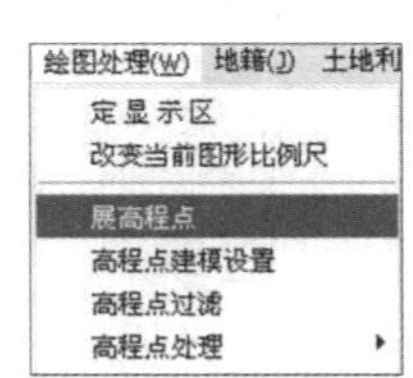

图 9.16 绘图处理下拉菜单

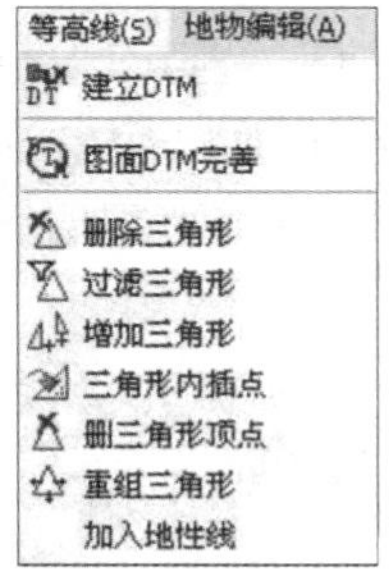

图 9.17 “等高线”的下拉菜单

①移动鼠标至屏幕顶部菜单“等高线”项,按左键,出现如图 9.17 所示的下拉菜单。

②移动鼠标至“建立 DTM”项,该处以高亮度(深蓝)显示,按左键,出现如图 9.18 所示对话框。

首先选择建立 DTM 的方式,分为两种方式:由数据文件生成和由图面高程点生成。如果选择由数据文件生成,则在坐标数据文件名中选择坐标数据文件;如果选择由图面高程点生成,则在绘图区选择参加建立 DTM 的高程点。然后选择结果显示，分为 3 种：显示建三角网结果、显示建三角网过程和不显示三角网。最后选择在建立 DTM 的过程中是否考虑陡坎和地性线，单击“确定”后生成如图 9.19 所示的三角网。

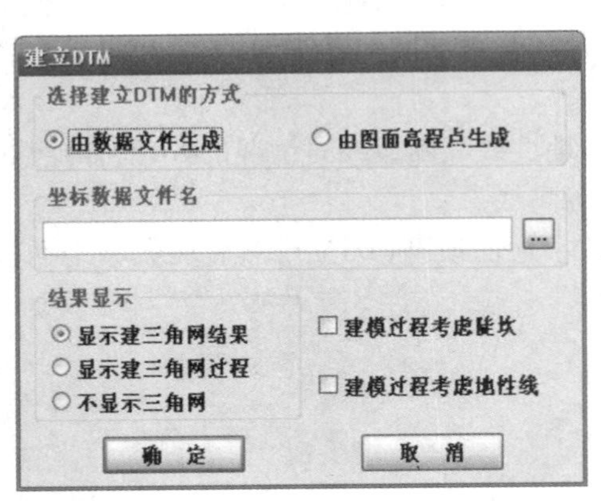

图 9.18 选择建模高程数据文件

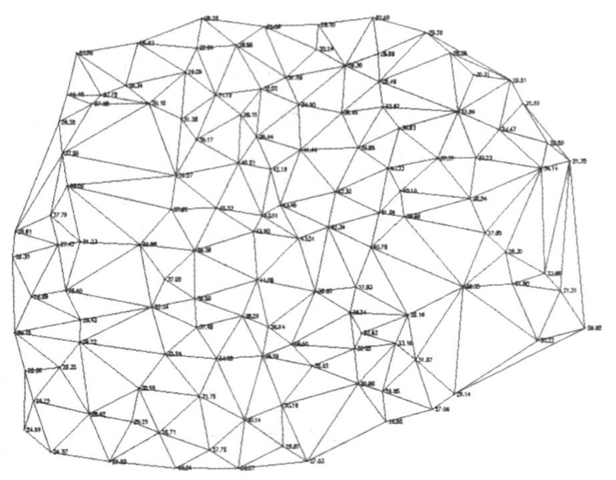

图 9.19 用 DGX.DAT 数据建立的三角网

9.3.2 修改数字地面模型(修改三角网)

一般情况下，由于地形条件的限制在外业采集的碎部点很难一次性生成理想的等高线，如楼顶上控制点。另外还因现实地貌的多样性和复杂性，自动构成的数字地面模型与实际地貌不太一致，这时可以通过修改三角网来修改这些局部，对不合理的地方可以通过删除三角形、过滤三角形、增加三角形、三角形内插点、删除三角形顶点、重组三角形、删除三角网等方法来改变某些局部，具体方法详见《软件说明书》。

通过以上命令修改了三角网后，选择“等高线”菜单中的“修改结果存盘”项，把修改后的数字地面模型存盘。这样，绘制的等高线不会内插到修改前的三角形内。

注意：修改了三角网后一定要进行此步操作，否则修改无效！

当命令区显示“存盘结束！”时，表明操作成功。

9.3.3 绘制等高线

等高线的绘制可以在绘平面图的基础上叠加，也可以在“新建图形”的状态下绘制。如在“新建图形”状态下绘制等高线，系统会提示您输入绘图比例尺。

用鼠标选择“等高线”下拉菜单的“绘制等高线”项，弹出如图 9.20 所示的对话框。

对话框中会显示参加生成 DTM 的高程点的最小高程和最大高程。如果只生成单条等高线，那么就在单条等高线高程中输入此条等高线的高程；如果生成多条等高线，则在等高距框中输入相邻两条等高线之间的等高距。最后选择等高线的拟合方式。总共有 4 种拟合方式：不拟合(折线)、张力样条拟合、三次 B 样条拟合和 SPLINE 拟合。观察等高线效果时,可输入较大等高距并选择不光滑,以加快速度。如选拟合方法 2,则拟合步距以 2 m 为宜,但这时生成的等高线数据量比较大,速度会稍慢。测点较密或等高线较密时,最好选择光滑方法 3,也可选择不光滑,然后再用“批量拟合”功能对等高线进行拟合。选择 4 则用标准 SPLINE 样条曲线来绘制等高线,提示请输入样条曲线容差: <0.0> 容差是曲线偏离理论点的允许差值,可直接回车。SPLINE 线的优点在于,即使其被断开后仍然是样条曲线,可以进行后续编辑修改;缺点是较选项 3 容易发生线条交叉现象。

当命令区显示:绘制完成! 便完成绘制等高线的工作,如图 9.21 所示。

图 9.20 “绘制等高线”对话框

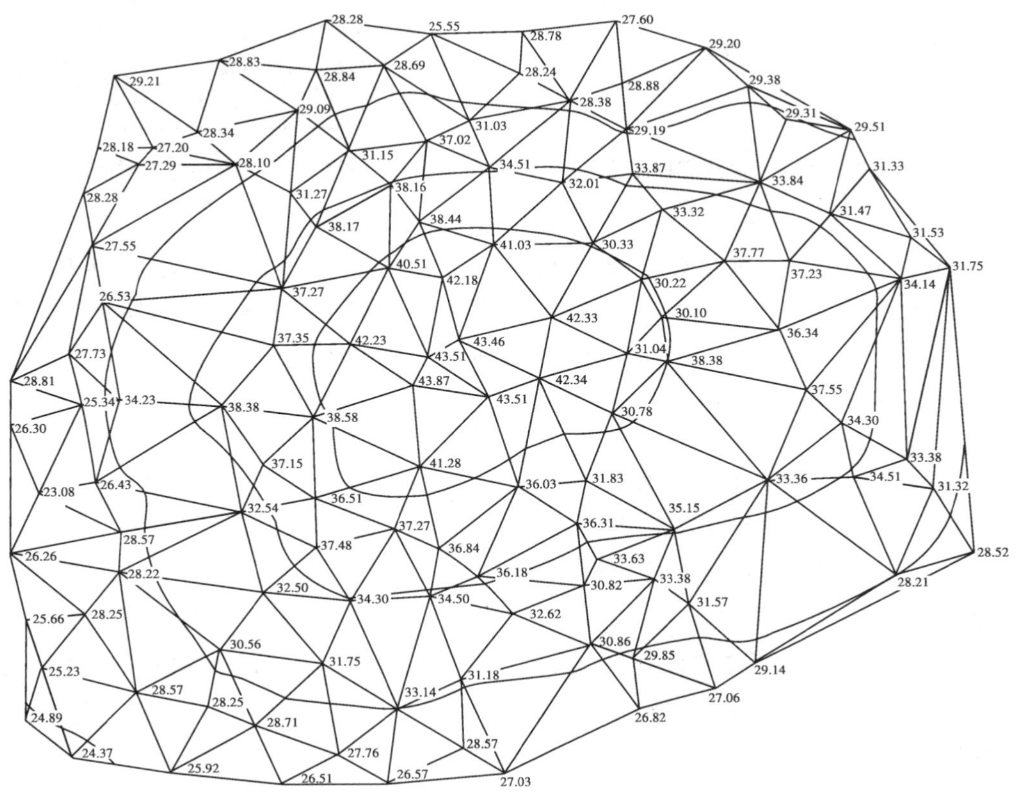

图 9.21 完成绘制等高线的工作

9.3.4 等高线的修饰

1)注记等高线

用“窗口缩放”项得到局部放大图(图9.22),再选择“等高线”下拉菜单之“等高线注记”的“单个高程注记”项。

命令区提示:

选择需注记的等高(深)线:

移动鼠标至要注记高程的等高线位置,如图9.22所示的位置A,按左键;

依法线方向指定相邻一条等高(深)线:

移动鼠标至如图9.22所示的等高线位置B,按左键。等高线的高程值即自动注记在A处,且字头朝B处。

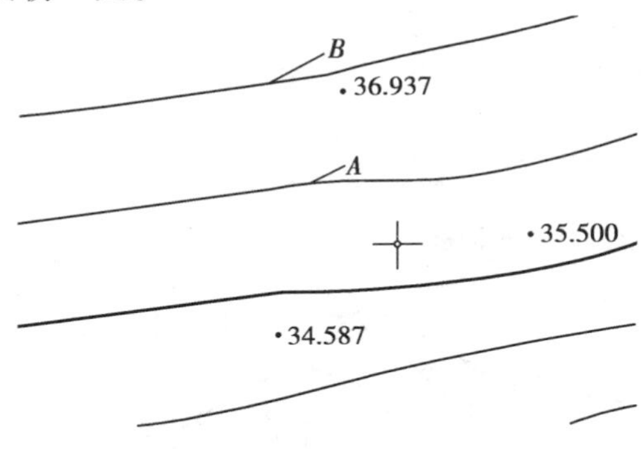

图9.22 等高线高程注记

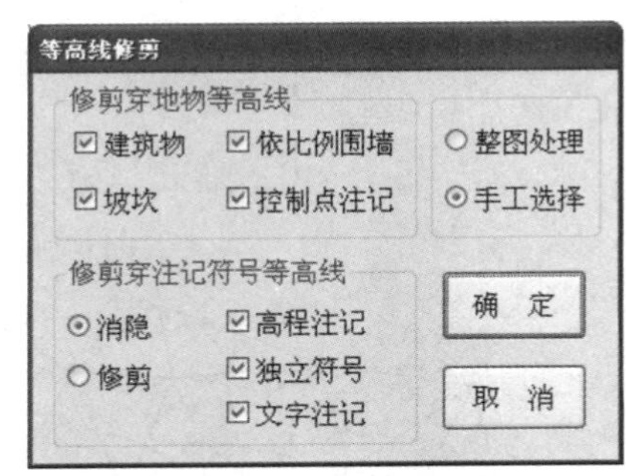

图9.23 等高线修剪对话框

2)等高线修剪

左键单击“等高线/等高线修剪/批量修剪等高线”,弹出如图9.23所示的对话框。

首先选择是消隐还是修剪等高线,然后选择是整图处理还是手工选择需要修剪的等高线,最后选择地物和注记符号,单击“确定”后会根据输入的条件修剪等高线。

3)切除指定二线间等高线

命令区提示:

选择第一条线:用鼠标指定一条线,例如选择公路的一边。

选择第二条线:用鼠标指定第二条线,例如选择公路的另一边。

程序将自动切除等高线穿过此二线间的部分。

4)切除指定区域内等高线

选择一封闭复合线,系统将该复合线内所有等高线切除。注意,封闭区域的边界一定要是复合线;如果不是,系统将无法处理。

5)等值线滤波

此功能可在很大程度上给绘制好等高线的图形文件减肥。一般的等高线都是用样条拟合的,这时虽然从图上看出来的节点数很少,但事实却并非如此。以高程为38的等高线为例说明，如图 9.24 所示。

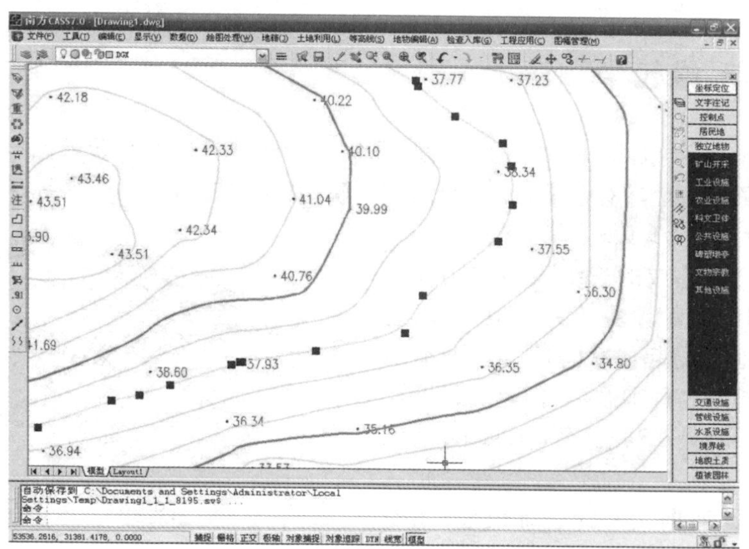

图 9.24 剪切前等高线夹持点

选中等高线，你会发现图上出现了一些夹持点，千万不要认为这些点就是这条等高线上实际的点，这些只是样条的锚点。要还原它的真面目，请做下面的操作：

用“等高线”菜单下的“切除穿高程注记等高线”，然后看结果，如图 9.25 所示。

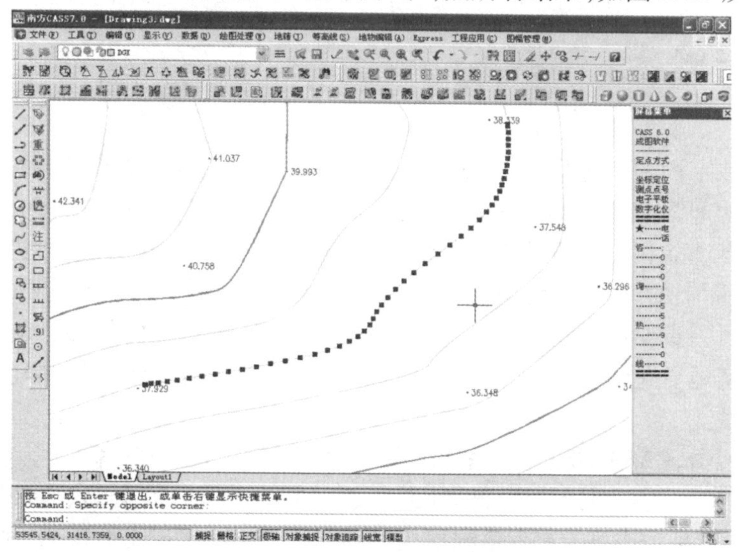

图 9.25 剪切后等高线夹持点

这时，在等高线上出现了密布的夹持点，这些点才是这条等高线真正的特征点。所以如果看到一个很简单的图在生成了等高线后变得非常大，原因就在这里。如果想将这幅图的尺寸变小，用“等值线滤波”功能即可。执行此功能后，系统提示如下：

请输入滤波阀值：<0.5 米 >这个值越大，精简的程度就越大，但是会导致等高线失真（即变形），因此，用户可根据实际需要选择合适的值。一般选系统默认的值就可以了。

9.3.5 绘制三维模型

建立了 DTM 之后,就可以生成三维模型,观察一下立体效果。移动鼠标至“等高线”项,按左键,出现下拉菜单。然后移动鼠标至“绘制三维模型”项,按左键,命令区提示:

输入高程乘系数 <1.0>:输入 5。

如果用默认值,建成的三维模型与实际情况一致。如果测区内的地势较为平坦,可以输入较大的值,将地形的起伏状态放大。因本图坡度变化不大,输入高程乘系数将其夸张显示。

是否拟合? (1)是 (2)否 <1>回车,默认选 1,拟合。

这时将显示此数据文件的三维模型,如图 9.26 所示。

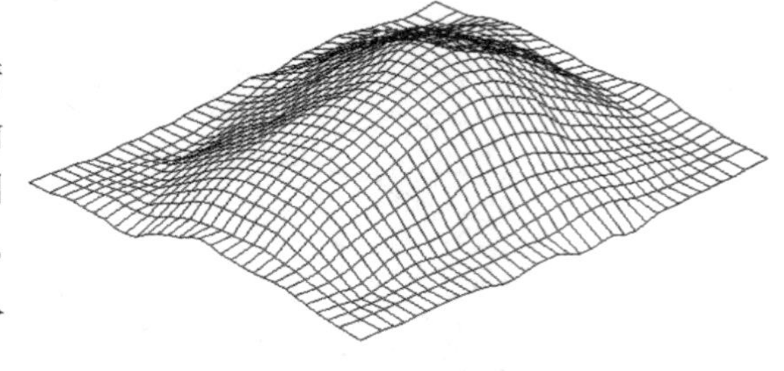

图 9.26 三维效果

另外利用“低级着色方式”、“高级着色方式”功能还可对三维模型进行渲染等操作,利用“显示”菜单下的“三维静态显示”的功能可以转换角度、视点、坐标轴,利用“显示”菜单下的“三维动态显示”功能可以绘出更高级的三维动态效果。这些功能的具体应用参见《参考手册》。

9.4 编辑与整饰

在大比例尺数字测图的过程中,由于实际地形、地物的复杂性,漏测、错测是难以避免的,这时必须要有一套功能强大的图形编辑系统,对所测地图进行屏幕显示和人机交互图形编辑,在保证精度的情况下消除相互矛盾的地形、地物,对于漏测或错测的部分,及时进行外业补测或重测。另外,对于地图上的许多文字注记说明,如道路、河流、街道等也是很重要的。

图形编辑的另一重要用途是对大比例尺数字化地图的更新,可以借助人机交互图形编辑,根据实测坐标和实地变化情况,随时对地图的地形、地物进行增加或删除、修改等,以保证地图具有很好的现势性。

对于图形的编辑,CASS7.0 提供“编辑”和“地物编辑”两种下拉菜单。其中,“编辑”是由 AutoCAD 提供的编辑功能:图元编辑、删除、断开、延伸、修剪、移动、旋转、比例缩放、复制、偏移拷贝等;“地物编辑”是由南方 CASS 系统提供的对地物编辑功能:线型换向、植被填充、土质填充、批量删剪、批量缩放、窗口内的图形存盘、多边形内图形存盘等,详见《软件说明书》。

9.4.1 改变比例尺

将鼠标移至“文件”菜单项,按左键,选择“打开已有图形”功能,在弹出的窗口中输入“C:\CASS70\DEMO\STUDY.DWG”,将鼠标移至“打开”按钮,按左键,屏幕上将显示例图

STUDY. DWG，如图 9.27 所示。

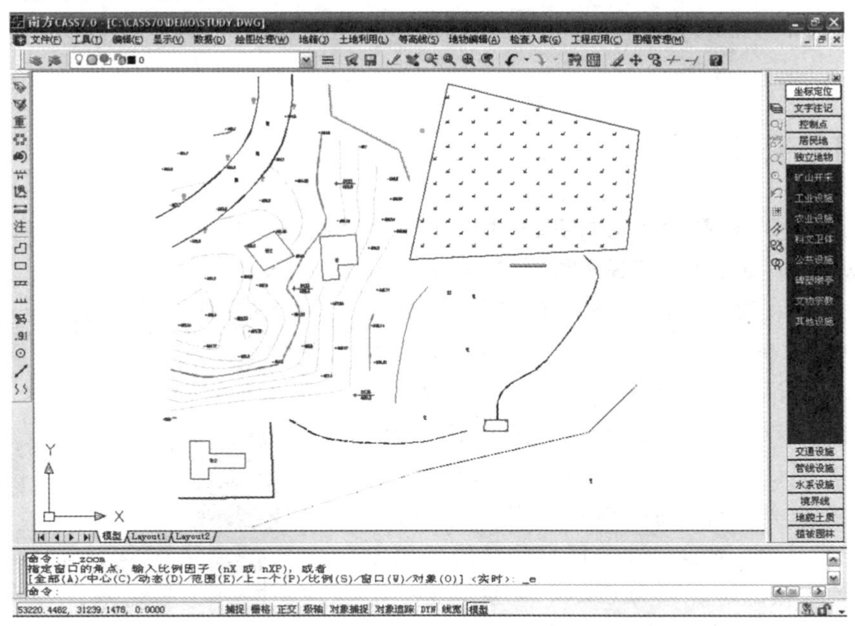

图 9.27 例图 STUDY. DWG

将鼠标移至“绘图处理”菜单项，按左键，选择“改变当前图形比例尺”功能，命令区提示：

当前比例尺为 1∶500

输入新比例尺 <1∶500> 1：输入要求转换的比例尺，例如输入 1 000。

这时屏幕显示的 STUDY. DWG 图就转变为 1∶1 000 的比例尺，各种地物包括注记、填充符号都已按 1∶1 000 的图示要求进行转变。对于查看及加入实体编码、线型换向、坎高的编辑、实体附加属性、设置实体附加属性、修改实体附加属性等内容请查看《软件说明书》。

9.4.2 图形分幅

在图形分幅前，应了解图形数据文件中的最小坐标和最大坐标。注意：在 CASS7.0 下侧信息栏显示的数学坐标和测量坐标是相反的，即 CASS7.0 系统中前面的数为 Y 坐标（东方向），后面的数为 X 坐标（北方向）。

将鼠标移至“绘图处理”菜单项，单击左键，弹出下拉菜单，选择“批量分幅/建方格网”，命令区提示：

请选择图幅尺寸：(1)50 * 50 (2)50 * 40 (3)自定义尺寸 <1> 按要求选择。此处直接回车默认选 1。

输入测区一角：在图形左下角单击左键。

输入测区另一角：在图形右上角单击左键。

这样在所设目录下就产生了各个分幅图，自动以各个分幅图左下角的东坐标和北坐标结合起来命名，如“29.50-39.50”，“29.50-40.00”等。如果要求输入分幅图目录名时直接回车，则各个分幅图自动保存在安装了 CASS7.0 的驱动器的根目录下。

选择“绘图处理/批量分幅/批量输出”，在弹出的对话框中确定输出的图幅的存储目录名，然后点“确定”，即可批量输出图形到指定的目录。

9.4.3 图幅整饰

把图形分幅时所保存的图形打开，选择“文件”的“打开已有图形…”项，在对话框中输入 SOUTH1. DWG 文件名，确认后 SOUTH1. DWG 图形即被打开，如图 9.28 所示。

选择“文件”中的“加入 CASS70 环境”项。选择“绘图处理”中的“标准图幅(50 350 cm)”项，显示如图 9.29 所示的对话框。输入图幅的名字、邻近图名、测量员、制图员、审核员，在左下角坐标的“东”、“北”栏内输入相应坐标，例如此处输入 40 000，30 000，回车。在“删除图框外实体”前打钩则可删除图框外实体，按实际要求选择，例如此处选择打钩。最后用鼠标单击“确定”按钮即可。因为 CASS7.0 系统所采用的坐标系统是测量坐标，即1∶1 的真坐标，加入 50 cm×50 cm 图廓后如图 9.30 所示。

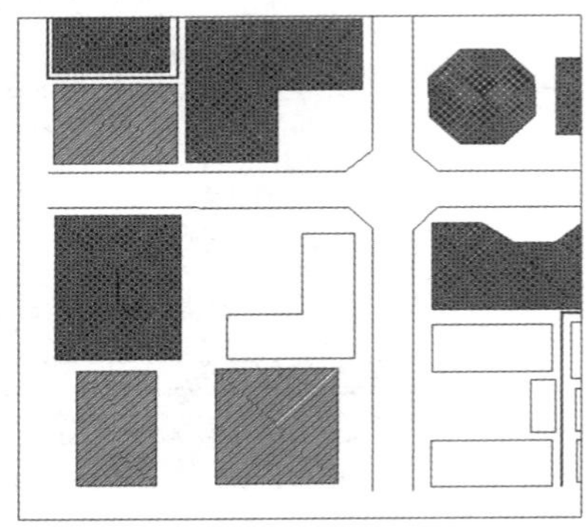

图 9.28 打开 SOUTH1. DWG 的平面图

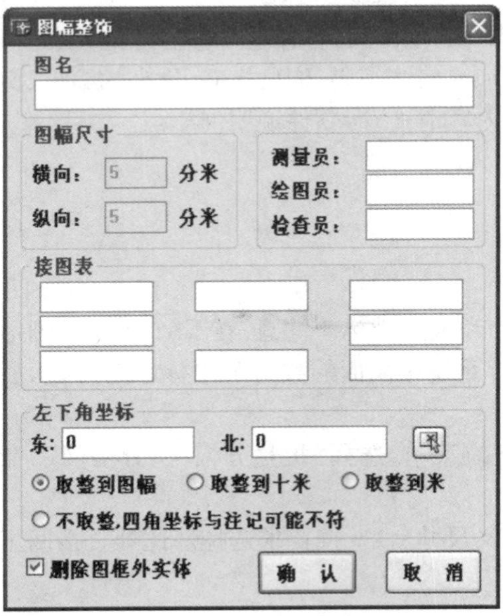

图幅整饰

图名

图幅尺寸

横向： 5 分米

纵向： 5 分米

测量员：

绘图员：

检查员：

接图表

左下角坐标

东：0 北：0

⊙取整到图幅 ○取整到十米 ○取整到米

○不取整，四角坐标与注记可能不符

☑删除图框外实体 确 认 取 消

图 9.29 输入图幅信息对话框

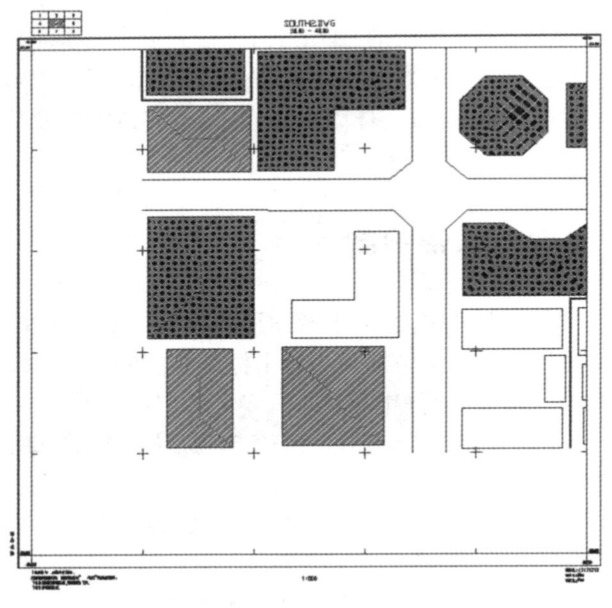

图 9.30 加入图廓的平面图

复习思考题

1. 如何使用屏幕右侧菜单绘制多边形房屋?
2. 简述"测点点号定位成图法"的基本操作步骤?
3. 简述测点点号定位成图法和坐标定位成图法的区别?
4. 简述 CASS7.0 绘制等高线的主要操作步骤?
5. 如何用 CASS7.0 对地形图进行"图廓整饰"?
6. 如何用 CASS7.0 设定图廓并进行图廓注记?

10 地形图的应用

［本章导读］

本章主要介绍识图的基本知识；大比例尺地形图的分幅和编号方法；在地形图上确定点位的坐标，量算线段长度，求算直线的方位角及点位的高程，按限制坡度选线；绘制某一方向的纵断面图；不规则图形的面积量算方法；用数字测图软件查询基本几何要素等内容。

在本章的学习过程中，认识地形图，弘扬家国情怀，建立国家安全意识。

10.1 微课

10.1 识图的基本知识

为了正确地应用地形图，首先要能够看懂地形图。地形图是用各种规定的符号和注记表示地物、地貌及其有关资料的。它具有严密的数学基础、科学的符号系统、完善的文字注记和在一定历史条件下的直观信息。

10.1.1 地形图整饰要素的阅读

1）图名、图号和接图表

图名即本幅图的名称，是用所在图幅内最著名的地名、村庄、厂矿企业或突出的地物、地貌名称来命名的。如图 10.1 所示，图名为南岔镇。

图号即是图的编号，写在图名正下方，如图 10.1 中所示为 J—49—112—C—1。

接图表是说明本图幅与相邻图幅的关系，供索取相邻图幅时使用。接图表绘在北图廓线外左上方，由 9 个小长方格组成，中间绘斜线的小格代表本幅图的位置，此表附有与本图幅相邻各个图幅的图名，有些地形图在其图廓四边中部还注有四邻相接的图幅编号。

保密等级注写在北图廓线的右上方，常见的有机密和绝密两种。

2）测图比例尺和坡度尺

(1)测图比例尺　一般位于地形图南图廓线外的正中处，用数字比例尺和直线比例尺表示，是图上距离和实地距离换算的依据，如图 10.1 所示。

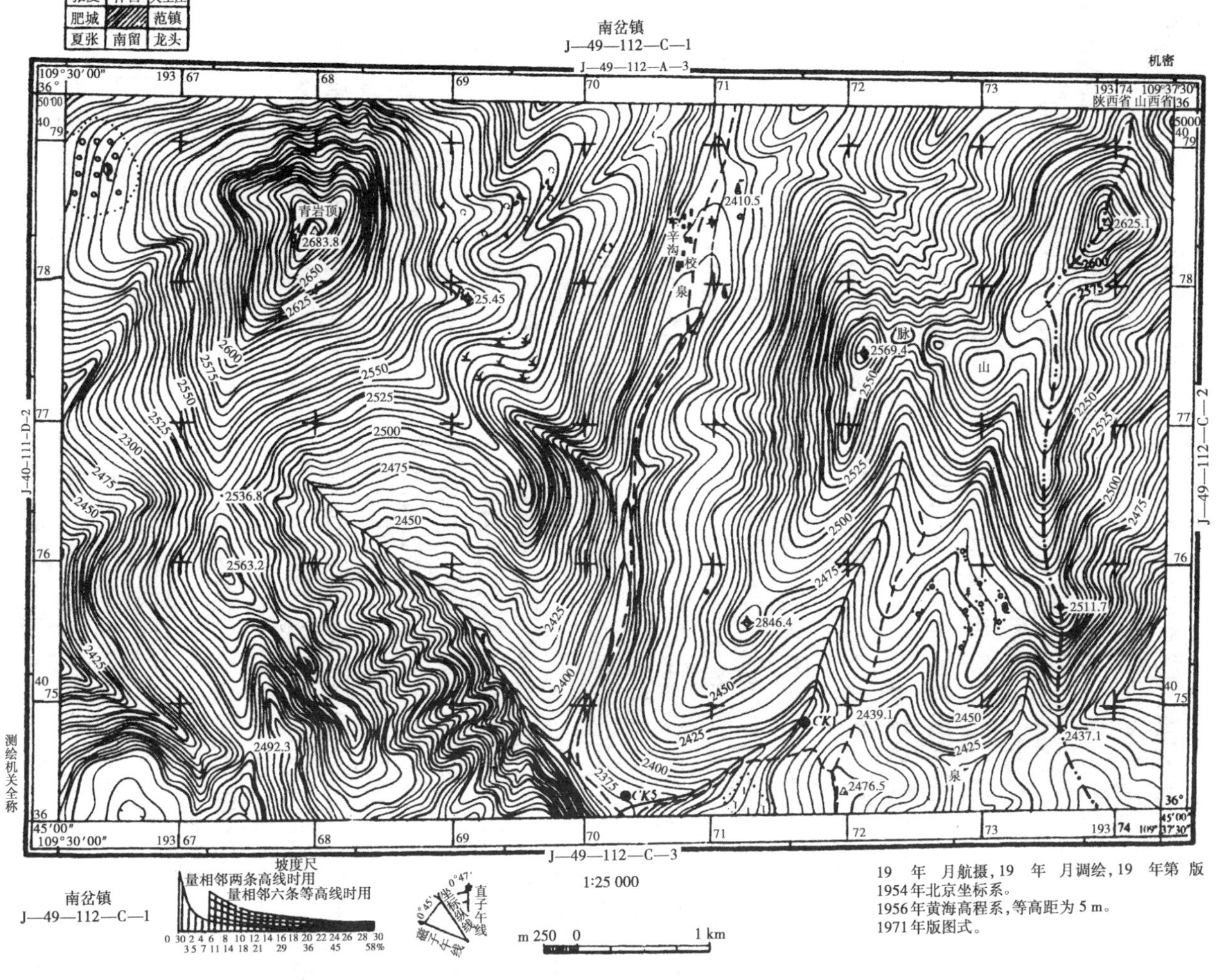

图 10.1 南岔镇局部地形图

(2)坡度尺　一般在1∶2.5万和1∶5万地形图南图廓线外左下方绘有坡度尺,如图10.1所示。利用坡度尺和脚规,可量出地面上任一坡度,以了解地形类型。坡度尺横线方向上注明不同的倾斜角,纵线方向上是相应的平距值。使用时,用两脚规在地形图上截取两条等高线间的平距,然后到坡度尺纵线方向上找到相应的水平距离,即可在坡度尺上读出该线段的坡度值。

3)三北方向关系图

在中、小比例尺地形图的南图廓线的左下方,绘有真子午线、磁子午线和坐标纵线方向的关系图,称为三北方向图。

东西两条内图廓线的方向就是本幅图的真北方向;在南、北内图廓线上注有磁南、磁北两点,此两点的连线就是本幅图的磁子午线;坐标网的纵线方向就是坐标纵线方向。三北线之间产生的3个偏角,即磁偏角、磁坐偏角、子午线收敛角,在不同地点有不同偏值和偏向。在一幅图内,取其在本图幅范围内的平均值,以略图形式绘在南图廓外的左侧,并注明偏角及密位值(1密位=3.6′),为方位角间的换算提供直观的图示和可靠的数据,如图10.1所示。

4)图廓、分度带与坐标格网

图廓是图幅四周的范围线。正方形、矩形分幅图廓有内、外之分,外图廓起装饰作用,内图廓绘有坐标网格短线。

图10.1中,1∶2.5万地形图图廓有3层:内图廓、分图廓和外图廓。内图廓是经、纬线109°30′00″(西线),36°45′00″(南线),109°37′30″(东线),36°50′00″(北线),外图廓用粗黑线表示。在内外图廓之间有分段线条,每段长度相当于实地经差1′或纬差1′的距离,把对边分图廓上相同分数的点用直线连接,可构成梯形经、纬线格网。分图廓与内图廓的短线数字为高斯平面直角坐标值,以千米计,由此可形成坐标千米格网。图上任一点的坐标(经、纬度和高斯坐标)均可在格网中图解求得。应注意 $y=19\ 367$ km,其中"19"是高斯投影带号。

5)出版说明注记

(1)坐标系统　坐标系统说明该图采用的是以下哪种坐标系统:独立(假定)平面直角坐标系;城市坐标系;1980年国家大地坐标系;过去的老图,大部分采用的是1954年北京坐标系。

(2)高程系统　高程系统是指本图所采用的高程基准,是假定高程系还是"1956年黄海高程系"或"1985年国家高程基准"。过去的老图,大部分采用的是1956年黄海高程系。高程系之后注明图幅内所采用的等高距。

(3)测图时间　用图时,根据测图时间判断本图反映的是何时的现状。判断地形图的使用价值,离现在愈远,现状与地形图不相符的情况愈多,地形图的使用价值愈低,因此最好选择近期测绘的地形图。

(4)地形图成图的方法　地形图成图的方法主要有4种:航测成图、平板仪测图、经纬仪测绘法成图和数字测图。

(5)测绘单位、测量员签名　在地形图西图廓南侧注记测绘单位全称,在地形图南图廓右下注记测量员、绘图员和检查员名字。

(6)图式和图例　注明图幅内采用的图式是哪年版的,便于用图者参考;另外在东图廓线右侧,把一些不易识别的符号作为图例列出,便于用图者使用。

10.1.2　地形图地理要素的阅读

1)地物识读

在地形图上地物主要是用地物符号和注记符号来表示的,要想正确判读地物,应注意以下几点：

①要熟悉国家测绘总局颁布的相应比例尺的《地形图图式》，更应熟悉一些常用的地物符号。

②在进行地物判读时要注意区别比例符号、半依比例符号和非比例符号，对于半依比例符号要注意其定位线，对于非比例符号要注意其定位点。

③要懂得注记的含义。

④应注意有些地物在不同比例尺图上所用符号可能不同，不要判读错了。

对于多色地形图还可以颜色作为地物判读的依据，如蓝色表示水体，棕色表示地貌，绿色表示植被等。对于室内判读不了的地物，应在实地根据相关位置进行对照判读。

2）地貌识读

地貌在地形图上主要是用等高线表示的，因此要想正确判读地貌，首先要熟悉等高线的特性，其次要熟悉各种典型地貌的等高线形态，第三要熟悉特殊地貌的表示方法。

阅读举例：

如图 10.2 是王家庄 1∶1 000 地形图的缩图。

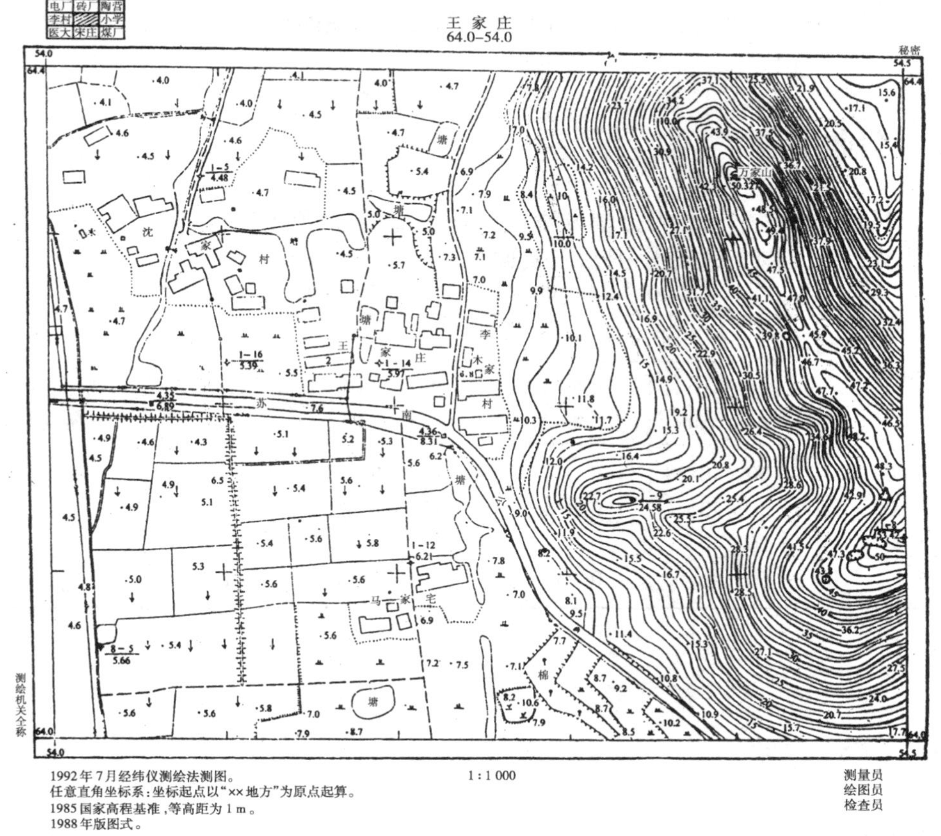

图 10.2　地形图判读例图

从图上可以看出该区域东部为山区，西部为平地，总的地势为东高西低。等高距为 1 m，最高山头在东南方，其高程为 53.42 m，整个山脉位于东部，呈南北走势，并在主山顶西侧凸起一小山脊，在山顶上有测量控制点。在北山头（高程为 50.327 m）与最高山头之间有一鞍部，根据等高线的疏密还可看出山的坡度陡缓。西部平坦地区有王家庄、沈家村和马家宅，其中王家庄最大，可能是一集镇。图中部有一公路从王家庄南和山南麓通过，村庄间都以大车路相通。沿公路和最东面各有一条高压线路穿过，并联有低压线。农地的分布情况为：西部低洼区为水稻田，田间有灌溉渠道，东部地势较高，多为旱地。王家庄村北有 4 个池塘。

随着城乡建设的快速发展，地形图上的地物和地貌在不断地变化，在地形图的识读过程中，要结合实地，对地形图做全面正确的了解。

10.2 地形图的分幅和编号

10.2 微课

为了便于管理和使用地形图，需要将各种比例尺的地形图进行统一的分幅和编号。地形图分幅方法分为两类：一类是按经纬线分幅的梯形分幅法（又称为国际分幅），另一类是按坐标格网分幅的矩形分幅法。

梯形分幅法适用于中、小比例尺的地形图，例如 1∶100 万比例尺的图，一幅图的大小为经差 6°，纬差 4°，编号采用横行号与纵行号组成。由于中小比例尺地形图在园林工程中很少使用，故本书不再详述。这里重点介绍适用于大比例尺地形图的矩形分幅与编号方法。

10.2.1 分幅方法

大比例尺地形图多采用矩形分幅方法，它是按统一的直角坐标格网划分的。图幅左、右以坐标纵线为界，南、北以坐标横线为界，图幅面积的大小如表 10.1 所示。

表 10.1 1∶500～1∶5 000 地形图图幅大小

比例尺	矩形分幅		正方形分幅		
	图幅大小 /cm×cm	实地面积 /km²	图幅大小 /cm×cm	实地面积 /km²	一幅 1∶5 000 图所含幅数
1∶5 000	50×40	5	40×40	4	1
1∶2 000	50×40	0.8	50×50	1	4
1∶1 000	50×40	0.2	50×50	0.25	16
1∶500	50×40	0.05	50×50	0.062 5	64

10.2.2 编号方法

1）正方形分幅的编号方法

正方形分幅是以 1∶5 000 比例尺图为基础，取其图幅西南角 x 坐标和 y 坐标以千米为单位的数字，中间用连字符连接作为它的编号。例如，某图西南角的坐标 x = 510.0 km，y = 25.0 km，则其编号为 510.0-25.0。1∶5 000 比例尺图四等分便得 4 幅 1∶2 000 比例尺图；编号是在 1∶5 000 比例尺图的图号后用连字符加各自的代号 Ⅰ，Ⅱ，Ⅲ，Ⅳ，如 510.0-25.0-Ⅳ。

同理,1∶2 000 比例尺图四等分便得 4 幅 1∶1 000 比例尺图;1∶1 000 比例尺图的编号是在 1∶2 000 比例尺图的图号后用连字符附加各自的代号Ⅰ,Ⅱ,Ⅲ,Ⅳ,如 510.0-25.0-Ⅳ-Ⅱ。把 1∶1 000 比例尺图再四等分便得 4 幅 1∶500 比例尺图,例如 1∶500 比例尺图的编号为510.0-25.0-Ⅳ-Ⅱ-Ⅲ。

2)矩形分幅的编号方法

矩形分幅的编号方法,也是取其图幅西南角 x 坐标和 y 坐标(以千米为单位),中间用连字符连接作为它的编号。编号时,1∶5 000 地形图,坐标取至 1 km;1∶2 000,1∶1 000 地形图坐标取至 0.1 km;1∶500 地形图,坐标取至 0.01 km。

3)独立地区测图的特殊编号

(1)按坐标编号

第一种情况:当测区与国家控制网联测时,图幅编号为:

图幅所在投影带中央经线的经度 $-x_{西南角}$(km) $-$ $y_{西南角}$(km)

如某 1∶1 000 地形图的编号为 118°-2 108.0-36 856.0,表示图幅所在投影带中央经线的经度为 118°,图幅西南角的坐标为 $x=2\ 108$ km,$y=36\ 856$ km(36 为投影带带号)。

第二种情况:当测区采用独立坐标系时,图幅编号为:测区坐标起算点的坐标(x,y)-图幅西南角纵坐标-图幅西南角横坐标,坐标以千米或百米为单位。如某图幅编号“50,30-20-60”,表示测区起算点坐标为 $x=50$ km,$y=30$ km,图幅西南角坐标为 $x=20$ km,$y=60$ km。

(2)流水编号法　带状测区或小面积独立测区的图幅编号,可按测区统一顺序进行编号。如图 10.3 所示,虚线表示测区范围,数字表示图幅编号,排列顺序一般从左到右、从上到下。

(3)行列编号法　行列编号法是指以代号(如 A,B,C,…)为横行,由上到下排列;以数字 1,2,3,…为代号的纵列,从左到右排列来编排,先行后列表示。

园林规划、园林工程设计或园林施工使用的地形图多为大比例尺地形图,在分幅上可从实际出发,根据用图单位要求,结合作业方便,图幅大小和编号方法可灵活掌握,以方便测图、用图和管理为目的,不必强求统一。

图 10.3　流水编号法

10.3　地形图的一般应用

10.3、10.4 微课

10.3.1　在图上量算点的坐标

在地形图上进行规划设计时,往往需要从图上量算一些设计点的坐标,可利用地形图上的坐标格网来进行量算。如图 10.4 所示,欲求出图中 A 点的平面直角坐标,先从图中找出 A 点所在千米格网西南角 a 点的坐标为:$x_a=3\ 342$ km,$y_a=19\ 236$ km,(前两位数 19 为高斯投影带带号)。过 A 点作平行于 X 轴和 Y 轴的两条直线 ef 和 gh,然后用尺子量得 ag 和 ae 的图上长度为:$ag=15$ mm,$ae=11$ mm;再按比例尺(1∶2.5 万)求得 ag 和 ae 的实地距离为 0.375 km和 0.275 km。

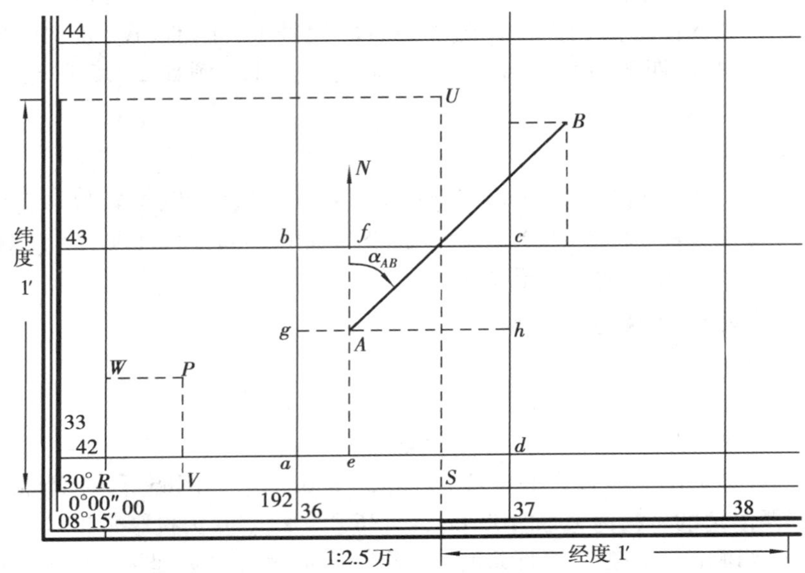

图 10.4 求图上任一点的坐标

则 A 点的坐标为

$$x_A = x_a + \Delta x_{aA} = (3\ 342 + 0.375)\text{km} = 3\ 342.375\ \text{km}$$

$$y_A = y_a + \Delta y_{aA} = (19\ 236 + 0.275)\text{km} = 19\ 236.275\ \text{km}$$

用相同方法，可以求出图上 B 点坐标 x_B,y_B和图上任一点的平面直角坐标。

有时因工作需要，需求图上某一点的地理坐标（经度 λ、纬度 φ），则可通过分度带及图廓点的经纬度注记数求得。

根据内图廓间注记的地理坐标（经纬度）也可图解出任一点的经纬度。

10.3.2 求图上两点间的距离

1）直线距离的量测

（1）直接量测　用卡规在图上直接卡出线段长度，在相应的直线比例尺上，直接读得实地水平距离；也可以用直尺量取图上长度，再乘以比例尺分母，即得水平距离，但后者受图纸伸缩的影响。

（2）根据两点的坐标计算水平距离　当距离较长时，为了清除图纸变形的影响以提高精度，可用两点的坐标计算距离

$$D_{AB} = \sqrt{(X_B - X_A)^2 + (Y_B - Y_A)^2} \tag{10.1}$$

2）曲线距离的量测

（1）用线绳测量　可用一根伸缩变形很小的线绳，沿曲线放平并与曲线吻合，标绘两端点，拉直后量出其长度，按比例尺换算成水平距离。

（2）用曲线计测量　用曲线计量测曲线的精度较低（误差约为 1/50），曲线越短精度越低，故不宜用于精度要求较高的量测，具体用法参看说明书。

10.3.3 求图上直线的方位角

1)解析法

如图10.5所示,先求出 B,C 两点的坐标值: x_B,y_B 和 x_C,y_C,然后再按下式计算 BC 的方位角

$$\alpha_{BC} = \arctan\frac{y_C - y_B}{x_C - x_B} = \arctan\frac{\Delta y_{BC}}{\Delta x_{BC}} \tag{10.2}$$

象限由 Δy,Δx 的正负号或图上确定。

求得直线的坐标方位角后,就可以根据地形图下面三北方向图中的3个偏角值,换算得该直线的磁方位角和真方位角。

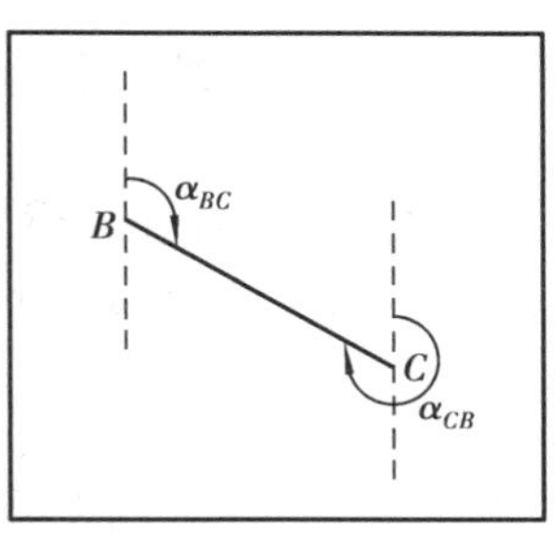

图10.5 求直线方位角

2)图解法

如图10.5所示,求直线 BC 的坐标方位角时,可先过 B,C 两点精确地作平行于坐标格网纵线的直线,然后用量角器量测 BC 的坐标方位角 α_{BC} 和 CB 的坐标方位角 α_{CB},根据同一直线的正、反坐标方位角之差应为180°,由于量测存在误差,设量测结果为 α'_{BC} 和 α'_{CB},则可按下式计算 α_{BC}

$$\alpha_{BC} = \frac{1}{2}(\alpha'_{BC} + \alpha'_{CB} \pm 180°)$$

按图10.5的情况,上式括弧中应取"-"号。

10.3.4 求图上一点的高程

求算点的高程有以下3种情况:

(1)所求点位于任一等高线上　如图10.6中的 B 点,它的高程与所在等高线的高程相同,B 点的高程为220 m。

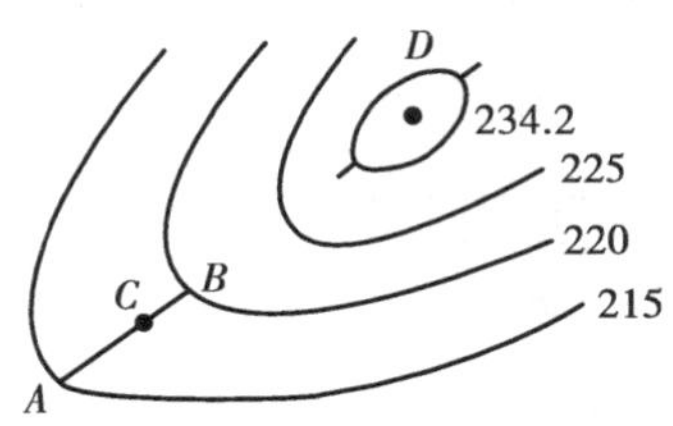

图10.6 在图上求某点的高程

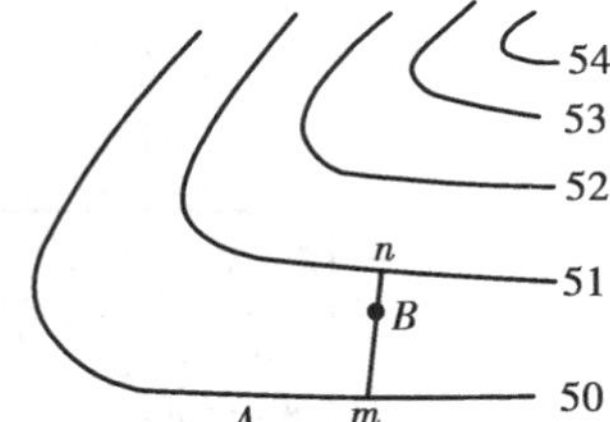

图10.7 求任意点高程

(2)所求点位于两条等高线之间　如图10.7中的 B 点,B 点的高程可按高差与平距的比例关系求算。通过 B 点作一条大致垂直相邻等高线的线段 mn,量出 mn 的长度 D,再量出 mB 的长度 d,则 B 点的高程 H_B,可根据下式计算

$$H_B = H_m + \Delta_h = H_m + \frac{d}{D}h_o \tag{10.3}$$

式中,H_m——m 点的高程;

h_o——等高距。

一般情况,B 点高程可根据其在两等高线间所处的位置目估求出。

10.3.5 求图上两点间的坡度

坡度是指地面两点间的高差与水平距离之比。设地面两点间的水平距离为 D,高差为 h,设 i 表示坡度,则 i 可用下式计算

$$i = \frac{h}{D} = \frac{h}{dM} \tag{10.4}$$

式中,d——两点在图上的长度(以米为单位);

M——地形图比例尺的分母。

如图 10.8 中的 a,b 两点,高差 h 为 1 m。若量得 ab 在图上的长度为 1 cm,并设地形图比例尺为 1∶10 000,则 ab 线的地面坡度为

$$i = \frac{h}{dm} = \frac{1}{0.01 \times 10\ 000} = \frac{1}{100} = 1\%$$

坡度 i 常以百分率或千分率表示。

如果两点间的距离较长,中间通过疏密不等的等高线,则上式所求地面坡度为两点间的平均坡度。

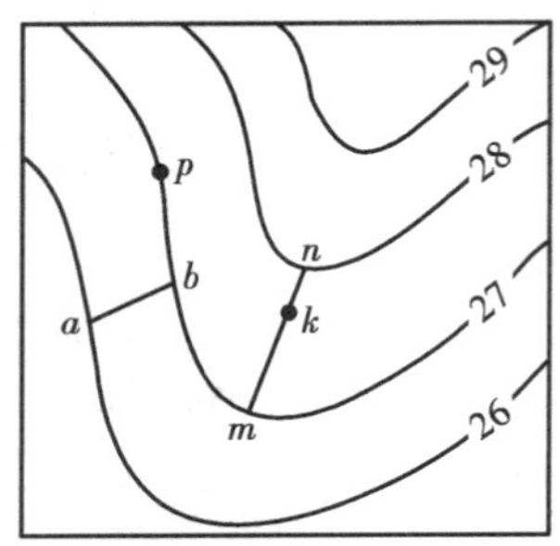

图 10.8 求图上两点间的坡度

10.3.6 按坡度限制选定最短路线

在道路、管线,渠道等工程设计时,都要求线路在不超过某一限制坡度的条件下,选择一条最短路线或等坡度线。

如图 10.9 所示,计划从公路上的 A 点起到山顶 B 修建一条坡度不大于 5% 且线路最短的支路,方法如下:设计用的地形图比例尺为 1∶2 000,等高距为 1 m。为满足坡度限制的要求,根据式 (10.4)计算出该路线经过相邻等高线之间的最小水平距离 d

$$d = \frac{h}{iM} = \frac{1}{0.05 \times 2\ 000}\ \text{m} = 0.01\ \text{m} = 1\ \text{cm}$$

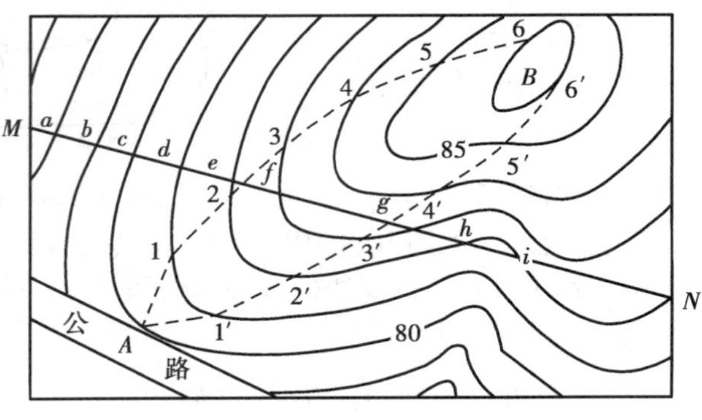

图 10.9 选定最短路线

于是,以 A 点为圆心,以 d 为半径画弧交 81 m 等高线于点 1,再以点 1 为圆心,以 d 为半径画弧,交 82 m 等高线于点 2,依此类推,直到 B 点附近为止。然后连接 $A,1,2,\cdots,B$,便在图上得到符合限制坡度的路线。为了便于选线比较,还需另选一条路线,如 $A,1',2',\cdots,B$。同时考虑其他因素,如少占耕地,避开塌方,建设费用最少等,以便确定路线的最佳方案。

如遇等高线之间的平距大于 1 cm,以 1 cm 为半径的圆弧将不会与等高线相交,这说明坡度小于限制坡度。在这种情况下,路线方向可按最短距离绘出。

10.3.7 按一定方向绘制纵断面图

在地形图上进行规划设计,为了进行挖填方量的概算,以及合理地确定线路的纵坡,都必须了解沿线路方向的地面起伏、坡度陡缓以及该方向内的通视情况,这时,可以通过绘制断面图来获得最直观的信息。

如图 10.10 中所示,欲绘制 AB 方向的纵断面图,首先要确定直线 AB 与等高线交点 $1,2,3,\cdots,B$ 的高程及各交点至起点 A 的水平距离,再根据点的高程和水平距离,按一定比例尺绘制成断面图。绘制方法如下:

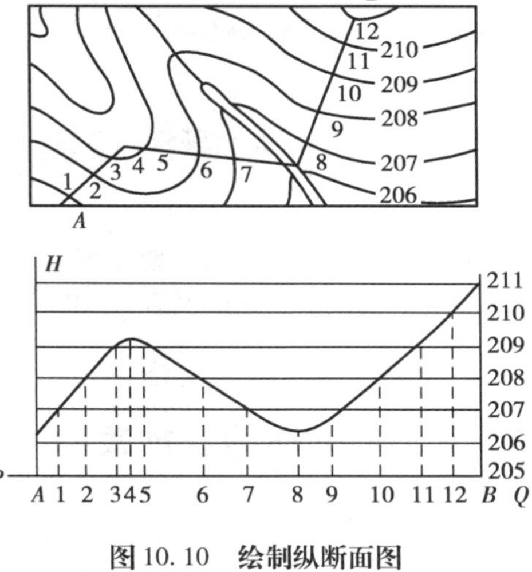

图 10.10 绘制纵断面图

1)**绘制直角坐标系**

以横坐标轴表示水平距离,其比例尺与地形图比例尺相同(也可以不相同);纵坐标轴表示高程,为了更突出地显示地面的起伏形态,其比例尺一般是水平距离比例尺的 10~20 倍。在纵轴上注明高程,其起始值选择要适当,使断面图位置适中。

2)**确定断面点**

首先用两脚规(或直尺)在地形图上分别量取 A—1,1—2,…,12—B 的距离;其次在横坐标轴上,以 A 为起点,量出长度 $A1,12,\cdots,12B$,以定出 $A,1,2,\cdots,B$ 点,通过这些点,作垂线与相应高程的交点即为断面点;最后,根据地形图,将各断面点用光滑曲线连接起来,即为方向线 AB 的断面图,如图 10.10 所示。

10.3.8 在地形图上确定汇水范围面积

一个地区的水流量与汇水面积有关。汇水面积是指降雨时雨水汇集于某河流或湖泊的一个区域的面积。沿地势将雨水汇集于一处的某一区域的边界称汇水周界。只有先在地形图上钩绘出汇水周界,才能量算出汇水面积。在水库、涵洞、桥梁等工程设计中,汇水面积是不可缺少的重要参考数据。

由于雨水是沿山脊线向两侧山坡分流,所以汇水面积的边界线是由一系列的山脊线连接而成的。如图 10.11 所示,一条公路经过山谷,拟在 m 处架桥,则桥下孔径大小应根据流经该处

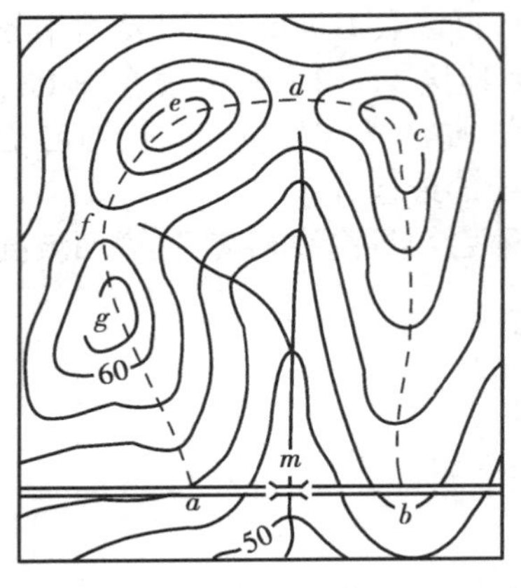

图 10.11 确定汇水周界

的流水量决定，而流水量又与山谷的汇水面积有关。由图可知，由山脊 bc,cd,de,ef,fg,ga 与公路的 ab 线段所围成的面积，就是这个山谷的汇水面积。量测该面积的大小，再结合气象水文资料，便可进一步确定流经公路 m 处的水量，从而对桥梁或涵洞的孔径设计提供依据。

勾绘汇水周界的要点是：

①汇水周界线应与山脊线一致，并与所通过的等高线正交。

②汇水周界线是经过一系列的山脊线、山头和鞍部，然后与水库的坝轴线形成一闭合环线。

③汇水周界线在山顶或鞍部处其方向才能有较大的改变，一般应绘成平滑的曲线。

10.4 地形图的野外应用

地形图的野外应用是持地形图到野外进行作业。所以，必须熟练掌握利用地形图定向、定位、判读的本领，才能完成调查、踏勘、选点和施工放样等任务。

10.4.1 地形图的实地定向

在野外作业用图时，首先要将图的方向与实地方向摆放一致，使图上的东南西北方向与实地相对应。常用的方法有以下 2 种：

(1)根据罗盘定向　在地物稀少地区，一般用罗盘进行定向。先把地形图固定在图板上，然后把罗盘放在地形图上，使罗盘上零直径与图上磁子午线(即磁南和磁北两点的连线)方向一致；转动图板，使磁针北端对零，此时地形图方向与实际方向一致，如图 10.12 所示。

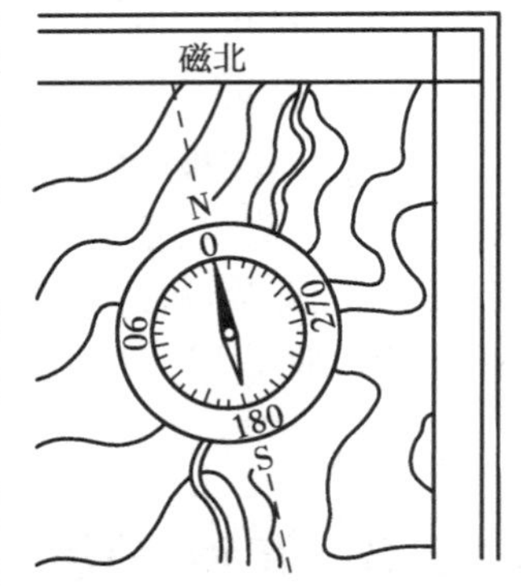

图 10.12 用罗盘定向

若地形图上未标出磁南和磁北点，可以根据偏角略图所示的磁偏角的大小，在真子午线上，用量角器绘出一条磁北线，以此标定地形图的方向。

(2)根据明显地物或地貌特征点定向　定向前在实地找出与图上相应具有方位意义的明显地物，如河流、渠道、土堤、道路以及地类界等，然后转动地形图，直到图上地物与实地对应的地物位置关系一致时，则地形图已基本定向。

10.4.2 在地形图上确定站立点的位置

地形图定向后,需要确定站立点在图上的位置才能作现场测绘工作。根据不同情况,可以采用以下几种方法:

1)利用明显地物确定

根据站立地点到已知地面点的方向、距离,再结合地貌特征和地物间相应位置来确定站立点在图上的位置。如图10.13所示,根据等高线的状况和冲沟的位置可确定站立点在较平缓的山脊上。

图10.13 利用地形点确定站立点位

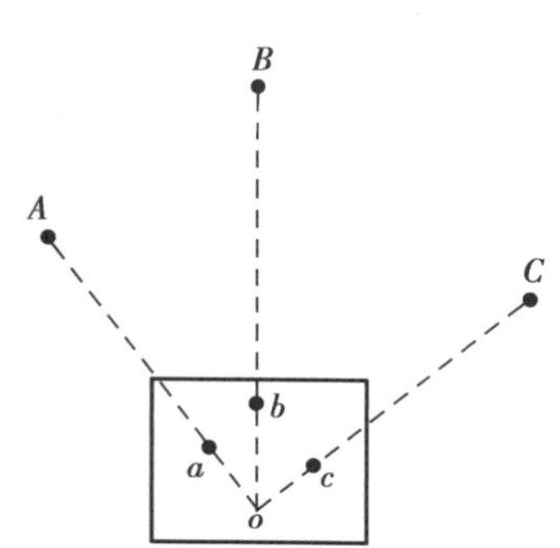

图10.14 后方交会法

2)利用后方交会法确定

首先,在地形图上选择两个以上的明显地形点,如图10.14中的a,b,c 3点,选点时要同时看到地面上相应的A,B,C3点。点位选好后,在图板上固定一张透明纸,用铅笔在它上面标出任意点o,用直尺从o点瞄准明显地物点A,B,C,分别画出方向线,然后将透明纸放在地形图上移动,使这3条方向线恰好通过图上的明显地物点a,b,c为止。此时,将o点刺在图纸上即为所求站立点位置。

10.5 面积量算

在园林规划设计中,常需要在地形图上计算面积。量算面积的方法很多,本节将介绍几何图形法、透明方格纸法和解析法。

10.5.1 几何图形法

如果地形图上所测的图形是多边形时,可以把它分成若干个简单的几何图形,如长方形、梯形、三角形等。用相应比例尺在图上量出各几何图形的底和高,根据几何公式,求算各图形面积,汇总后得出总面积。这种方法多运用于大比例尺地形图。

为了提高量测精度,所量图形应采用不同的分解方法计算两次,两次结果符合精度要求($\leqslant 1/100$),取平均值作为最后结果。

10.5.2 透明方格纸法

地形图上所求的面积范围很小,其边线是不规则曲线,可采用透明方格纸法。如图 10.15 所示,在透明方格纸或透明膜片上做好边长 1 mm 或 2 mm 的正方形格网。测量面积时,将透明方格纸覆盖在图上并固定,统计出曲线图形内的整方格数 a_1 和不完整方格数 a_2,则所求图形的面积

$$S = (a_1 + a_2/2) \times \text{该比例尺图一个方格的面积} \tag{10.5}$$

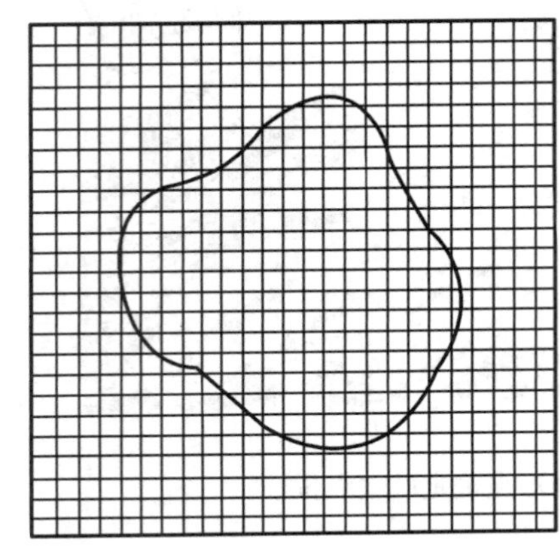

图 10.15 透明方格纸法求面积

方格法简便易用,适用范围广,量测小图形和狭长图形面积的精度比求积仪高。

10.5.3 解析法

如果图形为任意多边形,且各顶点的坐标已在图上量出或已在实地测定,可利用各点坐标以解析法计算面积。解析法计算面积的精度很高,多用于控制面积的量测。如图 10.16 所示,为一任意四边形 $ABCD$,各顶点编号按顺时针编为 1,2,3,4。可以看出,面积 $ABCD(S)$ 等于面积$C'CDD'(S_1)$加面积$D'DAA'(S_2)$再减去面积 $C'CBB'(S_3)$和面积$B'BAA'(S_4)$,即

$$S = S_1 + S_2 - S_3 - S_4$$

设 A,B,C,D 各顶点的坐标为(x_1,y_1),(x_2,y_2),(x_3,y_3),(x_4,y_4),则

$$\begin{aligned} 2S &= (y_3+y_4)(x_3-x_4)+(y_4+y_1)(x_4-x_1)-(y_3+y_2)(x_3-x_2)-(y_2+y_1)(x_2-x_1) \\ &= -y_3x_4+y_4x_3-y_4x_1+y_1x_4+y_3x_2-y_2x_3+y_2x_1-y_1x_2 \\ &= x_1(y_2-y_4)+x_2(y_3-y_1)+x_3(y_4-y_2)+x_4(y_1-y_3) \end{aligned}$$

若图形有 n 个顶点,则上式可扩展为

$$2S = X_1(Y_2-Y_n)+X_2(Y_3-Y_1)+\cdots+X_n(Y_1-Y_{n-1})$$

$$S = \frac{1}{2}\sum_{i=1}^{n} x_i(y_{i+1} - y_{i-1}) \tag{10.6}$$

同理,还可以推导出公式的另一种形式

$$S = \frac{1}{2}\sum_{i=1}^{n} y_i(x_{i-1} - x_{i+1}) \tag{10.7}$$

因为所求面积的图形是闭合的图形,编号的首尾相接,所以有以下规定:当 $i=1$ 时,$y_{i-1}=Y_n, X_{i-1}=X_n$;当 $i=n$ 时,$Y_{n+1}=Y_1, X_{n+1}=X_1$。

式(10.6)和式(10.7)可以相互为计算检核。

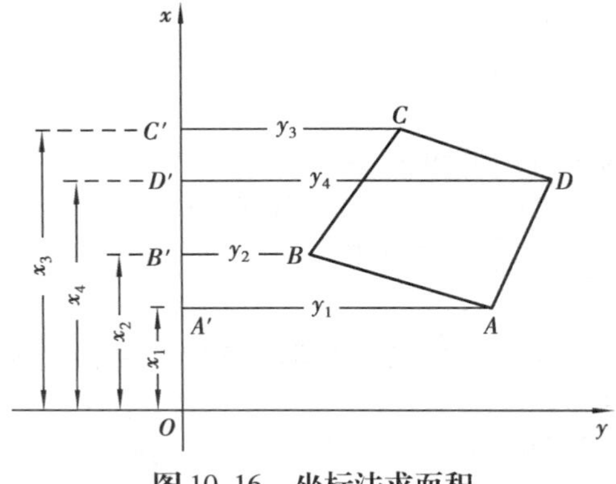

图 10.16 坐标法求面积

10.6 用数字测图软件查询基本几何要素

本节主要介绍在 CASS7.0 软件中如何查询指定点坐标,查询两点距离及方位,查询线长,查询实体面积的方法,使用其他软件可参看说明书。

10.6.1 查询指定点坐标

用鼠标点取“工程应用”菜单中的“查询指定点坐标”,选取所要查询的点即可。也可以先进入点号定位方式,再输入要查询的点号。

说明:系统左下角状态栏显示的坐标是笛卡尔坐标系中的坐标,与测量坐标系的 x 和 y 的顺序相反。用此功能查询时,系统在命令行给出的 x,y 是测量坐标系的值。

10.6.2 查询两点距离及方位

用鼠标点取“工程应用”菜单下的“查询两点距离及方位”,分别选取所要查询的两点即可。也可以先进入点号定位方式,再输入两点的点号。

说明:CASS7.0 所显示的坐标为实地坐标,所以显示的两点间的距离为实地距离。

10.6.3 查询线长

用鼠标点取“工程应用”菜单下的“查询线长”，选取图上曲线即可。

10.6.4 面积应用

1）计算指定范围的面积

选择“工程应用\计算指定范围的面积”命令。

提示：1. 选目标/2. 选图层/3. 选指定图层的目标 <1>

输入1：即要求您用鼠标指定需计算面积的地物，可用窗选、点选等方式，计算结果注记在地物中心上，且用青色阴影线标示；

输入2：系统提示您输入图层名，结果把该图层的封闭复合线地物面积全部计算出来并注记在中心上，且用青色阴影线标示；

输入3：先选图层，再选择目标，特别采用窗选时系统自动过滤，只计算注记指定图层被选中的以复合线封闭的地物。

提示：是否对统计区域加青色阴影线？<Y> 默认为“是”。

提示：总面积 = ×××××.×× m^2

2）统计指定区域的面积

该功能用来将以上已经注记在图上的面积累加起来。

用鼠标点取“工程应用\统计指定区域的面积”。

提示：面积统计可用：窗口（W.C）/多边形窗口（WP.CP）/...等多种方式选择已计算过面积的区域。

选择对象：选择面积文字注记，用鼠标拉一个窗口即可。

提示：总面积 = ×××××.×× m^2

3）计算指定点所围成的面积

用鼠标点取“工程应用\指定点所围成的面积”。

提示：输入点，用鼠标指定想要计算的区域的第一点，底行将一直提示输入下一点，直到按鼠标的右键或回车键确认指定区域封闭（结束点和起始点并不是同一个点，系统将自动封闭结束点和起始点）。

提示：总面积 = ×××××.×× m^2

复习思考题

1. 矩形分幅编号方法有几种？怎样进行具体编号？

2. 如图10.17所示，欲求 A 点高程，过 A 点作大致与两等高线垂直的直线 PQ，量出 PQ = 18 mm，AP = 5 mm。该地形图的等高距为2 m，求 A 点的高程。

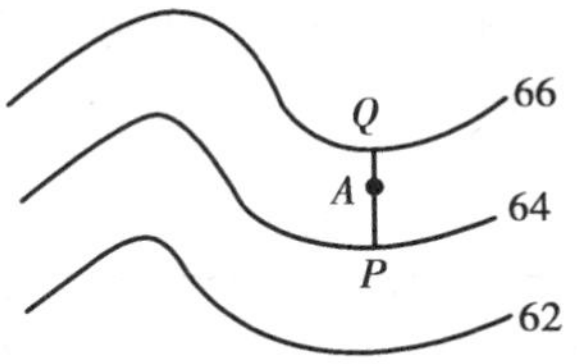

图 10.17　求 A 点的高程

3. 如图 10.18 所示为 1∶5 000 比例尺地形图，设图幅内每个方格的边长为 2 cm，其西南角的纵坐标为 2 000 m，横坐标为2 000 m，AB 是图上两个点，试求：

(1) A，B 的坐标值。

(2) AB 直线的距离和坐标方位角。

(3) 从 A 到 B 设计一条限坡度为 4% 的路线。

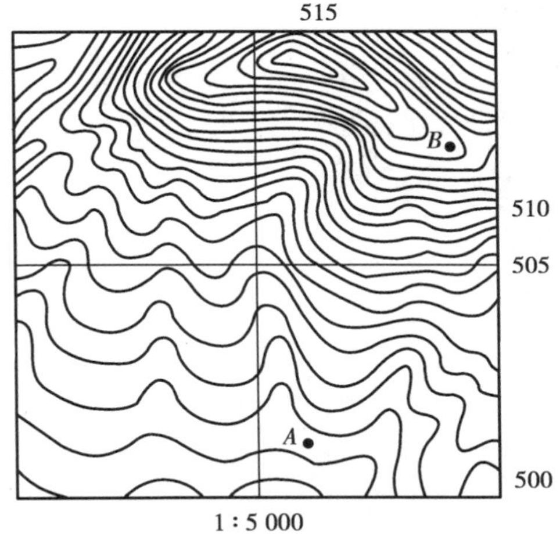

图 10.18　在地形图上进行各种量算

4. 面积计算常用的方法有哪些？

5. 如图 10.19 所示为一四边形 $ABCD$，各顶点坐标分别为

$$\begin{cases} x_a = 375 \\ y_a = 120 \end{cases} \quad \begin{cases} x_b = 480 \\ y_b = 275 \end{cases}$$

$$\begin{cases} x_c = 250 \\ y_c = 425 \end{cases} \quad \begin{cases} x_d = 175 \\ y_d = 210 \end{cases}$$

试用解析法求算四边形 $ABCD$ 的面积 S = ？并进行校核计算。

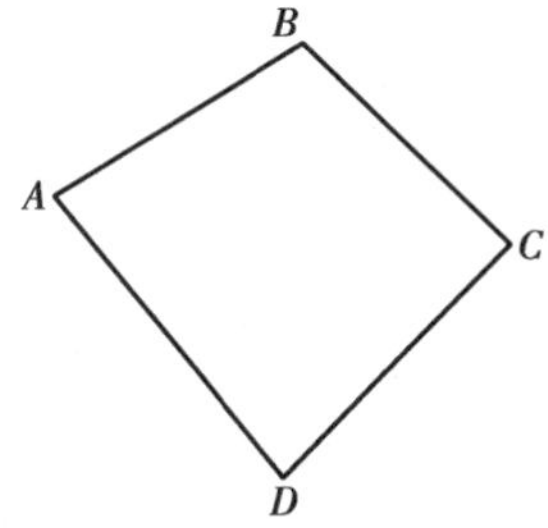

图 10.19　四边形

6.如图 10.20 所示，求 A_1、A_2、A_3、A_4 4 个界址点所围面积 S 为多少亩？其中 A_1（2 000.89 m，1 000.50 m）；A_2（2 000.24 m，1 999.75 m）；A_3（1 000 m，2 000.64 m）；A_4（1 000 m，1 000 m）。

图 10.20

11 园林道路测量

[本章导读]

园林道路是园林工程中重要的组成部分。本章重点介绍园路的中线测量、纵横断面测量、路基设计图的绘制等。通过本章学习,应掌握园路的选线、中线测量、纵横断面测量和纵断面设计,掌握线路路基设计、工程土石方量的计算以及渠道测量等。

在本章的学习过程中,以学生为中心,培养自主学习的能力和活学活用测量基本知识,解决生产实践问题的能力,增强对园林工程测量的热爱。

11.1、11.2 微课

11.1 概　述

11.1.1 园路的种类

园路是园林绿地中的重要组成部分,是联系各景区、景点以及活动中心的纽带,具有引导游览、分散人流的功能,同时也可供游人散步和休息之用。园路按其使用功能,一般可分为主干道、次干道和游步道 3 种类型。

(1)主干道(主路)　主干道是园林绿地道路系统的骨干,与园林绿地的主要出入口、各功能分区以及风景点相联系,也是各区的分界线。通常宽度为 3 ~6 m,视园林绿地规模大小和游人量多少而定。

(2)次干道　次干道为主干道的分支,是直接联系各区及风景点的道路,以便将人流迅速分散到各个所需去处。宽度一般为 2 ~3 m。

(3)游步道(小路)　它是景区内连接各个景点的游览小道,是寻胜探幽的道路。宽度一般为 1 ~2 m,也有小于 1 m 的。

11.1.2 园路测量的基本内容

由于园林绿地中对次干道、游步道的技术要求标准低,一般不需进行专门的线路测量,故园路测量主要对主干道而言。园路测量的内容主要包括:踏勘选线,中线测量,纵、横断面测量,路基设计和土石方量计算等内容。园路测量同样遵循“由整体到局部,由高精度到低精度,先控制后碎部”的原则。

11.2 园路中线测量

经过园路踏勘选线,路线上的起点、转折点(交点)、终点在地面上确定之后,通过测角、量距把路线中心的平面位置用一系列木桩在实地标定出来,这一工作叫路线的中线测量。中线测量是园路测量的主要工作,其主要任务是:测定转角、定线量距、标注里程、测设平面圆曲线等。

11.2.1 踏勘

踏勘应注意以下几点:

①做好踏勘前的准备工作,收集资料,如地形图、气象、水文等资料。

②初步拟订线路方案,路线的起、止点,走向等。

③地形复杂的地段重点勘查。

11.2.2 选线

选线就是将路线中心线的位置落实到实地上。道路的中线由直线和曲线组成,园路中的曲线比较简单,多为单圆曲线。路线方案确定后,要根据园路的实际情况,结合景区规划和地形地质条件,合理利用地形,综合考虑诸多因素,选定具体的线路位置。即定出路线的起点、转折点(交点)、终点等。

在一定等级的线路工程中,其中线的确定,是先在大比例尺规划地形图上设计中线的具体位置和走向,确定主要点(起点、转折点、交点、终点)坐标、切线方位角,以及设计半径等,并据此计算线路中线任意里程处的点位坐标,再根据线路沿线布设的测量控制点,利用极坐标放样等方法直接在实地标定中线的位置;对于小型线路工程,确定中线的方法一般是先在地形图上初步选线,然后再赴现场直接定线。

11.2.3 转角(交角)的测定

园路中线选定后,即可进行中线转角的测定。路线改变原来方向的转折点称为交点。在交点上相邻线路后视方向的延长线与前视方向线的夹角称为转角(交角)。转角是根据路线前进方向两相邻直线段交点处所测得的右角 β 计算而得到。如图 11.1 所示,可得转角的计算规律:

当右角 $\beta < 180°$ 时为右转角,表示线路向右偏转

$$\Delta_R = 180° - \beta \tag{11.1}$$

当右角 $\beta > 180°$时为左转角,表示线路向左偏转

$$\Delta_L = \beta - 180° \tag{11.2}$$

图 11.1 中的 JD,Δ_R 为公路测量符号。测量符号可采用英文(包括国家标准或国际通用标准)字母或汉语拼音字母。一条公路宜使用一种符号。《公路勘测规范》对公路测量符号有统一规定,常用符号列于表 11.1。

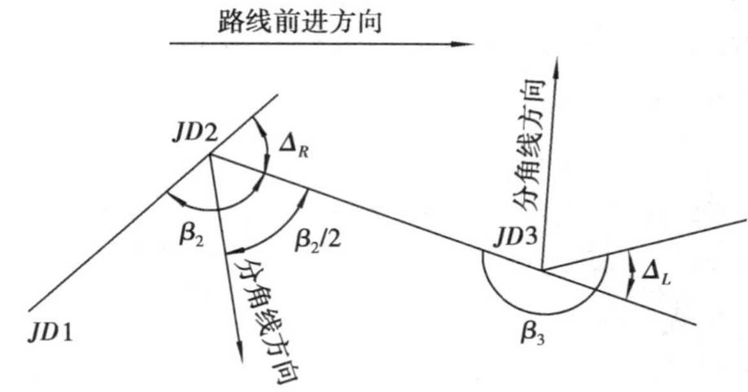

图 11.1 转角测量

表 11.1 公路测量符号

名 称	中文简称	汉语拼音或国际通用符号	英文符号
交点	交点	*JD*	*I. P.*
转点	转点	*ZD*	*T. P.*
导线点	导点	*DD*	*R. P.*
水准点		*B. M.*	*B. M.*
圆曲线起点	直圆	*ZY*	*B. C.*
圆曲线中点	曲中	*QZ*	*M. C.*
圆曲线终点	圆直	*YZ*	*E. C.*
公里标		*K*	*K*
转角		Δ	
左转角		Δ_R	
右转角		Δ_L	
平、竖曲线半径		*R*	*R*
曲线长		*L*	*L*
圆曲线长		*Lc*	*Lc*
平、竖曲线切线长		*T*	*T*
平、竖曲线外距		*E*	*E*
方位角		θ	

实际工作中,在测完 β 角并计算出转角以后,直接定出 β 角分角线方向 C,在此方向上钉临时桩,以作此后测设道路的圆曲线中点之用。

11.2.4 定线量距和里程桩的设置

1)定线量距

为测定路线的长度和路线纵横断面设计的需要,必须从起点起,沿线路的中线测出整个路线的长度。公路一般用钢尺、测距仪,园路及简易公路可用皮尺或测绳,按规定桩距采用平量法定线量距,并打木桩标注里程。

2)里程桩的设置

里程桩是以"千米 + 米"的形式编号,每个桩的标号表示该桩距路线起点的里程。如图11.2(a)桩号为 K3 +260,则该点距线路起点为 3 260 m。桩号要面向起点方向,背面以 1 ~ 10 序号循环书写,以便后续人员查桩使用。

里程桩分为整桩和加桩两种。整桩是由路线起点开始,每隔 10 m,20 m 或 50 m 的整倍数桩号而设置的里程桩。加桩是为反映地形变化或地物位置的里程桩,分为地形加桩、地物加桩、曲线加桩和关系加桩,如图 11.2(b),(c)所示。

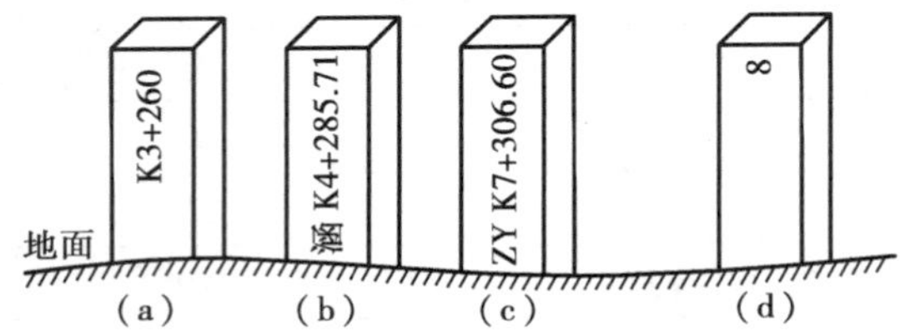

图 11.2 里程桩

地形加桩是指沿中线地面起伏突变处、横向坡度变化处以及天然河沟处等所设置的里程桩。地物加桩是指沿中线有人工构筑物的地方(如桥梁、涵洞处等)加设的里程桩。曲线加桩是指曲线上设置的主点桩,如圆曲线起点(ZY)、圆曲线中点(QZ)、圆曲线终点(YZ)。关系加桩是指路线上的转点桩和交点桩。

3)断链

在实际距离测量中,如线路改线或测错,都会使里程桩号与实际距离不相符,此种里程不连续的情况称为"断链"。断链分为长链和短链,实际路线比桩号长时为长链,反之称为短链。

当出现断链,为避免影响全局,在局部改线或差错地段改用新桩号,其他不变动地段仍采用旧桩号。并在新旧桩号变更处打断链桩,其表示方法是:"新桩号 = 旧桩号"。例如:K2 +860 = K2 +850,长链 10 m,表明此处改动后的路线实际长度比原来桩号长了 10 m。手簿中应记清断链的情况。在实际工作中应尽量减少断链情况发生。由于断链的出现,线路的总长度应按下面公式计算

$$\text{路线总长} = \text{末桩里程} + \text{长链总和} - \text{短链总和} \tag{11.3}$$

11.2.5 线路圆曲线的测设

由于受地形地质、设计意图及社会经济发展条件的限制，园路总是不断地从一个方向转向另一个方向。为保证行车安全，必须用曲线连接起来。这种在平面内连接两个不同方向线路的曲线，称为平曲线。平曲线的形式较多，如圆曲线（单圆曲线）、复曲线、反向曲线、缓和曲线、回头曲线，等等。其中圆曲线是圆路工程中最常用的一种，本书主要讲述圆曲线的测设方法。

圆曲线是指具有一定半径的圆弧线。圆曲线的测设工作一般分两步进行：首先是圆曲线主点的测设，然后进行圆曲线的细部测设，从而完整地标定出曲线的位置。

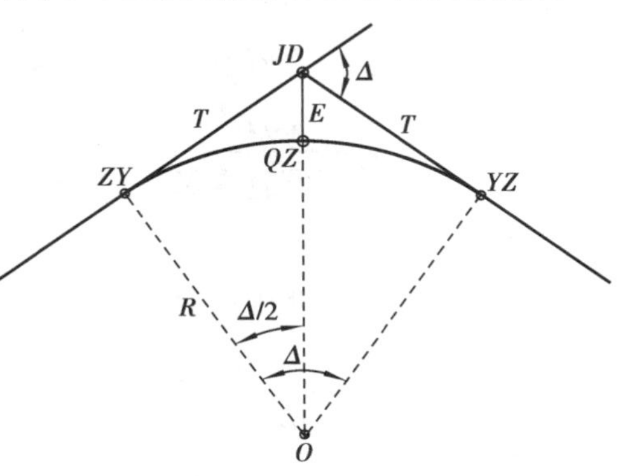

图 11.3 圆曲线

1）圆曲线主点测设

图 11.3 中，ZY 为圆曲线起点（直圆点），QZ 为圆曲线中点（曲中点），YZ 为圆曲线终点（圆直点），称为圆曲线的三主点。在实地测设前，要先进行圆曲线元素和各点里程的计算。

（1）主点测设元素的计算　如图 11.3，路线转角 Δ、圆曲线半径 R、切线长 T、曲线长 L、外矢距 E 及切曲线 D，称为曲线元素。R 为设计半径，Δ 为观测值，其余元素可按下列关系式计算

$$\left.\begin{aligned}
&\text{切线长} \quad T = R\tan\frac{\Delta}{2} \\
&\text{曲线长} \quad L = R\frac{\pi}{180^\circ}\Delta \\
&\text{外矢距} \quad E = \frac{R}{\cos\frac{\Delta}{2}} - R = R\left(\sec\frac{\Delta}{2} - 1\right) \\
&\text{切曲线} \quad D = 2T - L
\end{aligned}\right\} \tag{11.4}$$

【例 11.1】 已知某线路中 JD_5 的桩号为 K4 + 260.78，转角 $\Delta = 42°15'$（偏右），设计半径 $R = 150$ m，求各测设元素。

解　按式(11.4)可以计算得

$$\begin{aligned}
&\text{切线长} \quad T = 150\tan\frac{42°15'}{2}\text{m} = 57.96\ \text{m} \\
&\text{曲线长} \quad L = 150\frac{\pi}{180^\circ}42°15'\ \text{m} = 109.20\ \text{m} \\
&\text{外矢距} \quad E = 150\left(\sec\frac{42°15'}{2} - 1\right)\text{m} = 10.81\ \text{m} \\
&\text{切曲线} \quad D = (2\times 57.955 - 109.202)\ \text{m} = 6.71\ \text{m}
\end{aligned}$$

实际工作中，上述元素的值可用编程计算器计算，也可以从《公路曲线计算表》中查阅。

（2）圆曲线主点里程计算　为了测设圆曲线，必须计算主点的里程。一般情况下，可以根

据交点的里程桩和曲线元素推算出各主点的里程桩号。由图 11.3 可得出下面的计算公式：

$$\left.\begin{array}{ll}\text{直圆点} & ZY\text{ 里程} = JD\text{ 里程} - T \\ \text{圆直点} & YZ\text{ 里程} = ZY\text{ 里程} + L \\ \text{曲中点} & QZ\text{ 里程} = ZY\text{ 里程} + L/2 \\ \text{里程计算校核:} & JD\text{ 里程} = QZ\text{ 里程} + D/2\end{array}\right\} \quad (11.5)$$

在上例中，JD_5 的桩号为 K4 +260.78，按式(11.5)可计算出圆曲线主点里程，即

JD_5	K4 +260.78
−) T	57.96
直圆点 ZY	K4 +202.82
+) L	109.20
圆直点 YZ	K4 +312.02
−) $L/2$	54.60
曲中点 QZ	K4 +257.42
+) $D/2$	3.36
JD_5	K4 +260.78

（校核无误）

(3)圆曲线主点测设　如图 11.3 所示，将经纬仪置于交点 JD 上，分别以路线方向定向。自交点起沿两个方向分别量出切线长 T，即得到直圆点 ZY 和圆直点 YZ。在交点 JD 上后视曲线起点 ZY，测设角度$(180° - \Delta)/2$，得分角线方向。沿此方向自 JD 开始量出外视距 E，即得到曲线中点，并打 QZ 里程桩。至此圆曲线主点测设完毕。

2) 圆曲线的细部测设

在线路测设中，当地形变化较大，曲线长度大于 40 m 时，仅测设 3 个主点位置已不能满足线形施工的需要，还应进行圆曲线的细部测设，亦即测设圆曲线主点以外的加桩。曲线的加密桩距一般规定为 5 m，10 m 或 20 m。

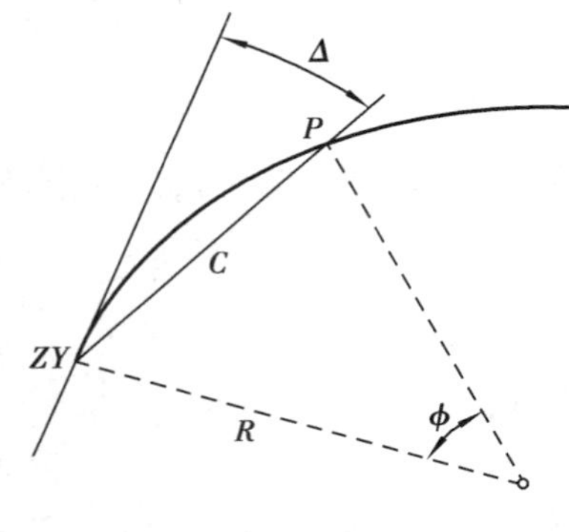

图 11.4　偏角法

圆曲线的细部测设的方法很多，传统的有偏角法、切线支距法等，目前由于全站仪的广泛使用，使用极坐标法放样已成为一种主要方法。

(1)偏角法　偏角法就是利用圆曲线起点（或终点）至曲线上一待定点 P_i 的弦线与切线之间的偏角（弦切角）Δ_i 和弦长 C_i，运用距离和方向交会的方法来确定曲线上细部点的位置，如图 11.4 所示。

设 Δ 和 ϕ 是曲线分段弧长 L 所对应的偏角和圆心角，由几何原理可知

$$\left.\begin{array}{l}\Delta = \dfrac{\phi}{2}, \quad \phi = \dfrac{L}{R} \cdot \dfrac{180°}{\pi} \\ \text{弦长} \quad C = 2R\sin\dfrac{\phi}{2} = 2R\sin\Delta\end{array}\right\} \quad (11.6)$$

在实际工作中，为了测量和施工方便，一般采用整桩号测设曲线的加桩。曲线上里程桩的间距一般较直线段密，按规定一般为 10 m 或 20 m等，由于排桩号的需要，圆曲线首尾两段弧不是整数，分别称为首段分弧 L_1 和尾段分弧 L_2，所对应的弦长分别为 C_1 和 C_2。中间为整弧 L_0，所对应的弦长均为 C。

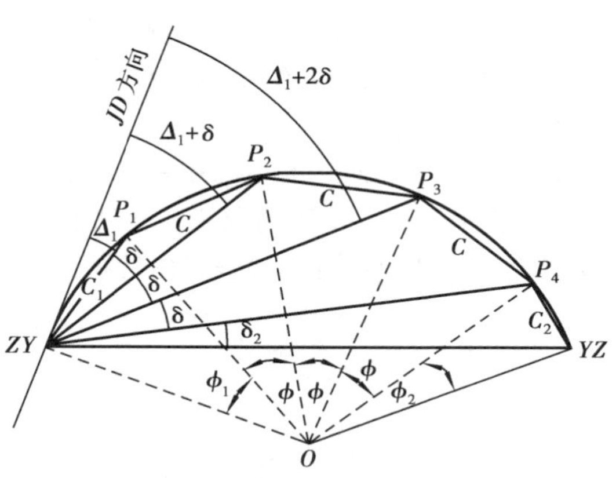

图 11.5　偏角法

图 11.5 中，ZY 点至 P_1 点为首段分弧，测设 P_1 点的数据可由公式(11.6)得出

$$\Delta_1 = \frac{\phi_1}{2} = \frac{L_1}{R} \cdot \frac{90°}{\pi}, \text{弦长 } C_1 = 2R \cdot \sin \Delta_1$$

P_4 点至 ZY 点为尾段分弧，弧长为 C_2，圆心角为 ϕ_2，圆周角为 δ_2。同理可知

$$\delta_2 = \frac{L_2}{R} \cdot \frac{90°}{\pi}, \qquad C_2 = 2R \sin \delta_2$$

圆曲线中间部分，相邻两点间为整弧 L_0，整弧 L_0 所对的圆心角均为 ϕ，相应的圆周角均为 δ，即

$$\delta = \frac{L_0}{R} \cdot \frac{90°}{\pi}, \qquad C = 2R \sin \delta$$

故各细部点的偏角为

P_1 点：　$\Delta_1 = \Delta_1$

P_2 点：　$\Delta_2 = \Delta_1 + \delta$

P_3 点：　$\Delta_3 = \Delta_1 + 2\delta$

⋮　　⋮

YZ 点：　$\Delta_{YZ} = \Delta_1 + n\delta + \delta_2 = \alpha/2$（用于检验，$\alpha$ 表示转角）

偏角法测设圆曲线是连续进行的，其测设的偏角是通过累计而产生的，称为各测设点之“累计偏角”，又称为“总偏角”。作为计算的检验，累计偏角应为 $\alpha/2$。

平面圆曲线细部测设步骤：

①将经纬仪安置于曲线起点 ZY，瞄准交点 JD，将水平度盘读数调至 0°00′00″，这样便于利用曲线偏角累加值测设方向。

②转动照准部，正拨（顺时针）使读数等于 Δ_1，由测站点（ZY）沿视线方向量取长度 C_1 定桩，即可定出曲线上第一点 P_1 的位置。

③继续转动照准部使读数等于 Δ_2，然后从 P_1 点量出 P_1—P_2 点的弦长 C 并与视线相交而得到 P_2 点的位置。依此类推，定出其他中间各点。

④测设至曲线终点。照准部转动 $\alpha/2$，视线恰好通过曲线终点 YZ。P_{n-1}点至曲线终点的弦长应为 C_2，测设得出曲线终点点位与原点点位若不重合，其允许的闭和差一般规定为：当 $L<100$ m，切线方向的纵向误差为 10 cm，半径方向的横向误差为 5 cm；当 $L \geqslant 100$ m 时，纵向误差为 20 cm，横向误差为 10 cm。

在实际测设工作中，仪器可安置在曲线上任意一点或交点 JD 处，但由于距离是逐点连续丈量的，前面点的点位误差必然会影响后面测点的精度，点位误差是逐渐累积的。为了有效地防止误差积累过大，可在曲线中点 QZ 处进行校核，或分别从曲线起点、终点进行测设，在中点处进行校核。

偏角法测设圆曲线的精度较高，应用灵活，是常用的基本方法。

(2)极坐标法　由于测距仪和全站仪的普及，在生产中该法已成为曲线测设的主要方法。该法具有速度快、精度高、设站自由等特点。

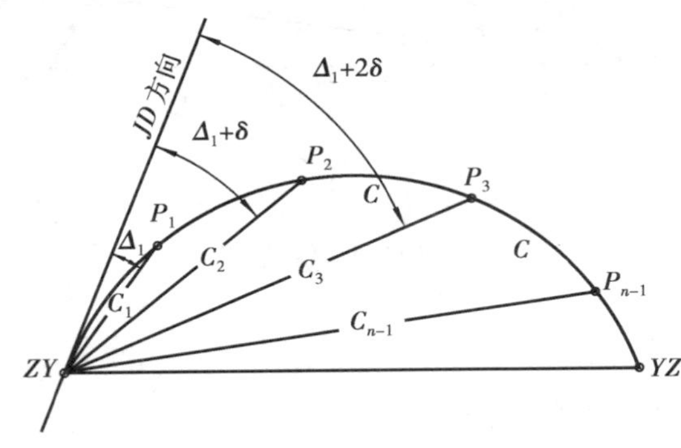

图 11.6　极坐标测设圆曲线

极坐标法是采用直接、独立地测设曲线上各点，然后钉桩。具体方法是采用整桩号测设圆曲线上的加桩。利用公式(11.6)可分别求出各加桩点的偏角 $\Delta_1,\Delta_2,\Delta_3,\cdots,\Delta_n$ 以及各加桩点的弦长 $C_1,C_2,C_3,\cdots,C_n$。

测设时，如图 11.6 所示，将仪器安置在 ZY 点，以度盘0°00′00″照准路线的交点 JD。转动照准部，依次测设 Δ_i 角和相应的弦长 C_i，钉桩，即可分别得到曲线上各点。

极坐标法既发挥了偏角法测设曲线精度高，实用性强，灵活性大，可在曲线上的任意一点或交点 JD 处设站的优点，同时，点位误差不会逐渐积累，极大地提高了测设精度和效率。

11.3 微课

11.3　园路纵断面测量

路线纵断面测量又称路线水准测量。它的任务是根据水准点高程，测量路线中线上各里程桩(中桩)的地面高程，并按一定比例绘制路线纵断面图，以便于进行路线纵坡设计、土方量计算等。

为了提高测量精度和检验成果，依据“从整体到局部，先控制后碎部”的测量原则，路线纵断面测量分基平测量、中平测量两部进行。

11.3.1　基平测量

基平测量也称路线高程控制测量，即沿路线方向设置若干水准点，并测定其高程。具体的技术要求为：

①在园路测量中水准点应选在离中线 20 m 以外，便于保存，不受施工影响的地方。

②根据地形状况和工程需要，每隔 0.5 ~ 1.0 km 设置一个临时水准点，在重要的工程地段如桥梁、涵洞等工程集中地段应适当增设水准点。

③进行基平测量时，有条件的应将其始水准点与附近的国家水准点进行联测。若路线附近没有国家水准点，可采用假定起始水准点的高程。

④水准点间采用往返观测，高差闭合差为 $f_{h允} \leq 40\sqrt{L}$ mm 时(L:路线长度，以 km 为单位)，

取平均值作为最后结果。

11.3.2　中平测量

中平测量是根据基平测量提供的水准点高程，以相邻两个水准点为一测段，从一个水准点出发，逐个测量各中桩的地面高程，闭合在下一个水准点上，形成附和水准路线，其允许误差为：$f_{h允} \leq 50\sqrt{L}$ mm。

测量时，在每一个测站上除了观测中桩外，还需要在一定距离内设置用于传递地面高程的转点（TP），实际测量时可选择中桩作转点。每两个水准点或转点之间的中桩统称为中间点，其水准尺读数称为中视读数，观测时一般采用视线高法。视线长度不应超过 150 m，先观测水准点和转点，后观测中桩点读数，水准点和转点读数读至毫米，中桩读至厘米，测量中桩时标尺要紧靠桩边的地面。

1）施测步骤

①如图 11.7 所示，水准仪置于测站Ⅰ，后视水准点 BM_1，前视中桩 K0 +080，并作为转点，将观测结果分别记入表 11.2 的“后视”和“前视”栏内，然后依次观测 BM_1 和 TP_1 间的中间点 K0 +000，K0 +020，…，K0 +060，将其读数分别记入“中视”栏内

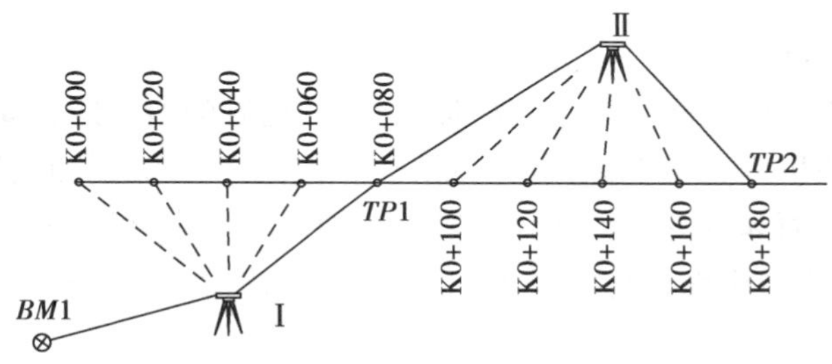

图 11.7　路线中平测量

②仪器迁移至Ⅱ站，后视转点 TP_1，前视中桩 K0 +180，并作为转点 TP_2，然后再依次观测两转点间的各中间点，并将读数记入表格相应的位置。

③按上述方法逐站观测，直至附合到下一个高程控制点 BM_2，完成一测段的观测工作。

2）计算方法

各站记录后应立即计算各点高程，直至下一个水准点为止。将中平测量的水准点高程与基平测得的高程比较，如果误差在 ±50 mm 范围内，就可以进行下一步计算和下一段的观测工作；否则，应及时返工重测。中平测量结果一般不需要进行闭合差调整，而以原计算的各中桩点高程作为绘制纵断面图的依据。

中桩高程计算时先计算视线高程，然后计算各转点高程，经检验无误后再计算各中桩点高程，各测站的每一项计算公式为

$$\left.\begin{aligned}&\text{视线高程} = \text{后视点高程} + \text{后视读数}\\&\text{转点高程} = \text{视线高程} - \text{前视读数}\\&\text{中桩高程} = \text{视线高程} - \text{中视读数}\end{aligned}\right\} \tag{11.7}$$

表 11.2 中平测量记录

测站	测 点	读 数/m			视线高程 /m	高 程 /m	备 注
		后 视	中 视	前 视			
I	*BM*1	2.105			126.160	124.055	
	K0 +000		1.07			125.09	
	K0 +020		1.95			124.21	
	K0 +040		2.52			123.64	
	K0 +060		2.76			123.40	
	K0 +080			2.654		123.506	
Ⅱ	K0 +080	2.408			125.914	123.506	
	K0 +100		1.85			124.06	
	K0 +120		1.02			124.89	
	K0 +140		1.64			124.37	
	K0 +160		0.65			125.36	
	K0 +180			0.315		125.599	
…	…	…	…	…	…	…	…

3)园路纵断面图的绘制

园路纵断面图是根据中线测量和中平测量的数据,绘制的沿中线方向反映地面起伏形状的线状图。绘制时以线路里程为横坐标,高程为纵坐标,根据工程需要的比例尺,在毫米方格纸上进行绘制。为了显示地面起伏变化,纵断面图的高程(纵向)比例尺一般比距离(横向)比例尺大10倍。公路勘测一般采用纵向比例尺1∶200,横向比例尺1∶2 000。绘制方法和格式参照如下:

图11.8为一公路的一段纵断面图。图上的上半部绘制有两条线,细折线表示中线方向的实际地面线,是根据中平测量的中桩地面高程绘制的;粗折线表示纵坡设计线。此外,在图上还注有水准点的编号、高程和位置、竖曲线的示意图及其曲线元素等。图的下部绘制有几栏表格,填写有关测量及坡度设计的数据,一般包括桩号、坡度与距离、设计高程、地面高程、填挖高度、直线与曲线等内容。

①在桩号栏从左向右按比例尺绘出各里程桩的位置并标明桩号。

②在地面高程栏内填写各中桩的地面高程,位置与里程桩桩号对齐。

③在以里程为横坐标,高程为纵坐标的坐标系中,点出各桩对应的位置,并将其连接起来就是线路的纵断面图。线路较长可分段绘制。

④在直线与曲线一栏内,按桩号标明线路的直线和曲线部分的示意图,即线路的中心线。其中曲线部分用直角折线表示,上凸表示路线右偏,下凸表示路线左偏,并注明交点号和曲线元素。在交角小于5°时用锐角折线表示。

⑤根据各点高程和线路实际控制点的位置,进行纵坡设计,并绘制设计坡度线。设计时应考虑使施工时土石方工程量最小,填挖方尽量平衡及小于限制坡度等道路有关技术规定。

⑥在坡度与距离一栏内用斜线表示两点间的坡度,包括上坡和下坡;用水平线表示平坡,线

上方用百分数注明坡度，线下方注明两点间的水平距离。不同的坡段用竖线分开。

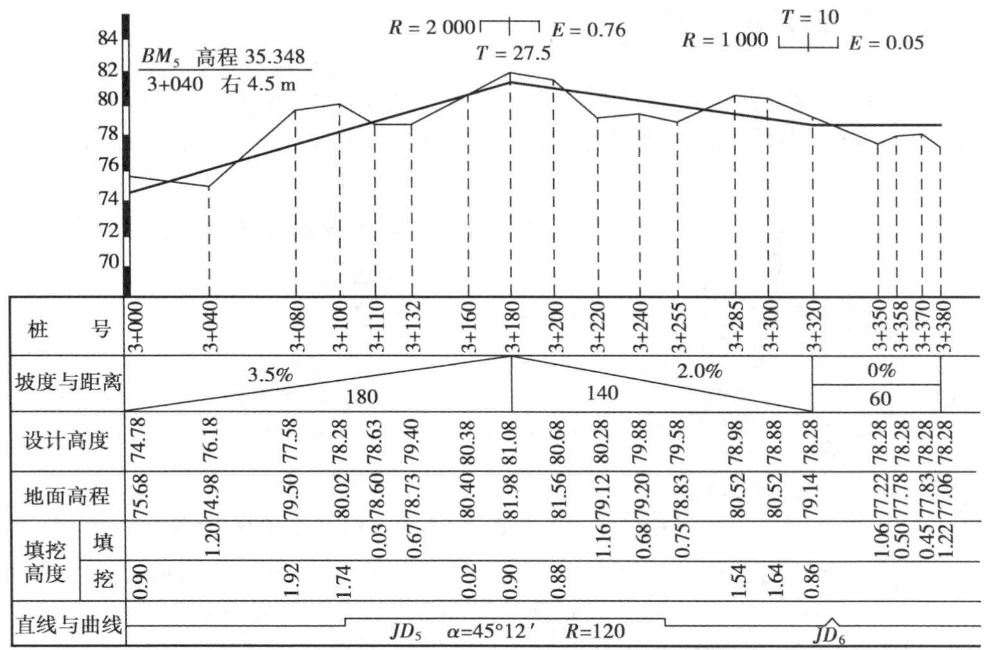

桩号	3+000	3+040	3+080	3+100	3+110	3+132	3+160	3+180	3+200	3+220	3+240	3+255	3+285	3+300	3+320	3+350	3+358	3+370	3+380
坡度与距离	3.5% 180								2.0% 140							0% 60			
设计高度	74.78	76.18	77.58	78.28	78.63	79.40	80.38	81.08	80.68	80.28	79.88	79.58	78.98	78.88	78.28	78.28	78.28	78.28	78.28
地面高程	75.68	74.98	79.50	80.02	78.60	78.73	80.40	81.98	81.56	79.12	79.20	78.83	80.52	80.52	79.14	77.22	77.78	77.83	77.06
填挖高度 填		1.20			0.03	0.67				1.16	0.68	0.75				1.06	0.50	0.45	1.22
填挖高度 挖	0.90		1.92	1.74			0.02	0.90	0.88				1.54	1.64	0.86				
直线与曲线				JD_5 α=45°12′ R=120											JD_6				

图 11.8 路线纵断面图

⑦设计高程是根据里程和设计坡度计算得出的，设计线路起点的高程是确定的，其他各点的设计高程由下式计算：

某点的设计高程 = 起点设计高程 ±（设计坡度 × 起点至某点的平距），上坡取“ + ”号，下坡为“ - ”号。

⑧计算各桩点的挖深和填高。同一桩号的设计高程与地面高程之差即为该点的填挖高度，正号为填土高度，负号为挖土深度。地面线与设计线的交点为不填不挖的“零点”，并将计算数值分别填入到填、挖高度栏内。

11.4、11.5 微课

11.4 园路横断面测量

垂直于线路中线方向的断面称为横断面。横断面测量就是在各中桩处测定垂直于道路中线方向的地面起伏状况，然后绘制成横断面图，为路基设计和土石方计算提供依据。施测宽度与道路等级、地形条件、路基的设计宽度、边坡坡度等有关。在园路中一般为距中线两侧各 10 ~ 15 m。实际工作中测定距离和高差精确到 0.05 ~ 0.1 m 即可满足工程要求。因此，横断面测量多采用简易的测量工具和方法，以提高工效。

11.4.1 横断面方向的测定

在施测前首先要确定横断面的方向。当地面较开阔平坦时，横断面方向偏差的影响不大，其方向可以依据路线中线方向目估。但在地形复杂的上坡地段其影响显著，需用方向架确定横断面的方向。

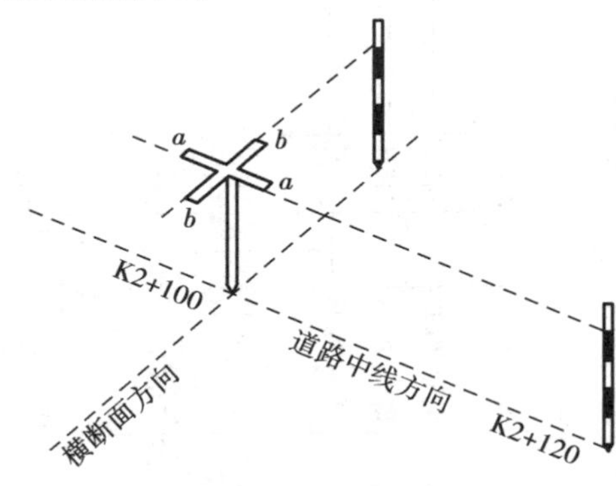

图 11.9 十字架法

1）在直线段上横断面方向的测定

直线段上横断面方向是与道路中线相垂直的方向，一般常用十字架法进行测定。

如图 11.9 所示，将方向架置于 K2 + 100 的桩号上，以其中一组方向瞄准该桩相邻的前方或后方某一中桩。如瞄准前方中桩 K2 + 120，则方向架的另一组方向即为该中桩的断面方向。

2）圆曲线上横断面方向的测定

圆曲线上横断面方向应与该点的切线方向垂直，指向曲线圆心的方向。一般采用求心方向架测定。如图 11.10（a）所示，求心方向架就是在上述十字方向架上安装一个能转动的定向杆 *ee*，并加有固定螺旋，用来测定横断面方向。

如图 11.10（b）所示，欲测定 1 点处的横断面方向，先将求心方向架置在圆曲线的起点 *ZY* 上，使 *aa* 对准交点 *JD* 方向，此时 *bb* 通过圆心。然后转动定向杆 *ee* 瞄准曲线上的 1 点，并固定。

将求心方向架移至 1 点，并使 *bb* 瞄准起点 *ZY*，根据弦切角原理，此时定向杆 *ee* 指向圆心方向，即为 1 点的横断面方向，在该方向上作标志。

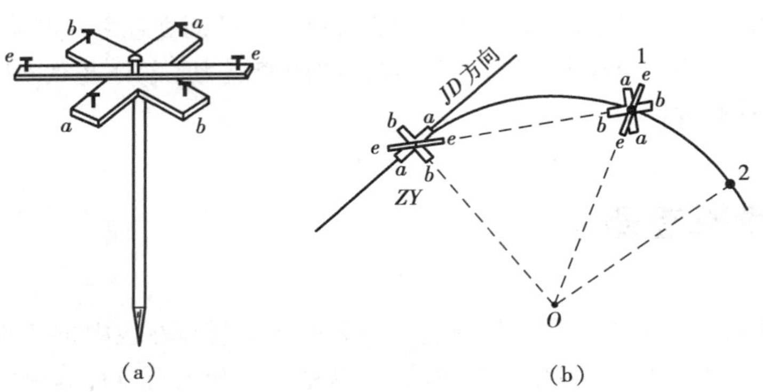

图 11.10 用求心方向架测定圆曲线上横断面方向

在定出 1 点的横断面方向之后，为测定 2 点的横断面方向，可在 1 点处将求心方向架的 *bb* 对准 1 点的横断面方向，转动定向杆 *ee* 对准 2 点；然后拧紧固定螺旋移至 2 点，使 *bb* 瞄准 1 点，定向杆 *ee* 方向即为 2 点横断面方向。依此类推，可测定其他各点的横断面方向。

11.4.2 横断面的测量方法

1)标杆皮尺法

如图 11.11 所示,A,B,C,D 为横断面方向上选定的坡度变化点,先将标杆立于离中桩 K2 +120 较近的 A 点,皮尺靠中桩的地面拉平,量出中桩至 A 点的距离,而皮尺截取标杆上的红白格数(每格 0.2 m)即为两点间的高差。同法连续测出相邻两点间的距离和高差,直至需要的宽度为止。

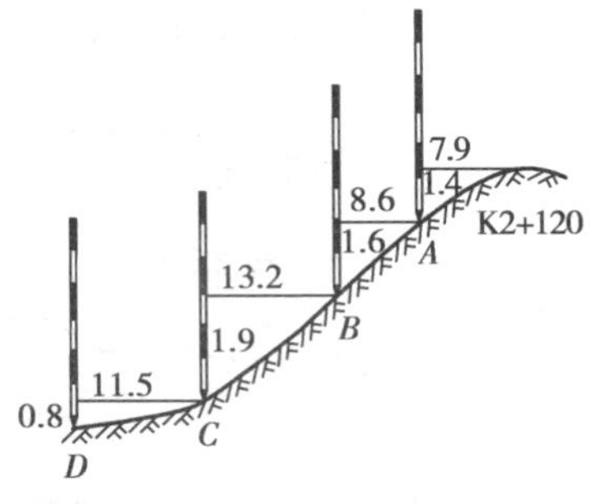

图 11.11 标杆皮尺法

记录格式如表 11.3 所示,表中按路线前进方向分左、右侧,以分数的形式表示各测段两点间的高差和距离。其中分子表示高差,分母表示距离,正号表示地形升高,负号表示下降。

表 11.3 横断面测量记录

左 测	中 桩	右 测
$\frac{-0.8}{11.5}$ $\frac{-1.9}{13.2}$ $\frac{-1.6}{8.6}$ $\frac{-1.4}{7.9}$	K2 +120	$\frac{-1.1}{4.8}$ $\frac{-0.9}{6.3}$ $\frac{-1.2}{11.5}$ $\frac{0.6}{5.6}$

2)水准仪皮尺法

在横断面测量精度要求比较高、横断面较宽、坡度变化不太大的情况下,可采用水准仪测量横断面的高程。施测时,将水准仪安置在适当的位置,先后视立于中桩上的水准尺,读取后视读数,求得视线高程;再前视横断面方向上,立于已选定的坡度变化点上的水准尺,取得前视读数,精度至 cm 即可。用视线高程减去各前视读数,即得到各点的地面高程。实际测量工作中,若仪器位置安置得当,一站可测量多个断面。

中桩至各变化点的平距可用皮尺或钢尺量出,精度至 dm。

3)经纬仪视距法

安置经纬仪于中桩上,用经纬仪直接定出横断面方向,而后用视距法测出各地形变化点与中桩的平距和高差。此法由于使用了经纬仪,不用直接量距,减轻了外业工作量,因而适用于量距困难、山坡陡峻的路线横断面测量。

11.4.3 横断面图的绘制

横断面图绘制的工作量比较大,一般采取现场边测边绘的方法。和纵断面图绘制一样,也是绘制在毫米方格纸上,通常采用 1:100 或 1:200 的比例尺。

横断面图绘制时,先在适当的位置标出中桩的位置,注明桩号;然后由中桩开始,分左、右两侧把测定得到的各坡度变化点逐一画在图纸上;再将相邻点用直线连接起来,即可得到横断面的地面线,然后适当标注有关地物或数据等。

11.5 园路路基设计图的绘制

根据纵断面图上的中桩设计高程及园路设计路基宽度、边沟尺寸、边坡坡度等数据，在横断面图上绘制路基设计断面图。具体绘制时，一般先将设计的园路横断面按相同的比例尺做成模片（透明胶片），然后将其覆盖在对应的横断面图上，按模片绘制成路基断面线，这项工作俗称“戴帽子”。路基的横断面形式主要有3种，即全填式、全挖式、半填半挖式，如图11.12所示。

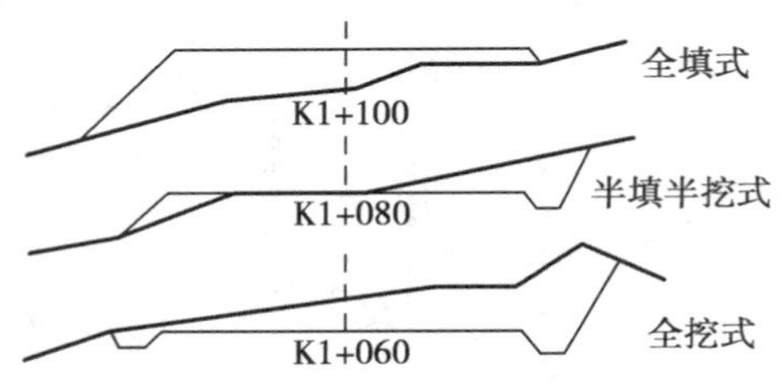

图11.12 设计路基横断面

路面、边坡和排水沟都是路基设计的组成部分，设计时要一起综合考虑。路堤边坡（路堤斜坡的高差与水平距离的比）：土质边坡一般采用1∶1.5，填石边坡可陡些。挖方边坡：一般采用1∶0.5，1∶0.75等。排水沟：除高填方的路堤外，其他路基都需设置排水沟，位于路肩两侧，一般采用梯形或矩形断面，深度和底宽不应小于0.4 m。

11.6，11.7 微课

11.6 土石方计算

为了编制园路工程的造价预算，合理安排劳动力，有效组织工程实施，必须对园路工程的土石方进行计算。土石方计算分两步进行，首先计算横断面面积，然后计算土石方数量。

11.6.1 横断面面积计算

横断面面积计算是指路基填方、挖方的横断面面积的计算，即路基横断面中原地面线与路基设计线所围合的面积。高于原地面线部分的面积为填方面积，低于原地面线的面积为挖方面积，填方、挖方面积分别计算。

由于路基横断面设计是在毫米方格纸上进行的，因而可直接在设计图上计算。计算方法有多种，参见“10.5 面积量算”。传统的方法有数方格法、条形法、求积仪法等。

11.6.2 土石方数量的计算

在园路土石方量计算中，一般采用“平均断面法”近似计算，即以相邻两横断面的面积平均值乘以两桩号之差计算出体积，然后累加相邻断面间的体积，得出总的土石方量。设相邻的两横断面面积分别为A_i和A_{i+1}，两断面的间距（桩号差）为L，则填方或挖方的体积V为

$$V=\frac{1}{2}(A_i+A_{i+1})L \tag{11.8}$$

计算土石方数量时，应将填方、挖方的平均断面面积分别计算填、挖方量，如计算表11.4所示。

表11.4　土石方量计算表

桩　号	横断面面积/m^2		平均横断面面积/m^2		间距/m	土石方量/m^3		
	填　方	挖　方	填　方	挖　方		填　方	挖　方	合　计
K1 +020	4.2							
			3.7	0.7	20	74	14	88
K1 +040	3.2	1.3						
			2.6	1.2	20	52	24	76
K1 +060	2.0	1.0						
			1.0	2.6	20	20	52	72
K1 +080		4.2						
				4.6	20		92	92
K1 +100		5.0						
合　计						146	182	328

11.7　渠道设计

在园林绿地中的渠道不同于农业上的渠道，它一般仅用于排水而非灌溉。其设计要求比灌溉渠道设计要求低，主要包括流量设计和纵横断面设计。在进行设计时，应考虑如下基本要求：

①保证顺利排水；

②使渠道不发生冲刷和淤积；

③使渠道边坡稳定；

④使渠道的土方量尽可能少。

11.7.1　渠道流量设计

渠道流量是指单位时间内流过已知过水断面的水的体积，单位为m^3/s。设计渠道时，首先要确定设计流量，因为它是确定渠道断面、渠道建筑物尺寸和渠道工程规模的依据。目前设计小面积（不超过50 km^2）排水渠道的流量设计，常用平均排水法进行计算，其公式为

$$Q = MF \tag{11.9}$$

式中，Q——流量，m^3/s；

F——排渠控制的排水面积，km^2；

M——设计排水模数，$m^3/(s \cdot km^{-2})$。

排水模数M是单位面积上的排水量。它分地面排水模数和地下径流模数两部分。在易涝地区计算排水流量时，用地面排水模数（也称除涝模数）；在易涝易碱地区，用地面排水模数与地下径流模数之和。

除涝模数的计算方法：在平原易涝地区，首先根据当地地面多余水分对园林植物的危害程度，规定出排除这些多余水分所需要的天数，然后根据排水时间、降雨量和径流系数来计算排水模数。其公式为

$$M = \frac{aP}{86.4t} \tag{11.10}$$

式中，M——排水模数，$m^3 \cdot s^{-1} \cdot km^{-2}$；

a——径流系数；

P——定频率的设计暴雨，mm；

t——规定的排涝时间，d。

径流系数一般是指一次暴雨量（P）与该次暴雨所产生的径流量（R）的比值（$a=R/P$）。由于各地区的自然条件不同，径流系数也不同。就是同一地区，在修建排水系统前后的径流系数也是不相同的。设计时，其值大小可向当地水利部门了解。

设计暴雨，通常采用符合一定除涝标准的一日暴雨或三日暴雨。除涝标准是由中央和省水利部门，根据各地区水利设施现状及一定时期内农林业生产发展要求统一规定的，可从各省编制的《水文手册》中选用。

排涝天数主要根据各种园林植物的允许耐淹历时确定。

地下径流模数与土壤条件、气象条件、盐碱地灌溉冲洗、土壤盐分以及园林植物的种植等因素有关，但目前尚没有一个实用的公式供计算使用，而是根据各地条件试验确定。

【例 11.2】 已知某易涝区面积 15 km^2，十年一遇的 24 h 降雨量为 180 mm（查地区水文测验资料得到），排水天数定为 2 d，试求排水设计流量。

解 经了解，该地区的径流系数为 0.3，则

$$M = \frac{0.3 \times 180}{86.4 \times 2} \ m^3 \cdot s^{-1} \cdot km^{-2} = 0.31 \ m^3 \cdot s^{-1} \cdot km^{-2}$$

$$Q = 0.31 \times 15 \ m^3/s = 4.65 \ m^3 \cdot s^{-1}$$

11.7.2 渠道横断面设计

渠道横断面设计是根据已确定的设计流量，通过水力计算，确定出合理的渠道横断面尺寸。类似园路，按开挖方式也分为填方、挖方和半填半挖式 3 种。横断面各部分的名称如图 11.13 所示。其设计规格包括渠道的底宽、水深、内外边坡、超高和堤顶宽等。

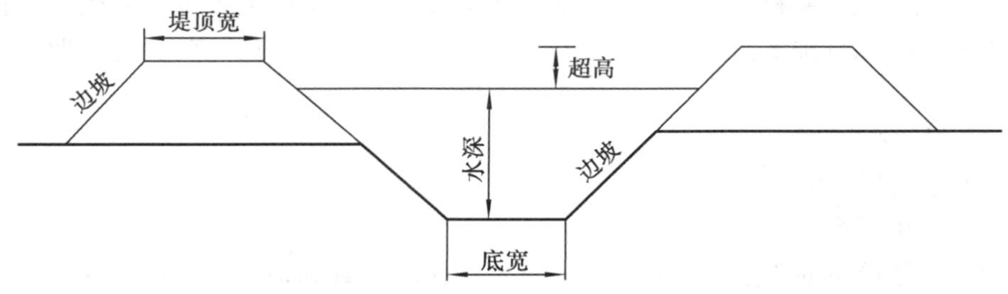

图 11.13 渠道横断面

1）确定渠道的纵坡

纵坡用 $i=1:M$ 表示，即渠底高程每降 1 m 渠道向前延伸 M m。纵坡是渠道设计起主导作用的因子。一般情况下，流量大的渠道的纵坡要小，也即应缓些；流量小的渠道的纵坡应大些。

此外还要考虑土质、工程量、自然落差等因素。一般渠道的纵坡可参考表 11.5。

表 11.5 各级渠道纵坡设计参考数据

渠道级别	流量/($m^3 \cdot s^{-1}$)	坡度范围	要 求
干 渠	>1	1/3 000 ~ 1/5 000	以安全稳定为主
支 渠	0.2 ~ 1	1/1 000 ~ 1/3 000	引水顺利、兼顾安全
斗 渠	<0.2	1/200 ~ 1/1 000	适于地面、便于排水

2) 确定渠道边坡

对于土质渠道，为了防止岸边坍塌，使断面的侧边呈斜坡状。斜坡的高差与其水平距离之比叫渠道的边坡，其大小与土质、坡高等有关。

3) 确定堤顶宽和超高

堤顶宽和超高（指堤顶超过最高水面的垂直距离）是各种渠道断面的重要组成部分，其作用是防止渠道水在波动或其他的特殊情况下，漫上堤顶，以确保渠道的安全。堤顶的宽度和超高应按渠道的级别和流量来确定，选用时可参考表 11.6。

表 11.6 渠道纵坡设计参考数据

流量/($m^3 \cdot s^{-1}$)	<0.5	0.5 ~ 1.0	1 ~ 5	5 ~ 10	10 ~ 30	30 ~ 50
超高/m	0.2 ~ 0.3	0.2 ~ 0.3	0.3 ~ 0.4	0.4	0.5	0.6
堤顶宽/m	0.5 ~ 0.8	0.8 ~ 1.0	1.0 ~ 1.5	1.2 ~ 2.0	1.5 ~ 2.5	2.0 ~ 3.0

4) 确定渠道的底宽和水深

渠道的底宽和水深，在水力学上是根据已设计的流量和有关参数用输水能力公式经试算来确定的。计算方法烦琐，为方便设计使用，编制了如表 11.7 所示的表。

表 11.7 渠道底宽和水深表

流量 Q /($m^3 \cdot s^{-1}$)	b h	$m=1.0$						$m=1.5$					
		i						i					
		1/500	1/1 000	1/1 500	1/2 000	1/3 000	1/5 000	1/500	1/1 000	1/1 500	1/2 000	1/3 000	1/5 000
0.10	b	30	35	40				30	35	35			
	h	30	30	30				30	30	30			
0.20	b	40	50	55	60			35	40	50	50		
	h	40	40	40	40			40	40	40	40		
0.30	b	42	47	51	54	58	63	29	33	35	37	40	44
	h	51	57	62	65	70	76	48	54	58	61	66	72
0.40	b	46	53	56	60	66	70	32	36	39	41	44	49
	h	56	64	68	72	79	85	53	60	64	68	72	80

续表

流量 Q /($m^3 \cdot s^{-1}$)	b h	$m=1.0$						$m=1.5$					
		i						i					
		1/500	1/1 000	1/1 500	1/2 000	1/3 000	1/5 000	1/500	1/1 000	1/1 500	1/2 000	1/3 000	1/5 000
0.50	b	50	57	61	65	70	76	35	40	43	44	48	52
	h	61	69	74	78	84	92	57	65	70	73	79	86
0.60	b	54	60	66	69	75	83	37	42	45	48	51	56
	h	65	73	80	83	90	100	61	69	74	78	84	92
0.70	b	57	65	70	73	76	88	40	44	48	50	55	60
	h	69	78	84	88	92	106	65	73	78	82	90	98
0.80	b	60	68	73	76	83	93	41	47	60	54	58	63
	h	72	82	88	92	100	112	68	77	82	88	94	104
0.90	b	62	70	76	80	90	100	43	49	52	55	60	67
	h	75	85	92	97	108	120	70	80	86	90	98	110
1.00	b	65	74	80	83	91	103	45	50	55	57	62	70
	h	78	89	96	100	110	124	73	83	90	94	102	116

(注:b,h 分别为底宽和水深,单位 cm)

11.7.3 渠道纵断面设计

渠道纵断面设计的主要内容是:确定渠道水位线、渠底线和堤顶线,其中主要的是水位线。水位线设计得合理,可使各级渠道在正常使用的情况下,沿渠的水位都能满足下级渠道分水口对水位的要求,确保排水顺畅。同时水位线又是确定渠底线和堤顶线的依据。

1)设计水位线

各处渠底高程加上设计水深,即为设计水位,各相邻点间设计水位的连线为设计水位线。

设计水位高程 = 渠底设计高程 + 设计水深

2)渠底设计线

作为排水渠道,在确定了起点的渠底高程 H_0 和设计纵坡 i 后,其纵断面的主要设计工作就是计算渠道上距离起点 d m 处的设计渠底高 H_d,即

$$H_d = H_0 + di \tag{11.11}$$

渠底各相邻设计点间的连线即为渠底设计线。

3)堤顶设计线

设计水位高程加上超高即为堤顶设计高,堤顶各设计高程点的连线称为堤顶设计线。

堤顶设计高程 = 设计水位高程 + 超高

11.7.4 土石方量的计算

土石方量计算采用平均断面积法,方法与园路设计中土石方量的计算相同。数字测图软件CASS7.0在工程中的应用,如DTM法土方计算、断面法道路设计及土方计算、方格网法土方计算、断面图的绘制及公路曲线设计请参看CASS7.0用户手册,结合绘图软件进行学习,这里不再多述。

复习思考题

1. 名词解释

转角　断链　路线横断面和纵断面　基平测量和中平测量　超高

2. 简述题

(1)园路按功能分为哪几类?各有什么作用?

(2)简述路线右角与转角的关系。

(3)简述园路中线测量的过程。

(4)简述横断面方向确定的方法。

(5)简述纵断面图的绘制方法。

3. 计算题

(1)已知某线路的交点 JD_3 处右转角 $\Delta=56°18'20''$,其桩号为K5+450.25,曲线设计半径为 $R=120$ m。试计算园曲线元素 T,L,E,D 及3个主点的桩号,并简述3个主点的测设步骤。

(2)以上例中的数据为基础,按整桩距 $L_0=10$ m,试计算用偏角法详细测设整个曲线的数据,并简述其测设步骤。

(3)已知某渠道设计的流量为0.6 m^3/s,渠道沿线的土质为沙壤土,设计纵向坡度为1/1 500,横断面边坡坡度为1:1。试计算设计横断面尺寸。

12 园林工程测量

[本章导读]

本章是测量学在园林工程建设中的具体应用。内容包括园林工程测量概述、平整土地测量、测设的基本工作、点位测设的基本方法、园林建筑施工测量、其他园林工程施工放样和竣工测量7个方面。其中,点位测设的基本方法、园林场地平整测量及园林工程施工测量是本章学习的重点。

在本章的学习过程中,培养学生独立进行园林工程测量的能力,学会创新思维方法,提高工作效率,全面提高学生的测绘综合素质,培养学生成为德智体美劳全面发展的技术技能人才。

12.1,12.2 微课

12.1 概　述

广义的园林工程是指园林建筑设施与室外工程,包括山水工程、道路桥梁工程、假山置石工程、园林建筑设施工程等。其中山水工程主要指园林中改造地形,创造优美环境和园林意境的工程,如堆山叠石、建造人工湖、驳岸、跌水、喷泉等。道路工程主要指园林中的主园路、次园路、游步道、园桥等。园林建筑设施工程包括游憩设施(亭、廊、榭、厅、阁、斋、轩、园椅、园凳、园桌等)、服务设施(餐厅、酒吧、摄影部、售票部等)、公共设施(电话、导游牌、路标、停车场、标志物及果皮箱、饮水站等)、管理设施(大门、围墙、办公室、变电室、垃圾处理场等)。

在园林工程的各项建设中,测量工作具有重要作用。在其整体规划设计之前,需有规划地区的地形图作为规划设计的基本材料,如地物的构成、地貌的变化、植被分布以及土壤、水文、地质等状况。借助这些基本材料完成设计之后,施工前和施工中需要借助于各类测绘仪器,应用测量的原理与方法将规划设计的内容准确地放样到地面上(测设)。工作结束后,根据需要有时还须测绘出竣工图,作为以后维修、扩建的依据。

园林工程测量按工程的施工程序,一般分为规划设计前的测量、规划设计测量、施工放线测量和竣工测量4个阶段。

12.1.1 规划设计前测量

规划设计前测量主要是将园林规划设计用地测绘成图，为规划设计提供依据。当某一规划设计用地要进行规划设计之前，必须了解掌握该用地的形状大小、地物地貌等分布情况。因此，规划设计前的测量主要是将规划用地测绘成所需比例尺地形图。测绘地形图可按前面学过的测绘方法进行测绘。在进行控制测量时，当测区现场仍保存着过去测绘地形图的测量控制点时，测量中仍可使用原有控制点。当测区过去的测量控制点已被破坏、丢失时，必须重新进行控制测量工作，具体测量工作可按前面学过的知识进行。

12.1.2 规划设计测量

规划设计测量是指测绘符合各单项工程特点的工程专用图，如道路和渠道设计用的带状地形图、纵横断面图等。

12.1.3 施工放样测量

施工放样测量是根据设计和施工的要求，将图纸上规划设计好的内容测设到实地上，作为施工的依据。如渠道和道路设计中的各中心桩填挖数、各边桩的实地位置等。园林工程施工放样按内容可分为土建工程和绿化工程两大部分。土建工程部分包括给排水、电信等管线项目，假山、湖池、园路、花坛、门洞等景观设施，亭、廊、台、架等建筑小品。绿化工程部分主要是各种绿化植物种植点的测设。与上述土建工程放样比较，绿化工程放样的精度比土建工程低。

12.1.4 竣工测量

竣工测量是各项园林工程施工完毕后所进行的验收测量。竣工测量一方面是检查工程施工质量是否达到设计目的要求，另一方面是将验收测量所得的资料成果进行存档，为工程运行管理和以后扩建提供依据。

12.2 平整土地测量

园林建设中，常将原来高低不平的地面，平整成按设计要求的比较平坦或具有一定坡度变化的斜面，用于铺装广场、运动场地和较平缓的种植地段，如草坪等。在平整场地的过程中，主要的工作是土方计算。它可以为设计提供必要的数据，又是进行工程投资预算和施工组织设计等项目的重要依据。园林场地平整前首先要对平整地区进行测量，但在有大比例尺地形图的地区，应尽可能在图上进行平整土地的设计与计算，然后进行放样，以便施工。园林场地平整因施工条件、规格与要求各异，根据当地的实际情况，可以采用不同的测量方法。最常用的是方格水准测量法、断面法、等高面法等。

12.2.1 方格水准测量法

方格水准测量是在待平整土地上先建立方格网，然后用水准测量的方法求出每一方格各桩点的地面高程，然后定出设计高程与填挖高、计算土方，最后根据施工图进行施工放样。这种方法适用于地形起伏不大或地形变化比较规律需要平整面积较大的地区。

1）建立方格网

方格网的布设，通常是在地块边缘用标杆定出一条基准线，在基准线上，每隔一定距离打一木桩，如图12.1中的$A,B,C,\cdots$；然后在各木桩上作垂直于基准线的垂线（可用经纬仪测设，用卷尺根据勾股定理及距离交会的方法来作垂线），延长各垂线，在各垂线上按与基准线同样的间距设点打桩，这样就在地面上组成了方格网。方格网的大小是根据地块、地形、施工方法而定的。一般人力施工采用10 m×10 m～20 m×20 m；机械化施工可采用40 m×40 m～100 m×100 m。为了计算方便，各方格点应对照现场绘出草图，并按行列编号。如图12.1所示，第一个方格左上角的桩号为A_1，第二个方格左上角的桩号为A_2，第16个方格的右下角的桩号为E_5。

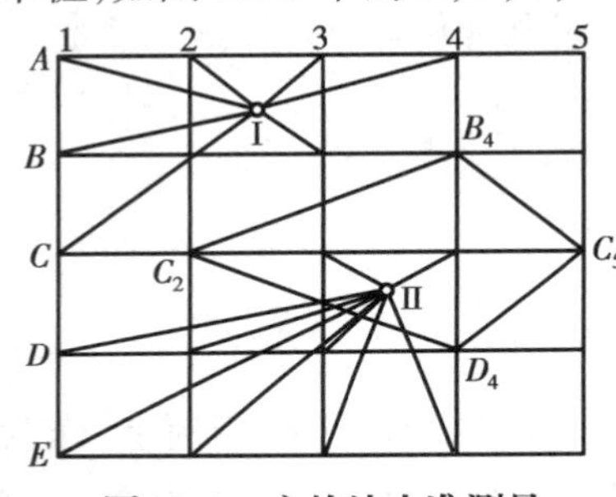

图12.1 方格法水准测量

2）测量各方格网点的高程

如图12.1所示，若方格网范围不大，将仪器大约安置在地块中央，整平仪器，依次在各方格点上立标尺，测量其桩点地面高程。如果面积较大或桩点间高差较大时，可在方格网内测设一条闭合水准路线。如图12.1中的Ⅰ，Ⅱ为测站点，在一个测站上可同时测量若干个桩点的地面高程。利用C_2,B_4,C_5,D_4等桩点构成闭合水准路线。根据需要引测水准点的高程到C_2（或其他）桩顶，或假定C_2桩顶的高程，测量后按等外水准测量的方法推算B_4,C_5,D_4等桩顶的高程。然后将转点的高程加后视读数获得视线高程，用每站的视线高程分别减去各桩点的前视读数，即得各桩点的地面高程。若方格点正处在局部凹凸处，可在附近高程有代表性的地面立尺。如附近无水准点，可假定某一方格点的桩顶高程作为起算高程。水准尺的读数可读至厘米。

3）计算设计高程

根据平整土地的要求不同，计算设计高程的方法也不同。

（1）平整成水平地面　为了使填方与挖方的土方量平衡，先将每一方格4个角点高程相加除以4得每一方格的平均高程，再将全部方格的平均高程相加除以方格总数，即得设计高程。如图12.2中，桩号(1)，(10)，(11)，(9)，(3)各

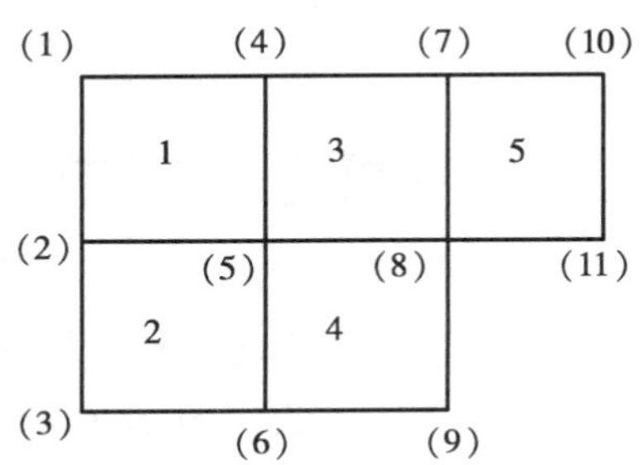

图12.2 地面设计高程计算

点为角点,(4),(7),(6),(2)为边点,(8)为拐点,(5)为中点;如果已求得各桩点的地面高程为 $H_i(i=1,2,\cdots,11)$,设计高程可按下式计算

设各个方格的平均高程为 $\overline{H_i}(i=1,2,\cdots,5)$

$\overline{H_1}=1/4(H_1+H_4+H_5+H_2)$

$\overline{H_2}=1/4(H_2+H_5+H_6+H_3)$

$\vdots$

$\overline{H_5}=1/4(H_7+H_{10}+H_{11}+H_8)$

地面设计高程 H_0(即设计高程)为

$$H_0=1/(4\times5)(\sum H_{角}+2\sum H_{边}+3\sum H_{拐}+4\sum H_{中})$$

式中,$\sum H_{角}$,$\sum H_{边}$,$\sum H_{拐}$,$\sum H_{中}$ 分别为各角点、各边点、各拐点和各中点高程总和,前面的系数是因为各角点参与一个方格的平均高程计算,各边点参与两个方格的平均高程计算,其余类推;如有 n 个方格可得

$$H_0=1/(4\times n)(\sum H_{角}+2\sum H_{边}+3\sum H_{拐}+4\sum H_{中}) \tag{12.1}$$

(2)平整成具有一定坡度的地面　在园林用地中,常将地面按一定需要平整成具有一定坡度的斜平面。仅举例说明其设计步骤。

①计算平均高程　在图12.3中,按公式(12.1)可以计算各点的平均高程:

$$H_0=[(2.60+2.40+3.20+2.60+3.60)+2(2.56+2.48+2.40+2.48+2.70+2.90+3.20+2.70)+3\times2.40+4(2.60+2.50+3.00+2.60+2.88)]1/(4\times11)\text{ m}=2.70\text{ m}$$

②纵、横坡的设计　设纵坡为0.2%,横坡为0.1%。则得纵向每20 m坡降值为20 m×0.2%=0.04 m;横向坡降值为20 m×0.1%=0.02 m。

③计算各桩点的设计高程　首先选择零点即填挖边界点。其位置一般选在地块中央的桩点上,如图12.3中的 d 点,并以地面的平均高程为零点的设计高程。这样无论将地块整成向哪个方向倾斜的平面,它的总填挖方量仍然平衡。零点确定后,根据纵、横方向及坡降值计算各桩点的设计高程,如图12.3所示。

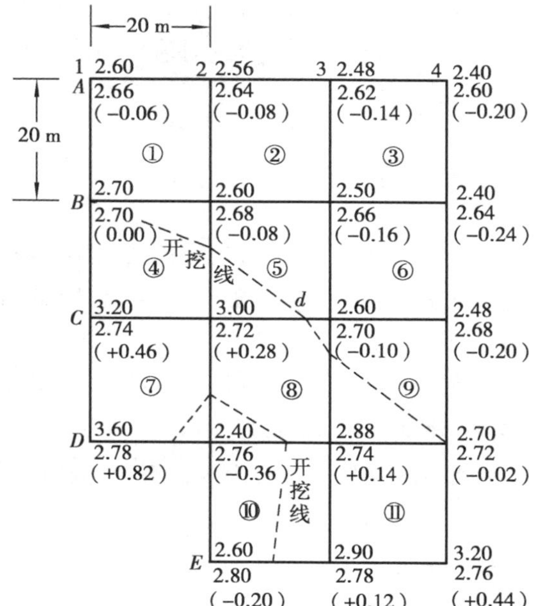

图12.3　平整成一定坡度地面

4)计算施工量、确定开挖线

各桩点的施工量为

$$施工量\ h=桩点地面高程-设计高程 \tag{12.2}$$

相减得正数为挖深,得负数为填高。将各桩点的施工量标注在各桩点的下方,即设计高程的下方。各方格边上施工量为零的各点的连线,即为开挖线。零点位置可以目估定位,也可

按比例计算决定，计算公式如下

$$x=\frac{l}{h_1+h_2}\times h_1$$

式中，x——零点距离填（挖）方格点的距离；

l——方格边长；

h_1,h_2——方格两边的填挖数，h_1,h_2 取绝对值计算。

5）计算土方量

通过计算各桩点的施工量，可确定各桩点的填挖量。因挖方量应与填方量相等，计算土方量公式为

$$V_{挖}=S(\sum h_{角挖}/4+\sum h_{边挖}/2+3\sum h_{拐挖}/4+\sum h_{中挖}) \tag{12.3}$$

$$V_{填}=S(\sum h_{角填}/4+\sum h_{边填}/2+3\sum h_{拐填}/4+\sum h_{中填}) \tag{12.4}$$

式中，h——各桩点的施工量；

S——一个方格的面积。

如图 12.3 所示的填、挖土方量分别为

$V_{挖}=400[(0.44+0.82)/4+(0.12+0.46)/2+(0.28+0.14)]\ \text{m}^3$

$=410\ \text{m}^3$

$V_{挖}=400[(0.06+0.20+0.20)/4+(0.08+0.14+0.24+0.02+0.20)/2+3\times$

$0.36/4+(0.08+0.16+0.10)]\ \text{m}^3$

$=426\ \text{m}^3$

在平整成具有一定坡度的地面中，如果零点位置选择不当，将影响土方的平衡，一般当填、挖方绝对值差超过填、挖方绝对值平均数的 10% 时，需重新调整设计高程，进行验算。

12.2.2 断面法

在地面起伏较大的地区，可用断面法在地形图上进行填挖土方量的估算，此法计算简便且能迅速取得填挖土方量。如图 12.4(a) 所示，*ABCD* 为计划在山梁上平整场地的边线，其设计高程为 67 m。

用断面法估算土方量时可分以下几步进行：

1）选择计算的断面位置

根据 *ABCD* 场地边线内的地形图，每隔一定间距（图中为 10 m），从左到右画出垂直于左右边线的等距平行线 1—1，2—2，…，9—9。

2）绘制断面图

根据画出的平行线，分别绘出断面图。各平行线的起算高程均为 67 m，如图 12.4(b) 所示。

3）计算每个断面的填挖面积

高于 67 m 的地面与 67 m 等高线所围成的面积为该断面处的挖土面积，低于 67 m 的地面与 67 m 等高线所围成的面积为该断面处的填土面积。

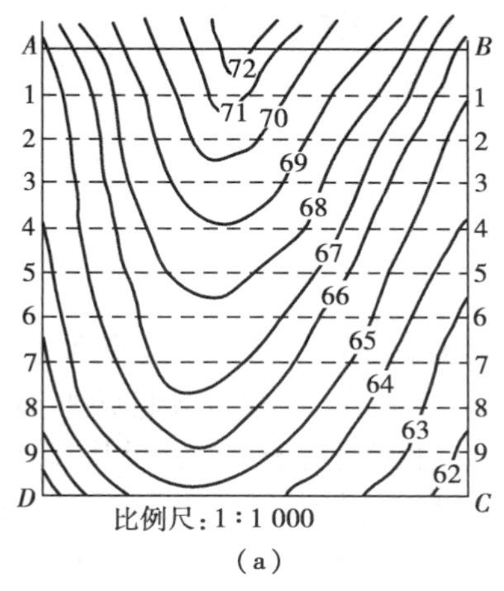

(a)

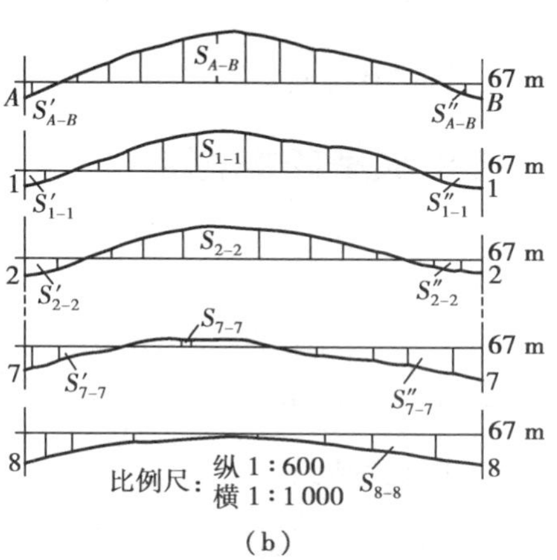

(b)

图 12.4　断面法估算土方量

4)计算土方量

土方的计算一般采用平均断面法,分别计算两相邻断面间的填、挖方量。

$$V_{A-1} = (S_{A-B} + S_{1-1})/2 \times L \tag{12.5}$$

$$V'_{A-1} = (S'_{A-B} + S'_{1-1})/2 \times L \tag{12.6}$$

$$V''_{A-1} = (S''_{A-B} + S''_{1-1})/2 \times L \tag{12.7}$$

式中,S——断面处挖方面积;

S'和S''——断面两边分别填方的面积;

L——两相邻横断面的间距。

用上述公式可计算每相邻两断面间的填、挖土方量,最后求出 $ABCD$ 场地部分的总挖方量和填方量。

如果没有待平整区域的地形图,可以用仪器现场实测断面图。方法是在待平整的土地边缘或中间设置一条基线,在基线上按一定桩距设置桩号,用水准测量的方法测定其高程,在每个桩号上安置仪器,测出横断面方向上每个坡度变化点与桩号之间的水平距离和高差,最后绘出各个桩号的横断面图,计算方法同上。

12.2.3　等高面法

等高面法最适合于园林建筑中大面积的自然山水地形的土方估算。它是沿等高线取断面,等高距即为相邻两断面间的高,计算方法与断面法相同。

12.3　测设的基本工作

12.3 微课

在园林施工放样中,无论是建筑物、构筑物、造山、挖湖、渠道和道路等的测设还是绿化区和绿化树木定植穴的放样,实质上是将它们在图纸上规划设计好的点位、角度和高程测设到实地。

因此，已知直线长度、已知水平角和已知高程的测设工作称为测设的基本工作。

12.3.1 已知水平距离测设

1）钢尺测设法

测设已知直线长度是根据给定直线的起点和方向，将设计长度标定出来。如图 12.5 所示，已知直线起点 A、直线设计长度 AB 和直线方向 AB′。在测设现场可用钢尺从起点 A 沿着给出的直线方向 AB′丈量出相应的距离，定出 B 点位置即可。但当测设的长度超过一个尺段长时，应分段丈量，定出 B 点后，再从 B 点返测回到 A 点，计算相对误差，进行精度校核。当相对误差在容许范围内（相对误差≤1/2 000），取往返丈量结果的平均值作为 AB 的距离，并调整端点 B 的位置。

A B′ B 方向线

图 12.5　测设已知直线

2）用红外测距仪测设水平距离

如图 12.6 所示，安置红外测距仪于 A 点，瞄准已知方向。沿此方向移动反光棱镜位置，使仪器显示值略大于测设的距离 D，定出 B′点。在 B′点安置反光棱镜，测出反光棱镜的竖直角以及斜距（加气象改正）。计算水平距离 D′，求出 D′与应测设的水平距离 D 之差。根据差值的符号在实地用小钢尺沿已知方向改正 B′至 B 点，并用木桩标定其点位。为了检核，应将反光棱镜安置于 B 点再实测 AB 的距离；若不符合应再次进行改正，直到测设的距离符合限差为止。

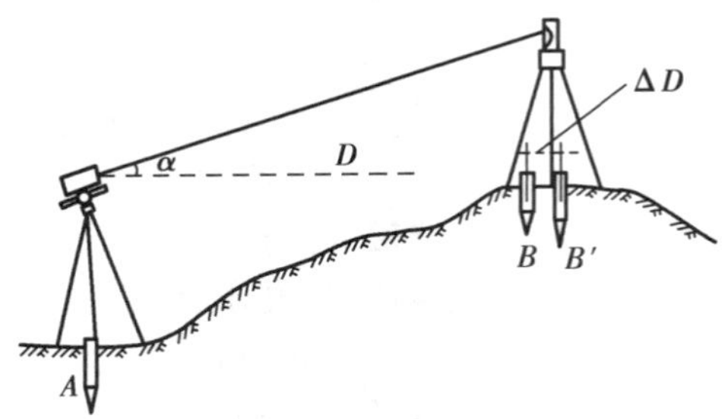

图 12.6　红外测距仪测设水平距离

如果用具有跟踪功能的测距仪或电子速测仪测设水平距离，则更为方便，它能自动进行气象改正及倾斜距离算成平距并直接显示。测设时，将仪器安置在 A 点，瞄准已知方向，测出气象要素气温及气压，并输入仪器，此时按功能键盘上的测量水平距离和自动跟踪键（或钮），一人手持反光棱镜杆（杆上圆水准气泡居中，以保持反光棱镜杆径直）立在 B 点附近。只要观测者指挥手持棱镜者沿已知方向线前后移动棱镜，观测者即能在速测仪显示屏上测得瞬时水平距离。当显示值等于待测设的已知水平距离值，即可定出B 点。

3）用全站仪测设水平距离

测设时，将全站仪安置在已知点上，瞄准给定方向，测出气象要素（如气温和气压），输入仪器，仪器将自动进行各项气象改正。启动仪器的水平距离测量和自动跟踪键，一人手持反光棱镜杆，只要观测者指挥手持反光镜杆者沿已知方向线前后移动棱镜，观测者即能从显示屏上测到瞬时水平距离。当显示值达到待测设的水平距离时，用桩标定点位。再仔细观测，稍移反光棱镜，使显示值等于待测设的水平距离，最后确定点位标定之，为了检核应进行重复测量。参看“6.3.2　距离测量中的精测/跟踪模式”和“6.3.3　放样”。

12.3.2 已知水平角测设

已知水平角测设就是根据给定角的顶点和起始方向，将设计好的水平角的另一方向标定出来。根据精度要求不同，水平角测设有两种方法。

1）一般方法

当测设水平角的精度要求不高时，可用盘左、盘右取中数的方法。如图 12.7 所示，设地面上已有 OA 方向，要从 OA 顺时针测一角度 β，以定出 OB 方向。这时，可先在 A 点安置经纬仪，用盘左瞄准 A 点，使水平度盘读数为零，然后顺时针旋转照准部，当水平盘读数为 β 时，在视线方向上定出 B_1 点；再用盘右重新瞄准 A 点，读出水平度盘读数，在读数值上再加上 β，转动照准部，当水平度盘指标指在该数值上时，再在视线方向定出另一点 B_2，取 B_1，B_2 的中点 B，则 $\angle AOB$ 就是要标定的 β 角，方向 OB 就是要求标定在地面上的设计方向。

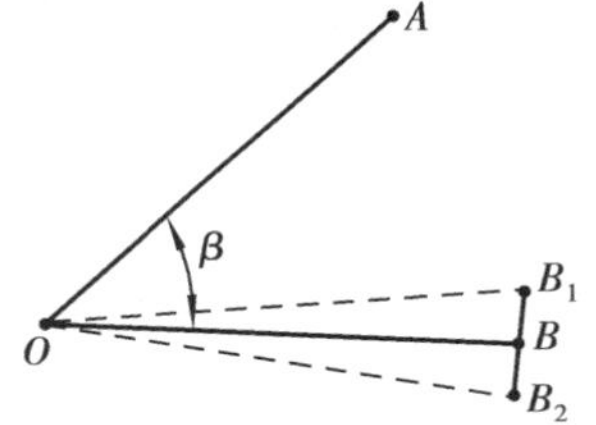

图 12.7 水平角测设的一般方法

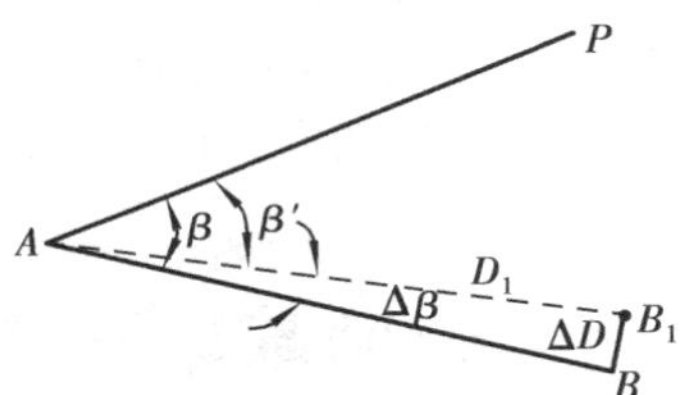

图 12.8 水平角测设的精确方法

2）精确方法

当测设角度要求较高时，如图 12.8 所示，可先用盘左根据要标定的角度 β 定出 B_1 点，然后用测回法精确测出 $\angle PAB_1$（测回数可根据精度要求而定），设为 β'，并用钢尺量取 AB_1 的水平距离 D_1，接着计算设计角度与实测角度之差 $\Delta\beta$ 以及与 AB_1 垂直的距离 ΔD

$$\Delta\beta = \beta - \beta'$$

$$\Delta D = D_1 \cdot \frac{\Delta\beta}{\rho} \tag{12.8}$$

式中，$\rho = 206°265''$

最后在 B_1 点垂直于 AB_1 方向上量取长度 ΔD 得 B 点，$\angle PAB$ 则为欲标定的角度。当 $\Delta\beta > 0$ 时，由 AB_1 垂直向外量垂距 ΔD；当 $\Delta\beta < 0$ 时，向内量垂距 ΔD。

当用全站仪测设时，请参看“6.3.1 角度测量”。

12.3.3 已知高程测设

已知高程测设是根据已知高程的水准点，将设计高程测设到实地上，并设置标志作为施工的依据。

如图 12.9 所示，A 为已知高程水准点，高程为 H_A，需在 B 点处测设一点，使其高程 H_B 为设计高程。安置水准仪于 A，B 两点间等距离处，整平仪器后，后视 A 点上的水准尺，得水准尺读

数为 a。在 B 点处钉一大木桩，转动水准仪的望远镜，前视 B 点上的水准尺，使尺缓缓上下移动，当尺读数恰为

$$b = H_A + a - H_B$$

时，尺底的高程即为设计高程 H_B，用笔沿尺底画线标出。

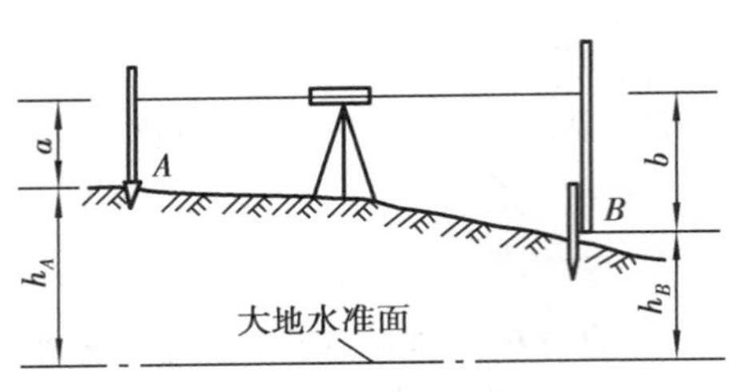

图 12.9　已知高程测设

施测时，若前视读数大于 b，说明尺底高程低于欲测设的设计高程，应将水准尺慢慢提高至符合要求为止；反之应降低尺底。

如果不用移动水准尺的方法，也可将水准尺直接立于桩顶，读出桩顶读数 $b_{桩}$，进而求出桩顶高程改正数 $h_{改}$，并标于木桩侧面，即

$$h_{改} = b_{桩} - b$$

若 $h_{改} > 0$，则说明应自桩顶上返 $h_{改}$ 才为设计标高；若 $h_{改} < 0$，则应自桩顶下返 $h_{改}$ 即为设计标高。

在施工过程中，同时测设多个同一高程点的工作称为抄平。抄平法应将水准仪精密整平后，按上述“移动水准尺法”逐点测设，以便提高工作效率。

当用全站仪测设时，请参看仪器使用说明书。

12.4　点位测设的基本方法

12.4 微课

点位测设包括高程位置测设和平面位置测设。高程位置测设在上一节已做介绍，在此不再重述。点的平面位置测设常用的方法有直角坐标法、极坐标法、角度交会法、距离交会法、支距法和平板仪放射法。

12.4.1　直角坐标法

当施工控制网为建筑方格网，而待定点离控制网较近时，常采用直角坐标法测设点位。如图 12.10 所示，欲在地面上定出建筑物 A 点的位置，A 点的坐标 (x_A, y_A) 已在设计图上确定。这时，只需求出 A 点相对于 O 点的坐标增量

$$\Delta x = x_A - x_O \qquad \Delta y = y_A - y_O$$

放样时，将经纬仪置于 O 点上，瞄准 OY 方向，并沿此方向上量取 Δy 得 M 点，测设 Y 轴的垂线方向，并量取 Δx 即得 A 点。同理，也可由 X 轴方向测设。

12.4.2　极坐标法

极坐标法是根据一个角度和一个边长来放样点的平面位置的。如图 12.11 所示，A 点为欲测设点，其坐标为 (x_A, y_A)，P，Q 为现场已有控制点，坐标分别为 (x_P, y_P)，(x_Q, y_Q)，以及 PQ 的

坐标方位角 a_{PQ}，先根据 P，A 点的坐标按下列公式计算放样数据

$$a_{PA} = \arctan \frac{y_A - y_P}{x_A - x_P}$$

$$\beta = a_{PQ} - a_{PA}$$

$$d_{PA} = \sqrt{(x_A - x_P)^2 + (y_A - y_P)^2}$$

当精度要求较低时，上述的 β，d_{PA} 可以图上直接量取。

放样时，将经纬仪安置于 P 点上，瞄准 Q 点，向左测设 β 角，标定出 PA 方向，并在视线方向上用钢尺按距离标定法量取水平距离 d_{PA}，即得 A 点的位置。同法可测设其他点。

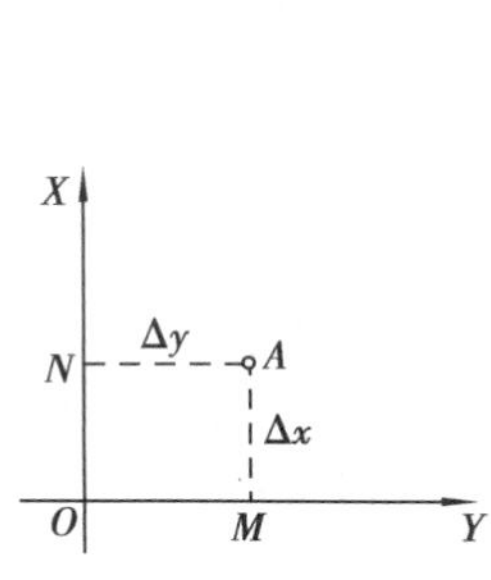

图 12.10 直角坐标法

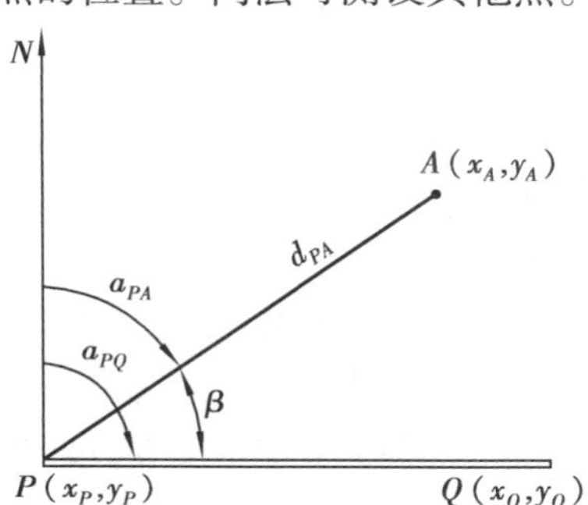

图 12.11 极坐标法

12.4.3 角度交会法

角度交会法常用于放样一些不便量距或测设的点位远离控制点的独立点位，该法根据两个角度，从已有的两个控制点确定方向交会出待定点的位置。如图 12.12 所示，A，B 为已知点，坐标为 (x_A, y_A)，(x_B, y_B)，P 为设计点。放样时，首先根据坐标反算公式分别计算出 α_{AB}，α_{AP}，α_{BP}，然后计算出测设数据 β_1，β_2。在 A，B 两点上安置经纬仪，测设出 β_1，β_2 角，确定 AP 和 BP 的方向，并在 P 点附近沿这两个方向定出 a，b 和 c，d，而后在 a，b 和 c，d 之间分别拉一细绳，它们的交点即为 P 点的位置。当精度要求较高时，应利用 3 个已知点交会，以资校核。

12.4.4 距离交会法

距离交会法适用于场地平坦，量距方便，且控制点与待定点的距离又不超过钢尺的长度，则可用距离交会法，即由两个控制点向待定点丈量两个已知距离来确定点的平面位置。如图 12.13所示，P，Q 为现场已有控制点，欲测设点 A，首先根据 A，P，Q 点坐标值分别求出 PA 及 QA 的水平距离，然后以 P，Q 两点为圆心，PA 及 QA 为半径，分别在地面上画弧，并在两弧交点处打木桩，即为欲测设的 A 点。

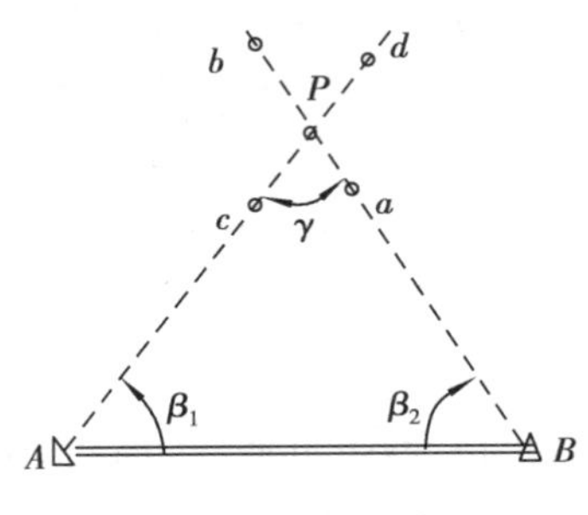

图 12.12 角度交会法

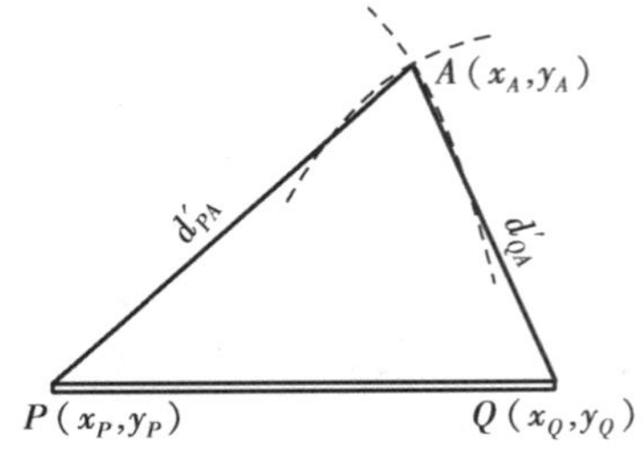

图 12.13 距离交会法

12.4.5 支距法

与极坐标法一样，适用于待测设点距已知控制点较近，并便于量距的地方。如图 12.14 所示，欲测设点 P 在已知线段 AB 附近，在图上过 P 点作 AB 的垂线 PP_1，量取距离 d'_1 和 d'_2；从 A 点沿 AB 方向线测设水平距离 d'_1 得 P_1 点，过 P_1 点测设 AB 的垂直方向并在其方向线上从 P_1 测设水平距离 d'_2，即得欲测设点 P。

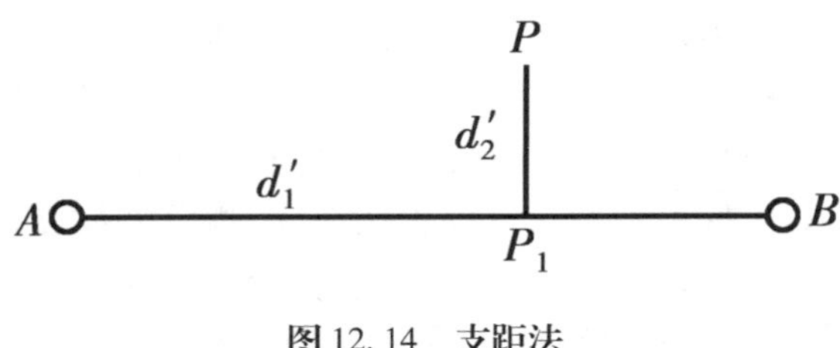

图 12.14 支距法

12.4.6 平板仪放射法

当欲测设的点位较多，且通视条件良好，量距又较方便，测设精度要求较低时，可采用平板仪放射法测设点位。如图 12.15 所示，A,B 为地面控制点，a,b 为 A,B 在设计平面图上的相应点位，欲将图上一绿地 $nmpq$ 的形状大小测设在实地上，在 A 点安置平板仪，对中、整平、定向图板后，分别在图上量取 a 至 m,n,p,q 的实地距离 AM,AN,AP,AQ。用照准仪直尺边切准图上 am 线并沿照准仪方向丈量出 AM 长度，打桩定出实地 M 点；同法定出实地 N,P,Q 点。M,N,P,Q 定出后，应用卷尺进行校核。校核时，以图上设计的长度和几何条件为准，误差较大，应查明原因重测；误差较小时应做适当调整，完成该绿地平面位置的测设。

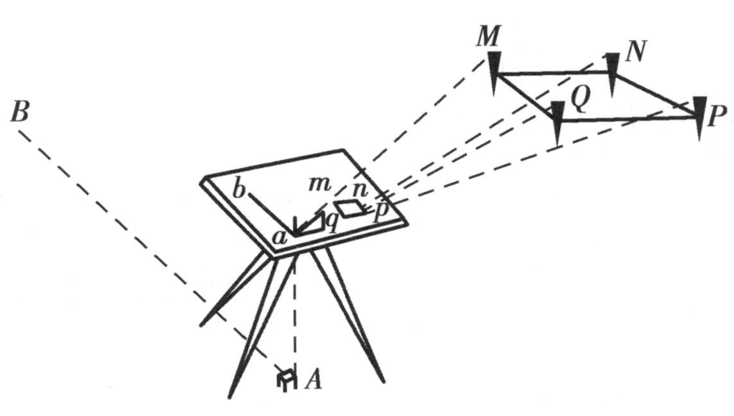

图 12.15　平板仪放射法

12.5　园林建筑施工测量

园林工程施工测量的原则和测图工作的原则相同,也是“先整体,后局部”,“先控制测量,后碎部测量”。控制测量实施的基础是施工设计所给定的定位条件,这些定位条件可以有以下几种形式:

①建筑红线(又称建筑线,是由城市建设规划主管部门根据城市控制点或原有的建筑物在地面上划定的建筑用地和道路用地的边界线)。

②用地范围内的特征点和特征线。

③已知坐标的控制点。

在用地现场,根据工程的定位精度要求,进行相应精度等级的控制网布设。施工控制网分为平面控制网和高程控制网,它为园林工程提供统一的坐标系统和高程系统。由于我们进行的园林工程施工区域不是特别大,而且在施工现场仍有过去测绘地形图时的测量控制点可以利用,因此,没有特殊情况可直接进行园林工程施工的各项测量工作。本节介绍园林建筑施工测量。

园林建筑物是指园林中与游憩、服务、管理等功能相关的小型建筑物,如亭、台、廊、阁等。园林建筑施工测量的任务,是根据施工的需要把设计图纸上的建筑物,按照设计要求测设到地面上,为施工提供各种标志,作为施工的依据,也就是园林建筑的放样测量工作。它包括园林建筑物定位、园林建筑主轴线测设、基础施工放样、墙身施工放样等几方面的测量工作。

12.5.1 微课

12.5.1　园林建筑物定位

园林建筑物定位,就是将建筑物外廓的各轴线交点(简称角桩),测设到地面上,作为基础放样和主轴线放样的依据。根据现场定位条件的不同,可选择以下方法。

1)利用“建筑红线”定位

在施工现场如果有规划管理机关设定的“建筑红线”,则可依据此“红线”与建筑物的位置关系进行测设。

如图 12.16 所示，在花店施工现场有规划管理部门设定的“建筑红线”AB，则可依据此“红线”与花店的位置关系进行测设，测设方法如下：

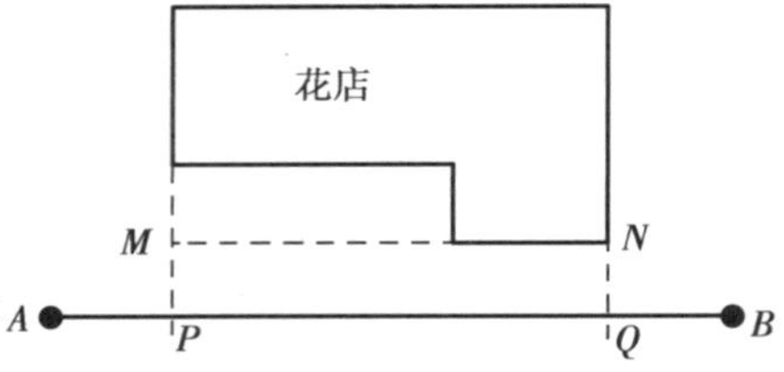

图 12.16 利用建筑红线定位

(1)图上查取相应距离　从平面图上，查得花店轴线 MP 上的 P 点与 A 点间的距离 AP、花店的长度 PQ。

(2)定基点 P,Q　在桩点 A 安置经纬仪，照准 B 点，在该方向上用钢尺量出 AP 和 AQ 的距离，定出 P,Q 两点。

(3)放样花店　将经纬仪分别安置在 P 和 Q 两点，以 AB 方向为起始方向精确测设 90°角，得出 PM 和 QN 两方向，并利用此两方向线用钢尺丈量出花店各放样点。

(4)校核检查　$\angle MPQ$ 和 $\angle NQP$ 盘左盘右半测回角值之差应在 1′以内，距离丈量误差应在 1/2 000 以内，精度符合，即在现场进行调整；否则，应重新测设。

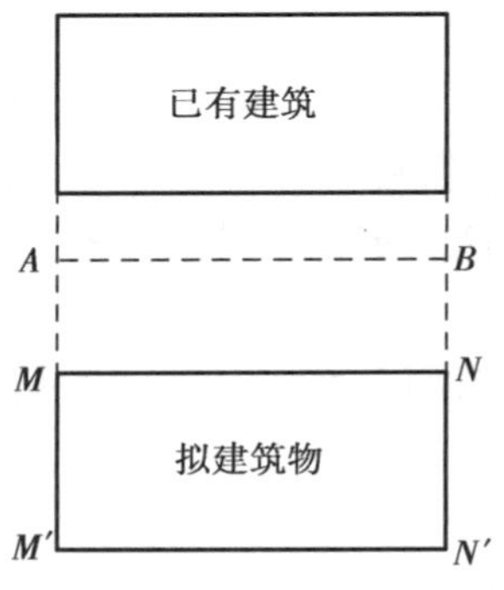

图 12.17 用原有建筑物平行线法定位

2)依据与原建筑物的关系定位

在规划设计过程中，如规划范围内保留有原建筑或道路，一般应在规划设计图上予以反映，并给出其与拟建新建筑物的位置关系，则可依据此关系进行测设，具体方法有以下几种。

(1)平行线法　此法适用于新旧建筑物长边平行的情况。如图 12.17 所示，先用细线绳沿着已有的建筑物的两端墙皮延长出相同的一段距离得 A,B 两点，分别在 A,B 两点安置经纬仪，以 AB 或 BA 为起始方向，测设出 90°角方向，在其方向上用钢尺丈量定出 M,M' 和 N,N'4 个角的角点。对角度和长度进行检查，与设计值相比较，角度误差不超过 1′，长度误差不超过 1/2 000。

(2)延长直线法　此法适用于新旧建筑物短边平行的情况。拟建筑物与已有建筑物在一条直线上。如图 12.18 所示，按上法用细线绳测设出 C',D' 两点，在 C' 点安置经纬仪，延长直线 $C'D'$，在延长线方向上用钢尺丈量，定出 P' 和 Q' 两点；将经纬仪分别安置在 P' 和 Q' 两点上，以 $P'C'$ 和 $Q'C'$ 为起始方向，测设出 90°角方向线，并在该方向线上用钢尺丈量，定出拟建筑物 M,P 和 N,Q 4 个角点，最后校核角度和长度，精度同上。

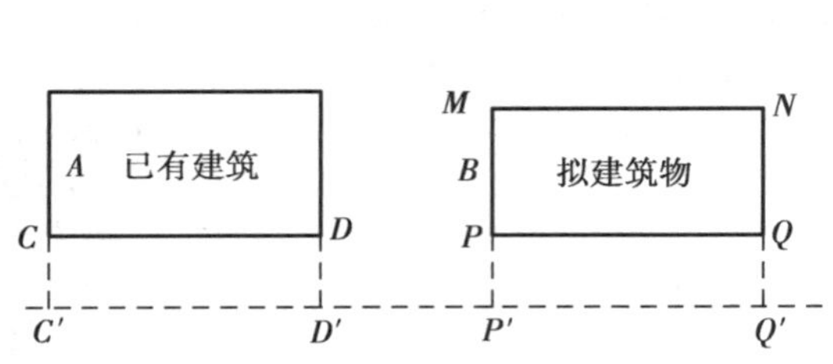

图 12.18 拟建筑物与已有建筑物在一条直线上

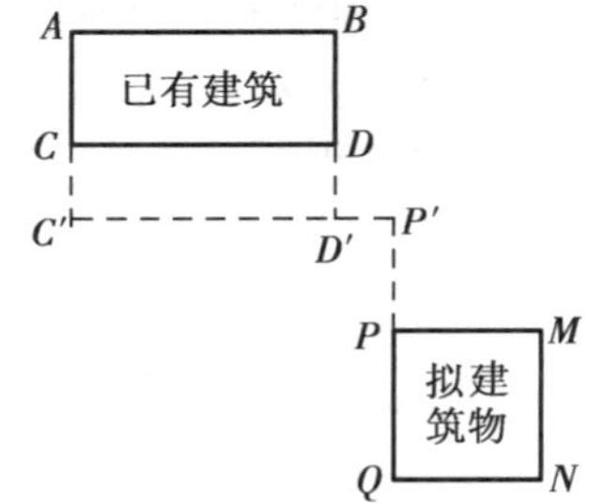

图 12.19 与已有建筑物长边互相垂直

(3)直角坐标法　此法适用于新旧建筑物的长边与短边相互平行的情况。拟建筑物与已有建筑物长边互相垂直。如图 12.19 所示，定位时按上述测设方法测设出 P' 点；安置经纬仪于 P' 点，测设 $P'P$ 的沿长线方向，在其方向上用钢尺丈量设置 P,Q 两个角点；分别在 P,Q 两点安置经纬仪,测设与 PQ 垂直的 PM 和 QN 的方向,并在其方向线上用钢尺丈量 PM 和 QN 的长度,即得 M,N 两个角点。最后进行角度和长度校核。

(4)根据原有道路测设 拟建筑物长边平行于道路中心线时多用此法。如图 12.20 所示,首先按上面介绍过的方法定出路中心线 A,B 两点,分别在 A,B 点上安置经纬仪,以 AB 和 BA 为起始方向,测设出 90°角方向,再在其方向线上用钢尺丈量,定出拟建筑物 4 个角点 C,E 和 D,F,并按上述介绍的方法进行角度和长度校核。

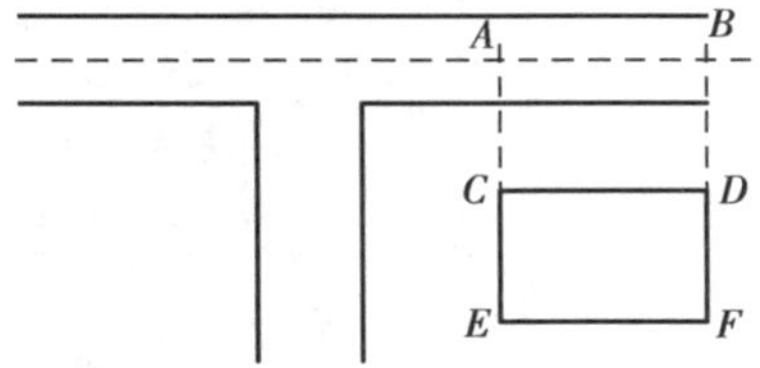

图 12.20 拟建筑物长边平行道路中心线

12.5.2—12.5.4 微课

12.5.2 园林建筑主轴线测设

根据已定位的建筑物外廓各轴线角桩,图 12.21 中的 E,F,G,H,详细测设出建筑物内各轴线的交点桩(也称中心桩)的位置,图 12.21 中 A,A',B,B',1,1′,…。测设时,应用经纬仪定线,用钢尺量出相邻两轴线间距离(钢尺零点端始终在同一点上),量距精度不小于1/2 000。如测设 GH 上的 1,2,3,4,5 各点,可把经纬仪安置在 G 点,瞄准 H 点,把钢尺零点位置对准 G 点,沿望远镜视准轴方向分别量取 G—1,G—2,G—3,G—4,G—5 的长度,打下木桩,并在桩顶用小钉准确定位。

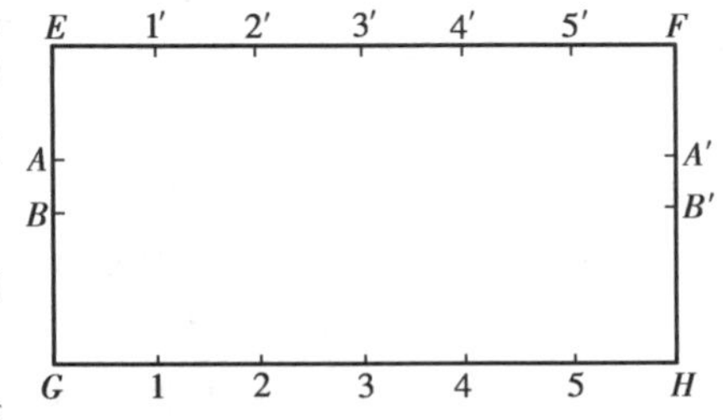

图 12.21 园林建筑主轴线的测设

建筑物各轴线的交点桩测设后,根据交点桩位置和建筑物基础的宽度、深度及边坡,用白灰撒出基槽开挖边界线。基槽开挖后,由于角桩和交点桩将被挖掉,为了便于在施工中恢复各轴线位置,应把各轴线延长到槽外安全地点,并做好标志,其方法有设置轴线控制桩和龙门板两种形式。

1)测设轴线控制桩

轴线控制桩也称引桩,如图 12.22 所示。将经纬仪安置在角桩或交点桩(如 C 点)上,瞄准另一对应的角桩或交点桩,沿视线方向用钢尺向基槽外侧量取 2 ~ 4 m,打下木桩,并在桩顶钉上小钉,准确标志出轴线位置,并用混凝土包裹木桩,如图 12.22 所示,同法测设出其余的轴线控制桩。如有条件也可把轴线引测到周围原有固定的地物上,并作好标志来代替轴线控制桩。

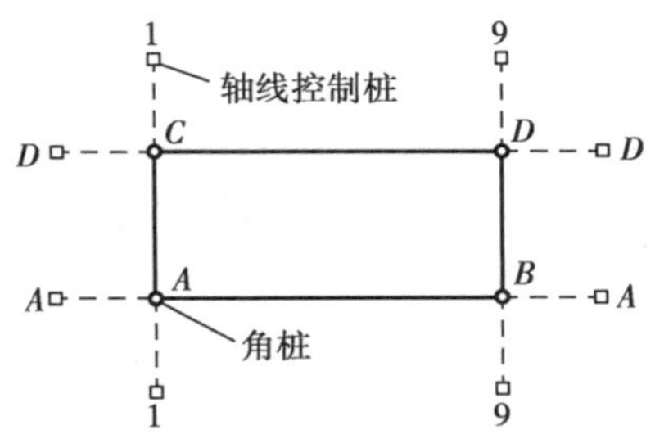

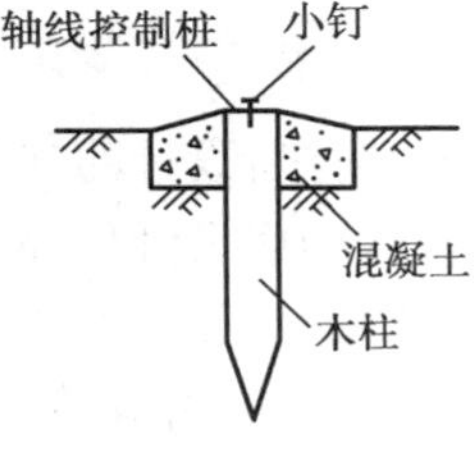

图 12.22 轴线控制桩测设

2)测设龙门板

测设龙门板如图 12.23 所示,龙门板测设步骤和要求如下:

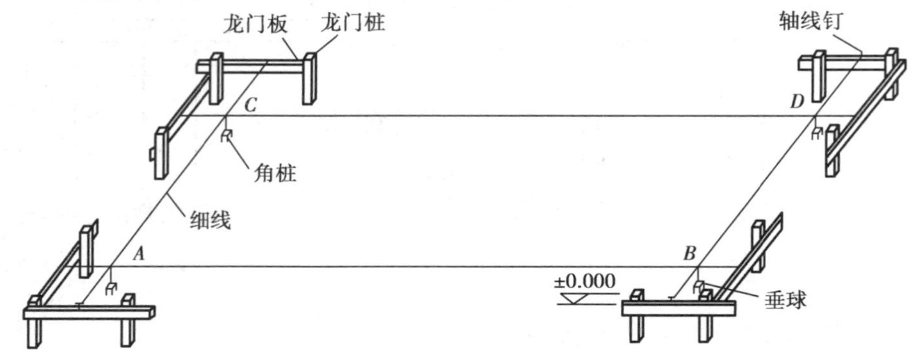

图 12.23　龙门板测设

(1)打龙门桩　在建筑物角点中间定位轴线的基槽开挖线外 1.5 ~ 3 m 处打下龙门桩,桩要钉得竖直、牢固,桩的外侧面应与基槽平行。

(2)测设 ±0 标高　用水准仪将 ±0 标高测设在每个龙门桩上,并用红笔画一横线。

(3)钉龙门板　在龙门桩上测设的 ±0 标高线钉龙门板,使板的上边缘高程正好为 ±0。若现场条件不允许,也可测设比 ±0 高或低一整数的高程,测设龙门板高程的限差为 ±5 mm。

(4)测设轴线钉　将经纬仪安置在 A 点,瞄准 B 点,沿视线方向在 B 点附近的龙门板上定出一点,并钉小钉标志;倒转望远镜,沿视线在 A 点附近的龙门板上定出一点,也钉小钉标志。同法可将各轴线都引测到各相应的龙门板上。

(5)标出其他边线　以轴线为依据,在龙门板顶面将墙边线、基础边线、基槽开挖边线等标定在龙门板上沿,然后根据基槽开挖边线。

(6)检测　用钢尺沿龙门板上沿检查轴线钉间的间距,是否符合要求。一般要求轴线间距检测值与设计值的相对精度为 1/2 000 ~ 1/5 000。

12.5.3　基础施工测设

轴线控制桩测设完成后,即可进行基槽开挖施工等工作。基础施工中的测量工作主要有以下两个方面。

1)基槽开挖的抄平测设

施工中基槽是根据所设计的基槽边线(灰线)进行开挖的,当挖土快到槽底设计标高时,应在基槽壁上测设离基槽底设计标高为某一整数(如0.500 m)的水平桩(又称腰桩),如图12.24所示,用以控制基槽开挖深度。

在进行基槽开挖施工时,应随时注意开挖深度。在将要挖到槽底设计标高时,要在槽壁测设水平桩,水平桩的位置一般是在距离基槽底部50 cm处。测设方法一般用水准仪进行,如图12.24所示。基槽内水平桩常根据现场已测设好的 ±0 标高或龙门板上沿高进行测设。例如,槽底标高为 -1.500 m(即比 ±0 低 1.5 m),测设比槽底标高高 0.500 m 的水平桩。在地面 ±0

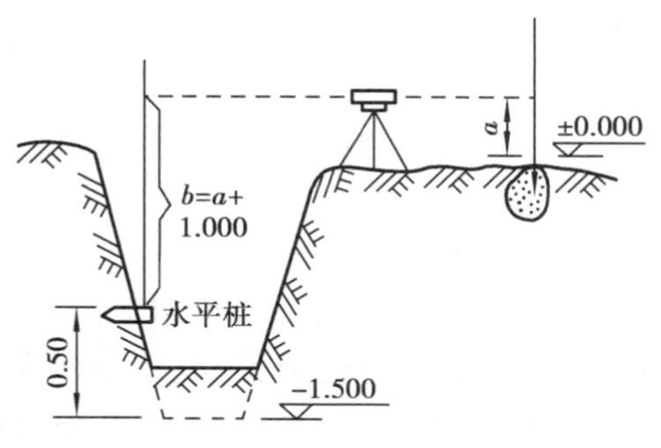

图 12.24　基槽开挖深度测设

标高处(或龙门板上沿)竖立水准尺,读取后视读数 a;计算出水平桩上皮的应有前视读数 b(即槽壁水平桩上水准尺的读数):

$$b = a + (\text{基槽开挖深度} - 0.5)$$

前视读数 b 计算出后,就在槽壁边上立水准尺,并上下移动,使尺上读数正好等于前视应有读数 b 时,即可沿水准尺底部钉一小木桩即为水平桩。槽底就在距水平桩上沿往下0.500 m处。水平桩高程测设的允许误差为 ±10 mm。

一般在槽壁各拐角和槽壁每隔 3 ~ 4 m 处均测设一水平桩,必要时,可沿水平桩的上表面拉线,作为清理槽底和打基础垫层时掌握标高的依据。基槽开挖完成后,应检查槽底的标高是否符合要求。检查合格后,还应检查槽底宽度。符合要求后,可在槽壁钉木桩,使桩顶对齐槽底应挖边线,再按桩顶进行修边清底,然后可按设计要求的材料和尺寸打基础垫层。

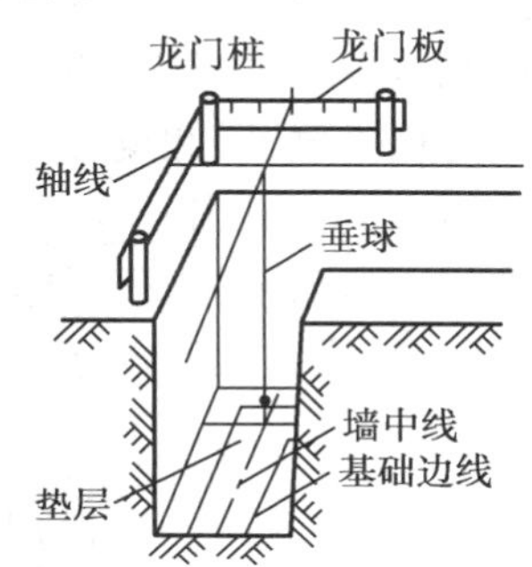

图 12.25　垫层上测设墙中心线

2)在垫层上测设墙中心线和基础边线

如图 12.25 所示,基础垫层做好后,根据龙门板上的轴线钉或轴线控制桩,用经纬仪定线或拉绳挂垂球的方法,把轴线投测到垫层上,并标出墙中心线和基础边线,作为砌筑基础时的依据。

12.5.4　墙体定位施工测设

基础施工结束,经检查合格后,即可进行墙体定位的测设,作为筑砌墙身时的依据。

具体测设方法是:利用轴线控制桩或龙门板上的轴线和墙边线标志,用经纬仪定线法或用拉线绳挂垂球的方法,将控制桩或龙门板上的轴线和墙边线位置投测到基础面上,投点容许误差 ±5 mm。然后用墨线弹出墙中线和墙边线。检查外墙轴线交角为直角后,把墙轴线延长并画在基础墙的立面上,同时用红三角形将其标定,作为向上投测轴线的依据。同时把门、窗和其他洞口的边线也在外墙基础立面上画出。

12.6　其他园林工程测设

12.6 微课

其他园林工程测设一般包括:堆山挖湖施工测设、园路施工测设和园林植物种植测设等。这些测设工作范围不大,一般施工现场还保存有测绘地形图时的测量控制点,故可免去有关的控制测量,直接进行各项测设工作。

12.6.1 堆山与挖湖测设

1)假山测设

如图12.26(a)所示为一组设计等高线,表示一座拟堆造的假山。假山测设可用平板仪、罗盘仪、经纬仪和全站仪测设。如图12.26(a)所示,如果用平板仪测设,先测设出设计等高线的各转折点,即图中1,2,3,…,9各点,然后将各点连接,并用白灰或绳索加以标定。再利用附近水准点测设出1~9各点应有的标高。等高线标高可在竹竿上表示,若高度允许,则在各桩点插设竹竿画线标出。若山体较高,则可于桩侧标明上返高度,供施工人员使用。一般堆山的施工多采用分层堆叠,因此也可在放样中随施工进度测设,逐层打桩。图中心点10为山顶,其位置和标高也应同法测出。

如果用机械堆土,只要标出堆山的边界线,司机参考堆山设计模型,就可堆土,等堆到一定高度以后,用水准仪检查标高,不符合设计的地方,用人工加以修整,使之达到设计要求。

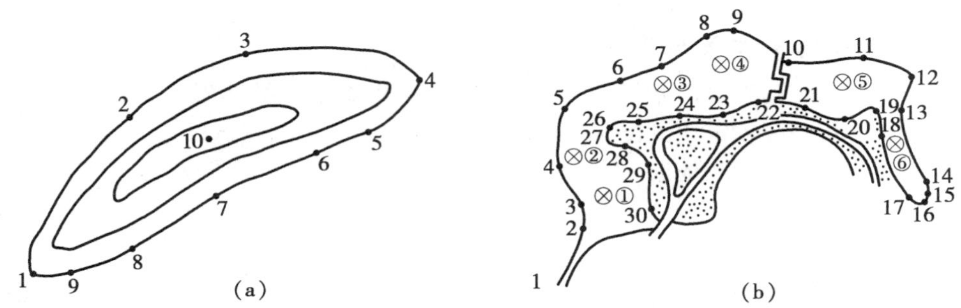

图12.26 堆山与挖湖放样示意图

2)人工湖的测设

挖湖或其他公园水体的测设与堆山的测设基本相似。首先把水体周界的转折点测设到地面上,如图12.26(b)所示的1,2,3,…,30各点;然后在水体内设定若干点位,打上木桩。根据设计的水体基底标高在桩上进行测设,画线标明开挖深度。如图12.26(b)所示的①,②,③,④,⑤,⑥等点即为此类桩点。在施工中,各桩点不要破坏,可留出土台,待水体开挖接近完成时,再将此土台挖掉。

水体的边坡坡度,可按设计坡度制成边坡样板置于边坡各处,以控制和检查各边坡坡度。

如果用推土机施工,定出湖边线和边坡样板就可动工,开挖快到设计深度时,用水准仪检查挖深,然后继续开挖,直至达到设计深度。

12.6.2 园路施工测设

园路施工放样就是把图纸上规划设计好的园路测设到实地上，作为施工的依据。其内容包括中线测设和路基测设。

1）中线测设

园路中线（或称中桩）测设就是把园路中线测量时设置的各桩号，如交点桩（或转点桩）、直线桩、曲线桩（主要是圆曲线的主点桩）的位置在实地上重新测设出来。在进行测设时，首先在实地找到各交点桩位置，若部分桩点已丢失，可根据园路测量时的数据用极坐标法或其他方法把丢失的桩点在实地上重新恢复起来。在进行测设时，圆曲线主点桩的位置可根据交点桩的位置和切线长 T、外距 E 等曲线元素进行测设；直线段上的桩号根据交点桩的位置和桩距用钢尺（或皮尺）丈量测设出来。

2）路基测设

路基施工前必须在每个里程桩和加桩上进行线路横断面的测设工作，即把设计的边坡线和原地面的交点在地面上用木桩标定出来，称为路基放样。

路基测设也就是把图纸上设计好的路基横断面在实地构成轮廓，作为填土或挖土依据。分为路堑测设和路堤测设。

（1）路堑测设　路的横断面为挖土平整而成的称为路堑，分为全挖土路面（图 12.28（a）、（b）断面）和半填半挖路面（图 12.27（c）断面）。

①平坦地面上路堑测设　如图 12.27（a）所示，在图上量出 $B/2$ 长度，然后在实地从中心桩向左右两边垂直方向量取 $B/2$ 长度，定出开挖边桩 A，P 两点，并在桩上标出挖深数。

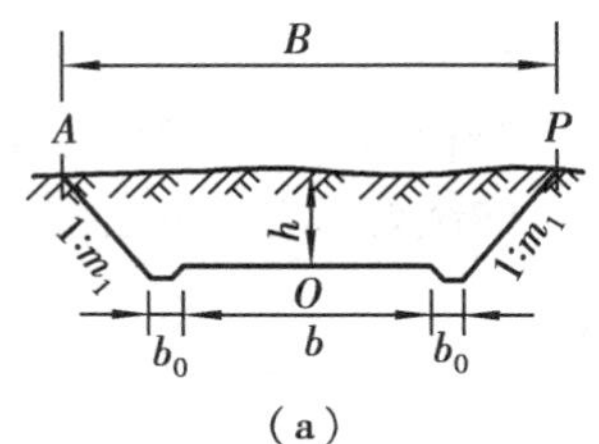

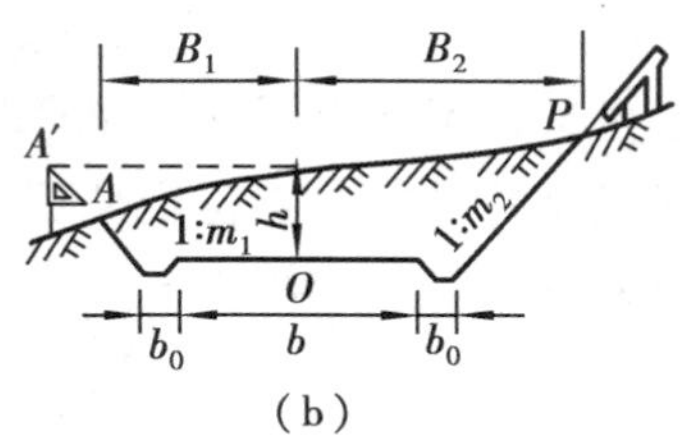

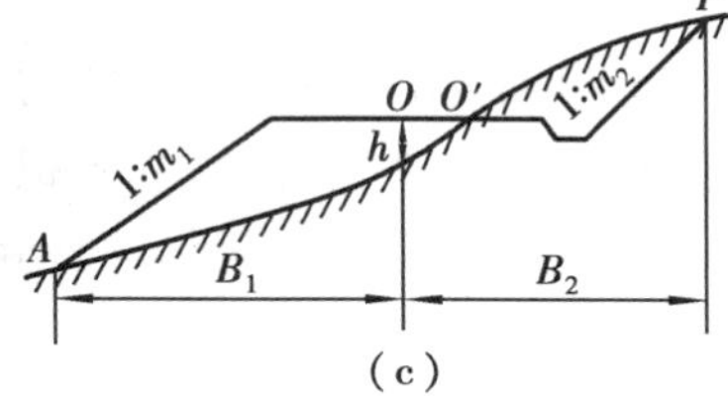

图 12.27　路堑测设示意图

②斜坡上路堑测设　如图 12.27（b），（c）所示，先在图上量取 B_1，B_2 长度，再在实地坡上定出两边桩 A，P 的实地位置。为了施工方便，可以制作坡度板，作为边坡施工时的依据，并在两边桩上注明填挖数。

对于半填半挖的路基，如图 12.27（c）所示。除按上述方法测设坡脚 A 和坡顶 P 桩，并注明填挖数外，一般要测出施工量为零的点 O'，对于填土较多断面，应架设施工坡架，以方便施工。

对于挖方路基，在相邻边桩的连线上撒石灰即得开挖边线。

（2）路堤测设　由填土而成的道路横断面称为路堤。路堤放样也分平坦地面和倾斜地面两种。

①平坦地面路堤测设　如图 12.28(a)所示,从中心桩向左、右各量 $B/2$ 长度,钉设 A,P 坡脚桩,在距离中心桩左、右两边 $b/2$ 宽处竖立竹竿,并在竿上量出填土高度 h,得坡顶桩 C,D,然后用细绳将 A,C,D,P 连接起来,即得路堤断面轮廓。施工中可在断面坡脚连线上撒白灰作为填方的边界线。

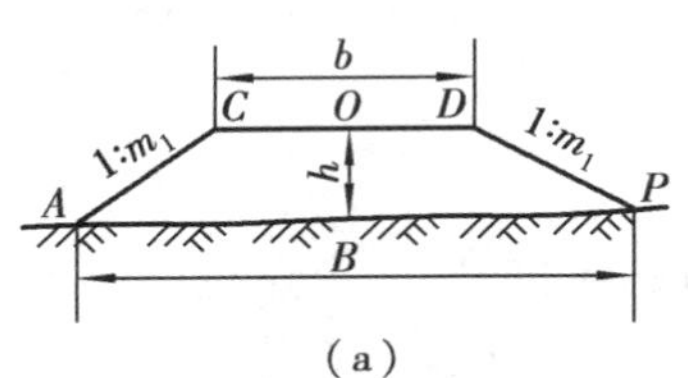

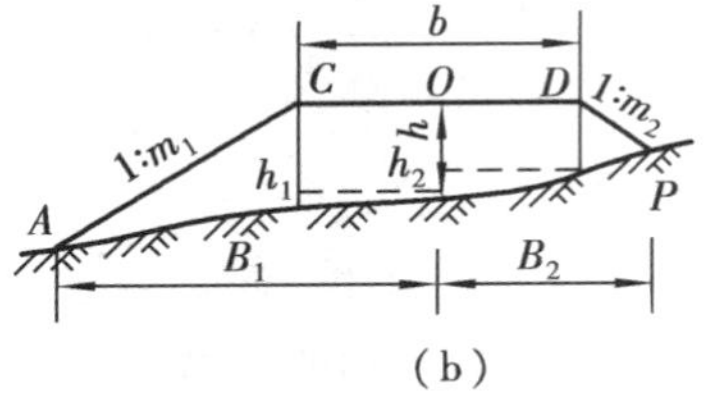

图 12.28　路堤测设示意图

②倾斜地面路堤测设　如图 12.28(b)所示,先在设计图上量取 B_1,B_2 的距离,在实地上测设出坡脚桩 A,P,再按上述方法测设出坡顶桩 C,D 即可。

若路基位于弯道上应把有加宽和加高的数值测设进去。

12.6.3　园林植物种植测设

在实施园林植物种植前,需要对园林树木种植进行定点放线。放线时应选定一些点或线作为依据,例如设计图上的建筑物、构筑物、道路或地面上的导线点等,然后将种植设计图上的园林植物的种植位置在地面用木桩或白灰线标定出来,作为种植的依据。园林植物的种植形式一般分为孤植型、丛植型、行植型和片植型 4 种。根据其种植形式的不同,结合施工现场情况,可灵活运用前面所学的点位测设的方法,用不同的仪器和工具进行定点放线。

1)孤植型

孤植树即单株,它们每株树的中心位置在图纸上都有明确的表示。其种植位置的测设方法视现场情况可用距离交会法、支距法或极坐标法等。点位定位后打下木桩做好标记,并在桩上写明植物名称及其大小规格等,标出它的挖穴范围。

2)丛植型

把几株或十几株甚至几十株乔、灌木配植在一起称为丛植。树种一般在两种以上。丛植的放样方法分两步进行:

①用极坐标法或支距法或距离交会法把丛植区域的中心位置测设出来。

②根据中心位置定出其他植物种植点的位置(方法是根据有关的方向和距离关系定出)。打下木桩做好标记,并在桩上写明植物名称数量及其大小规格等。

3)行(带)植型

将树木种植成行或呈带状称为行(带)植。如道路两侧的绿化树、道路中间的分车绿化带和绿篱等。放样时,可利用支距法或距离交会法测设,在施工中多用支距法。如行道树定植放线,在有道牙的道路上,以路牙为依据进行定植点放线。无路牙的找出道路中线,并以此为定点的依据用皮尺定出行距,大约每 10 株钉一木桩,作为控制标记,每 10 株与路另一边的 10 株一一对应(应校核),最后用白灰标定出每个单株的位置。

4)片植型

成片规则种植一或两个树种称片植。片植又分为矩形种植和三角形种植两种。放样时,可用极坐标法或支距法等把种植区域的界线在实地上标定出来,然后根据其种植的方式再定出每一植株的具体位置。

(1)矩形种植　如图12.29(a)所示,种植区域界线为矩形 $ABCD$。假定种植的行距为 a、株距为 b。首先放样出种植区域界线 $ABCD$,然后每一植株定植位置按如下方法放样:

①沿 AD 方向量取距离 $d'_{A\text{-}1}=0.5a$,$d'_{A\text{-}2}=1.5a$,$d'_{A\text{-}3}=2.5a$,定出1,2,3,…各点;同法在 BC 方向上定出相应的1′,2′,3′,…各点;

②在纵向1—1′,2—2′,3—3′,…连线上按株距 b 定出各种植点的位置(连线上的第一株和最后一株离边界线的距离按 $b/2$ 测设),撒上白灰标记。

(2)三角形种植　三角形种植如图12.29(b)所示,放样方法为:

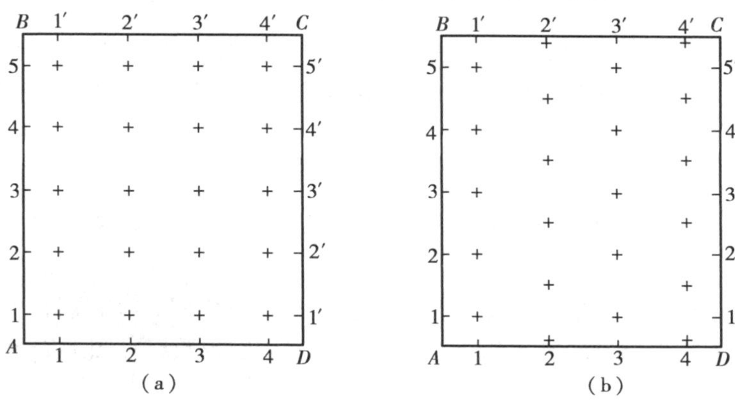

图12.29　片型种植测设示意图

①与矩形种植法相同,在 AD 和 BC 上分别定出1,2,3,…和相应的1′,2′,3′,…点;

②在第一纵行(单数行)上按 $0.5b,b,\cdots,b,0.5b$ 间距定出各种植点位置,在第二纵行(双数行)上按 $b,b,\cdots,b$ 间距定出各种植点位置。

12.7 微课

12.7　竣工测量

在园林工程施工过程中,有时会出现由于设计时没有考虑到的问题而使设计有所变更,使得设计总平面图与竣工总平面图不完全相符,为了确切地反映工程竣工后的现状,为工程验收和以后的管理、维修、扩建、改建等工程提供依据,需要进行竣工测量和编绘竣工总平面图。

12.7.1 竣工测量

在每一个单项工程完成后,必须由施工单位进行竣工测量,提出工程的竣工测量成果,作为编绘竣工总平面图的依据。

竣工测量的内容包括:园林建筑物、地下管线、特种构筑物、交通线路、室外场地等。竣工测量与地形图测量的方法相似,不同之处主要是竣工测量要测定许多细部点的坐标和高程,要求图根点的密度要大一些,细部点的测量精度要精确到 cm。

12.7.2 编绘竣工总平面图

编绘竣工总平面图时,需要在施工过程中收集一切有关的资料,包括设计总平面图、系统工程平面图、纵横断面图及变更设计的资料、施工放样资料、施工检查测量及竣工测量资料等,编绘竣工总平面图的方法如下:

1)绘制前的准备工作

(1)确定竣工总平面图的比例尺　一般情况下,竣工总平面图的比例尺为 1:500 或1:1 000。

(2)绘制底图　编绘时,先在图纸上精确地绘出坐标方格网,再将设计总平面图上的图面内容,按其设计坐标用铅笔展绘在图纸上,作为底图,并用红色数字在图上表示出设计数据。

2)竣工总平面图的编绘

每项工程竣工后,根据竣工测量成果用黑色绘出该工程的实际形状,并将其坐标和高程注于图上。黑色与红色数据之差,即为施工与设计之差,随着施工的进展,在底图上将铅笔线都绘成黑色线。经过整饰和清绘,即成为完整的竣工总平面图。

竣工总平面图的符号应与原设计图的符号一致。原设计图上没有的图例符号,可使用新的图例符号。在竣工总平面图上一般要用不同的颜色表示不同的工程对象。

对于大型较复杂的园林工程,如果将所有的园林建筑物、水景、道路、绿化和各种地上和地下管线等均绘在一张图上,会使得图面线条太密,内容太多,不容易辨认。为了便于使用图纸,可以采用分类编图,如综合竣工总平面图、管线竣工总平面图、道路竣工总平面图等。

3)检查验收

竣工总平面图编绘完成后,应经原设计及施工单位技术负责人审核。

复习思考题

1. 试述水平角测设的一般方法。
2. 点位测设的基本方法有哪些?具体怎样测设?

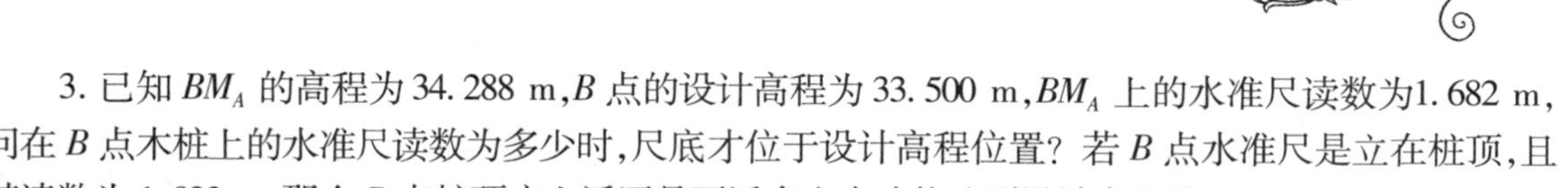

3. 已知 BM_A 的高程为 34.288 m，B 点的设计高程为 33.500 m，BM_A 上的水准尺读数为1.682 m，问在 B 点木桩上的水准尺读数为多少时，尺底才位于设计高程位置？若 B 点水准尺是立在桩顶，且其读数为 1.833 m，那么 B 点桩顶应上返还是下返多少米才能达到设计高程位置？

4. 已知某水准点 A 的高程 $H_A = 72.376$ m，B 点的设计高程为 $H_B = 73.254$ m。如水准仪安置在 A，B 两点中间，水准仪照准 A 点上水准尺的读数 $a = 1.624$ m，试求 B 点水准尺读数 b 应是多少时，B 点上水准尺底部才是其设计高程？

5. 如图 12.30 所示，已知 AB 边的坐标方位角 $\alpha_{AB} = 206°18'30''$，$B$ 点的坐标 $X_B = 423.287$ m，$y_B = 543.685$ m，房屋的一个角点 P 的设计坐标为 $X_P = 450.00$ m，$y_P = 660.00$ m。试计算经纬仪安置在 B 点，用极坐标法测设 P 点的放样元素 β 角和距离 S_{BP} 各为多少？

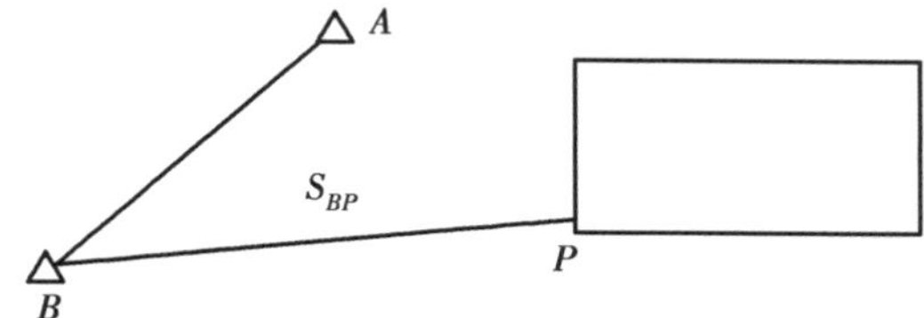

图 12.30

6. 规则的防护林有哪几种放线方法？

7. 简述设置龙门板的方法。

8. 怎样进行竣工测量？

13 实 训

13.1 测量实训须知

1. 实训目的

测量学是一门实践性很强的应用技术学科，测量实训是很重要的教学内容。只有通过亲手操作仪器，亲自观测、记录、计算及绘图等，才能把所学测绘理论与实践结合起来，用理论指导实践，在实践中提高分析问题和解决问题的能力、独立工作的能力、团结协作的能力，通过实习真正掌握测量技术。

2. 实训前的准备工作

(1)实习前应认真阅读实训项目所包含的全部内容，复习教材中的有关章节，确保实习顺利完成。

(2)按实训项目要求准备好需用的工具，如计算器、2H 或 3H 铅笔、小刀、记录板、记录表等。

3. 测量实训的要求

(1)测量实习分小组进行，每个小组由组长负责，小组成员要团结合作，共同完成实训项目。

(2)实习课是正常的教学环节，上课不得迟到、早退，更不允许旷课。实习应在指定的时间和地点进行，不得擅自离开实习场所。

(3)实习时，必须在指导教师讲解完后，才能按正确的操作程序进行操作，有问题及时向指导教师请教。

(4)必须爱护测量仪器和工具，在教师指导下进行操作使用，不得损坏仪器和工具。

(5)实习过程中不得打闹嬉戏，爱护环境，不得破坏公共设施。

4. 仪器工具的借还方法

(1)由组长代表小组办理借还手续，借领时应当场清点检查仪器和工具，检查仪器的各个螺旋是否正常，附件是否齐全，三脚架是否完好，仪器电池是否充电，能否正常开机，罗盘仪磁针是否灵敏等，发现问题及时提出处理，然后填写借单。

（2）各组领取的仪器和工具不得与其他小组自行调换或转借。

（3）实习结束，及时收装仪器工具并清点，交还实验室。如有丢失或损坏，应说明情况，按实验室制度处理，再将借单上的内容填写完整。

5.实习过程中的注意事项

（1）仪器和工具

①携带仪器时，应确保仪器箱扣紧、锁好。

②应将仪器箱放置平稳再开箱，严禁托在手上或抱在怀里开箱，以免仪器坠落摔坏，取仪器前记住仪器在箱中的摆放位置，避免再装箱时位置放错，盖不上盖。

③从箱内取仪器时，应先放松制动螺旋，然后一手扶住基座部分，一手握住照准部支架，轻拿轻放，不能只用一手抓取仪器。把仪器放在三脚架上，保持一手握住仪器，一手拧连接螺旋，确保连接牢固。仪器上架后应关上仪器箱盖，严禁在仪器箱上坐人。

④若清洁望远镜透镜表面，应先用软毛刷轻轻拂去污物，再用镜头纸擦拭。

⑤不要将仪器直接对准阳光，以免损伤眼睛和仪器内部元件。

⑥在仪器操作过程中，各制动螺旋勿拧过紧，微动螺旋和脚螺旋勿旋到尽头，以免损伤螺纹。要想使用微动螺旋时，应先固定制动螺旋。操作仪器时，动作要准确、轻捷，用力要均匀。

⑦观测过程中，仪器旁必须有人保护仪器，不许闲杂人员操作仪器。

⑧尽量不在烈日下或雨雪天气观测，如在这样的条件下观测必须撑伞保护仪器。如果仪器受潮，必须先让其风干后才能放进箱中。

⑨电子仪器更换电池时，应关闭电源，装箱之前也必须关闭电源。

⑩仪器装箱时，应松开制动螺旋，装入仪器箱后先试关一次，在确认位置正确后，再拧紧各制动螺旋，以免仪器在箱中晃动受损，最后关箱上锁。

⑪仪器迁站时，如距离远或通过行走不便的地区时，必须将仪器装箱后再迁站。如距离较近且地面平坦时，可将仪器连同三脚架一起搬迁。必须将连接螺旋拧紧，一手握住仪器，另一手抱拢脚架竖直地搬移。严禁将仪器斜扛肩上，以防损坏仪器。罗盘仪迁站时应将磁针固定，使用时再松开。

⑫使用测距仪或全站仪瞄准反射棱镜进行观测时，应尽量避免在视场内存在其他反射面，如交通信号灯、猫眼反射器和玻璃镜等。

⑬使用钢尺时，要防止行人踩踏和车辆碾压，防止扭曲、打折，防止折断钢尺。携尺前进时，不得沿地面拖拉，用完应擦净钢尺并涂油防锈。

⑭皮尺应防潮湿，一旦受水浸，应晾干后再卷入皮尺盒内，收卷尺时切忌扭转卷入。

⑮水准尺和花杆应由立尺员扶直，防止摔坏，不得用水准尺或花杆抬东西，不得坐人，更不能用来玩耍。

⑯仪器工具若发生故障，应及时向老师汇报，不得自行处理。

（2）外业测量记录与计算

①观测记录必须直接填写在规定的表格内或实习报告簿中，不得用其他纸张记录再行转抄。

②字体力求工整清晰，字高稍大于格子的一半，一旦记录中出现错误，便可在留出的空隙处对错误的数字进行更正。更正时，不准用橡皮擦去错误数字，不准在原数字上涂改，应将错误的数字划去并把正确的数字记在原数上方。

③观测者读数后，记录者应立即回报读数，经确认后再记录，以防听错、记错。

④记录数据时，不能省略有效零位，如水准尺读数 1.400，度盘读数 0°00′00″中的“0”均应

填写。

⑤一些简单的计算与必要的检核应在测量现场及时完成,精度符合要求后方可迁站;否则应重测。

⑥实习结束后,每人或每组上交一份实习报告,作为实训成绩。

13.2 基本实训

实训1 水准仪的认识与使用

1. 实训目的

掌握水准仪的结构与使用方法。

2. 实训内容

(1)熟悉水准仪的结构,掌握水准仪各螺旋的用法。

(2)练习水准仪的安置、粗平、瞄准、精平与读数的方法。

(3)测量地面上两点间的高差。

3. 仪器工具

DS_3 水准仪 1 台、三脚架 1 个、水准尺 2 根、记录板 1 块、铅笔、记录表等。

4. 方法步骤

(1)由指导教师讲解水准仪的构造,然后学生熟悉水准仪各螺旋的作用与用法。

(2)水准仪的使用方法。

①安置和粗平水准仪。

水准仪的安置主要是整平圆水准器,使仪器概略水平。做法是:选好安置位置,将仪器用连接螺旋安紧在三脚架上,先踏实两脚架尖,摆动另一只脚架使圆水准器气泡概略居中,然后转动脚螺旋使气泡居中。转动脚螺旋使气泡居中的操作规律是:气泡需要向哪个方向移动,左手拇指就向哪个方向转动脚螺旋(图 13.1(a)),两手在转动脚螺旋时以相对或相反方向同时转动脚螺旋。如气泡偏离在 a 的位置,首先按箭头所指的方向同时转动脚螺旋①和②,使气泡移到 b 的位置(图 13.1(b));再按箭头所指方向转动脚螺旋③,使气泡居中。

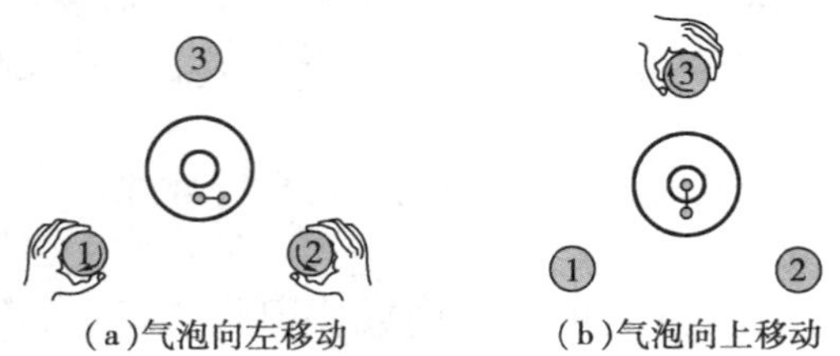

图 13.1 圆水准器整平

②用望远镜照准水准尺,并且消除视差。

首先用望远镜对着明亮背景,转动目镜对光螺旋,使十字丝清晰可见;然后松开制动螺旋,转动望远镜,利用镜筒上的准星和照门照准水准尺,旋紧制动螺旋;再转动物镜对光螺旋,使尺像清晰。此时如果眼睛上、下晃动,十字丝交点总是指在标尺物像的一个固定位置,即无视差现象(图 13.2(b))所示。如果眼睛上、下晃动,十字丝横丝在标尺上错动就是有视差,说明标尺物像没有呈现在十字丝平面上(图 13.2(a))。若有视差将影响读数的准确性。消除视差时要仔细进行物镜对光使水准尺看得最清楚,这时如十字丝不清楚或出现重影,再旋转目镜对光螺旋,直至完全消除视差为止。最后利用微动螺旋使十字丝纵丝贴近照准水准尺或平分水准尺尺面。

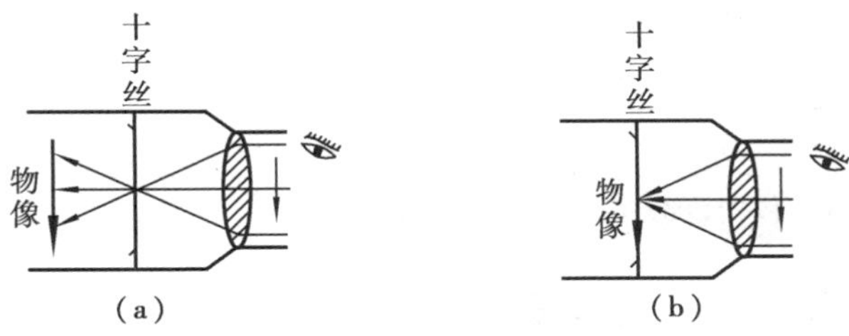

图 13.2 检查视差

③精确整平水准仪。

转动微倾螺旋使管水准器的符合水准气泡两端的影像符合,如图 13.3 所示。转动微倾螺旋要稳重,慢慢地调节,避免气泡上下不停错动。

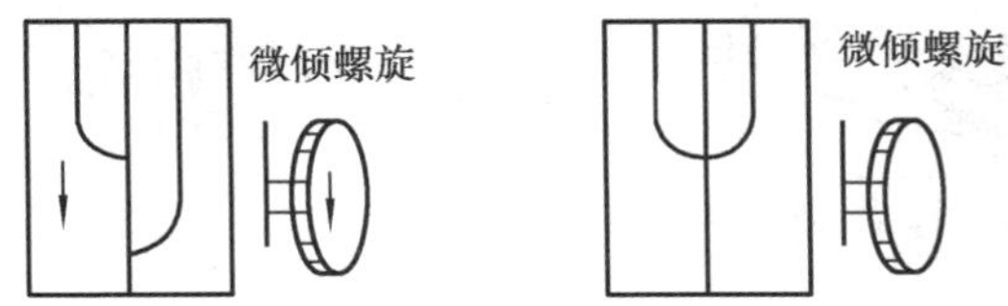

图 13.3 符合水准气泡符合

④读数。

以十字丝横丝为准读出水准尺上的数值,读数前,要对水准尺的分划、注记分析清楚,找出最小刻划单位,整厘米、整分米的分划及米数的注记。先读出米、分米、厘米数,估读毫米数。要特别注意不要错读单位和发生漏 0 现象。读数后,应立即查看气泡是否仍然符合,否则应重新使气泡符合后再读数。

要求每组每位同学完成整平水准仪 3 次、读水准尺读数 3 次。

(3)测量地面上两点间的高差。

①在地面选择 A,B 两个固定点并竖立水准尺。

②在 A,B 两点大至中间位置安置水准仪。

③瞄准后视点 A,精平后读取后视读数 a,记入记录表中。

④瞄准前视点 B 上竖立的水准尺,精平后读前视读数 b,记入记录表中。

⑤计算 A,B 两点间的高差 h_{AB},$h_{AB} = a - b$。

⑥计算 B 点高程 H_B,$H_B = H_A + h_{AB}$(可以假设 A 点的高程为 50.00 m)。

5. 注意事项

(1)安置仪器时应将仪器中心连接螺旋拧紧,防止仪器从脚架上脱落下来。

(2)水准仪为精密光学仪器,在使用中要按照操作规程作业,各个螺旋要正确使用。

(3)水准仪安置时,要掌握水准仪圆水准气泡的移动方向始终与操作者左手旋转脚螺旋的方向一致的规律。读数时,要记住水准尺的分划值是 1 cm,要估读至 mm。

(4)在读数前务必将水准器的符合水准气泡严格符合,读数后应复查气泡符合情况,若气泡错开,应立即重新将气泡符合后再读数。

(5)转动各螺旋时要稳、轻、慢,不能用力太大。

6. 实训报告

水准仪的构造与使用记录表

日期：　　　　班级：　　　　组别：　　　　姓名：　　　　学号：

题　目	水准仪的认识与使用	成　绩	
技能目标			
主要仪器及工具			

1. 在下图引出的标线处标明仪器该部件的名称。

2. 用箭头标明如何转动3只脚螺旋，使下图所示的圆水准器气泡居中。

3. 对光消除视差的步骤是：转动________使________清晰；再转动螺旋使________清晰。如发现________现象，说明存在________，则必须再转动________，直至________面和________面重合。

4. 用微倾式水准仪进行水准测量时，除了使________气泡居中外，读数前还必须转动________螺旋，使________气泡居中，才能读数。

5. 观测记录与计算

			高　差		
			+	−	

实训2 水准路线测量与成果整理

1. 实训目的

(1)进一步熟悉水准仪的构造及使用方法。

(2)学会普通水准测量的实际作业过程。

2. 实训内容

施测一闭合水准线路,计算其闭合差,并进行高差闭合差的调整和高程计算。

3. 仪器工具

DS_3 水准仪1台、水准尺2根、记录板1块、测伞1把、水准记录纸、计算器、铅笔、小刀、草稿纸等。

4. 方法步骤

(1)全组共同施测一条闭合水准路线,其长度以安置4~6个测站为宜。确定起始点及水准路线的前进方向。人员分工是:两人扶尺,一人记录,一人观测。施测1~2站后轮换工作。

(2)在每一站上,观测者首先应整平仪器,然后照准后视尺,对光、调焦、消除视差。慢慢转动微倾螺旋,将管水准器的气泡严格符合后,读取中丝读数,记录员将读数记入记录表中。读完后视读数,紧接着照准前视尺,用同样的方法读取前视读数。记录员把前、后视读数记好后,应立即计算本站高差 h_i。

(3)改变仪器高,由下一个同学再测一遍。若两次测量高差之差在允许范围内,取两次高差的平均值作为该站高差的最后结果(也可采用双面尺法校核)。

(4)用(2),(3)叙述的方法依次完成本闭合路线的水准测量,计算出每一测站的平均高差。

(5)观测结束后,立即算出高差闭合差 $f_h = \sum h_i$。如果 f_h 小于 $f_{h容}$,说明观测成果合格,即可算出各立尺点高程(假定起点高程为100 m)。否则,要进行重测。

5. 注意事项

(1)要求每站水准仪置于前、后尺距离基本相等处。

(2)读数前注意消除视差,注意水准管气泡居中,中丝读数一律取4位数,记录员也应记满4个数字,“0”不可省略。

(3)扶尺者要将尺扶直,不得前、后倾斜,与观测人员配合好,选择好立尺点。

(4)为校核每站高差的正确性,应按变换仪器高方法进行施测,以求得平均高差值作为本站的高差。

(5)限差要求:同一测站两次仪器高所测高差之差应小于±6 mm;水平路线高差闭合差的容许值为

$$f_{h容} = \pm 40\sqrt{L}(\text{或} \pm 10\sqrt{n})\ \text{mm}$$

6. 实训报告

水准路线测量与成果整理记录表

日期:________年____月____日　天气:________　仪器型号:________________　组号:________

观测者:__________________　记录者:_________________　立尺者:__________________

测站	点号	水准尺读数/m		高差 h/m		平均高差/m	备注
		后视 a/m	前视 b/m	+	−		
$\sum$							
计算校核	$\sum a - \sum b =$			$\sum h =$			

闭合水准路线高差调整及高程计算表

仪器型号:　　　班组:　　　观测者:　　　记录者:　　　日期:　　　天气:

点号	距离/km	测站数/m	平均高差/m	高差改正数/m	改正后高差/m	高程/m
A						100.00
B						
C						
D						
E						
A						
辅助计算						

实训3 微倾式水准仪的检验与校正

1. 实训目的

(1)认识微倾式水准仪的主要轴线及它们之间应具备的几何关系。

(2)基本掌握水准仪的检验和校正方法。

2. 实训内容

(1)圆水准器轴平行于仪器竖轴的检验和校正。

(2)十字丝横丝垂直于仪器竖轴的检验与校正。

(3)水准管轴与视准轴平行关系的检验与校正。

3. 仪器工具

DS_3 水准仪 1 台、水准尺 2 根、尺垫 2 个、校正针 1 根、计算器、铅笔、小刀、记录表等。

4. 方法步骤

(1)一般性检验。

安置仪器后,首先检验:三脚架是否牢固,制动和微动螺旋、微倾螺旋、对光螺旋、脚螺旋等是否有效,望远镜成像是否清晰等。同时了解水准仪各主要轴线及其相互关系。

(2)圆水准器轴平行于仪器竖轴的检验和校正。

①检验 转动脚螺旋使圆水准器气泡居中,将仪器绕竖轴旋转 180°后,若气泡仍居中,则说明圆水准器轴平行于仪器竖轴;否则需要校正。

②校正 先稍松圆水准器底部中央的固紧螺丝,再拨动圆水准器的校正螺丝,使气泡返回偏离量的一半,然后转动脚螺旋使气泡居中。如此反复检校,直到圆水准器在任何位置时,气泡都在刻划圈内为止。最后旋紧固定螺旋。

(3)十字丝横丝垂直于仪器竖轴的检验与校正。

①检验 以十字丝横丝一端瞄准约 20 m 处一细小目标点,转动水平微动螺旋。若横丝始终不离开目标点,则说明十字丝横丝垂直于仪器竖轴;否则需要校正。

②校正 旋下十字丝分划板护罩,用小螺丝刀松开十字丝分划板的固定螺丝,微略转动十字丝分划板,使转动水平微动螺旋时横丝不离开目标点。如此反复检校,直至满足要求。最后将固定螺丝旋紧,并旋上护罩。

(4)水准管轴与视准轴平行关系的检验与校正。

①检验

a. 如图 13.4 所示,选择相距 75 ~ 100 m 稳定且通视良好的两点 A,B,在 A,B 两点上各打一个木桩固定其点位。

b. 水准仪置于距 A,B 两点等远处的Ⅰ位置,用变换仪器高度法测定 A,B 两点间的高差(两次高差之差不超过 3 mm 时可取平均值作为正确高差 h_{AB})。

$$h_{AB} = \frac{(a_1' - b_1' + a_1'' - b_1'')}{2}$$

c. 把水准仪置于离 A 点 3 ~ 5 m 的Ⅱ位置,精平仪器后读取近尺 A 上的读数 a_2。

d. 计算远尺 B 上的正确读数值 b_2

$$b_2 = a_2 - h_{AB}$$

e. 照准远尺 B，读取 B 尺上的读数 b_2'，如果 $b_2 = b_2'$，则说明视准轴与水准管轴平行。否则应进行校正。

②校正

a. 旋转水准仪微倾螺旋，使视准轴对准 B 尺读数 b_2，这时水准管符合气泡影像错开，即水准管气泡不居中。

b. 用校正针先松开水准管左右校正螺丝，再拨动上下两个校正螺丝（先松上（下）边的螺丝，再紧下（上）边的螺丝），直到符合气泡影像符合为止。此项工作要重复进行几次，直到符合要求（即 b_2' 与 b_2 之差小于 3 mm）为止。

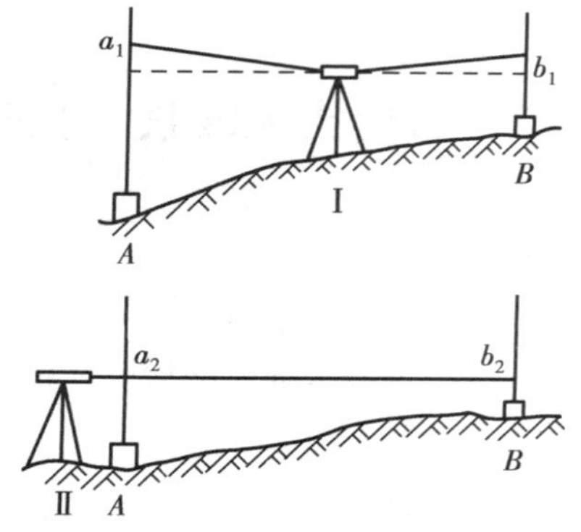

图 13.4 水准管轴与视准轴平行的检验

5. 注意事项

(1) 各项检验和校正的顺序不能颠倒，在检校过程中同时填写实习报告。

(2) 校正螺丝都比较精细，在拨动螺丝时要"慢、稳、均"。

(3) 每项检校完毕都要拧紧各个校正螺丝，上好护盖，以防脱落。

(4) 校正后，应再做一次检验，看其是否符合要求。

(5) 本次实习要求学生只进行检验，如若校正，应在指导教师直接指导下进行。

6. 实训报告

微倾式水准仪的检验与校正记录表

日期： 班级： 组别： 姓名： 学号：

题 目	微倾式水准仪的检验与校正	成 绩	
技能目标			
主要仪器及工具			
1. 一般性检验结果是：三脚架________制动与微动螺旋________，微倾螺旋________，对光螺旋________，脚螺旋________，望远镜成像________。			
2. 水准仪的主要轴线之间正确的几何关系是________________。			
3. 在对圆水准器轴与仪器竖轴是否平行的检校过程中，请用虚圆圈绘出下列情况下的气泡位置：(a) 仪器整平后；(b) 仪器转 180°后；(c) 校正时，用________校正气泡偏离量的________后；(d) 用________调整气泡偏离量的________；(e) 仪器转 180°再检验。 (a) (b) (c) (d) (e)			

续表

<table>
<tr><td colspan="5">4. 在对十字丝横丝与仪器竖轴是否垂直的检校过程中，请在下图中绘出十字丝横丝与目标点的位置关系。
○ ○ ○</td></tr>
<tr><td colspan="5">5. 对水准管轴与视准轴是否平行的检校记录：</td></tr>
<tr><td>仪器位置</td><td>项　　目</td><td>第一次</td><td>第二次</td><td>第三次</td></tr>
<tr><td rowspan="3">在 A,B 两点中间安置仪器测高差</td><td>后视 A 点尺上读数 a_1</td><td></td><td></td><td></td></tr>
<tr><td>前视 B 点尺上读数 b_1</td><td></td><td></td><td></td></tr>
<tr><td>$h_{AB}=a_1-b_1$</td><td></td><td></td><td></td></tr>
<tr><td rowspan="5">在 A 点附近安置仪器进行检验</td><td>A 点尺上读数 a_2</td><td></td><td></td><td></td></tr>
<tr><td>B 点尺上读数 b_2'</td><td></td><td></td><td></td></tr>
<tr><td>计算 $b_2=a_2+h_{AB}$</td><td></td><td></td><td></td></tr>
<tr><td>偏差值 $\Delta b=b_2-b_2'$</td><td></td><td></td><td></td></tr>
<tr><td>是否需校正</td><td></td><td></td><td></td></tr>
<tr><td>描述校正方法</td><td></td><td></td><td></td><td></td></tr>
</table>

实训 4　光学经纬仪的认识与读数

1. 实训目的

掌握 DJ_6,DJ_2 级光学经纬仪的构造及读数方法。

2. 实训内容

(1)认识 DJ_6,DJ_2 级经纬仪的构造及各部件的功能。

(2)区分 DJ_2 级和 DJ_6 级经纬仪的异同点。

(3)熟悉 DJ_6,DJ_2 级经纬仪的读数方法。

(4)熟练 DJ_6 级经纬仪水平度盘变换钮设置水平度盘读数。

3. 仪器工具

DJ_6,DJ_2 级经纬仪各 1 台、记录板 1 块、花杆 2 根。

4. 方法步骤

1) DJ_6 级经纬仪的认识与操作

(1)由指导教师讲解经纬仪的构造及技术操作方法。

(2)学生自己熟悉经纬仪各螺旋的功能。

(3)练习安置经纬仪。经纬仪的安置包括对中和整平两项内容。

①对中　对中是把经纬仪水平度盘的中心安置在所测角的顶点铅垂线上。方法是:先将三角架安置在测站点上,架头大致水平,用垂球概略对中后,踏牢三脚架,然后用连接螺旋将仪器固定在三脚架上。此时,若偏离测站点较大,则须将三脚架作平行移动,若偏离较小,可将连接螺旋放松,在三脚架头上移动仪器基座使垂球尖准确地对准测站点,然后再旋紧连接螺旋。

如果使用带有光学对点器的仪器,对中时可通过光学对点器进行对中。采用光学对点器对中的做法是:将仪器置于测站点上,使架头大致水平,三个脚螺旋的高度适中,光学对点器大致在测站点铅垂线上。转动对点器目镜看清分划板中心圈(十字丝),再拉动或旋转目镜,使测站点影像清晰。若中心圈(十字丝)与测站点相距较远,则应平移脚架,而后旋转脚螺旋,使测站点与中心圈(十字丝)重合。伸缩架腿,粗略整平圆水准器,再用脚螺旋使圆水准气泡居中。这时可移动基座精确对中,最后拧紧连接螺旋。

②整平　整平是使水平度盘处于水平位置,仪器竖轴铅直。整平的方法是:

a. 使照准部水准管与任意两个脚螺旋连线平行,两手以相反方向同时旋转这两脚螺旋,使水准管气泡居中。

b. 将照准部平转 90°(有些仪器上装有两个水准管,则可以不转),再用另一个脚螺旋使水准管气泡居中。

c. 以上操作反复进行,直到仪器在任何位置气泡都居中为止。

(4)用望远镜瞄准远处目标。

①安置好仪器后,松开照准部和望远镜的制动螺旋,用粗瞄器初步瞄准目标,然后拧紧这两个制动螺旋。

②调节目镜对光螺旋,看清十字丝,再转动物镜对光螺旋,使望远镜内目标清晰,旋转水平微动和垂直微动螺旋,用十字丝精确照准目标,并消除视差。

(5)练习水平度盘读数。

(6)练习用水平度盘变换手轮设置水平度盘读数。

①用望远镜照准选定目标。

②拧紧水平制动螺旋,用微动螺旋准确瞄准目标。

③转动水平度盘变换手轮,使水平度盘读数设置到预定数值。

④松开制动螺旋,稍微旋转后,再重新照准原目标,看水平度盘读数是否仍为原读数,否则重新设置。

)DJ_2 级经纬仪的认识与操作

(1)DJ_2 级经纬仪的认识

①熟悉 DJ_2 级经纬仪各部件的名称及作用。

②了解下列各个装置的功能和用途：

a. 制动螺旋　水平制动和竖直制动——分别固定照准部和望远镜。

b. 微动螺旋　水平微动和竖直微动——用于精确瞄准目标。

c. 水准管　照准部水准管——用于显示水平度盘是否水平；竖盘指标水准管——用于显示竖盘指标线是否指向正确的位置。

d. 水平度盘变换装置　DJ_2 级经纬仪通过该装置，可设置起始方向的水平度盘读数。

e. 换像手轮　DJ_2 级经纬仪通过该装置，可设置读数窗处于水平或竖直度盘的影像。

(2) DJ_2 级经纬仪的安置

①对中（采用光学对点器）

a. 将三角架置于测站点上，目估架头大致水平，同时注意高度适中，安放经纬仪。

b. 调节对点器的目镜进行调焦，使对点器的中心圈影像清晰，然后调节物镜使地面的影像清晰地出现在对点器内。

c. 如测站点不在对点器内，可移动两个脚架，将测站点的影像置于对点器中心圈附近，拧紧中心螺旋。

d. 旋转脚螺旋使测站点标志影像精确地位于中心圈内。

e. 伸缩三脚架使圆水准气泡居中，并检查对点是否超限。

②整平

a. 使照准部水准管平行于任意两个脚螺旋，并调节这两个脚螺旋，使水准管气泡居中。

b. 旋转照准部 90°，调节第三个脚螺旋，使水准管气泡居中。

c. 重复上述两步工作，直至仪器在任一位置水准管气泡均居中，此时仍应检查对点是否超限。

(3) 照准目标

①目镜对光——望远镜对向天空或一明亮背景，转动目镜，使十字丝分划板清晰。

②粗瞄目标——通过望远镜上的瞄准器将目标调入望远镜的视场内。

③物镜对光——调节物镜对光螺旋，使目标的影像清晰地出现在十字丝分划板上。

④消除视差——眼睛在目镜后做上、下、左、右运动时，如目标和十字丝分划板相对运动，则有视差，这时重复①和③两步工作可消除视差。

⑤精确瞄准——调节水平微动螺旋和竖直微动螺旋，将目标调至十字丝分划板中心位置上。

(4) 读数

①当读数设备是数字化读数视窗时，如图 13.5 所示，操作如下：

a. 将读数窗内分划线上、下对齐。

b. 读取窗口最上边的度数（123°）和中部窗口 10′的注记（40′）。

c. 读取测微器上小于 10′的数值（8′12.4″）。

d. 将上述的度、分、秒相加，即水平度盘读数为123°48′12.4″。

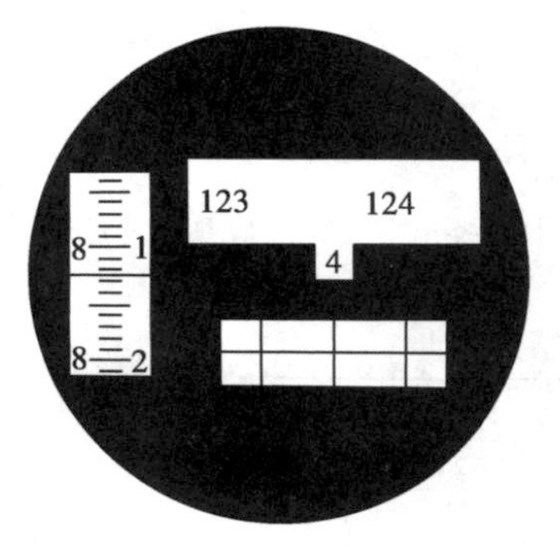

图 13.5　DJ_2 级光学经纬仪的读数

②当读数设备是对径分划读数视窗时，操作如下：

a. 将换像手轮置于水平位置，打开反光镜，使读数窗明亮。

b. 转动测微轮使读数窗内上、下分划线对齐。

c. 读出位于左侧或靠中的正对刻划线的度盘读数。

d. 读出与正像度刻线相差180°位于右侧或靠中的倒像度刻线之间的格数 n，即：$n \times 10'$ 的分读数。

e. 读出测微尺指标线截取小于10′的分、秒读数。

f. 将上述度、分、秒相加，即得整个度盘读数。

(5)归零

①用测微轮将小于10′的测微器上的读数对着00′00″。

②打开水平度盘变换手轮的保护盖，用手拨动该手轮，将度和整分调至0°00′，并保证分划线上、下对齐。

5. 注意事项

(1)经纬仪是精密仪器，使用时要十分谨慎小心，各个螺旋要慢慢转动。不准大幅度地、快速地转动照准部及望远镜。

(2)当一个人操作时，其他人员只做语言帮助，不能多人同时操作一台仪器。

(3)每组中每人的练习时间要因时、因人而异，要互相帮助。

(4)在对中过程中调节圆水准气泡居中时，切勿用脚螺旋调节，而应用脚架调节，以免破坏对中；整平好仪器后，应检查对中点是否偏移超限。

(5)练习水平度盘读数时要注意估读的准确性。

(6) DJ_6 级经纬仪用度盘变换钮设置水平度盘读数时，不能用微动螺旋设置分、秒数值。如果这样做，将使目标偏离十字丝交点。

(7) DJ_2 级经纬仪属精密仪器，应避免日晒雨淋，操作要做到轻、慢、稳。

6. 实训报告

实　训　报　告

日期：　　　　班级：　　　　组别：　　　　姓名：　　　　学号：

题　目	光学经纬仪的认识与读数	成　绩	
技能目标			
主要仪器及工具			
1. DJ_6 级光学经纬仪的主要构造：			
2. DJ_2 级光学经纬仪与 DJ_6 级光学经纬仪的不同之处：			

续表

3. DJ_6 的操作步骤：   4. 在操作上，DJ_2 级光学经纬仪与 DJ_6 的不同之处：
总　结：

实训5　水平角观测

1. 实训目的

(1)进一步熟悉经纬仪的构造、安置和读数方法。

(2)学会用测回法、方向观测法测水平角。

2. 实训内容

水平角观测方法与计算方法。

3. 仪器工具

经纬仪1台、记录板1块、测伞1把、记录纸(水平角观测)、计算器、铅笔、草稿纸。

4. 方法步骤

(1)在一个指定的点上安置经纬仪。

(2)选择两个明显的固定点作为观测目标或用花杆标定两个目标。

(3)用测回法测定其水平角值，观测程序如下：

①安置好仪器以后，以盘左位置照准左方目标，并读取水平度盘读数。记录人听到读数后，立即回报观测者，经观测者默许后，立即记入测角记录表中。

②顺时针旋转照准部照准右方目标，读取其水平度盘读数，并记入测角记录表中。

③由①，②两步完成了上半测回的观测，记录者在记录表中要计算出上半测回角值。

④将经纬仪置盘右位置，先照准右方目标，读取水平度盘读数，并记入测角记录表中。其读数与盘左时的同一目标读数大约相差180°。

⑤逆时针转动照准部,再照准左方目标,读取水平度盘读数,并记入测角记录表中。

⑥由④,⑤两步完成了下半测回的观测,记录者再算出其下半测回角值。

⑦至此便完成了一个测回的观测。如上半测回角值和下半测回角值之差没有超限(不超过±40″),则取其平均值作为一测回的角度观测值,也就是这两个方向之间的水平角。

如果观测不止一个测回,而是要观测 n 个测回,那么在每测回要重新设置水平度盘起始读数,即对左方目标每测回在盘左观测时,水平度盘应设置$\frac{180°}{n}$的整倍数来观测。

(4)方向观测法测定水平角的观测程序:

①如图 13.6 所示,在 O 点安置经纬仪,选取一方向作为起始零方向(如图中的 A 方向)。

②盘左位置照准 A 方向,并拨动水平度盘变换手轮,将 A 方向的水平度盘读数设置在 00°00′00″附近,然后顺时针转动照准部 1~2 周,重新照准 A 方向并读取水平度盘读数,记入方向观测法记录表中。

③按顺时针方向依次照准 B,C,D 方向,并读取水平度盘读数,将读数值分别记入记录表中。

④继续旋转照准部至 A 方向,再读取水平度盘读数,检查归零差是否合格。

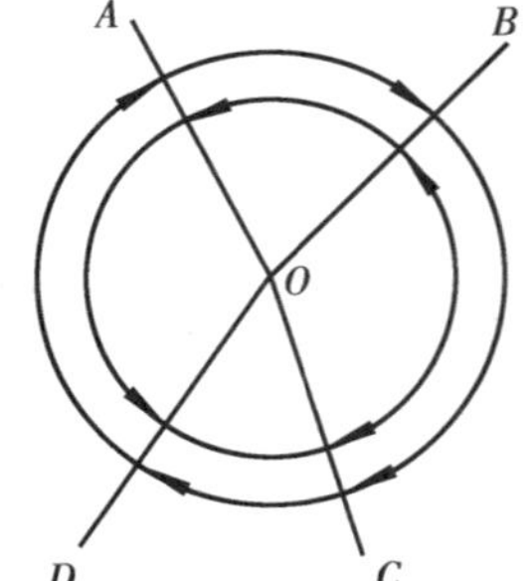

图 13.6　方向观测法测定水平角

⑤盘右位置观测前,先逆时针旋转照准部 1~2 周后再照准 A 方向,并读取水平度盘读数,记入记录表中。

⑥按逆时针方向依次照准 D,C,B 方向,并读取水平度盘读数,将读数值分别记入记录表中。

⑦逆时针继续旋转至 A 方向,读取零方向 A 的水平度盘读数,并检查归零差和 $2c$ 互差。

起始方向度盘读数位置的变换规则:为了提高测角精度,减少度盘刻划误差的影响,各测回起始方向的度盘读数位置应均匀地分布在度盘和测微尺的不同位置上,根据不同的测量等级和使用的仪器,每测回起始方向盘左的水平度盘读数应递增 $180°/n$(n 为测回数)。

5. 注意事项

(1)测回法观测水平角时应注意:

①在记录前,首先要弄清记录表格的填写次序和填写方法。

②每一测回的观测中间,如发现水准管气泡偏离,也不能重新整平。本测回观测完毕,下一测回开始前再重新整平仪器。

③在照准目标时,要用十字丝竖丝照准目标的明显地方,最好看目标下部,上半测回照准什么部位,下半测回仍照准这个部位。

④长条形较大目标需要用十字丝双丝来照准,点目标用单丝平分。

⑤在选择目标时,最好选取不同高度的目标进行观测。

(2)方向观测法观测水平角应注意:

①每半测回观测前应先旋转照准部 1~2 周。

②一测回内不得两次整平仪器。

③选择距离适中、通视良好、成像清晰的方向作零方向。

④管水准器气泡偏离中心不得超过 1 格以上。

⑤进行水平角观测时，应尽量照准目标的下部。

6. 实训报告

实 训 报 告

日期： 班级： 组别： 姓名： 学号：

<table>
<tr><td>题 目</td><td>水平角观测</td><td>成 绩</td><td></td></tr>
<tr><td>技能目标</td><td colspan="3"></td></tr>
<tr><td>主要仪器及工具</td><td colspan="3"></td></tr>
<tr><td colspan="4">实习操作步骤：</td></tr>
</table>

<table>
<tr><td colspan="7">水平角观测（测回法）记录表</td></tr>
<tr><td>测 站</td><td>竖盘位置</td><td>目 标</td><td>水平度盘读数</td><td>半测回角值</td><td>一测回角值</td><td>备 注</td></tr>
<tr><td rowspan="4">0</td><td rowspan="2">左</td><td></td><td></td><td rowspan="2"></td><td rowspan="4"></td><td rowspan="4"></td></tr>
<tr><td></td><td></td></tr>
<tr><td rowspan="2">右</td><td></td><td></td><td rowspan="2"></td></tr>
<tr><td></td><td></td></tr>
<tr><td rowspan="4">0</td><td rowspan="2">左</td><td></td><td></td><td rowspan="2"></td><td rowspan="4"></td><td rowspan="4"></td></tr>
<tr><td></td><td></td></tr>
<tr><td rowspan="2">右</td><td></td><td></td><td rowspan="2"></td></tr>
<tr><td></td><td></td></tr>
</table>

<table>
<tr><td colspan="9">水平角观测（方向观测法）记录表</td></tr>
<tr><td rowspan="3">测站</td><td rowspan="3">测回数</td><td rowspan="3">目标</td><td colspan="2">读 数</td><td rowspan="2">2c = 左 − (右 ± 180°)</td><td rowspan="2">平均读数 = $\frac{1}{2}$[左 + (右 ± 180°)]</td><td rowspan="2">归零后方向值</td><td rowspan="2">各测回归零方向值的平均值</td></tr>
<tr><td>盘左</td><td>盘右</td></tr>
<tr><td>° ′ ″</td><td>° ′ ″</td><td>° ′ ″</td><td>° ′ ″</td><td>° ′ ″</td><td>° ′ ″</td></tr>
<tr><td>1</td><td>2</td><td>3</td><td>4</td><td>5</td><td>6</td><td>7</td><td>8</td><td>9</td></tr>
<tr><td></td><td></td><td></td><td></td><td></td><td></td><td></td><td></td><td></td></tr>
<tr><td></td><td></td><td></td><td></td><td></td><td></td><td></td><td></td><td></td></tr>
<tr><td colspan="9">实习总结：</td></tr>
</table>

实训6 竖直角观测及竖盘指标差的测定

1. 实训目的

(1)学会竖直角的测量方法。

(2)学会竖直角及竖盘指标差的记录、计算方法。

2. 实训内容

竖直角观测及竖盘指标差的测定。

3. 仪器工具

DJ_6 经纬仪 1 台、记录板 1 块、记录纸、测伞 1 把,计算器、铅笔、小刀、草稿纸。

4. 方法步骤

(1)在某指定点上安置经纬仪。

(2)以盘左位置使望远镜视线大致水平。竖盘指标所指读数 90°即为盘左时的竖盘始读数,记作 $L_{始}$。

同样,盘右位置看盘右时的竖盘始读数,记作 $R_{始}$。

(3)以盘左位置将望远镜物镜端抬高,即当视准轴逐渐向上倾斜时,观察竖盘读数是增加还是减少,借以确定竖直角和指标差的计算公式。

①当望远镜物镜抬高时,如竖盘读数逐渐增大,则竖直角计算公式为

$$\alpha_{左} = L_{始} - L_{读}$$
$$\alpha_{右} = R_{读} - R_{始}$$

如果 $L_{始} = 90°$,则

$$\alpha_{左} = 90° - L_{读}$$

如果 $R_{始} = 270°$,则

$$\alpha_{右} = R_{读} - 270°$$

$$竖直角\ \alpha = \frac{1}{2}(\alpha_{左} + \alpha_{右}) = \frac{R - L}{2} - 90°$$

$$竖盘指标差\ x = \frac{1}{2}(\alpha_R - \alpha_L) = \frac{L + R}{2} - 180°$$

②必须注意,x 值有正有负,盘左位置观测时用 $\alpha = \alpha_{左} + x$ 计算就能获得正确的竖直角 α;而盘右位置观测用 $\alpha = \alpha_{右} - x$ 计算才能获得正确的竖直角 α。

③用上述公式算出的竖直角 α,其符号为"+"时,α 为仰角;其符号为"-"时,α 为俯角。

(4)用测回法测定竖直角,其观测程序如下:

①安置好经纬仪后,盘左位置照准目标,转动竖盘指标水准管微动螺旋,使水准管气泡居中(符合气泡影像符合)后,读取竖直度盘的读数 $L_{读}$。记录者将读数值 $L_{读}$ 记入竖直角测量记录表中。

②根据竖直角计算公式,在记录表中计算出盘左时的竖直角 $\alpha_{左}$。

③再用盘右位置照准目标,转动竖盘指标水准管微动螺旋,使水准管气泡居中(符合气泡

影像符合)后,读取其竖直度盘读数 $R_{读}$。记录者将读数值 $R_{读}$ 记入竖直角测量记录表中。

④根据竖直角计算公式,在记录表中计算出盘右时的竖直角 $\alpha_{右}$。

⑤计算一测回竖直角值和指标差。

5. 注意事项

(1) 直接读取的竖盘读数并非竖直角,竖直角通过计算才能获得。

(2) 竖盘因其刻划注记和始读数的不同,计算竖直角的方法也就不同,要通过检测来确定正确的竖直角和指标差计算公式。

(3) 盘左盘右照准目标时,要用十字丝横丝照准目标的同一位置。

(4) 在竖盘读数前,务必要使竖盘指标水准管气泡居中。

6. 实训报告

实 训 报 告

日期: 班级: 组别: 姓名: 学号:

题 目	竖直角观测及竖盘指标差的测定	成 绩	
技能目标			
主要仪器及工具			
实习操作步骤:			

竖直角观测记录表

测 站	目 标	竖盘位置	竖盘读数	半测回竖直角值	指标差	一测回竖直角	备 注
		左					
		右					
		左					
		右					
		左					
		右					
		左					
		右					

续表

总结:

实训7 经纬仪的检验与校正

1. 实训目的

(1)认识 DJ_6 级光学经纬仪的主要轴线及它们之间应具备的几何关系。

(2)熟悉 DJ_6 级光学经纬仪的检验与校正方法。

2. 实训内容

DJ_6 级光学经纬仪的检验与校正方法。

3. 仪器工具

DJ_6 经纬仪 1 台、记录板 1 块、测伞 1 把、校正针 1 根,计算器、铅笔、小刀、草稿纸。

4. 方法步骤

(1)指导教师讲解各项检校的过程及操作要领。

(2)照准部水准管轴垂直于仪器竖轴的检验与校正。

①检验方法

a. 将经纬仪严格整平。

b. 转动照准部,使水准管与 3 个脚螺旋中的任意一对平行,转动脚螺旋使气泡严格居中。

c. 将照准部旋转 180°,此时,如果气泡仍居中,说明该条件能够满足;若气泡偏离中央零点位置,则需进行校正。

②校正方法

a. 旋转这一对脚螺旋,使气泡向中央零点位置移动偏离格数的一半。

b. 用校正针拨动水准管一端的校正螺丝,使气泡居中。

c. 再次将仪器严格整平后进行检验,如需校正,仍用 a,b 所述方法进行校正。

d. 反复进行数次,直到气泡居中后再转动照准部,气泡偏离在半格以内,可不再校正。

(3)十字丝竖丝的检验与校正。

①检验方法

整平仪器后,用十字丝竖丝的最上端照准一明显固定点,固定照准部制动螺旋和望远镜制动螺旋,然后转动望远镜微动螺旋,使望远镜上下微动。如果该固定点目标不离开竖丝,说明此条件满足,否则需要校正。

②校正方法

a. 旋下望远镜目镜端十字丝环护罩,用螺丝刀松开十字丝环的每个固定螺丝。

b. 轻轻转动十字丝环,使竖丝处于竖直位置。

c. 调整完毕后务必拧紧十字丝环的 4 个固定螺丝,上好十字丝环护罩。

此项检验、校正也可以采用与水准仪横丝检校同样的方法,或采用悬挂垂球使竖丝与垂球线重合的方法进行。

(4)视准轴的检验与校正

盘左盘右读数法

①检验方法

a. 选与视准轴大致处于同一水平线上的一点作为照准目标,安置好仪器后,盘左位置照准此目标并读取水平度盘读数,记作 $\alpha_{左}$。

b. 以盘右位置照准此目标,读取水平盘读数,记作 $\alpha_{右}$。

c. 如 $\alpha_{左}=\alpha_{右}\pm 180°$,则此项条件满足;如果 $\alpha_{左}\neq\alpha_{右}\pm 180°$,则说明视准轴与仪器横轴不垂直,存在视准差 c,即 $2c$ 误差,应进行校正。$2c$ 误差的计算公式如下

$$c=\frac{1}{2}[\alpha_{左}-(\alpha_{右}\pm 180°)]$$

②校正方法

a. 仪器仍处于盘右位置不动,以盘右位置读数为准,计算两次读数的平均值 α 作为正确读数,即

$$\alpha=\frac{1}{2}[\alpha_{右}+(\alpha_{左}\pm 180°)]$$

或用 $\alpha=\alpha_{左}-c$ 或 $\alpha=\alpha_{右}+c$ 计算 α 的正确读数。

b. 转动照准部微动螺旋,使水平度盘指标在正确读数 α 上,这时,十字丝交点偏离了原目标。

c. 旋下望远镜目镜端的十字丝护罩,松开十字丝环上、下校正螺丝,拨动十字丝环左右两个校正螺丝(先松左(右)边的校正螺丝,再紧右(左)边的校正螺丝),使十字丝交点回到原目标,即使视准轴与仪器横轴相垂直。

d. 调整完后务必拧紧十字丝环上、下两校正螺丝,上好望远镜目镜护罩。

(5)横轴的检验与校正

①检验方法

a. 在距一洁净的高墙 20 ~ 30 m 处安置仪器,盘左位置使望远镜仰角为 30°左右,视线正对墙面,照准目标 M,拧紧水平制动螺旋后,将望远镜放到水平位置,在墙上(或横放的尺子上)标出 m_1 点。

b. 盘右位置仍照准高目标 M,放平望远镜,在墙上(或横放的尺子上)标出 m_2 点。若 m_1 与 m_2 两点重合,说明望远镜横轴垂直仪器竖轴,否则需校正。

②校正方法

a. 由于盘左和盘右两个位置的投影各向不同方向倾斜,而且倾斜的角度是相等的,取 m_1 与

m_2 的中点 m,即是高目标点 M 的正确投影位置。得到 m 点后,用微动螺旋使望远镜照准 m 点,再仰起望远镜看高目标点 M,此时十字丝交点将偏离 M 点。

b. 此项校正一般应由专业人员处理。

(6)竖盘指标水准管的检验与校正

①检验方法

a. 安置好仪器后,盘左位置照准某一高处目标(仰角大于30°),用竖盘指标水准管微动螺旋使水准管气泡居中,读取竖直度盘读数,求出其竖直角 $\alpha_{左}$。

b. 以盘右位置照准此目标,用同样方法求出其竖直角 $\alpha_{右}$。

c. 若 $\alpha_{左} \neq \alpha_{右}$,说明有指标差,应进行校正。

②校正方法

a. 计算出正确的竖直角

$$\alpha = \frac{1}{2}(\alpha_{左} + \alpha_{右})$$

b. 仪器仍处于盘右位置不动,不改变望远镜所照准的目标,再根据正确的竖直角 α 和竖直度盘刻划特点求出盘右时竖直度盘的正确读数值,并用竖盘指标水准管微动螺旋使竖直度盘指标对准正确读数值,这时,竖盘指标水准管气泡不再居中。

c. 用拨针拨动竖盘指标水准管上、下校正螺丝,使气泡居中,即消除了指标差,达到了检校的目的。

对于有竖盘指标自动归零补偿装置的经纬仪,其指标差的检验与校正方法如下:

①检验方法　经纬仪整平后,对同一高度的目标进行盘左、盘右观测,若盘左位置读数为 L,盘右位置读数为 R,则指标差 x 按下式计算

$$x = \frac{1}{2}(\alpha_R - \alpha_L) = \frac{L+R}{2} - 180°$$

若 x 的绝对值大于30″,则应进行校正。

②校正方法　取下竖盘立面仪器外壳上的指标差盖板,可见到两个带孔螺钉,松开其中一个螺钉,拧紧另一个螺钉,使垂直光路中一块平板玻璃产生转动,从而达到校正的目的。仪器校正完毕后应检查校正螺钉是否紧固可靠,以防脱落。

(7)光学对点器的检验与校正

目的:使光学垂线与竖轴重合。

①检验方法　对点器安装在照准部上的仪器:安置经纬仪于脚架上,移动放置在脚架中央地面上标有 a 点的白纸,使十字丝中心与 a 点重合。转动仪器180°,再看十字丝中心是否与地面上的 a 目标重合,若重合条件满足,否则需要校正。

②校正方法　仪器类型不同,校正的部位不同,但总的来说有两种校正方式:

a. 校正转向直角棱镜　该棱镜在左右支架间用护盖盖着,校正时用校正螺丝调节偏离量的一半即可。

b. 校正光学对点器目镜十字丝分划板　调节分划板校正螺丝,使十字丝退回偏离值的一半,即可达到校正的目的。

5. 注意事项

①经纬仪检校是很精细的工作,必须认真对待。

②发现问题及时向指导教师汇报，不得自行处理。

③各项检校顺序不能颠倒。在检校过程中要同时填写实习报告。

④检校完毕，要将各个校正螺丝拧紧，以防脱落。

⑤每项检校都需重复进行，直到符合要求。

⑥校正后应再作一次检验，看其是否符合要求。

⑦本次实习只作检验，校正应在指导教师指导下进行。

6. 实训报告

实 训 报 告

日期： 班级： 组别： 姓名： 学号：

<table>
<tr><td colspan="2">题　目</td><td colspan="2">DJ$_6$级光学经纬仪的检验与校正</td><td>成　绩</td><td></td></tr>
<tr><td colspan="2">技能目标</td><td colspan="4"></td></tr>
<tr><td colspan="2">主要仪器及工具</td><td colspan="4"></td></tr>
<tr><td colspan="6">1. 一般性检验结果是：三脚架＿＿＿＿，水平制动与微动螺旋＿＿＿＿，望远镜制动与微动螺旋＿＿＿＿，照准部转动＿＿＿＿，望远镜转动＿＿＿＿，望远镜成像＿＿＿＿，脚螺旋＿＿＿＿。
2. 经纬仪的主要轴线有＿＿＿＿。
它们之间正确的几何关系是＿＿＿＿。</td></tr>
<tr><td rowspan="2">3. 水准管轴的检验</td><td>水准管平行一对脚螺旋时气泡位置图</td><td>照准部旋转180°后气泡位置图</td><td colspan="2">照准部旋转180°后气泡应有的正确位置图</td><td>是否需校正</td></tr>
<tr><td></td><td></td><td colspan="2"></td><td></td></tr>
<tr><td rowspan="2">4. 十字丝纵丝的检验</td><td>检验开始时望远镜视场图</td><td>检验终了时望远镜视场图</td><td colspan="2">正确的望远镜视场图</td><td>是否需校正</td></tr>
<tr><td></td><td></td><td colspan="2"></td><td></td></tr>
</table>

续表

<table>
<tr><td rowspan="5">5.视准轴的检验</td><td rowspan="5">盘左盘右读数法</td><td>仪器安置点</td><td>目　标</td><td>盘　位</td><td>水平度盘读数</td><td>平均读数</td></tr>
<tr><td rowspan="2">A</td><td rowspan="2">G</td><td>左</td><td></td><td rowspan="2"></td></tr>
<tr><td>右</td><td></td></tr>
<tr><td rowspan="2">检　验</td><td colspan="3">计算 $2c=$左$-($右$\pm180°)$</td><td></td></tr>
<tr><td colspan="3">是否需要校正</td><td></td></tr>
<tr><td rowspan="5">6.横轴的检验</td><td colspan="2">仪器安置点</td><td>目　标</td><td>盘　位</td><td>水平度盘读数</td><td>平均读数</td></tr>
<tr><td colspan="2" rowspan="2">A
（竖直角大于30°）</td><td rowspan="2">M</td><td>左</td><td></td><td rowspan="2"></td></tr>
<tr><td>右</td><td></td></tr>
<tr><td colspan="2" rowspan="2">检　验</td><td colspan="3">计算 $i=$左$-($右$\pm180°)$</td><td></td></tr>
<tr><td colspan="3">是否需要校正</td><td></td></tr>
<tr><td rowspan="5">7.竖盘指标差检验</td><td colspan="2">仪器安置点</td><td>目　标</td><td>盘　位</td><td>竖盘读数</td><td>竖直角</td></tr>
<tr><td colspan="2" rowspan="2">A</td><td rowspan="2">G</td><td>左</td><td></td><td></td></tr>
<tr><td>右</td><td></td><td></td></tr>
<tr><td colspan="2" rowspan="2">检　验</td><td colspan="3">计算指标差</td><td></td></tr>
<tr><td colspan="3">是否需校正</td><td></td></tr>
</table>

续表

<table>
<tr><td rowspan="5">8. 校正方法简述</td><td>水准管轴</td><td colspan="2"></td></tr>
<tr><td>十字丝纵丝</td><td colspan="2"></td></tr>
<tr><td>视准轴</td><td>盘左盘右法</td><td></td></tr>
<tr><td>横轴</td><td colspan="2"></td></tr>
<tr><td>指标差</td><td colspan="2"></td></tr>
<tr><td>9. 总结</td><td colspan="3"></td></tr>
</table>

实训 8 距离丈量

1. 实训目的

学会在地面上标定直线及用钢尺(或皮尺、测绳)丈量距离的方法。

2. 实训内容

每小组丈量 200 ~ 300 m 长的线段,测算出结果。

3. 仪器工具

钢尺(30 m 或 50 m)1 把(或皮尺 50 m 1 把);花杆 3 ~ 5 根;垂球 2 个;水平尺 1 对;铅笔、小刀、记录表格等。

4. 方法步骤

(1) 钢尺(或皮尺、测绳)丈量一般需要 3 人,分别担任前尺手、后尺手及记录工作。在地势起伏较大地区或行人、车辆众多地区丈量时还应增加辅助人员。

(2) 在直线定线后,由前尺手和后尺手配合,先依次丈量各整尺段,用测纤插入地面或铅笔划线作记号,最后丈量不足一尺段的余尺段,则地面上设的 A,B 两点的水平距离为

$$D_{AB} = nl + q$$

式中，l——整尺段长度；

n——整尺段数；

q——余长。

(3)为了校核和提高精度，必须进行往返丈量，然后求出相对误差。要求丈量的相对误差钢尺在平坦地区一般要求达到1/2 000～1/3 000，丘陵地区为1/1 000。皮尺在平坦地区一般要求达到1/1 000，测绳在平坦地区一般要求达到1/200～1/300。精度符合要求时，取往、返平均值作为最后结果。

5. 注意事项

(1)爱护钢尺，勿使折挠，勿沿地面拖拉。

(2)丈量时要正确地找到钢尺(或皮尺、测绳)的零位。

(3)钢尺(或皮尺、测绳)拉平，用力要均匀。

(4)插测钎时，测钎要竖直，若地面坚硬，也可以在地面上做出相应记号。

(5)钢尺余长记至mm或0.5 mm，皮尺或测绳余长均记至dm。

6. 实训报告

距离测量记录表

尺号_______　日期_______　班组_______　记录者_______　尺长_______　观测者_______

线段	往测/m	返测/m	往返/m	相对精度	平均距离/m	备注
∑						

实训9　经纬仪视距测量

1. 实训目的

掌握视距法测量水平距离和高差的外业观测、记录与计算方法。

2. 实训内容

测量任意两点间的水平距离及高差。

3. 仪器工具

J_6经纬仪1架、水准尺1根、2 m钢卷尺1副、计算器、铅笔、小刀、记录表格等。

4. 方法步骤

(1)在有一定高差的地段选择视野开阔的点 A 作为测站点，将经纬仪置于测站点上，对中，整平。

(2)用钢尺或皮尺量取仪器高(经纬仪横轴中心线至测站点地面之高度)，仪器高量至0.01 m。

(3)盘左位置瞄准 B 点上竖立的水准尺，使竖盘指标水准管气泡居中(或将竖盘归零装置的开关转到“ON”)后，分别读取下、中、上丝读数，读竖盘读数，并计算竖直角 $\alpha_{左}$。

(4)盘右观测同一目标的同一位置，同法读取竖盘读数，并计算 $\alpha_{右}$。

(5)计算平均竖直角，再根据视距测量的公式，计算 A,B 两点间的水平距离与高差。

(6)把仪器搬至 B 点安置，同法观测、计算出 B 至 A 的水平距离和高差。

(7)若 AB 往返测距的相对误差≤1/300，取平均值作为最后结果；否则应重测。

5. 注意事项

(1)观测时视距尺必须竖直。

(2)读取竖直度盘读数前，必须使竖盘指标水准管气泡居中。

(3)读取上、中、下三丝读数之前，应仔细调焦以消除视差。

(4)为简化高差的计算，中丝对准的读数尽可能等于仪器高。

6. 实训报告

视距测量记录表

仪器______ 日期______ 观测者______ K = ______ 班组______ 记录者______ 计算者______

测站	仪器高 /m	目标	尺上读数			视距间隔 $b-a$	竖盘读数 ° ′ ″	竖直角 a ° ′ ″	高差 h /m	水平距离 /m
			上丝 a	下丝 b	中丝 v					

实训 10 罗盘仪测磁方位角

1. 实训目的

了解罗盘仪的一般构造，学会用罗盘仪测某直线的磁方位角。

2. 实训内容

掌握罗盘仪测任一直线的磁方位角。

3. 仪器工具

罗盘仪 1 架、花杆 2 根。

4. 方法步骤

(1)指导老师讲解仪器构造及使用方法。

(2)在测站点 A 安置仪器,对中,整平,放下磁针。

(3)精确瞄准 B 点竖立的花杆,待磁针静止后,按注记增大方向读取磁针北端所指的读数,即为所测直线 AB 的磁方位角,并记录之。

(4)把罗盘仪搬至 B 点安置,瞄准 A 点,测出 AB 边的反方位角。

(5)若正、反方位角的差值在 179°~180°之间,取其平均值作为 AB 边的方位角,即

$$\alpha_{平均} = \frac{1}{2}[\alpha_{正} + (\alpha_{反} \pm 180°)]$$

5. 注意事项

在罗盘仪上读数之前,须先辨清磁针的南北端;并注意磁针是否放下,磁针的转动是否灵敏。避开铁器的干扰,搬迁仪器时要固定好磁针。

6. 实训报告

磁方位角观测记录表

日期＿＿＿＿＿＿ 班组＿＿＿＿＿＿ 观测者＿＿＿＿＿＿ 记录者＿＿＿＿

边 号	正磁方位角	反磁方位角	差 数	平均磁方位角	备 注
–					
–					
–					
–					
–					
–					
–					

实训 11 经纬仪导线测量

1. 实训目的

掌握经纬仪钢尺量距导线的外业观测方法和内业计算方法。

2. 实训内容

每组完成 1 条闭合导线(4~6 点)的外业工作和内业计算。

3. 仪器工具

DJ_6 光学经纬仪 1 台、三脚架 1 个、罗盘仪 1 台、罗盘仪用脚架 1 个、30 m 钢尺 1 把、测钎 1 束、花杆 2 根、记录夹 1 块、斧子 1 把、自备木桩和铁钉若干个、油漆 1 小瓶、毛笔 1 支、铅笔、小刀、计算器和记录表格等。

4. 方法步骤

(1)根据选点应注意的事项,在测区内选定 4~6 个导线点组成闭合导线;在各导线点打下

木桩,钉上铁钉或用油漆标定点位,按顺时针(或逆时针)方向编出点号,绘出导线略图。

(2)量距　用钢尺往、返丈量各导线的边长,读至毫米,边长超过一整尺段时,应进行直线定线,若相对误差在容许范围内,则取其平均值作为每条导线边长的结果。

(3)测角　采用经纬仪测回法观测导线各转折角(内角),每角测一个测回,精度符合要求时,取平均值。若为独立测区,则用罗盘仪观测起始边的正、反方位角,误差符合要求时,取平均正方位角值。

(4)内业计算　角度闭合差 $f_\beta = \sum \beta_{测} - (n-2) \times 180°$,$n$ 为测角数;外业成果合格后,内业计算各导线点坐标,否则重新观测。计算见附表。

5. 注意事项

(1)导线点间应互相通视,边长以 70 ~ 150 m 为宜。若边长较短,测角时应特别注意提高对中和瞄准的精度。

(2)假定起始点坐标为(1 000.000,1 000.000)。

(3)限差要求为:同一边往、返测距的相对误差应小于 1/3 000,困难地区应不大于1/1 000;导线角度闭合差的限差为 $\pm 60'' \sqrt{n}$,n 为测角数;导线全长相对闭合差的限差为1/2 000。超限应重测。

6. 实训报告

每组交导线测量记录表 1 份(见附表),每人交导线测量内业计算表 1 份(格式见表5.1)。

经纬仪导线测量记录表

仪器:________　钢尺:________　天气:________　日期:________

班组:________　观测者:________　量距者:________　记录者:________

测站	竖直度盘位置	目　标	水平度盘读数	半测回角值	一测回角值	距离往测 距离返测	平均距离	备　注
1	左							起始边磁方位角值:
	右							
2	左							
	右							
3	左							
	右							

实训 12　四等水准测量

1. 实训目的

(1)学会用双面水准尺进行四等水准测量的观测、记录与计算方法。

(2)熟悉四等水准测量的主要技术指标,掌握测站及水准路线的检核方法。

2. 实训内容

按四等水准测量要求,每组完成一个闭合水准环的观测任务。

3. 仪器工具

DS_3 水准仪 1 台、双面水准尺 1 对、记录板 1 块、尺垫 2 个、记录表、计算器、铅笔、小刀、计算用纸等。

4. 方法步骤

(1)选定一条闭合或附合水准路线,其长度以安置 4 ~ 6 个测站为宜。沿线标定待定点的地面标志。

(2)在起点与第一个立尺点之间设站,安置好水准仪后,按以下顺序观测:

①后视黑面尺,精平,读取下、上丝读数;读取中丝读数;分别记入记录表(1),(2),(3)顺序栏中。

②前视黑面尺,精平,读取下、上丝读数;读取中丝读数;分别记入记录表(4),(5),(6)顺序栏中。

③前视红面尺,精平,读取中丝读数;记入记录表(7)顺序栏中。

④后视红面尺,精平,读取中丝读数;记入记录表(8)顺序栏中。

这种观测顺序简称"后—前—前—后",也可采用"后—后—前—前"的观测顺序。

将上述 8 个数据记入记录手簿相应栏内,立即在测站上进行测站校核计算。当各项限差均满足要求后,方可迁站继续测量。迁站时,前视尺不动,后视尺和仪器向前走,搬到下一站,否则应重新观测。

(3)测站校核计算　测站校核计算包括视距、读数和高差部分。

①视距部分

后距(9) = [(1) - (2)] × 100;

前距(10) = [(4) - (5)] × 100;

前、后视距差(11) = (9) - (10);

前、后视距累积差(12) = 本站(11) + 前站(12)。

前、后视距差,前后视距累积差应满足相应等级的技术要求。

②黑、红面尺中丝读数差的计算与校核

后视黑、红面尺中丝读数差(13) = (3) + K_1 - (8);

前视黑、红面尺中丝读数差(14) = (6) + K_2 - (7);

③高差部分的计算与校核

黑面尺所测高差(16) = (3) - (6);

红面尺所测高差(17)=(8)-(7);

黑、红面尺高差之差(15)=[(16)-(17)±0.100];

其绝对值应符合下表中的高差较差的规定。同时(15)=[(13)-(14)],此步用于检查计算是否正确,如相等说明计算没有问题,否则应重新计算。

高差中数(18)=[(16)+(17)±0.100]/2。

(4)校核计算　当水准路线测量结束后,应检查每一项测站校核计算是否有错误,校核计算的方法如下:

$\sum(9)-\sum(10)=(12)$(末站);

$L=\sum(9)+\sum(10)$;

高差计算校核时,当测站数为奇数时:$\sum(16)+\left[\sum(17)\pm0.100\right]=2\sum(18)$;

当测站数为偶数时:$\sum(16)+\sum(17)=2\sum(18)$。

5. 实习要点及流程

(1)要点

①四等水准测量按“后前前后”(黑黑红红)顺序观测。

②记录要规范,各项限差要随时检查,无误后方可搬站。

(2)流程　由 *BM* 点—点 1—点 2—*BM* 点。

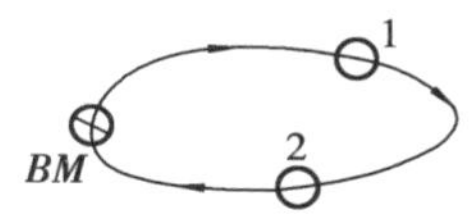

6. 注意事项

(1)每站观测结束后应当即计算检核,若有超限则重测该测站。全路线施测计算完毕,各项检核均已符合,路线闭合差也在限差之内,即可收测。

(2)有关技术指标的限差规定见下表。

四等水准测量的技术指标的限差规定

等级	视线高度/m	视距长度/m	前后视距差/m	前后视距累积差/m	黑、红面分划读数差/mm	黑、红面分划所测高度差/mm	路线闭合差/mm
四	>0.2	≤80	≤3.0	≤10.0	3.0	5.0	$\pm20\sqrt{L}$

注:表中 *L* 为路线总长,以 km 为单位。

(3)四等水准测量记录表内( )中的数,表示观测读数与计算的顺序。(1)~(8)为记录顺序,(9)~(18)为计算顺序。

(4)双面水准尺每两根为一组,其中一根尺常数 K_1=4.687 m,另一根尺常数 K_2=4.787 m,两尺的红面读数相差 0.100 m(即 4.687 与 4.787 之差)。当第一测站前尺位置决定以后,两根尺要交替前进,即后变前,前变后,不能搞乱。在记录表中的方向及尺号栏内要写明尺号,在备注栏内写明相应尺号的 *K* 值。起点高程可采用假定高程,即设 H_0=100.00 m。

7. 实训报告

四等水准测量外业记录表

日期:________年____月____日　天气:________　仪器型号:________________　组号:________

观测者:________________　记录者:________________　司尺者:________________

<table>
<tr><td rowspan="8">测点编号</td><td rowspan="2">后尺</td><td>下丝</td><td rowspan="2">前尺</td><td>下丝</td><td rowspan="4">方向及尺号</td><td colspan="2">标尺读数</td><td rowspan="4">K＋黑－红
/mm</td><td rowspan="4">高差中数
/m</td><td rowspan="4">备　注</td></tr>
<tr><td>上丝</td><td>上丝</td><td rowspan="3">黑面
/m</td><td rowspan="3">红面
/m</td></tr>
<tr><td colspan="2">后距/m</td><td colspan="2">前距/m</td></tr>
<tr><td colspan="2">视距差/m</td><td colspan="2">累积差/m</td></tr>
<tr><td colspan="2">(1)</td><td colspan="2">(4)</td><td rowspan="4">后尺 1#
前尺 2#
后－前</td><td>(3)</td><td>(7)</td><td>(13)</td><td rowspan="2">(18)</td><td rowspan="16">K_1 ＝4.787 m
K_2 ＝4.687 m</td></tr>
<tr><td colspan="2">(2)</td><td colspan="2">(5)</td><td>(6)</td><td>(8)</td><td>(14)</td></tr>
<tr><td colspan="2">(9)</td><td colspan="2">(10)</td><td>(16)</td><td>(17)</td><td>(15)</td><td rowspan="2"></td></tr>
<tr><td colspan="2">(11)</td><td colspan="2">(12)</td><td></td><td></td><td></td></tr>
<tr><td rowspan="4">|</td><td colspan="2"></td><td colspan="2"></td><td></td><td></td><td></td><td></td><td rowspan="3"></td></tr>
<tr><td colspan="2"></td><td colspan="2"></td><td></td><td></td><td></td><td></td></tr>
<tr><td colspan="2"></td><td colspan="2"></td><td></td><td></td><td></td><td></td></tr>
<tr><td colspan="2"></td><td colspan="2"></td><td></td><td></td><td></td><td></td><td></td></tr>
<tr><td rowspan="4">|</td><td colspan="2"></td><td colspan="2"></td><td></td><td></td><td></td><td></td><td rowspan="3"></td></tr>
<tr><td colspan="2"></td><td colspan="2"></td><td></td><td></td><td></td><td></td></tr>
<tr><td colspan="2"></td><td colspan="2"></td><td></td><td></td><td></td><td></td></tr>
<tr><td colspan="2"></td><td colspan="2"></td><td></td><td></td><td></td><td></td><td></td></tr>
<tr><td rowspan="4">|</td><td colspan="2"></td><td colspan="2"></td><td></td><td></td><td></td><td></td><td rowspan="3"></td><td rowspan="4"></td></tr>
<tr><td colspan="2"></td><td colspan="2"></td><td></td><td></td><td></td><td></td></tr>
<tr><td colspan="2"></td><td colspan="2"></td><td></td><td></td><td></td><td></td></tr>
<tr><td colspan="2"></td><td colspan="2"></td><td></td><td></td><td></td><td></td><td></td></tr>
<tr><td>校
核</td><td colspan="4"></td><td colspan="2"></td><td colspan="2"></td><td colspan="2"></td></tr>
</table>

实训13 全站仪的结构与使用方法

1. 实训目的

熟练掌握全站仪的构造及使用方法。

2. 实训内容

(1)熟悉全站仪的一般构造和使用方法。

(2)练习全站仪的开、关机,仪器的对中、整平、瞄准的操作方法。

(3)练习并掌握用全站仪进行角度测量、距离测量、坐标测量、导线测量、悬高测量、对边测量、定向测量、线高测量、面积测量及放样测量的具体方法。

3. 仪器工具

南方 NTS-660 全站仪(或其他型号的全站仪)1 台、三脚架 1 个、单棱镜 1 个或三棱镜 1 个、三脚架或对中杆 1 个。

4. 方法步骤

(1)仪器的开机与关机。

(2)仪器的安装、对中、整平。

(3)角度测量、距离测量、坐标测量、导线测量、悬高测量、对边测量、定向测量、线高测量、面积测量及放样测量,见教材或全站仪操作手册。

5. 注意事项

见全站仪操作手册。

6. 实训报告

每人上交一份实训报告。

实训14 GPS 技术应用

1. 实训目的

学会 GPS 的使用方法。

2. 实训内容

静态 GPS 接收机的使用方法(以南方 9600 北极星为例)。

3. 仪器工具

静态 GPS 接收机(南方 9600 北极星)3 台、随机绘图软件、计算机每组至少 1 台。

4. 方法步骤

以南方 9600 北极星为例。

(1)GPS 网的图形设计,在测区内选择 GPS 控制点(至少 3 个点),布设成三角形 GPS 控制网(或其他形状的控制网),遵循选点的原则,标定点位。

(2)在选好的观测点上安放三脚架,小心打开仪器箱,取出基座及对中器,将其安放在脚架上,在测点上对中,对中误差应不大于 3 mm,整平基座。

(3)从仪器箱中取出接收机(实习之前,由实验教师检验仪器),将其安放在对中器上,并将其锁紧。

(4)在各观测时段的前后,各量取天线高(用钢卷尺由地面中心位置量至天线边缘的斜距)一次,量至毫米,两次量高之差不应大于 3 mm。取平均值作为最后天线高,并记入观测手簿。观测人员将测站点点号、时段号、起点坐标记入观测手簿。

以同样的方法将另外两台接收机安置在另外的两个测站点上。

(5)观测作业,使用 PWR 键开机,在初始界面中选 F1 键进入“智能模式”采集数据。

(6)按 F2 键进入“设置”功能的操作。

(7)按 F3 键进入“测量”功能的操作,再按 F3 键“点名”进入点名输入功能界面,给正在记录的数据起一个文件名、输入时段号及输入测站天线高,确定之后仪器可自动完成观测数据记录。

(8)达到观测时间后,退回到主界面,然后长按 PWR 键关机,退出数据记录。

(9)北极星 9600 内业数据传输

①连接前的准备　保证 9600 主机电源充足,打开电源,用通讯电缆连接好电脑的串口 1(COM1)或串口 2(COM2),要等待(约 10 s)9600 主机进入主界面后再进行连接和传输(初始界面不能传输)。设置要存放野外观测数据的文件夹,可以在数据通讯软件中设置。

②进行通讯参数的设置　选择“通讯”菜单中的“通讯接口”功能,系统弹出通讯参数设置对话框,选择通讯接口 COM1 或 COM2,鼠标单击“确定”按钮。

③连接计算机和 GPS 接收机。

④数据传输　选择“通讯”菜单中的“传输数据”功能,在 GPS 数据传输对话框中选择野外的观测数据文件,鼠标单击“开始”进行数据传输,在数据传输软件中可以对 GPS 接收机采样间隔和卫星高度截止角进行设置。

⑤断开连接。

⑥将观测数据传输到计算机中,在数据传输时需要对照外业观测记录手簿,检查所输入的记录是否正确。

⑦用随机绘图软件对所获得的外业数据及时地进行处理,解算出基线向量,并对由合格的基线向量所构建成的 GPS 基线向量网进行平差解算,得出网中各点的坐标成果。如果需要利用 GPS 测定网中各点的正高或正常高,还需要进行高程拟合。

附 GPS 测量手簿

C,D,E 级测量手簿记录格式

点　号		点　名		图幅编号	
观测记录员		时段号		观测日期	
接收机名称及编号		天线类型及其编号		存储介质编号 数据文件名	
温度计类型及编号		气压计类型及编号		备份存储介质编号	

续表

<table>
<tr><td>点　号</td><td></td><td>点　名</td><td></td><td>图幅编号</td><td></td></tr>
<tr><td>近似纬度</td><td>° ′ ″N</td><td>近似经度</td><td>° ′ ″E</td><td>近似高程</td><td>m</td></tr>
<tr><td>采样间隔</td><td>s</td><td>开始记录时间</td><td>h　min</td><td>结束记录时间</td><td>h　min</td></tr>
<tr><td colspan="2">天线高测定</td><td colspan="2">天线高测定方法及略图</td><td colspan="2">点位略图</td></tr>
<tr><td colspan="2">测前：　　　测后：
测定值________m ________m
修正值________m ________m
天线高________m ________m
平均值________m ________m</td><td colspan="2"></td><td colspan="2"></td></tr>
<tr><td>时间(UTC)</td><td>跟踪卫星号(PRN)及信噪比</td><td>纬度
° ′ ″</td><td>经度
° ′ ″</td><td>大地高/m</td><td>PDOP</td></tr>
<tr><td></td><td></td><td></td><td></td><td></td><td></td></tr>
<tr><td></td><td></td><td></td><td></td><td></td><td></td></tr>
<tr><td colspan="6">记
事</td></tr>
</table>

5. 注意事项

(1)观测站周围的环境必须符合选点规程规定，避开树荫、建筑物、构筑物，避开强磁场的干扰，如距离电视电信发射塔 300 m、高压线 50 m 以上，也不要在靠近接收机的地方使用对讲机、移动电话等无线电设备。

(2)在任何界面下同时按下 F1 + F4 快捷键关机，即可退出采集，且不会丢失数据。

(3)同时工作的几台 9600 主机高度截止角、采集间隔最好保证一致，即同样的设置值。

6. 实训报告

每组上交一份测量成果报告。

实训 15　平板仪的安置与使用方法

1. 实训目的

熟悉并掌握平板仪的使用方法。

2. 实训内容

(1)了解平板仪的结构,掌握平板仪的安置及其在地形测量中的使用方法。

(2)熟悉平板仪极坐标法测量碎部点的方法。

3. 仪器工具

平板仪 1 套、视距尺 1 根、花杆 2 根、皮尺 1 副、记录板 1 块、斧子 1 把、自备图纸 1 张、木桩和小钉若干、计算器、铅笔、小刀等。

4. 方法步骤

(1)平板仪的安置

①在地面点 A 安放平板仪,在距 A 点约 50 m 处确定一地面点 B,丈量 AB 距离。在图纸上适当的位置定出 a 点,按 AB 距离依 1∶1 000 的比例定出 b 点。

②粗略安置。使图上 ab 方向与实地 AB 方向大体一致,使图板基本水平,使 a 点大致在 A 点正上方。

③精确安置。将对点器尖端对准 a 点,垂球尖对准地面 A 点,使其符合限差,用水准器整平图板使其精确水平;将照准仪直尺紧靠 ab 线,转动图板瞄准 B 点精确定向。

由于对中、整平、定向会相互影响,安置时应反复几次才能达到要求。

(2)极坐标法测定点位　用照准仪瞄准测站周围各碎部点;用视距测量的方法测定测站点至各碎部点的平距和高差;依 1∶1 000 比例尺在图上沿照准仪直尺边定出各碎部点的点位,并记载高程。

5. 注意事项

(1)架设平板仪时高度要适当,使用时要防止照准仪摔落,绘图时不能身压图板。

(2)平板仪安置的对点误差 $\pm 0.05\ \text{mm} \times M$($M$ 为比例尺分母)。

6. 实训报告

每组上交实训报告及有关图纸一份。

实训报告

日期:________　班级:________　组别:________　姓名:________　学号:________

实习题目	平板仪的安置与使用	成　绩	
实习技能目标			
主要仪器及工具			
实习操作步骤:			

续表

竖直角观测记录表											
测站仪器高	目标	尺上读数			视距	竖盘读数	竖直角	高差	高程	水平距离	备注
		上丝	下丝	中丝							
实习总结：											

实训 16 测图精灵的使用

1. 实训目的

掌握用测图精灵测绘地形图。

2. 实训内容

(1)熟悉测图精灵的操作界面。

(2)练习并掌握用测图精灵测绘地形图。

3. 仪器工具

南方 NTS-960 全站仪 1 台、三脚架 1 个、单棱镜 1 个或三棱镜 1 个、三脚架或对中杆 1 根。

4. 方法步骤

(1)打开全站仪。

(2)新建图形文件。点击桌面上的测图精灵图标，进入测图精灵的界面，点击文件菜单下的新建图形，创建一个作业项目。此时作业项目尚未取名，图形信息将自动保存在临时文件中，此时可以自己为作业项目命名。

(3)输入控制点。施测之前要先输入所有控制点的坐标。控制点的输入有两种方式:手工输入和自动录入。输入控制点后,点击屏幕上的全图显示图标,可以看到输入的所有控制点的分布情况。

(4)测站定向。依次点击菜单:测量→测站定向,则会弹出一个“测站定向”对话框。测站定向提供了两种方式:点号定向和方位角定向。按“测站定向”对话框所示,分别输入测站点点号、定向点点号、仪器高,然后按“确定”键。其中测站点及定向点的输入既可通过数字键盘输入,也可用辅助笔直接捕捉屏幕上的点输入。测站定向完成后,可以在屏幕上看到有一个符号标示这一点为测站点,另一个符号标示这一点为定向点。

(5)碎步点采集。启动掌上平板开始测量,该项工作的具体操作为点击工具栏上掌上平板图标;设置所测地物的图层、属性;选择设尺;依次点击测距模式图标→测量图标→记录图标,则所测地物被记录并显示在屏幕上。

(6)数据导出。通过通讯接口或者 USB 接口可以把所测的图形和数据传到 CASS 软件中,存放在采集文件目录下将自动生成两个文件,即 CASS 格式的图形数据文件和原始坐标数据文件。

(7)图形编辑与输出。利用 *CASS* 绘图软件编绘地形图,最后将图形文件在绘图仪或打印机上输出,也可将图形文件刻录光盘,提供数字化成果。

5. 注意事项

要按照正确的操作规范操作,进行误操作容易导致死机。

6. 实训报告

每人上交一份所测区域的数字化地形图。

实训 17　数字化测图软件的使用

1. 实训目的

通过实习,让同学们掌握内外业一体化数字成图的方法,学会使用数字测图软件,可以选择草图法中的测点点号定位或坐标定位的成图方法,练习平面图的绘制方法、等高线的绘制方法、图幅的编辑与整饰方法。同学们可以感受到数字测图与白纸测图的区别,体会到数字测图过程的自动化、测图产品的数字化、数字测图成果的高精度。

2. 实训内容

选择草图法中的测点点号定位或坐标定位的成图方法中的一种练习。

(1)绘制平面图。

(2)绘等高线。

(3)等高线的修饰。

①注记等高线;

②等高线修剪;

③切除指定二线间等高线;

④切除指定区域内等高线；

⑤等值线滤波。

(4)绘制三维模型。

(5)编辑与整饰。

①改变比例尺；

②图形分幅；

③图幅整饰。

3. 仪器工具

数字测图软件、计算机。

4. 方法步骤

数字测图软件种类很多，请参看你所用的测图软件的《用户手册》和《参考手册》来一步步练习。

5. 注意事项

请参看你所用的数字测图软件的《用户手册》和《参考手册》。

实训 18 面积量算

1. 实训目的

掌握常用的不规则图形面积的求算方法。

2. 实训内容

练习用透明方格纸法求算不规则图形面积的方法。

3. 仪器工具

准备透明毫米方格纸 1 张(16 开)；自备三角板 1 副、铅笔、小刀、计算器和记录表等；自备 1 张地形图。

4. 方法步骤

用透明方格纸法测算不规则图形的实地面积。

拿出自备的地形图，在其上任选一图形，确定其轮廓线的位置，然后用透明方格纸法、测算该图形的实地面积。

5. 实训报告

图形面积测量结果记录表

方 法	透明方格纸法
面积	

实训 19 点位测设的基本方法

1. 实训目的

掌握水平角、水平距和高程测设的基本方法。

2. 实训内容

练习水平角、水平距和高程的测设方法，各项内容每人至少练习一次。

3. 仪器工具

经纬仪 1 台、水准仪 1 台、钢尺 1 副、水准尺 2 把、测钎 1 束、记录板 1 个；自备铅笔、小刀、木桩、小钉、笔擦、计算器等。

4. 方法步骤

在地面选择距离 60 ~ 80 m 的 O,A 两点，并标定点位，假定 O 点的高程为 100.00 m。以 OA 边为测设角度的已知方向线，现欲测设 B 点，使 $\angle AOB = 60°$（由指导教师根据场地而定），OB 的长度为 70 m，B 点高程为 100.450 m。

要求测设限差：水平角误差≤40″，水平距离的相对误差≤1/2 000，高程误差≤10 mm。

具体测设方法如下：

(1) 将经纬仪安置于 O 点，用盘左后视 A 点，并使水平度盘读数为 0°00′00″。

(2) 顺时针转动照准部，使水平度盘读数准确定在 60°上，在望远镜视准轴方向上用钢尺丈量 70 m 标定一点 B'。

(3) 倒镜，用盘右后视 A 点，读取水平度盘读数为 α，顺时针转动照准部，使水平度盘读数准确定在($\alpha + 60°$)上，同样在视准轴方向上用钢尺丈量 70 m，在地面标定 B''点。

(4) 若 B',B''两点重合，即为所放线的 B 点；若 B',B''不重合，取 $B'B''$连线的中点作为 B 点，则 $\angle AOB$ 为欲测设的 60°角，OB 的长度为 70 m。B 点为要测设的点，并钉上木桩。

(5) B 点高程的测设。

①在距 O,B 两点等距离处安置水准仪，整平仪器后，后视 O 点上的水准尺，得后视读数为 a。

②转动水准仪的望远镜，前视 B 点上的水准尺，使尺慢慢上下移动，当尺读数恰为 b(b = 100.00 m + a − 100.450 m)，则尺底的高程即为 100.450 m，用笔沿尺底划线标出 B 点的设计高程位置。

施测时，若前视读数大于 b，说明尺底高程低于欲测设的设计高程，应将水准仪慢慢提高；反之应降低尺底。

5. 注意事项

本实训不要求上交实训报告等材料，但实训每完成一项，应请指导教师对测设的结果进行检查（或在教师的指导下自检）；检核时，角度测设的限差不大于 ±40″，距离测设的相对误差不大于 1/2 000，高程测设的限差不大于 ±10 mm。

13.3 选做实训

实训1 红外测距仪的使用

1. 实训目的

学习并掌握红外测距仪的使用方法。

2. 实训内容

(1)掌握红外测距仪的基本结构、操作面板上各功能键的作用与用法。

(2)每个同学用红外测距仪测量1~2条边的水平距离。

3. 仪器工具

红外测距仪1台、单棱镜或三棱镜1组、对中杆(或棱镜脚架)1副、经纬仪1台、温度计1根、气压表1个、2 m钢卷尺2副、铅笔、记录表等。

4. 方法步骤

(1)由指导教师讲解并演示操作红外测距仪操作面板上各功能键的作用与用法。

(2)在测站点 A 上安置测距仪,对中、整平后量取仪器高,精确到mm。

(3)在 B 点安置反光棱镜,并量取棱镜高。

(4)利用温度计、气压表分别测定 A,B 两点的气压和温度,记入手簿。

(5)打开测距仪电源开关,仪器自检正常后,将 A,B 点的温度、气压(按照仪器使用说明书中气压单位)、测距仪的加常数、乘常数、棱镜常数按说明书分别输入测距仪。

(6)瞄准棱镜中心后进行距离测量。

5. 注意事项

不同型号的测距仪,在操作方法、测距方式、显示距离等方面存在差异,实习时应根据自己所用的仪器在教师指导下实习,并参看仪器使用说明书。

6. 实训报告

实训2 地形图的应用

1. 实训目的

掌握识图的基本知识,学会地形图的一般应用,学会数字测图软件的应用。

2. 实训内容

(1)学会判读地形图上的全部内容。

(2)能够在地形图上量取线段长度、直线方位角、任意点的平面直角坐标和高程。

(3)能够在地形图上按限制坡度选择最短路线。

(4)能够在地形图上绘制某一方向的纵断面图。

(5)熟悉数字测图软件的用法。

3. 仪器工具

每组1张地形图、分规或直尺、量角器、计算器等;装有数字绘图软件的电脑。

4. 方法步骤

(1)熟悉地形图上的各种标志,如图名、图号、接图表、测图比例尺、坡度尺、图廓、坐标格网、经纬网、三北方向关系图、坐标系统、高程系统、等高距、测图方法、测图人员、测图日期等。

(2)在图上任选一直线和一曲线,量算其长度。

(3)求算任一直线的真方位角、磁方位角和坐标方位角。

(4)求算任一点的平面直角坐标,并计算其高程。

(5)在给出的两指定点间,按一限定坡度如1‰,选择一条最短线路。

(6)在地形图上选定两点并连线,绘制该方向的断面图。

(7)参看所用数字绘图软件使用说明书,求任一直线的长度、任一直线的坐标方位角、任一点的高程、任一点的平面直角坐标。按照说明书也能绘制出某一方向的纵断面图。

5. 实训报告

实训3 园路中线测量和圆曲线三主点测设

1. 实训目的

(1)掌握园路中线踏勘选线、里程桩设置、定线量距和路线转角测定的方法。

(2)掌握圆曲线三主点的测设方法。

2. 实训内容

(1)园路中线测量。

(2)圆曲线三主点的测设。

3. 仪器工具

经纬仪1台、标杆2根、皮尺1副、榔头1把、记录板1块、木桩若干,并备计算器、铅笔和记录纸等。

4. 方法步骤

(1)选线　选定长约200 m、具有2~3个转折点的空旷地段作为路线进行实习。在路线的起点JD_0(桩号为K0+000)、转折点JD_1(如右转角Δ约为45°,两边边长大于30 m)和JD_2及终点加以编号,用木桩进行实地标定。

(2)测量转角　在JD_1上安置经纬仪,标杆分别立于点JD_0和JD_2上,用测回法测出JD_1的右角β,并根据式(11.1)或式(11.2)计算出转角值Δ。

(3)钉里程桩　根据里程桩的设置方法进行钉桩,自起点JD_0开始每10 m打一桩,依次为K0+010,K0+020,K0+030,…测量直至JD_1点,其间遇地形变化或地物等情况时应设加桩。

(4)圆曲线元素计算　设定圆曲线半径 R 为 40 m,根据式(11.4)计算出圆曲线元素切线长 T、曲线长 L、外矢距 E 及切曲线 D。

(5)圆曲线三主点测设　用安置于 JD_1 上的经纬仪,先后瞄准 JD_0 和 JD_2 点上标杆定出方向,自交点起 JD_1 分别用皮尺沿两个方向上量出切线长 T,定出圆曲线的起点 ZY_1 和终点 YZ_1。在交点 JD_1 上后视曲线起点 ZY_1,测设角度 $(180° - \Delta)/2$,得分角线方向。沿此方向自 JD_1 开始量出外矢距 E,即得到曲线中点 QZ_1。

(6)中线上的圆曲线三主点桩号可由交点 JD_1 的桩号推算而得,根据圆曲线元素计算圆曲线主点的桩号(参考式 11.5)。

(7)自 YZ_1 沿 JD_2 方向丈量一段 d ($d \leqslant 10$ m)得一 P 点,使 P 点的里程为 10 的整数倍,并在 P 点钉桩,自 P 点开始沿 JD_2 方向每 10 m 打一桩,并注明桩号;同上法推算出 JD_2 的桩号,进行圆曲线的测设,直至园路中线终点。

5. 注意事项

(1)仪器使用的注意事项参见实验实习须知的内容。

(2)计算主点里程时要两人独立计算,加强校核,以防算错。

(3)本次实训事项较多,小组人员要紧密配合,保证实习顺利完成。

6. 实训报告

实训结束后,每个实训小组应上交中线测量原始记录数据和桩号一览表 1 份。

实训 4　园路纵、横断面测量

1. 实训目的

掌握路线纵、横断面测量及纵、横断面图的绘制方法。

2. 实训内容

(1)基平测量、中平测量及中线各桩号地面高程的计算。

(2)测定线路横断面的方向,并根据标杆皮尺法测量横断面。

(3)根据观测数据,绘制出线路的纵、横断面图。

3. 仪器工具

水准仪 1 台、标杆 4 根、水准尺 2 把、皮尺 1 副、十字方向架 1 把、记录板 1 块,并备计算器、铅笔、记录纸、毫米方格纸等。

4. 方法步骤

1)纵断面测量

(1)基平测量

①沿线路方向且离中线 20 m 以外的两侧,每隔 0.5 ~ 1.0 km 选择便于保存,不受施工影响的地方设置一个临时水准点,分别以 BM_1,BM_2,BM_3,…进行编号。

②水准点间采用往返观测,高差闭合差为 $f_{h允} \leqslant 40\sqrt{L}$ mm 时(L 表示路线长度,以 km 为单位),取平均值作为最后结果。

③进行测量时,有条件的可将其始水准点与附近的国家水准点进行联测,实训时可采用假定起始水准点的高程为200 m,然后计算出各水准点的高程。

(2)中平测量　根据基平测量提供的水准点高程,以相邻两个水准点为一测段,用附和水准测量的方法逐个测量各中桩的地面高程。

①将水准仪置于适当的位置,定为测站Ⅰ,后视水准点 BM_1,前视转点 TP_1,将观测结果(读至毫米)分别记入表中“后视”和“前视”栏内,然后依次观测 BM_1 和 TP_1 间的中间点 K0 +000,K0 +020,…的水准尺,并将其读数(读至厘米)分别记入“中视”栏内。

②仪器迁移至Ⅱ站,后视转点 TP_1,前视转点 TP_2,然后再依次观测两转点间的各中间点,并将读数记入表格相应的位置。

③按上述方法逐站观测,直至附和到下一个高程控制点 BM_2,完成一测段的观测工作。若该测段的高差闭和差(即各转点间高差总和减去该测段两水准点的高差)在允许误差范围内,就可以进行下一步计算和下一段的观测工作,否则,应及时返工重测。

④计算各中桩的地面高程。先计算视线高程,然后计算各转点高程,经检验无误后再计算各中桩点高程,各测站的每一项计算公式为

$$视线高程 = 后视点高程 + 后视读数$$

$$转点高程 = 视线高程 - 前视读数$$

$$中桩高程 = 视线高程 - 中视读数$$

(3)纵断面图的绘制　根据中线测量和中平测量的数据,以线路里程为横坐标,高程为纵坐标,根据一定比例,在毫米方格纸上绘制纵向方向的地面线。为了显示地面起伏变化,纵断面图的高程(纵向)比例尺一般比距离(横向)比例尺大10倍。绘制时可采用纵向比例尺1∶200,横向比例尺1∶2 000。

2)横断面测量

(1)用十字方向架测定中桩的横断面方向,并插标杆作标志。

(2)用标杆皮尺法测量中桩横断面方向上选定的坡度变化点之间的水平距离和高差,并将测量的数据填入记录表中。依此方法逐个测量其他各中桩。

(3)绘制横断面图。一般采取现场边测边绘的方法,如同纵断面图绘制一样,也是绘制在毫米方格纸上,可采用1∶100或1∶200的比例尺。

每个实训小组至少测量5个以上的横断面,每侧测量5 m以上。

5.注意事项

(1)仪器使用的注意事项参见实验实习须知的内容。

(2)中平测量时因中间点的读数和计算无校核,实际操作中应特别认真细致。

(3)横断面测量与绘图时应注意分清中线方向的左、右侧和高差的正、负。

(4)本次实训事项较多,小组人员要紧密配合,保证实习顺利完成。

6.实训报告

每个实训小组应上交1份中平测量记录表和横断面测量记录表,每人绘制1幅纵断面图和横断面图。

中平测量记录

测站	测点	读数/m			视线高程/m	高程/m	备注
		后视	中视	前视			
I	$BM1$						
Ⅱ							
…	…	…	…	…	…	…	…

横断面测量记录

左测(高差/距离)	中桩	右测(高差/距离)

13.4 综合实训

实训1 大比例尺地形图测绘(常规方法)

1. 实训目的

通过实习熟练掌握用经纬仪测绘法测绘大比例尺地形图,并学会地形图的绘制方法。

2. 实训内容

(1)测图前的准备工作。

(2)碎部测量。

(3)地形图的绘制。

3. 仪器工具

每个实习小组借经纬仪1台、三脚架1个、小平板1块(带脚架)、塔尺2根、花杆2根、皮尺

50 m(或30 m)1 副、钢卷尺1 副、量角器1 个、比例尺1 个、记录夹1 个、绘图纸1 张,自备4H 或3H 铅笔、橡皮、大头针、三角板、计算器等。

4. **方法步骤**

本次实习测图比例尺为1∶500,等高距根据地形条件自己确定。

(1)测图前的准备工作。

①场地准备　用实训11 经纬仪导线测量、实训12 四等水准测量所用的同一块场地。

②图纸准备　将实训11 经纬仪导线测量、实训12 四等水准测量的成果绘制在已打好方格的图纸上,标明点号和各点高程,再将图纸固定在小平板上。

③仪器工具准备:仪器必须经过检验与校正。

(2)碎部测量。

①将经纬仪安置在控制点 A 上,对中、整平后量取仪器高 I(量至 cm),记入手簿。

②在相邻控制点如 B 点上竖立花杆,将 AB 方向作为起始方向(零方向),用经纬仪盘左位置照准 B 点并将水平度盘调整到0°00′00″。

③在测站旁安置小平板,用大头针将量角器圆孔中心钉在 A 点上,保持量角器可以自由转动。

④立尺员按一定路线选择地形特征点并竖立塔尺,观测员用盘左位置转动照准部瞄准塔尺中线,读出上、中、下三丝读数,水平盘读数和竖盘读数,记录员将数据记入手簿。

⑤记录员按视距测量公式用计算器计算出控制点 A 到碎部点的水平距离和高差,再计算出碎部点的高程,并报告给绘图员。

⑥绘图员转动量角器,使零方向线(如 AB 方向线)对准量角器上一刻划线,此刻划线角值等于水平盘读数,再根据计算出的实际水平距离换算出图上距离,定出碎部点的位置。碎部点位置用点表示,高程标注在点的右侧。

⑦同法测绘出其余碎部点,碎部点间隔要求图上1 ~3 cm 间隔一个点,即最大间距为15 m。测图时的最大视距,地物点应小于60 m,地貌点应小于100 m。

(3)地形图的绘制。

按地形图图式的要求,描绘地物,用内插法描绘等高线,并进行图面整饰。

(4)记录表格。

碎部测量记录

仪器编号:__________　竖盘指标差:__________　测站高程:__________

观测者:____________　记录者:______________　日期:______年____月____日

<table>
<tr><th rowspan="3">测站
(仪器高)</th><th rowspan="3">碎部点号</th><th colspan="3">塔尺读数</th><th rowspan="3">竖盘读数
° ′ ″</th><th rowspan="3">水平角
° ′ ″</th><th rowspan="3">水平距离
/m</th><th rowspan="3">高差
/m</th><th rowspan="3">高程
/m</th></tr>
<tr><th rowspan="2">中丝</th><th>下丝</th><th rowspan="2">尺间隔</th></tr>
<tr><th>上丝</th></tr>
<tr><td></td><td></td><td></td><td></td><td></td><td></td><td></td><td></td><td></td><td></td></tr>
<tr><td></td><td></td><td></td><td></td><td></td><td></td><td></td><td></td><td></td><td></td></tr>
<tr><td></td><td></td><td></td><td></td><td></td><td></td><td></td><td></td><td></td><td></td></tr>
<tr><td></td><td></td><td></td><td></td><td></td><td></td><td></td><td></td><td></td><td></td></tr>
<tr><td></td><td></td><td></td><td></td><td></td><td></td><td></td><td></td><td></td><td></td></tr>
</table>

5. 注意事项

(1)由于在碎部测量时,只进行盘左观测,没有校核条件,要求在各个操作环节中都要认真、仔细,不得马虎。

(2)边测边绘,不能全部测完,记录后回室内绘图,但允许在现场先把轮廓绘好,回室内加以整饰。

6. 实训报告

每人上交1份控制测量及碎部测量的数据成果资料,再上交1张地形图。

实训2 大比例尺数字化测图

1. 实训目的

(1)通过实习进一步熟练掌握GPS及全站仪的使用。

(2)掌握小地区大比例尺数字测图方法和数字成图软件的使用。

2. 实训内容

(1)用GPS进行控制测量。

(2)用全站仪进行碎部测量。

(3)全站仪的数据传输。

(4)数字测图软件的使用。

3. 仪器工具

以南方9600北极星静态GPS和南方NTS-660全站仪为例。

南方9600北极星静态GPS 3台、南方NTS-660全站仪每组1台、相应的三脚架、单棱镜或三棱镜、对中杆、对讲机、钢尺、绘草图用纸、记录笔等,每组1台计算机并装有南方GPS数据处理软件和数字绘图软件(如CASS 7.0)。

4. 方法步骤

(1)控制测量 在测区内选择3~5个控制点,用GPS按照实训14的方法进行控制测量,用GPS数据处理软件解算出各控制点的坐标和高程。当控制点不能满足测图时,可用全站仪采用辐射法增加图根点。

(2)碎部测量 以草图法为例:

①进入测区后,领镜(尺)员首先对测站周围的地形、地物分布情况大概看一遍,认清方向后,绘制测区的主要地物、地貌的草图(若在原有的旧图上标明会更准确),便于观测时在草图上标明所测碎部点的位置及点号。

②观测员指挥立镜员到事先定好的某已知点上立镜定向;自己在测站点上安置好仪器,量取仪器高,启动全站仪,进入数据采集状态,选择保存数据的文件,按照全站仪的操作设置测站点、定向点,记录完成后,照准定向点完成定向工作,即可开始采集数据。

③通知立镜员开始跑点,每观测一个点,观测员都要核对观测点的点号、属性、镜高并存入全站仪的内存中。

④在一个测站上当所有的碎部点测完后，要找一个已知点重测进行检核，以检查施测过程中是否存在误操作。检查无误后，关机，装箱搬站，到下一测站，重新按上述采集方法、步骤施测，直至测完整个测区。

(3)将全站仪所测数据传输到计算机中，按实训 16 的方法用数字绘图软件将测区的平面图、地形图绘制出来，并进行图幅整饰。

5. 注意事项

(1)野外数据的采集，测站与测点两处作业人员必须时时联络，每观测完一点，观测员要告知绘草图者被测点的点号，以便及时对照全站仪内存中记录的点号和绘草图者标注的点号，保证两者一致。若两者不一致，应查找原因，是漏标点了，还是多标点了，或一个位置测重复了等，必须及时更正。

(2)绘草图人员在镜站把所测点的属性及连接关系在草图上反映出来，以供内业处理、图形编辑时用。

(3)在野外采集时，能测到的点要尽量测，实在测不到的点可利用钢尺或皮尺量距，将丈量结果记录在草图上，室内用交互编辑方法成图。

(4)在进行地貌采点时，可以用一站多镜的方法进行。一般在地性线上要有足够密度的点，特征点要尽量测到。

6. 实训报告

每组上交 1 份控制测量成果，再交 1 张测区的平面图和 1 张测区的地形图。

参考文献

[1] 张远智. 园林工程测量[M]. 北京:中国建材工业出版社,2005.
[2] 徐宇飞. 数字测图技术[M]. 郑州:黄河水利出版社,2005.
[3] 金为民. 测量学[M]. 北京:中国农业出版社,2006.
[4] 王耀强. 测量学[M]. 北京:中国农业出版社,2004.
[5] 卞正富. 测量学[M]. 北京:中国农业出版社,2002.
[6] 郑金兴. 园林测量[M]. 北京:高等教育出版社,2002.
[7] 王文斗. 园林测量[M]. 北京:中国科学技术出版社,2004.
[8] 何习平. 测量技术基础[M]. 重庆:重庆大学出版社,2004.
[9] 钟宝琪. 地籍测量[M]. 武汉:武汉测绘科技大学出版社,1996.
[10] 李修悟. 测量学[M]. 北京:中国林业出版社,1996.
[11] 李秀江. 测量学[M]. 北京:中国林业出版社,2003.
[12] 刘顺会. 园林测量. 北京:中国农业出版社,2001.
[13] 徐行. 园林工程测量[M]. 哈尔滨:哈尔滨地球出版社,1997.
[14] 王万茂. 土地利用规划学[M]. 北京:中国大地出版社,1996.
[15] 王依,过静珺. 现代普通测量学[M]. 北京:清华大学出版社,2001.
[16] 贾立群,朱世杰. 测量学[M]. 北京:中国建材出版社,2004.
[17] 徐育康,秦志远. 测量学[M]. 北京:解放军出版社,1999.
[18] 李征航,黄劲松. GPS 测量与数据处理[M]. 武汉:武汉大学出版社,2005.
[19] 熊春宝,姬玉华. 测量学[M]. 天津:天津大学出版社,2001.
[20] 冯仲科. 测量学原理[M]. 北京:中国林业出版社,2002.
[21] 何宝恕. 测量学[M]. 沈阳:辽宁人民出版社,1995.
[22] 陈学平. 测量学试题与解答[M]. 北京:中国林业出版社,2002.
[23] 顾孝烈. 测量学[M]. 上海:同济大学出版社,1990.
[24] 韩熙春. 测量学[M]. 北京:中国林业出版社,1992.
[25] 武汉测绘科技大学测量学编写组. 测量学[M]. 北京:测绘出版社,2000.
[26] 北京林学院. 测量学[M]. 北京:中国林业出版社,1987.
[27] 河北农业大学. 测量学[M]. 北京:中国农业出版社,2002.

[28] 合肥工业大学. 测量学[M]. 北京:中国建筑工业出版社,1995.
[29] 西南农业大学. 测量学[M]. 北京:农业出版社,1986.
[30] 同济大学,清华大学. 测量学[M]. 北京:测绘出版社,1991.
[31] 测量学编写组. 测量学[M]. 北京:中国林业出版社,1993.
[32] 南方测绘仪器公司. CASS7.0 用户手册. 2006.
[33] 南方测绘仪器公司. 9600 北极星静态 GPS 测量系统用户手册. 2003.
[34] 吴戈军. 园林工程测量技术[M]. 北京: 化学工业出版社,2016.
[35] 吴元龙. 园林工程测量[M]. 北京:机械工业出版社,2017.
[36] 陈日东,陈涛. 园林测量[M]. 北京:中国林业出版社,2021.
[37] 王国东,韩学颖. 园林测量[M]. 北京:中国农业大学出版社,2019.
[38] 邵淑河. 园林测量[M]. 北京:中国林业出版社,2019.
[39] 李健雄. 测量员实操技能全图解[M]. 北京:化学工业出版社,2020.
[40] 李少元,梁建昌. 工程测量[M]. 北京:机械工业出版社,2021.
[41] 周建郑. 建筑工程测量[M]. 北京:中国建筑工业出版社,2017.